Periodic Table of the Elements

Group number ⟶ 1A

Period number ⟶ 1

Legend:
Atomic number ⟶ 67
Symbol ⟶ Ho
Name ⟶ Holmium
Atomic weight ⟶ 164.9303
An element

1A	2A	3B	4B	5B	6B	7B	8B	8B	8B	1B	2B	3A	4A	5A	6A	7A	8A
1 H Hydrogen 1.0079																	2 He Helium 4.0026
3 Li Lithium 6.941	4 Be Beryllium 9.0122											5 B Boron 10.811	6 C Carbon 12.011	7 N Nitrogen 14.0067	8 O Oxygen 15.9994	9 F Fluorine 18.9984	10 Ne Neon 20.1797
11 Na Sodium 22.9898	12 Mg Magnesium 24.3050											13 Al Aluminum 26.9815	14 Si Silicon 28.0855	15 P Phosphorus 30.9738	16 S Sulfur 32.066	17 Cl Chlorine 35.4527	18 Ar Argon 39.948
19 K Potassium 39.0983	20 Ca Calcium 40.078	21 Sc Scandium 44.9559	22 Ti Titanium 47.88	23 V Vanadium 50.9415	24 Cr Chromium 51.9961	25 Mn Manganese 54.9380	26 Fe Iron 55.845	27 Co Cobalt 58.9332	28 Ni Nickel 58.693	29 Cu Copper 63.546	30 Zn Zinc 65.41	31 Ga Gallium 69.723	32 Ge Germanium 72.64	33 As Arsenic 74.9216	34 Se Selenium 78.96	35 Br Bromine 79.904	36 Kr Krypton 83.80
37 Rb Rubidium 85.4678	38 Sr Strontium 87.62	39 Y Yttrium 88.9059	40 Zr Zirconium 91.224	41 Nb Niobium 92.9064	42 Mo Molybdenum 95.94	43 Tc Technetium (98)	44 Ru Ruthenium 101.07	45 Rh Rhodium 102.9055	46 Pd Palladium 106.42	47 Ag Silver 107.8682	48 Cd Cadmium 112.411	49 In Indium 114.82	50 Sn Tin 118.710	51 Sb Antimony 121.760	52 Te Tellurium 127.60	53 I Iodine 126.9045	54 Xe Xenon 131.29
55 Cs Cesium 132.9054	56 Ba Barium 137.327	57 La Lanthanum 138.9055	72 Hf Hafnium 178.49	73 Ta Tantalum 180.9479	74 W Tungsten 183.84	75 Re Rhenium 186.207	76 Os Osmium 190.2	77 Ir Iridium 192.22	78 Pt Platinum 195.08	79 Au Gold 196.9665	80 Hg Mercury 200.59	81 Tl Thallium 204.3833	82 Pb Lead 207.2	83 Bi Bismuth 208.9804	84 Po Polonium (209)	85 At Astatine (210)	86 Rn Radon (222)
87 Fr Francium (223)	88 Ra Radium (226)	89 Ac Actinium (227)	104 Rf Rutherfordium (267)	105 Db Dubnium (268)	106 Sg Seaborgium (271)	107 Bh Bohrium (272)	108 Hs Hassium (270)	109 Mt Meitnerium (276)	110 Ds Darmstadtium (281)	111 Rg Roentgenium (280)	112 Cn Copernicium (285)	113 — — (284)	114 Fl Flerovium (289)	115 — — (288)	116 Lv Livermorium (293)	117 — — (294)	118 — — (294)

Lanthanides 6

| 58 Ce Cerium 140.115 | 59 Pr Praseodymium 140.9076 | 60 Nd Neodymium 144.24 | 61 Pm Promethium (145) | 62 Sm Samarium 150.36 | 63 Eu Europium 151.964 | 64 Gd Gadolinium 157.25 | 65 Tb Terbium 158.9253 | 66 Dy Dysprosium 162.50 | 67 Ho Holmium 164.9303 | 68 Er Erbium 167.26 | 69 Tm Thulium 168.9342 | 70 Yb Ytterbium 173.04 | 71 Lu Lutetium 174.967 |

Actinides 7

| 90 Th Thorium 232.0381 | 91 Pa Protactinium 231.0359 | 92 U Uranium 238.0289 | 93 Np Neptunium (237) | 94 Pu Plutonium (244) | 95 Am Americium (243) | 96 Cm Curium (247) | 97 Bk Berkelium (247) | 98 Cf Californium (251) | 99 Es Einsteinium (252) | 100 Fm Fermium (257) | 101 Md Mendelevium (258) | 102 No Nobelium (259) | 103 Lr Lawrencium (260) |

한 학기 과정

필수 유기화학

Essentials of
ORGANIC CHEMISTRY

Essentials of
ORGANIC CHEMISTRY

한 학기 과정
필수
유기화학

고광윤 지음

한 학기 과정
필수 유기화학
Essentials of Organic Chemistry

펴 낸 날 2020년 3월 2일
지 은 이 고광윤
펴 낸 이 오성준
펴 낸 곳 카오스북
등록번호 제2018-000189호
주   소 서울특별시 마포구 양화로 56 동양한강트레벨 1022호
전   화 02-3144-8755,8756
팩   스 02-3144-8757

웹사이트 www.chaosbook.co.kr

I S B N 979-11-87486-29-9 93430
가   격 35,000원

한 학기 유기화학 학습을 위하여

수십 년 동안 한 학기 혹은 두 학기 유기화학을 미국이나 영국에서 출판된 교재를 사용하여 가르쳐 왔다. 하지만, 몇몇 교재는 일어날 수 없는 반응을 일어나는 반응으로 서술하거나 최신 이론을 반영하지 않거나 혹은 단순히 반응만을 기술하는 경우를 접하곤 하였다. 물론 교수의 임무는 이러한 오류를 지적하고 내용을 보완하면서 수업을 진행하는 것일 것이다. 하지만 그러면 수업의 흐름도 흐트러지고 교재에만 의존하는 학생은 잘못된 지식을 얻게 될 것이다. 이 책을 쓰기로 마음먹은 이유 중 하나가 나 같으면 이러한 오류는 없는 교재를 만들 수 있다는 자신감(?)이었다(기존 책의 몇몇 오류는 연습 문제로 만들었다!).

이 책은 한 학기 과정으로 유기화학을 배우려고 하는 학생들을 대상으로 쓴 교재이다. 한 학기 유기화학은 화학 이외의 전공, 특히 생명과학, 화학공학, 식품영양학 전공 등에서 개설하고 있는 과목이다. 한 학기 교재로서 두 학기 교재의 내용을 다 다룰 수는 없기 때문에 부득이 몇 가지 내용을 제외할 수밖에 없었다. 특히 유기 분광학, 유기금속화학, 페리 고리 협동 반응 등은 생략하였다.

유기화학 교재의 체계는 작용기 중심과 메커니즘 중심으로 나눌 수 있는데, 이 책은 주로 메커니즘 중심으로 서술하였으며 알코올이나 아민 같은 분야는 작용기 중심으로 서술하였다.

유기 반응을 이해할 때 가장 중요한 개념이 친전자체(루이스 산)와 친핵체(루이스 염기)라고 생각한다. 즉, 대부분의 유기 반응을 친핵체에서 친전자체로 전자쌍이 이동하는 것으로 기술할 수 있다. 이를 분자 오비탈 이론으로 설명할 수도 있는데, 그런 경우 유기 반응의 입체 화학이나 선택성(위치, 입체)을 더 깊게 이해할 수 있다. 물론, 유기화학 입문자에게 분자 오비탈 개념을 소개하는 것이 무리일 수도 있을 것이다. 그럼에도 불구하고 분자 오비탈을 이용하면 유기화학을 보다 잘 이해할 수 있다고 믿기 때문에 자주 분자 오비탈 개념을 소개하려고 하였다.

반면에 이 책에서 비중 있게 다루지 않은 분야가 유기 명명법이다. 유기 화합물의 이름을 기억하는 것은 초심자에게 부담이 되기도 한다. 이름을 아는 것은 음악 감상과 유사하다고 생각한다. 음악이 좋아서 자주 듣다 보면 곡명이나 작곡자의 이름을 저절로 알게 된다. 비슷하게 유기 화합물의 이름도 자주 접하면 저절로 알게 되므로 억지로 암기할 필요는 없다고 생각한다. 이러한 생각에서 명명법에 관한 문제는 수록하지 않았다.

이 교재의 본문에서는 가급적 인명이나 화합물의 이름을 우리말로 썼다. 용어는 대한화학회의 홈페이지의 화학용어를 주로 참조하였다.

이 책을 공부하는 학생들에게

유기화학을 처음으로 공부하는 학생들은 이 과목을 상당히 어렵게 생각한다. 저자의 경험을 소개하면, 학부 2학년 때 유기화학을 충분히 공부하였다고 생각하였는데 막상 시험지를 받아 들고 문제를 보자 머리가 텅 빈 느낌을 받았던 것을 지금도 기억한다(40여 년이 지나서도!). 지금와서 그 이유를 생각해보면 유기화학에서 배우는 여러 가지 반응이나 메커니즘이 서로 연관되어 있는데, 이 점을 놓치고 반응 하나씩을 암기하려고 하였기 때문이라고 본다. 그래서 '유기화학은 외우는 과목이 아니라 이해하는 과목'이라고 흔히 이야기하곤 한다(저자는 이 점을 유기화학은 머리가 아니라 가슴으로 공부하는 과목이라고 표현한다). 공자는 2,500년 전에 "이해하지 않고 단순히 암기만 하면 쓸모없는 짓이며, 사실에 기초하지 않고 그냥 뜬구름 같은 생각만 하는 것도 현명하지 않다"라고 갈파한 적이 있다. 그러면 어떠한 방법으로 유기화학을 이해할 수 있을까? 한 가지 정답은 교재를 한 번이 아니라 여러 번 정독하는 것이다(물론 교수님 강의 수강도 중요하다). 그러면 어느 순간에 모르던 부분이 갑자기 이해되는 순간을 맛볼 것이다(왜 스님이 불경을 무수히 읽고 암송하는지, 그리고 군대에서 반복 훈련을 하는지 생각해보라. 무수한 반복 끝에야 해탈의 경지에 이르는 것이다).

이해하여야 한다고 하였는데, 그러면 무엇을 '이해'하여야 할까? 유기화학에서 가장 먼저 알아야 할 것은 반응 메커니즘이라고 생각한다. 반응 메커니즘은 굽은 화살표로 전자쌍(혹은 홀전자)의 이동을 표현한 것이다. 굽은 화살표의 사용법을 이해하면 유기화학 공부를 거의 다 한 것으로 보아도 지나친 말이 아니다. 물론 굽은 화살표를 쓰기 전에 친전자체(루이스 산)와 친핵체(루이스 염기)의 정의를 확실하게 이해하여야 한다.

그 다음으로 중요한 것은 유기화학 반응이다. 반응에 관련된 시약과 반응 조건(촉매, 용매, 온도 등)을 이해해야 한다. 시약에는 친전자성 시약과 친핵성 시약이 있으므로 어느 부류인지 알아야 한다. 처음 유기 반응을 공부할 때에는 반응하는 원자(혹은 결합)가 친전자성인지 친핵성인지를 따져야 한다(그래야 굽은 화살표를 그릴 수 있다).

유기반응에 관련된 문제는 주로 유기 출발물과 시약이 주어진 후 생성물의 구조를 알아맞히는 문제이다. 이러한 문제를 풀 때 아주 복잡한 경우가 아니라면 반응식만 보고 즉시(몇 초 이내) 정답을 쓸 수 있어야 한다(마치 1 + 1의 답을 순간적으로 알듯이). 이렇게 빨리 문제를 풀 수 있는 능력은 단순히 반응을 암기하였다고 만들어지지 않는다. 문제를 보면 머릿속에 순간적으로 반응 메커니즘이 떠올라야 한다. 그래야 답을 쓸 수 있다. 이러한 능력도 반복 훈련으로 얻어진다. 인덱스 카드 한 면에 반응식을 쓰고 뒷면에는 메커니즘을 그려라. 그리고 자투리 시간에 그렇게 만든 카드를 보면서 반응과 메커니즘을 이해하려고 노력하자.

다음에 다룰 주제는 합성 문제이다. 주어진 목표 화합물을 더 간단한 물질로부터 얻는 합성 문제는 한 학기 교재에서 중요하게 다룰 분야는 아닌 것 같다. 하지만 사실 유기 합성은 '유기화학의 꽃'이라고 이야기한다. 유기화학을 공부하는 이유 중의 하나는 의약품, 염료, 유기 발광 소재, 천연물 같은 유기 물질을 간단한 출발물로부터 만드는 방법을 배우고자 하기 때문이다. 그래서 이 교재에서는 '역합성 분석'이라고 부르는 방법을 이용하여 유기 합성 문제를 좀 더 쉽게 푸는 방법을 잠깐이나마 소개하였다.

유기화학을 공부할 때 도움이 되는 도구가 분자 모형이다. 유기 분자는 삼차원적 존재이므로 실제 모형을 만들어보면 유기화학의 반응을 더 쉽게 이해할 수 있다. 모형을 구하기 어려우면 분자의 삼차원 컴퓨터 모형(예: pdb 형식의 파일)을 인터넷에서 얻어 살펴볼 수도 있다.

아무쪼록 이 책으로 공부하여 소기의 성과를 거두기를 바랄 뿐이다.

2020년 봄의 길목에서

고광윤

차례

21장 지질   521

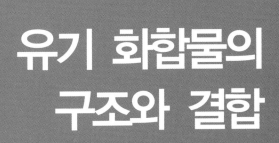

1

유기 화합물의 구조와 결합

1.1 유기화학의 역사

유기화학은 탄소 화합물의 구조, 성질, 반응 및 합성을 다루는 학문이다. 수천 년 전부터 인간은 술(에탄올), 식초(아세트산), 염료, 향료나 약초에서 추출한 탄소 화합물을 이용하였으며 1730~1820년 사이에 요소(소변, 1773년), 모르핀(양귀비, 1803년), 스트리키닌(마전자 식물, 1818년), 카페인(커피, 1819년) 등의 천연물을 분리하였다. DNA, 단백질(효소, 헤모글로빈, 근육), 탄수화물(녹말 등) 같은 생체 분자도 탄소를 함유한 유기 화합물이다.

1.1.1 유기 화합물의 현대적 정의

내분비 교란물질 내분비 샘에서 나오는 호르몬 기능을 방해하는 화학물질을 말한다(흔히 언론에서는 환경호르몬이라고 부른다). 이 물질은 극소량으로 생명체의 발달, 성장, 생식, 행동 등의 기능에 영향을 미쳐서 암, 선천적 장애나 발달장애를 일으킬 수 있다.

유기 화합물의 현대적 정의는 탄소로 이루어진 화합물을 말한다(탄소 화합물 중에서 탄산 염 같은 물질은 제외한다). 유기 화합물은 탄소 이외에 H, O, S, N, P, Cl, Br 및 금속 등의 원소도 들어 있을 수 있다. 현재 우리는 유기화학의 시대에 살고 있다. 만약에 여러분이 지금으로부터 약 100년 전에 태어났다고 상상하여 보자. 현재 우리가 입고(폴리에스터 섬유, 나일론), 먹고(인공 감미료, 인공 색소, 식품 첨가제) 그리고 쓰는(의약품, 염료, 플라스틱, 살충제, 합성세제, 유기발광 다이오드(OLED)) 물질이 그 당시에서 존재하였을까? 아닐 것이다. 하지만 항상 좋은 일만 생기지 않듯이 어떤 유기 화합물은 **내분비 교란물질**(endocrine disruptor)로 작용하기도 하는데, 유기 염소계 물질인 다이옥신, DDT(dichlorodiphenyltrichloroethane), PCB (polychlorinated biphenyl), 비스페놀 A, 노닐페놀, 프탈레이트 등이 그 예이다. 또한 플라스틱의 남용에 따른 플라스틱 쓰레기 처리와 해양 미세 플라스틱의 출현 등은 현재 해결하여야 할 문제로 떠오르고 있다.

one example of dioxin   DDT   a PCB

화학카페

생기론

유기(organic, 有機)라는 단어는 원래 살아 있는 혹은 살아 있었던 유기체(organism)라는 말에서 유래하였으며 스웨덴의 베르셀리우스(Berzelius)가 1808년에 처음으로 사용하였다고 전해진다. 그래서 유기 화합물의 옛날 정의는 생물체에서 유래하는 물질(예: 요소, 알코올, 식초)에 한정되었으며 베르셀리우스를 비롯하여 19세기 초의 사람들은 "유기 화합물은 살아 있는 혹은 살아 있었던 생물체에서만 얻을 수 있다"라는 '생기론(生氣論, vital force theory)'을 신봉하였다. 그러다가 1828년에 베르셀리우스의 제자이었던 독일의 화학자 뵐러(Wöhler)가 무기 화합물인 사이안산 암모늄(NH_4OCN)을 가열하여 처음으로 유기 화합물인 요소[$CO(NH_2)_2$]를 합성하였다.

$$\overset{+}{NH_4}\ \overset{-}{OCN} \xrightarrow{\text{heat}} H_2N \overset{\displaystyle O}{\underset{}{\bigwedge}} NH_2$$

ammonium cyanate   urea
an inorganic compound   an organic compound

하지만 당장 생기론이 사라진 것은 아니었다. 당시 유명한 과학자인 파스퇴르(Pasteur)나 리비히(Liebig)는 여전히 생기론을 신봉하였다. 1845년에 콜베(Kolbe)가 무기 화합물인 이황화 탄소에서 유기 화합물인 아세트산을 얻는 실험에 성공하자 생기론이 천천히 사라지기 시작하였다. 그러나 현재에도 '유기'라는 말은 생기론의 의미로서 쓰일 때가 종종 있는데, 유기농법, 유기채소, 유기비료 등에서 그 예를 볼 수 있다.

화학카페

리비히의 칼리아파라트

1784년에 프랑스의 라부아지에(Lavoisier)는 처음으로 유기 화합물이 주로 탄소, 수소 및 산소로 이루어졌음을 원소 분석으로 알아냈다(그림 1.1). 라부아지에의 기구는 상당히 많은 시료와 서너 명의 인력이 필요하였으나 1811~1831년 사이에 베르셀리우스, 리비히(Liebig)와 두마스(Dumas)는 소량의 시료를 이용하는 원소 분석법을 개발하였다. 특히 리비히는 칼리아파라트(Kaliapparat)라고 부르는 유리 기구(그림 1.2)와 정밀한 화학 천칭(chemical balance)을 사용하여 많은 유기 화합물의 실험식을 구했다.

그림 1.1
1784~1788년에 라부아지에가 기름의 원소 분석에 사용한 실험 장치. 가운데 유리 기구(확대)에 CO_2를 흡수하는 KOH 용액이 들어 있다. 이 장치의 운영에는 몇 사람이 필요하고 60g 정도의 시료가 필요하였다고 한다.

그림 1.2
리비히가 사용한 것과 비슷한 아파라트와 미국화학회 로고. 이 유리 기구는 미국화학회(American Chemical Society, ACS)의 로고에도 나온다.

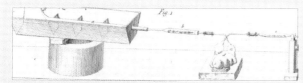

그림 1.3
리비히가 1831년에 사용한 원소 분석 장치. 오른쪽에 칼리아파라트를 볼 수 있다. 왼쪽 튜브에는 시료(~0.5 g)와 산화제인 CuO만 들어 있고 아래에서 석탄으로 가열하였다. CuO를 사용하면 설탕 같은 시료를 CO_2로 완전히 연소시킬 수 있다.

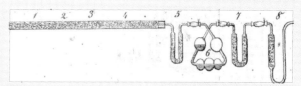

그림 1.4
두마스가 1841년에 사용한 원소 분석 장치. 1번에는 CuO와 $KClO_3$가 들어 있어 가열하면 산소 기체가 나온다. 3번에 시료와 CuO가 들어 있다. 6번은 칼리아파라트이다.

bisphenol A

a phthalate

유기 화합물의 실험식과 분자식은 힐(Hill) 체계에 따라서 탄소, 수소를 먼저 쓰고 나머지 원소는 알파벳 순서로 쓴다.

1860년에 이탈리아의 카니자로(Cannizzaro)는 아보가드로(Avogadro)가 1811년에 발표한 아보가드로의 가설을 이용하여 기체 화합물의 실험식과 분자식을 구별하였다. 예로서 에틸렌, 사이클로펜테인, 사이클로헥세인은 실험식이 모두 CH_2이나 분자식은 다르다.

1.2 유기 화합물의 특징

2018년 초반 미국의 CAS (Chemical Abstract Service)에 등록된 약 1억2천만 개의 물질 중에서 90% 정도는 유기 화합물일 것으로 추정된다.

무기 화합물과 다르게 유기 화합물은 그 수가 엄청 많다. 알칼리 금속인 Li과 할로젠족 원소인 F로 이루어진 화합물에는 LiF라는 화합물 하나만 있지만 탄소와 수소 사이에는 무수한 수의 화합물이 존재한다. 왜 유기 화합물의 수는 많을까? 그 이유는 탄소는 서로 결합하여 **사슬**과 **고리**를 이룰 수 있기 때문이다. 탄소의 이러한 특징은 공유 헤테로 원자(heteroatom) C, H 이외의 원자로서 주로 N, O, S, P, 할로젠 원소 및 Li, Mg 같은 금속

결합에서 유래한다. 또한 탄소는 헤테로 원자(N, O, S) 및 할로젠 원소 그리고 금속과도 결합을 이룰 수 있기 때문이다.

1.3   일반화학에서 배운 주제

산소와 질소 사슬은 탄소 사슬보다는 불안정하다(왜 그럴까?). 예로서 순수한 과산화수소(HOOH)는 폭발할 수 있기 때문에 판매하지 않는다. 소듐 아자이드(NaN_3)는 폭발하기 쉬우므로 자동차 에어백을 부풀리는 데 쓰인다. 하이드라진(H_2NNH_2)은 로켓 연료로 쓰인다. 주기율표에서 탄소보다 아래에 있는 규소의 긴 사슬 구조도 불안정하다. 메테인(CH_4)은 공기 중에서 점화하여야만 연소하나 실레인(SiH_4)은 자발적으로 연소한다.

유기화학을 공부하려면 일반화학에서 배운 다음과 같은 주제를 반드시 알아야 한다.

- 원자 구조(양성자, 중성자, 전자), 원자 번호, 원자량, 동위원소
- s와 p 오비탈, 마디
- 원자의 전자 배치, 원자가 전자(valence electron)
- 이온 결합과 공유 결합
- 루이스 구조 그리기, 고립쌍(비결합) 전자, 팔전자 규칙, 형식 전하
- 혼성 오비탈
- 단일, 이중 및 삼중 결합의 오비탈 개념
- 분자의 기하 구조, VSEPR 모형
- 전기 음성도, 극성 결합, 분자 극성
- 수소 분자의 분자 오비탈

문제 1.1   다음 원자 혹은 이온의 전자 배치를 쓰시오(8A족(18족)의 전자 배치는 [Ne]처럼 표시할 것).

a. C   b. Cl   c. Li^+

d. Na^+ e. S   f. O^{2-}

문제 1.2   다음 원자 오비탈의 모양을 그리시오. 오비탈의 상(phase)이 다른 경우에는 빗금을 그려 구별하시오.

a. 1s   b. $2p_x$ c. sp^3 d. sp^2 e. sp

문제 1.3   다음 원자의 원자가 전자 수는 몇 개인가?

a. C   b. Cl   c. O   d. N   e. B

이러한 주제 중에서 특히 중요한 몇 가지 주제에 대해서는 다시 한 번 복습하고자 한다.

1.4   루이스 구조 그리기

루이스 구조(Lewis structure)는 분자나 이온의 공유쌍과 고립쌍 전자를 각각 실선과 점으로 나타낸 구조이다.

루이스 구조를 올바르게 그릴 수 있는 능력은 유기화학의 이해에 꼭 필요하다. 루이스 구조를 그리는 순서는 다음과 같다.

a) 분자(이온)의 연결 순서를 그린다.

b) 각 원자가 전체 분자(혹은 이온)에 기여하는 전자 수를 합한다. 한 원자가 기여하는 전자 수는 원자가 전자 수와 같으며 주족 원소인 경우 족 번호와 같다(원자가 전자 수는 IA, IIA 등으로 표시한 경우에는 바로 그 숫자이며 1~18로 표시한 경우에는 10보다 큰 경우 10을 뺀 값이다).

c) 음이온인 경우에는 전하 값을 a)에서 구한 합에 더하고 양이온인 경우에는 뺀다.

d) b)와 c)에서 구한 값을 2로 나누어 분자(이온)에 할당할 수 있는 전자쌍의 수를 구한다.

e) 우선, 두 원자 사이에는 반드시 전자쌍 하나를 배정하고 이 전자쌍은 결합선 하나로 표시한다.

f) 그래도 남는 전자쌍은 수소를 제외한 모든 원자가 팔전자 규칙(octet rule)을 만족하도록 고립쌍으로 배정한다(수소는 이전자 규칙을 따름).

g) 수소 이외의 모든 원자가 팔전자 규칙을 만족하는 데 전자쌍이 부족하면 이는 다중 결합이 있어야 함을 의미한다. 이러한 경우에는 고립쌍으로 배정한 전자쌍을 결합 전자쌍(공유 전자쌍)으로 배치한다. 다시 한 번 모든 원자가 팔전자 규칙을 만족하는지를 확인한다.

개미산이라고도 부르는 폼산(formic acid)의 루이스 구조식을 그려보자.

a)
```
        O
   H   C   O   H
```

b) 원자가 전자 수의 합 = 2(수소 원자 2개) × 1 + 1(탄소 원자 1개) × 4 + 2(산소 원자 2개) × 6 = 18

c) 중성이므로 해당 없음

d) 전자쌍의 수 = 18/2 = 9쌍

e)
```
        O
        |
   H — C — O — H
```
모든 결합에 전자쌍 하나를 부여. 전자쌍은 선으로 표시.
남은 전자쌍 = 9 - 4 = 5

f) 남은 전자쌍을 산소 원자가 팔전자 규칙을 만족하도록 배정하면 다음 구조가 얻어진다.

$$H—C—\ddot{\underset{..}{O}}—H$$

하지만, 탄소가 아직 팔전자 규칙을 만족하지 않는다.

g) 위쪽 산소의 고립쌍을 C−O 전자쌍으로 옮기면, 아래 오른쪽 구조가 얻어지고, H를 제외한 모든 원자가 팔전자 규칙을 만족함을 확인할 수 있다.

이렇게 두 원자 사이에 전자쌍 두 개를 공유하는 결합을 이중 결합(double bond)이라고 부른다. 비슷하게 질소 분자에서처럼 전자쌍 세 개를 공유하는 결합은 삼중 결합(triple bond)이다.

문제 1.4 다음 화학종의 루이스 구조를 그리시오(고립쌍 전자는 점으로, 결합 전자쌍은 선으로 표시). 수소를 제외한 모든 원자는 팔전자 규칙을 만족한다.

a. 아마이드 이온(NH_2^-)

b. 폼알데하이드(HCHO)

c. 피루브산(CH_3COCO_2H)

d. 메틸아민(CH_3NH_2)

e. 프로펜(CH_2CHCH_3)

f. 아세토나이트릴(CH_3CN)

팔전자 규칙의 예외

Be, B, Al 같은 IIA, IIIA 족 원자는 팔전자 규칙을 만족하지 않는 화합물을 이룰 수 있다. BF_3, $AlCl_3$가 대표적 예이다. P, S, Cl 같은 3주기 원소는 d 원자 오비탈이 있으므로 팔전자 규칙보다 더 많은 10, 12 혹은 14개의 전자를 소유할 수 있다. H_3PO_4(인산), PCl_5, SF_6, H_2SO_4(황산). $HClO_4$(과염소산) 등이 그러한 예이다. 또한 일산화 질소(NO) 같이 홀전자가 있는 라디칼도 예외에 속한다.

phosphoric acid   sulfuric acid   perchloric acid

1.5 형식 전하

BF$_4^-$ 이온에서 B는 형식 전하가 −1이나 실제로는 부분 양전하를 띤다.

형식 전하(formal charge)는 한 원자가 결합을 이룰 때 제공하였던 원자가 전자 수와 루이스 구조에서 실제로 소유하고 있는 전자 수(고립쌍의 전자 수에 결합쌍 전자 수의 반절(혹은 공유 결합쌍의 수)을 더한 값)가 서로 다를 때 발생한다. 형식 전하의 '형식'이라는 말이 의미하듯 형식 전하는 실제로 각 원자의 실제 전하를 나타내지는 않는다. 예로서 루이스 구조에서 어떤 원자가 여섯 개의 원자가 전자를 제공하였는데 (이 원자는 무슨 원자일까?), 실제로 일곱 개의 전자를 소유하고 있다면 이 원자는 원래 중성 원자보다 전자 하나를 더 소유하고 있는 셈이다. 그러면 이 원자의 형식 전하는 −1의 값이 된다. 이 예에 맞는 구조가 탄산 이온이다. 형식 전하는 원자 기호 위에 표시해 나타낸다.

형식 전하는 다음과 같이 구할 수 있다.

형식 전하 = 원자가 전자의 수 - (고립 전자의 수 + 0.5 × 공유 결합 전자의 수)

위 구조에서 아래 두 산소 원자의 형식 전하는 6 - (6 + 0.5 × 2) = -1임을 알 수 있다. 분자나 이온에서 각 원자의 형식 전하의 합은 전체 전하와 같아야 한다. 따라서 중성 분자는 그 합이 0이어야 하고 이온은 그 전하 값이어야 한다. 위 탄산 이온에서는 이중 결합을 이룬 탄소와 산소의 형식 전하는 0이므로 형식 전하의 합이 실제 이온의 전하인 -2임을 확인할 수 있다.

각 형식 전하는 앞에서 소개한 식을 이용하여 구할 수도 있지만 유기화학을 배워 나갈수록 구조만 보고도 즉시 형식 전하를 적을 수 있도록 익숙해져야 한다. 다행스럽게도 익숙해지는 것은 매우 어려운 일은 아니고 유기화학에서 흔히 접하는 몇 가지 원자들의 흔한 결합 방식을 알면 된다.

먼저 탄소부터 논의하자. 탄소는 사가(tetravalent)이며 탄소가 사가를 하기 위한 결합 방식은 다음과 같다.

아래 그림에서 'C-'는 이 탄소에 다른 원자들이 결합할 수 있다는 의미이다.

| four single bonds no lone pairs | one double bond two single bonds no lone pairs | one triple bond one single bond no lone pairs | two double bond no lone pairs |

탄소 양이온, 탄소 음이온 및 라디칼은 대개 불안정한 화학종으로서 유기 반응의 중요한 중간체이다.

또한 탄소의 형식 전하는 +1(탄소 양이온, carbocation) 혹은 -1(탄소 음이온, carbanion)일 수 있다. 탄소 양이온과 라디칼은 팔전자계가 아니다.

carbocation — not common — no lone pairs positive charge

carbanion — one lone pair negative charge

carbon radical — three single bonds one lone electron neutral

수소는 원자가가 하나이다. 이온으로서는 H^+(양성자)와 전자가 둘인 $H:^-$(수소화 이온)이 있다.

산소는 크게 세 가지 방식으로 결합을 이룬다.

| 0 formal charge | -1 formal charge | +1 formal charge |
| two bonds two lone pairs | one single bond three lone pairs negative charge | three bonds one lone pair positive charge |

질소도 크게는 세 가지 방식으로 결합을 이룬다.

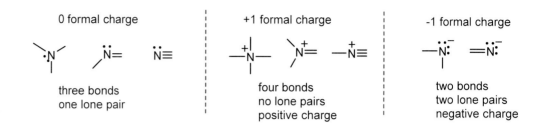

황은 산소와 같은 족이므로 산소와 비슷한 결합 방식을 이루지만 3d 오비탈이 있으므로 팔전자계보다 더 많은 전자를 공유하는 결합 방식을 보이기도 한다. 따라서 황은 산소보다 더 다양한 구조를 이룰 수 있다.

four bonds
one lone pairs

six bonds
no lone pairs

인은 질소와 같은 족이므로 질소와 비슷한 결합 방식을 이루지만 황처럼 3주기 원소이므로 팔전자계보다 많은 전자를 소유하는 결합을 이룰 수 있다.

five bonds
no lone pairs

six bonds
no lone pairs

할로젠의 결합 방식은 대부분 형식 전하가 0, −1이지만 경우에 따라서는 +1의 형식전하를 띌 수도 있다. 염소를 포함하여 그 아래 족에 속하는 할로젠은 팔전자계보다 더 많은 전자를 소유할 수 있다.

one bond
three lone pairs

no bonds
three lone pairs

two bonds
two lone pairs

three bonds
one lone pair

five bonds
one lone pair

문제 1.5 다음 각 화합물의 루이스 구조를 그리고 0이 아닌 형식 전하를 구하시오.

a. CH_3SOCH_3 b. CH_2N_2 c. $HONO_2$ d. $^-CH_2CN$

문제 1.6 다음 구조에 고립쌍 전자를 표시하고 0이 아닌 형식 전하를 구하시오. 괄호 바깥에 표시한 숫자는 알짜 전하이다.

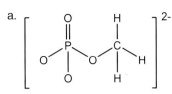

형식 전하의 용도

그러면 형식 전하는 어디에 사용될까? 어떤 분자나 이온의 루이스 구조식은 두 개 이상이 가능한 경우도 있다. 그럴 경우 형식 전하가 0인 구조가 더 안정하다. 형식 전하가 불가피한 경우에는 형식 전하가 작은(0, +1, −1) 루이스 구조가 큰(+2, −2, +3, −3 등) 구조보다 더 좋다. 또한 전기 음성도가 큰 원자에 음의 형식 전하가 있는 구조가 더 낫다(하지만 예외도 있다. 문제 1.27을 풀어 볼 것). 이 점은 공명 구조를 다루는 1.14절에서 다시 한 번 언급할 것이다.

문제 1.7 분자식이 NO인 일산화 질소는 생체 내에서 혈관을 확장하는 효과가 있는 생리 분자이다. NO는 홀전자가 하나 있는데, 그 위치는 질소 혹은 산소 원자일 수 있다. 어느 구조가 더 안정할지를 형식 전하에 근거하여 판단하시오.

문제 1.8 다음 화학종의 골격 구조는 다음과 같다. 루이스 구조를 그리고 원자의 형식 전하가 0이 아닌 경우에는 그 값을 쓰시오.

a. 나이트로메테인(CH_3NO_2)

b. 오존(O_3)

c. 아자이드 이온(N_3^-)

d. 아세테이트 이온($CH_3CO_2^-$)

형식 전하와 산화수의 차이

산화수(oxidation number)는 형식 전하와 비슷한 개념이지만 산화수를 구할 때는 한 결합에서 전기 음성도가 더 큰 원자에 모든 공유 전자를 부여한다. 한 원자의 비공유 전자쌍은 형식 전하에서처럼 그 원자에 모두 부여한다. 산화수는 다음과 같이 구할 수 있다.

$$산화수 = 원자가 전자의 수 - (공유 전자의 수 + 비공유 전자의 수)$$

즉, 산화수는 이러한 경우 한 원자의 전하값이다.

예를 들어 물의 경우, 산소의 산화수는 $6 - (4 + 4) = -2$이다.

산화수는 이름이 말해주듯이 산화-환원 반응에서 어느 원자가 산화 혹은 환원되었는 지를 판단하는 데 쓰인다. 한 원자의 산화수가 증가하면 그 원자는 산화되었다고 하고 반면에 감소하면 환원되었다고 말한다.

1.6 전기 음성도, 극성 결합, 분자의 극성

전기 음성도(electronegativity)는 화학 결합에서 한 원자가 전자를 끌어당기는 능력을 말하며 몇 가지 척도가 제안되었으나 미국 화학자인 폴링(Pauling)이 1932년에 제안한 폴링 척도가 널리 쓰인다. 폴링은 많은 수의 원자와 결합을 이루는 수소의 전기 음성도를 단위가 없는 2.20으로 고정한 후 다른 원자의 전기 음성도를 상대적으로 구하는 방법을 고안하였다. 폴링이 정의한 이러한 값을 폴링 척도(Pauling scale, χ(카이))라고 부르며 0.7 ~ 4의 범위에 놓인다(표 1.1).

표 1.1
폴링 척도에 따른 몇 가지
원자의 전기 음성도

	I족	II족	III족	IV족	V족	VI족	VII족
1주기	H 2.2						
2주기	Li 0.98	Be 1.6	B 2.0	C 2.6	N 3.0	O 3.4	F 4.0
3주기	Na 0.93	Mg 1.3	Al 1.6	Si 1.9	P 2.2	S 2.6	Cl 3.2
4주기	K 0.82	Ca 1.0					Br 3.0
							I 2.7

한 결합에서 전자를 당기는 원자는 전기 음성(electronegative), 전자를 주는 원자는 전기 양성(electropositive)이 된다. 메틸리튬(CH_3Li)에서 탄소는 전기음성, 리튬은 전기 양성이다.

전기 음성도의 차이가 0.5~2인 원자 사이의 결합은 극성을 띠므로 그러한 결합을 극성 공유 결합(polar covalent bond)이라고 부른다(차이가 2 이상이거나 1.6~2인 경우에도 금속이 관여하는 결합이면 이온 결합으로 간주한다. NaBr의 경우 차이는 1.9). 간단한 예로서 플루오린화 수소(HF)를 보자. 플루오린 원자의 전기 음성도가 수소의 그것보다 크므로 H-F에서 F는 약간의 음의 부분 전하(δ-로 표시), H는 약간의 양의 부분 전하(δ+로 표시)를 띠게 된다. 기체상 분자에서 특정 결합의 극성은 **쌍극자 모멘트**(dipole moment) μ로 나타내며, μ는

$$\mu = \delta r$$

으로 정의한다. 이 식에서 δ는 부분 전하, r은 부분 전하 사이의 거리이다. 쌍극자 모멘트의 SI 단위는 C · m(쿨롱 · 미터)이나 이 단위는 너무 커서 실제 쓰이지는 않는다. 대신에 대문자 D로 약칭하는 디바이(debye) 단위를 사용하며 1 D = 3.336 × 10^{-30} C · m이다.

쌍극자 모멘트는 방향성이 있는 벡터이다. 흔히 쌍극자 모멘트의 방향을 다음과 같은 모양의 화살표로 표시하며

$$\xrightarrow{\hspace{2cm}}$$
H-F

왼쪽 말단은 양의 부분 전하를 오른쪽 말단은 음의 부분 전하를 나타낸다. 공유성 분자의 쌍극자 모멘트는 대개 0~3 D이다(물: 1.85 D, HF: 1.82 D, HCN: 2.98 D).

사염화 탄소(CCl_4)의 네 결합은 극성이나 분자가 정사면체 구조이므로 분자의 쌍극자 모멘트의 벡터 합은 0이고 따라서 CCl_4 분자는 비극성이다. 비슷한 예는 삼각 평면 구조인 BF_3에서 볼 수 있다. 염화 메틸(CH_3Cl)의 경우 C-H 결합의 극성을 무시하면 쌍극자 모멘트는 C-Cl에 의한 것으로 볼 수 있다. C-Cl 결합의 길이는 178 pm이고 탄소와 염소 원자에 완전한 전하(전자에 해당하는)가 있다고 가정하면 μ = 8.50 D이다. 실제로는 μ = 1.87 D이므로 C-Cl 결합은 1.87/8.50 = 22%의 이온성이라고 말할 수 있다. 즉, 탄소와 염소에 +0.22 e와 −0.22 e의 부분 전하가 있는 셈이다.

이온성 백분율 l는 다음 식으로 구할 수 있다. 이 식에서 r은 옹스트롬 단위(10^{-8} cm)의 결합 길이이다. 예로서 HF 결합의 l는 100 × 1.82/(4.80 × 0.917) = 41%

$$l = 100\ \mu_{obs}(4.80\ r)$$

1.7 구조식 그리기

유기 분자의 루이스 구조식을 완전하게 그리는 일은 시간이 많이 걸리고 공간도 많이 차지하기 때문에 불편하다. 유기화학자는 그래서 구조식을 좀더 쉽게 그릴 수 있는 몇 가지 방법을 고안하였다. **축약 구조식**(condensed structure)에서는 선을 생략하되 원자는 CH_3처럼 쓴다. 더 많이 쓰는 구조식이 **선 구조식**(line structure)이다. 선 구조식으로 그리려면 사슬을 지그재그 모양으로 그리고 지그재그 선의 꺾인 부분과 두 말단에 탄소 원자가 있다고 간주한다. 단, O, N 같은 헤테로 원자는 표시한다. 탄소 원자에 결합된 수소는 표시하지 않으나(탄소의 원자가를 만족시키는 수만큼의 수소 원자가 있다고 가정) 헤테로 원자에 결합된 수소는 표시한다.

Lewis structure

$CH_2CHCH(OH)CH_2OCH_3$

condensed structure

line structure

고리 화합물도 비슷한 방법으로 선 구조식으로 그릴 수 있다.

Lewis structure   line structure

문제 1.9 아스코브산(비타민 C)과 피리독신(비타민 B_6)의 선 구조식을 그리시오.

a. ascorbic acid   b. pyridoxine

1.8   유기 분자를 간단하게 그리기

유기 분자를 그릴 때 흔히 반응이 일어나지 않는 부분을 대문자 R로 나타낸다. 만약 우리의 관심이 알코올 기에서 일어나는 반응이라면 알코올을 RCH_2OH라고 적을 수 있을 것이다.

특히 생분자는 구조가 매우 복잡하므로 생분자의 반응을 묘사할 때 반응이 일어나지 않는 부분까지 그리면 번거롭다. 이러한 경우에도 이 부분을 R로 표시하면 훨씬 더 간단하게 반응을 설명할 수 있다. 한 가지 예가 산화 환원 반응의 보조 효소(coenzyme) 인 플라빈 아데닌 다이뉴클레오타이드(flavin adenine dinucleotide, FAD)이다. 산화 환원 반응은 아래 구조의 아래 부분(컬러 표시)에서 일어나기 때문에 나머지 부분을 R로 간단하게 나타낼 수 있다.

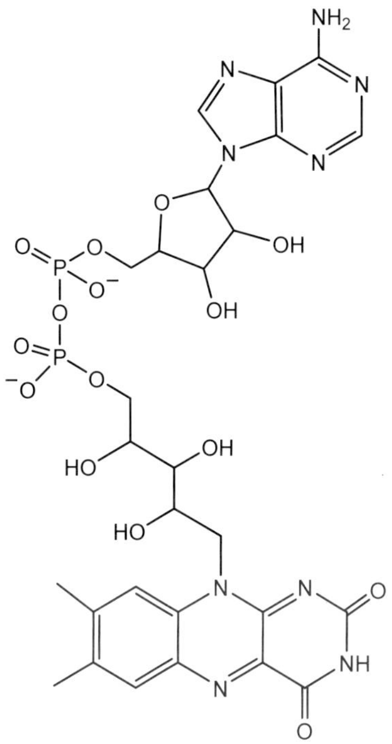

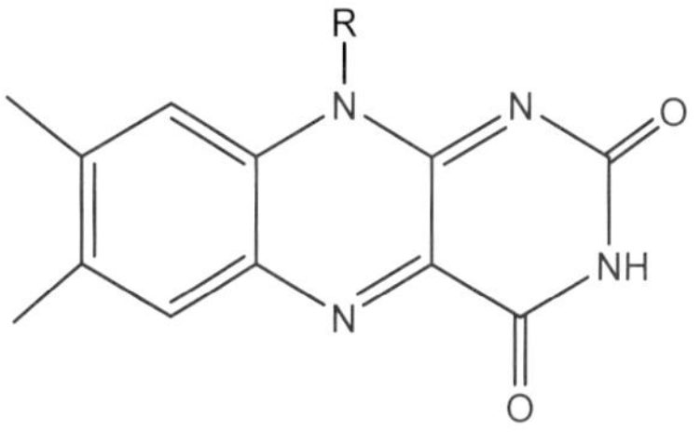

FAD

다른 방법은 '단절(break)' 기호를 사용하여 생고분자의 한 부분을 묘사하기도 한다.

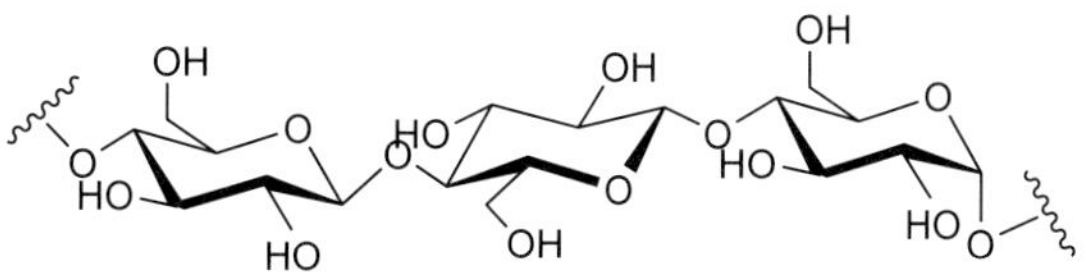

cellulose

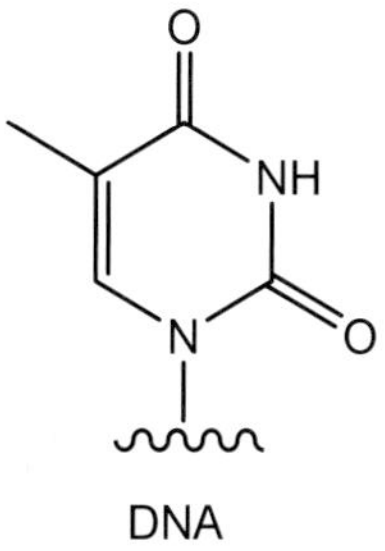

thymine base
in DNA

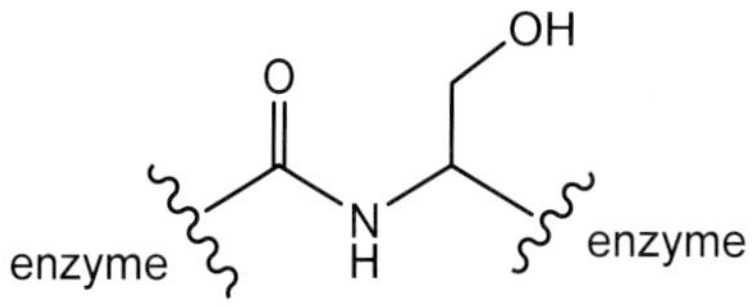

DNA

enzyme

enzyme

마지막으로 다음 예에서처럼, R은 일련의 비슷한 구조를 나타낼 때에도 쓰인다.

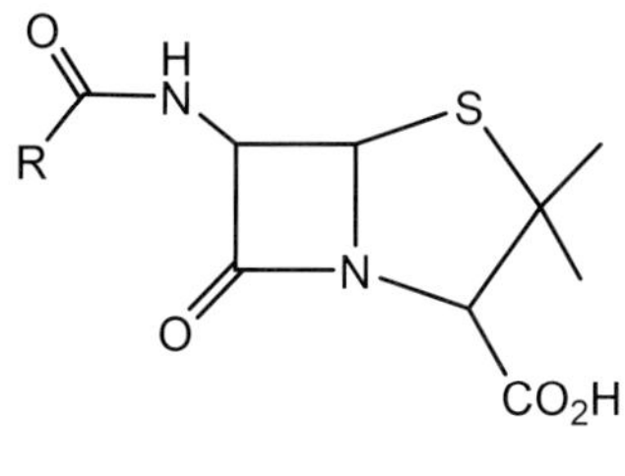

R = CH$_2$Ph; benzyl penicillin
R = PhCH(NH$_2$); ampicillin

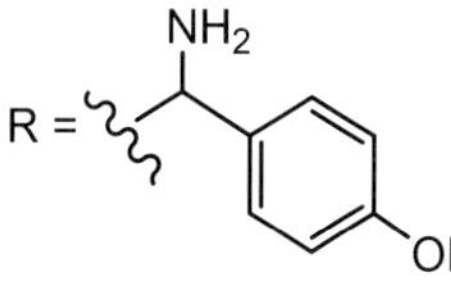

R =

amoxicillin

1.9 구조 이성질체

'iso'는 그리스 단어로서 "비슷하다"를 의미한다.

이성질체(異性質體, isomer)는 분자식은 같지만 서로 다른 화합물을 말한다. 예컨대 분자식이 C_2H_6O인 화합물에는 CH_3CH_2OH와 CH_3OCH_3의 두 가지가 있다. 이 두 분자는 원자의 연결 순서(connectivity)가 다른데, 이러한 이성질체를 구조 이성질체(constitutional isomer)라고 한다. 구조 이성질체의 다른 예는 다음과 같다(다른 종류의 이성질체인 입체 이성질체는 3장에서 다룰 것이다).

n-butane isobutane   glucose fructose

문제 1.10 $CH_3CH_2CH_2OH$의 구조 이성질체를 두 개 더 그리시오.

문제 1.11 다음 분자식의 가능한 구조 이성질체를 모두 그리시오.
a. C_5H_{12}(세 개)   b. C_6H_{14}(다섯 개)

1.10 작용기

지금까지 알려진 유기 화합물의 수는 일억 개 정도로 추산된다. 이렇게 많은 수의 유기 화합물의 화학적 및 물리적 성질을 하나씩 공부한다는 것은 현실적으로 불가능하다. 하지만 다행스럽게 특정한 원자의 모임인 **작용기**(functional group)를 알면 유기화학을 쉽게 이해할 수 있다.

그 이름에서 알 수 있듯이 작용기는 특정한 반응이 일어나는 분자 내의 한 부분이다. 작용기가 같으면 분자의 나머지 부분이 달라도 비슷한 반응이 일어날 것이라고 예측할 수 있다. 그러면 작용기는 몇 개나 있을까? 약 스무 개 정도의 작용기만 알면 유기화학 공부에 충분하다.

C-C와 C-H 결합만으로 이루어진 알케인에는 특정한 작용기가 없다고 볼 수 있다.

유기화학에서 가장 기본적인 작용기는 탄소와 탄소 그리고 탄소와 수소 사이가 모두 단일 결합인 **알케인**(alkane)이다. 알케인은 탄소와 수소로만 이루어진 **탄화수소**(hydrocarbon)의 한 부류로서 탄소가 최대 수의 수소 원자와 결합하고 있기 때문에 **포화 탄화수소**(saturated hydrocarbon)라고도 부른다(이 절에서는 화학 구조식 아래에 작용기 이름을 컬러로 표시하였다).

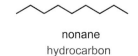

nonane
hydrocarbon

알켄과 알카인은 각각 탄소-탄소 이중 결합과 삼중 결합이 있는 불포화 탄화수소이다. 포화 및 불포화 탄화수소를 한꺼번에 지방족 탄화수소(aliphatic hydrocarbon)라고 부른다. 이러한 화합물은 물리적 성질이 지방(脂肪)과 비슷하기 때문이다.

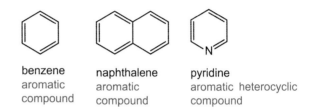

방향족 화합물(aromatic compound)은 벤젠이나 나프탈렌 같이 평면, 고리 구조의 불포화 탄화수소이다. 고리에 탄소 대신에 헤테로 원자가 있는 방향족 헤테로 고리 화합물(aromatic heterocyclic compound)도 있으며 그 수가 엄청나게 많다. DNA, RNA의 염기 등이 여기에 속한다.

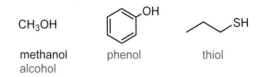

알킬 할라이드(할로젠화 알킬(alkyl halide), 할로알케인(haloalkane))는 알케인의 탄소에 할로젠 원자가 하나 이상 결합된 화합물이다.

CHCl₃   CCl₂F₂   CH₃Br

chloroform   dichlorodifluoromethane   bromomethane
alkyl halide   alkyl halide   alkyl halide

알코올(alcohol)은 탄소에 –OH기(하이드록실기)가 결합된 화합물이다. 하이드록실기가 직접 벤젠 고리에 붙어 있는 화합물을 페놀이라고 부른다. 알코올의 산소 원자가 황 원자로 바뀐 화합물을 싸이올(옛 이름은 머캅탄(mercaptan), '수은(mercury)을 붙잡는다(capture)'라는 의미의 라틴어 *mercurium captāns*에서 유래)이라고 부른다.

CH₃OH   OH   SH

methanol   phenol   thiol
alcohol

알코올, 페놀과 싸이올에서 양성자가 제거된 음이온을 각각 알콕사이드, 페놀레이트, 싸이올레이트라고 부르며 양성자가 첨가된 알코올을 옥소늄 이온이라고 부른다.

CH_3O^- phenolate   thiolate $H_3CCH_2\overset{+}{O}H_2$

alkoxide   phenolate   thiolate   oxonium ion

에터 작용기는 중심 산소에 두 탄소가 결합한 구조이다. 에폭사이드는 산소 원자 하나를 포함하는 삼원자 고리 화합물이다. 에터의 황 유사체를 싸이오에터 혹은 설파이드라고 부른다.

ether   epoxide   thioether sulfide

아민은 암모니아의 수소 대신에 탄소가 결합하고 있는 작용기이다. 사차 암모늄 이온은 질소에 네 탄소가 있는 양이온이다.

NH_3 CH_3NH_2

ammonia   amine   quaternary ammonium ion

인산에서 양성자가 완전히 제거된 짝염기를 인산 이온 혹은 무기 인산염이라고 부르며, 생화학에서는 Pi로 나타낸다. 두 인산염기가 인산염 무수물 결합으로 서로 연결되면 무기 파이로인산염이 얻어진다(흔히 PPi로 쓴다).

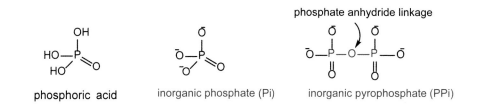

phosphoric acid   inorganic phosphate (Pi)   inorganic pyrophosphate (PPi)

탄소 하나에 포스페이트가 붙어 있으면 포스페이트 에스터, 두 탄소에 붙어 있으면 포스페이트 다이에스터라고 부른다.

phosphate ester   phosphate diester

탄소-산소 이중 결합의 카보닐(carbonyl)기는 많은 부류의 작용기에 들어 있기 때문에 아마도 유기화학에서 가장 중요한 작용기일 것이다. 케톤은 카보닐 탄소에 탄소 둘, 그리고 알데하이드는 탄소 하나만 연결된 구조이다. 폼알데하이드는 카보닐 탄소에 수소만 결합되어 있다.

carbonyl oxygen

carbonyl carbon

carbonyl group

탄소-질소 이중 결합이 있는 작용기를 이민이라고 부른다. 이민에 양성자가 첨가된 양이온은 이미늄 이온이다. 이민 구조에서 질소에 OH기가 있으면 옥심, NH_2기가 있으면 하이드라존이라고 부른다. 나이트로(nitro) 작용기는 $-NO_2$기를 말한다.

formaldehyde   aldehyde   ketone   imine   iminium ion

oxime   hydrazone   nitroalkane

카보닐 탄소에 헤테로 원자(O, N, S, 할로젠)가 붙어 있는 부류를 카복실산 유도체라고 부른다. 이 부류에 속한 화합물은 가수 분해를 통하여 카복실산으로 변환될 수 있기 때문이다. 카복실산 유도체의 원조는 카보닐기에 하이드록실기가 결합한 카복실산이다. 카복실산의 짝염기는 카복실산 음이온이다. 카복실산 유도체의 다른 예는 카복실산 에스터(그냥 에스터라고 부름), 싸이오에스터, 아마이드(아래 구조에서 NH_2의 수소 대신에 탄소 치환기가 있기도 함), 산 염화물(염화 아실), 산 무수물이다. 나이트릴은 탄소-질소 삼중 결합이 있는 화합물인데, 가수 분해를 하면 카복실산으로 변하기 때문에 카복실산 유도체로 간주할 수 있다.

carboxylic acid   carboxylate ion   carboxylate ester   thioester   amide

acid chloride
acyl chloride   acyl phosphate   acid anhydride   nitrile

문제 1.12 다음 분자에 들어 있는 작용기의 종류(알케인은 제외)는 무엇인가?

a.

androsterone

b.

Vitamin A

c.

acetylsalicylic acid
(aspirin)

d.

Amoxicillin

문제 1.13 다음 조건을 만족하는 분자의 선 구조식을 그리시오.

a. 분자식이 C_4H_8OS인 싸이오에스터

b. 분자식이 $C_5H_{10}O_2$이고 구조 이성질체 관계인 두 에스터

c. 분자식이 C_4H_8O인 케톤

d. 분자식이 $C_5H_{10}O$인 알데하이드

e. 분자식이 $C_5H_{11}NO$인 아마이드

1.11 분자의 기하 구조: VSEPR 모형

분자의 기하 구조는 원자가 껍질 전자쌍 반발(valence-shell electron-pair repulsion, VSEPR) 모형으로 흔히 설명한다. 이 모형에 따르면 원자가 껍질 전자쌍 사이의 반발이 최소가 되도록 분자(이온)의 원자들이 배열한다는 것이다. 다중 결합은 단일 결합으로 취급하며 전자쌍 사이의 반발은 다음 순서로 감소한다고 가정한다.

전자쌍 사이의 반발의 크기: 고립쌍/고립쌍 > 고립쌍/결합쌍 > 결합쌍/결합쌍

VSEPR 모형은 경험적 모형으로서 예외도 많이 존재한다. 예로서, H_2S는 H_2O처럼 굽은형이어야 하나 거의 직각 구조(92°)이고, PH_3도 삼각뿔 모형이어야 하나 H-P-H 결합각은 직각에 가까운 93.5°이다.

분자나 이온에 VSEPR 모형을 적용하려면 먼저 루이스 구조를 그린 후 입체 수(*SN*, steric number)를 구한다. 그러면 입체 수에 따라 표 1.3에서처럼 분자(이온)의 기하 구조가 결정된다(단, 분자의 모양을 말할 때 고립쌍 전자는 포함하지 않는다).

입체 수 = 중심 원자 A에 결합한 원자 B의 수 + A의 고립쌍 E의 수

표 1.3
입체 수에 따른 분자의 기하 구조

SN	분자(이온)의 부류	결합쌍의 수	고립쌍의 수	전자쌍의 배열	분자(이온)의 기하 구조	예
2	AB_2	2	0	선형	선형	CO_2
3	AB_3	3	0	삼각 평면	삼각 평면	BF_3, CH_3^+
3	AB_2E	2	1	삼각 평면	굽은형	SO_2
4	AB_2E_2	2	2	사면체	굽은형	H_2O
4	AB_3E	3	1	사면체	삼각뿔	NH_3
4	AB_4	4	0	사면체	사면체	CH_4

사면체 구조를 종이 평면에서 표현하는 방법 중의 하나는 대쉬(dash) 와 쐐기(wedge) 를 사용하는 것이다. 대쉬는 종이 면에서 보는 사람 뒤로 향한 결합, 쐐기는 앞으로 향한 결합을 나타낸다. 실선은 종이 면에 있는 결합이다.

메테인(CH_4)는 AB_4 부류에 속하기 때문에 사면체 구조이고, HCH 결합각은 109.5°로 예측되는데 실제 분자에서도 이 각도이다.

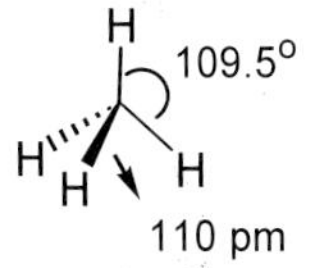

1.12 유기 화합물의 공유 결합: 원자가 결합 이론

1.12.1 원자가 결합 이론

원자가 결합(valence bond) 이론은 유기 화합물의 결합을 설명하기 위하여 자주 사용되는 모형이다. 이 모형에서는 두 원자의 원자 오비탈(atomic orbital, AO)의 겹침(overlap)으로 결합이 생긴다고 가정한다. 이때 각 오비탈은 전자 하나씩을 제공한다. 수소 분자나 플루오린화 수소 같은 분자의 생성은 이러한 모형으로 설명할 수 있다.

수소 분자의 σ 결합

두 수소 원자의 1s 오비탈이 적당한 거리에서 겹치면 수소 원자보다 더 안정한(에너지가 작은) 수소 분자가 생긴다. 두 수소 원자가 최적 거리(수소 분자의 경우 핵 사이의 거리가 74 pm으로 이 거리가 결합 길이이다)보다 더 멀거나(겹치는 정도가 작음) 더 가까우면(전자들 사이의 반발이 더 커짐) 에너지가 증가하게 된다. 기체상에서 수소 분자를 완전히 두 원자로 떼어놓는 데 필요한 에너지를 결합 해리 엔탈피(bond dissociation enthalpy)라고 부르며 결합 세기(bond strength)를 나타낸다. 수소 분자의 경우 약 104 kcal mol^{-1}이다.

상온에서의 결합 해리 엔탈피를 그냥 결합 엔탈피(bond enthalpy)라고 한다.

수소 분자의 공유 결합의 중요한 특징은 전자 분포가 실린더형 대칭이라는 점이다. 즉, 수소 분자를 두 핵 간 축에 수직인 단면을 잘라 보면 전자의 분포가 원형으로 대칭인 것을 의미한다. 이러한 결합을 σ(시그마) 결합이라고 부른다.

1s   +   1s   →   sigma bond

비슷하게 수소 원자의 1s 오비탈과 플루오린 원자의 2p 오비탈이 겹치면 HF의 σ 결합이 얻어진다.

H   +   F   →   sigma bond

1s   2p   sigma bond

흔히 **2p** 오비탈을 길쭉하게 나타내나 양자화학 계산에 의하면 구형에 더 가깝다. 두 로브를 밝고 어둡게 표시한 이유는 두 로브의 위상이 반대이기 때문이다.

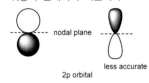

nodal plane

2p orbital

less accurate

1.12.2 혼성 오비탈

메테인, 에테인의 sp^3 혼성

탄소는 원자 번호가 6인 원자로서 바닥 상태의 전자 배치는 $1s^2 2s^2 2p^2$이다. 이 전자 배치를 다음과 같이 그릴 수도 있다.

energy

2p

2s

1s

탄소 원자의 전자 배치를 보면 짝을 이루지 않는 전자가 두 개뿐이므로 탄소 원자는 두 수소 원자와 결합을 이룰 수 있을 것이라고 추측되고, 그러면 CH_2라는 구조가 얻어질 것이다. 또한 2p AO만 사용한다면 결합 각도가 직각일 것이다. 이러한 예측은 사면체 구조의 CH_4이 존재한다는 사실과 크게 다르다.

이러한 딜레마를 해결하기 위하여 미국 화학자 폴링(Pauling)은 1931년에 두 가지 방안을 제시하였다. 첫 번째는 2s AO의 전자 하나를 비어 있는 2p AO로 올리는 것이다. 이 과정은 2s와 2p AO의 에너지 차이에 해당하는 에너지(96 kcal mol^{-1})가 필요할 것이다. 이러면 짝을 이루지 않는 전자가 네 개이므로 CH_4의 생성이 가능하다(두 C-H 결합이 더 생기므로 200 kcal mol^{-1}의 에너지가 방출되고 이는 '승급(promotion)'에 필요한 에너지를 상쇄하고도 남는 값이다).

energy

2p

2s

1s

promotion

96 kcal mol^{-1}

energy

2p

2s

1s

하지만 아직까지는 CH_4의 사면체 구조는 설명할 수 없다. 폴링은 이 문제를 혼성 오비탈(hybrid orbital)의 개념을 사용하여 해결하였다. 원자 오비탈 2s 하나와 2p 세 개를 네 번 섞으면(혼성) 네 개의 오비탈이 다시 생성되는데, 이 오비탈을 sp^3 혼성 오비탈이라고 한다. 혼성 오비탈의 개수는 혼성에 사용된 AO의 개수와 같다. 신기한(?) 일은 이렇게 하여 얻어진 네 개의 sp^3 혼성 오비탈이 탄소 원자 중심에서 사면체 구조를 이룬다는 점이다.

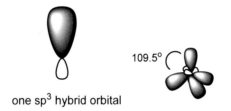

혼성이라는 말의 의미는 다음과 같이 수학적으로 한 원자의 네 원자 오비탈을 더하고 빼서 새로운 오비탈(sp^3 혼성 오비탈이라고 부르는)을 얻는다는 뜻이다. 혼성 오비탈의 수는 혼성에 사용한 원자 오비탈의 수와 같다.

$2s + 2p_x + 2p_y + 2p_z$
$2s - 2p_x - 2p_y + 2p_z$
$2s + 2p_x - 2p_y - 2p_z$
$2s - 2p_x + 2p_v - 2p_z$

아래 그림은 sp^3 혼성 오비탈과 탄소의 네 sp^3 혼성 오비탈을 보여주고 있다. 2p AO처럼 두 로브는 상이 반대이나 두 로브의 크기는 다르다.

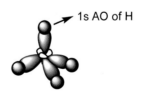

109.5°

one sp³ hybrid orbital

전자가 하나씩 들어 있는 탄소 원자의 네 sp^3 혼성 오비탈이 수소 원자의 1s AO와 겹치면 CH_4 분자가 생성된다. 탄소와 수소 사이의 결합은 σ 결합이다.

1s AO of H

암모니아의 경우에도 2s AO 하나와 2p AO 셋이 혼성하면 sp^3 혼성 오비탈 네 개가 생긴다. 이 혼성 오비탈 중에서 홀전자가 있는 오비탈 세 개가 각각 수소 1s AO와 겹치면 암모니아의 N-H σ 결합 세 개를 얻을 수 있다. 질소 원자의 고립쌍은 sp^3 혼성 오비탈에 놓이게 된다.

에테인에서의 탄소-탄소 결합은 두 탄소 원자의 sp³ 혼성 오비탈의 겹침으로 설명할
수 있다. 이 결합은 σ 결합이며 전자 밀도가 결합 축의 회전에 대하여 대칭이다. 따라
서 탄소-탄소 σ 결합의 회전은 에너지가 많이 필요하지 않으며 상온에서는 그 회전이
자유롭다. 이러한 점은 4장에서 더 자세하게 다룰 것이다. 에테인에서 탄소-탄소 결합
엔탈피는 90 kcal mol⁻¹이다.

에틸렌의 sp² 혼성

에틸렌(에텐)의 결합은 sp² 혼성 오비탈로 설명할 수 있다. 다음과 같이 탄소 원자의
2s AO 하나와 2p AO 둘이 혼성하면 세 개의 sp² 혼성 오비탈이 생기고, 이 오비탈은
서로 120° 각도를 이룬다. 혼성에 참여하지 않은 2p 오비탈(컬러 표시)은 세 sp² 혼성
오비탈과 직각을 이룬다.

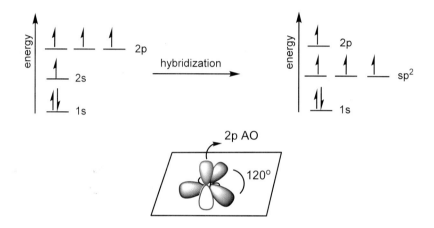

한 탄소 원자의 세 sp² 혼성 오비탈 중에서 둘이 수소 원자의 1s AO와 겹치고, 나머지
하나가 다른 탄소 원자의 sp² 혼성 오비탈과 겹치면 C-H σ 결합 두 개와 C-C σ 결합
하나가 생성된다. 한 탄소 원자의 혼성에 참여하지 않은 2p AO가 다른 탄소 원자의
2p AO와 겹치면 π(파이) 결합이라고 부르는 결합이 생긴다. 두 2p AO가 최대로 겹치
려면 서로 나란히 겹쳐야 한다. 그러면 에텐의 모든 원자는 같은 평면에 놓이게 되며
π 전자는 이 평면의 위와 아래 쪽에 분포한다. π 결합은 σ 결합과 다르게 상온에서는
자유 회전이 불가능하다. 회전하려면 π 결합이 깨져야 하는데 이 과정에 π 결합에 해
당하는 84 kcal mol⁻¹ 만큼의 에너지가 필요하다. 이러한 큰 에너지는 상온에서의 열
에너지가 줄 수 없기 때문에 자유 회전은 일어나지 않는다(상온에서도 적당한 진동수
의 빛을 쪼이면 회전이 가능할 수 있다). π 결합은 σ 결합에 비하여 오비탈이 덜 겹치
므로 σ 결합보다는 약하다.

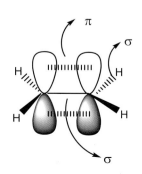

아세틸렌의 sp 혼성

아세틸렌의 결합은 sp 혼성 오비탈로 설명할 수 있다. 다음과 같이 탄소 원자의 2s AO 하나와 2p AO 하나가 혼성하면 두 개의 sp 혼성 오비탈이 생기고, 이 오비탈은 서로 180° 각도를 이룬다. 또한 혼성에 참여하지 않은 두 2p AO가 존재한다.

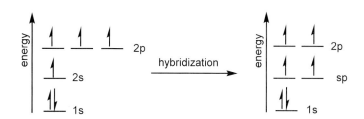

에텐에서와 비슷하게 한 탄소 원자의 혼성에 참여하지 않은 두 2p 오비탈이 겹치면 두 π 결합이 생긴다.

two π bonds in acetylne

루이스 구조에서 혼성 오비탈 예측하기

그렇다면 루이스 구조에서 한 원자가 어떠한 혼성 오비탈을 취하는지를 어떻게 알 수 있을까? 혼성은 기본적으로 분자 모양을 설명하기 위하여 제안된 개념이므로 VSEPR 모형으로 분자 모양을 예측할 수 있으면 자동적으로 혼성 오비탈을 알 수 있다. 즉, 분자에서 한 원자의 *SN*이 2, 3과 4인 경우 그 원자가 사용하는 혼성 AO는 각각 sp, sp², sp³일 것이다. 다음 예를 보자.

SN = 3, sp²   *SN* = 3, sp²   *SN* = 2, sp

Ph-C≡O:

문제 1.14   밑줄 친 원자의 혼성을 예측하시오.

a. $CH_3\underline{C}H_2{}^+$ b. $CH_2=\underline{C}H^+$ c. $CH_3\underline{C}H_2{}^-$ d.

문제 1.15 다음 구조에서 컬러로 표시한 세 원자를 포함하는 면과 같은 면에 놓인 원자를 고르시오.

a.
$$CH_2Cl-C(H)=C(Cl)(Cl)$$

b.

1.12.3 단일, 이중 및 삼중 결합의 비교

단일 결합은 σ 결합 하나, 이중 결합은 σ 결합 하나와 π 결합 하나, 그리고 삼중 결합은 σ 결합 하나와 π 결합 두 개로 이루어져 있다. 같은 σ 결합이더라도 에테인, 에텐과 에타인의 C-C 결합은 각각 sp^3, sp^2와 sp 혼성 오비탈이 겹쳐서 생긴다. 이때 s-성질 백분율(percent s-character)이라는 말로 혼성 오비탈을 만들 때 사용했던 2s AO의 기여도를 나타낸다. 그러면 sp^3 혼성 오비탈은 한 개의 2s AO/네 개의 혼성 오비탈 = 25% s-성질일 것이다. 반면에 sp 혼성 오비탈은 50% s-성질이다. 2p 오비탈에 비하여 2s 오비탈은 더 핵에 가까이 '침투'하기 때문에 전자가 핵에 더 가까이 붙잡혀 있다. 따라서 s 오비탈의 성질이 가장 큰 sp 혼성 오비탈이 겹쳐서 생긴 아세틸렌의 탄소-탄소 길이가 가장 짧다.

C-C 결합 길이: CH_3-CH_3(153 pm) > $CH_2=CH_2$(134 pm) > HC≡CH(121 pm)

결합 차수가 클수록 결합 세기는 더 커지므로 삼중 결합의 결합 엔탈피가 가장 크다.

결합 세기:
  HC≡CH(230 kcal mol^{-1}) > $CH_2=CH_2$(174 kcal mol^{-1}) > CH_2-CH_3(90 kcal mol^{-1})

또한 s-성질 백분율이 가장 큰 sp 탄소가 가장 전기 음성적이다:

전기 음성도: sp C > sp^2 C > sp^3 C

1.13 분자 오비탈 이론

원자가 결합 이론은 유기 화합물의 결합을 설명할 때 자주 쓰이지만, 벤젠의 특별한 안정성이나 산소 분자의 상자성(paramagnetism), 화합물의 색이나 자기적 성질 등은 설명할 수 없다. 이러한 현상을 설명하기 위해서는 분자 오비탈(molecular orbital, MO) 이론을 이용하여야 한다.

수소 분자를 예로 들자. 원자가 결합 이론에서는 단순하게 수소 사이의 결합을 수소 원자의 1s 오비탈의 겹침으로만 설명하였다. 하지만 분자 오비탈 이론은 수소 원자의 두 1s 오비탈을 조합하면 새로운 오비탈이 두 개(이제 이 오비탈은 분자 오비탈이다) 생긴다고 말한다.

분자 오비탈은 각 원자의 AO를 수학적으로 선형 조합(linear combination)하여 얻을 수 있으며 AO의 수와 같은 수만큼 얻어진다. AO에서처럼 MO에 전자를 채울 때 파울리(Pauli)의 배타 원리와 훈트(Hund)의 규칙이 적용된다. 따라서 한 MO는 최대 스핀이 반대인 두 개의 전자만 수용할 수 있다. AO에 전자를 채울 때처럼 가장 에너지가 낮은 MO에서부터 전자가 채워지고, 그러면 바닥 상태 MO의 전자 배치가 얻어진다.

다시 수소 분자를 예로 들자. 두 수소 원자 A와 B의 1s 오비탈이 위상이 같은 채로 겹치면(마치 위상이 서로 맞는 sine 함수를 더하듯이) 두 핵 사이에서 전자 밀도가 증가하여 결합이 이루어진다. 이렇게 하여 얻어진 MO를 σ_{1s} 결합성 MO(bonding MO)라고 부른다. 원자가 결합 이론에서 다루었듯이, σ 결합은 특정한 공간에서의 전자 밀도가 결합축을 중심으로 회전하여도 변하지 않는(원형으로 대칭) 결합이다(모든 단일 결합은 σ 결합이다). 이를 수학적으로 표현하면(각 AO의 계수는 무시),

$$\sigma_{1s} = \text{H}_A \text{ 원자의 1s AO} + \text{H}_B \text{ 원자의 1s AO}$$

라고 쓸 수 있다. σ_{1s} MO의 에너지는 1s AO의 에너지보다 더 낮다.

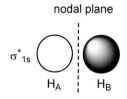

반면에, 두 1s 오비탈의 위상이 반대인 채로 겹치면(마치 위상이 서로 반대인 sine 함수를 더하듯이) 핵 사이에서 전자 밀도가 0인 마디 면(nodal plane)이 있는 σ^*_{1s} 반결합성 MO(antibonding MO)가 생기며 이 MO는 에너지가 1s AO보다 더 높다.

$$\sigma^*_{1s} = \text{H}_A \text{ 원자의 1s AO} - \text{H}_B \text{ 원자의 1s AO}$$

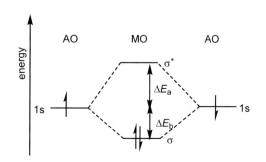

결합성 MO가 1s AO보다 에너지가 낮아지는 정도 ΔE_b는 반결합성 MO가 더 불안정해지는 정도 ΔE_a보다 더 작다(왜 그럴까?).

수소 분자의 에너지 도표는 다음과 같이 그릴 수 있다.

C-C의 결합성 MO와 반결합성 MO는 어떻게 그리면 좋을까? C-C 결합은 sp³ 혼성 오비탈의 조합으로 얻어진다. 같은 위상끼리 겹치면 σ MO, 그리고 반대 위상끼리 겹치면 마디 면이 있는 σ* MO가 생긴다.

생성물 nodal plane

C-C σ bonding MO   C-C σ* antibonding MO

C-X(X = 할로젠, 산소, 질소 등의 헤테로 원자) 결합성 MO의 경우 X가 C보다 전기 음성도가 크므로 전자 밀도가 X에서 더 많다. 따라서 X의 sp³ AO를 더 크게 그린다. 하지만 반결합성 MO에서는 반대로 그린다.

C-X bonding σ MO   C-X antibonding σ* MO

에틸렌의 π 결합은 인접한 두 탄소 원자의 2p AO의 측면 겹침으로 생긴다. 두 2p AO는 두 가지 방식으로 조합될 수 있다. 위상이 같은 2p AO가 겹치면 π 결합성 MO 가 생기며, 이 MO는 2p AO보다 에너지가 더 낮다. 반면에 위상이 반대인 두 2p AO 가 겹치면 π* 반결합성 MO가 생긴다. π* MO는 핵 사이에 마디 면이 있으며 2p AO 보다 에너지가 더 높다.

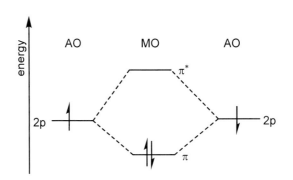

π MO와 π* MO는 다음과 같이 표현할 수 있다.

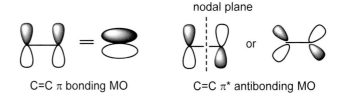

nodal plane

C=C π bonding MO   C=C π* antibonding MO

C=O π 결합성 MO는 전기 음성도가 더 큰 산소의 오비탈을 더 크게 그리고, π* 반결합성 MO는 반대로 그린다(C-X의 MO와 비슷).

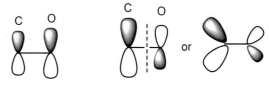

C=O π bonding MO   C=O π * antibonding MO

앞으로 다루겠지만, C-C, C-X, C=C, C=O 결합의 결합성 MO와 반결합성 MO의 모양은 유기 화합물의 구조(형태 등)나 반응을 이해하는 데 매우 중요하다.

문제 1.16   a. 클로로폼(CHCl$_3$)에서 C–Cl 결합은 무슨 오비탈의 겹침으로 만들어지는가?

b. C–Cl 결합성 σ MO와 반결합성 σ* MO를 그리시오. 로브의 상과 크기에 유념하시오

문제 1.17   코티손은 건선, 관절염, 천식 같은 염증 질환의 치료에 사용되는 약이다. 코티손에서 결합 a는 탄소의 sp^3 혼성 오비탈과 산소의 sp^3 혼성 오비탈의 겹침으로 생성된 σ 결합이다. 결합 b, c 및 d에 대해 마찬가지로 분석하시오.

cortisone

1.14 공명 구조

어떠한 경우에는 루이스 구조 하나만으로는 실제 구조를 표현할 수 없는 경우도 있다. 예로 나이트로메테인(CH$_3$NO$_2$)의 루이스 구조 **A**를 보자. 이 구조에 의하면 두 N-O 결합 길이는 다를 것으로 예측되나 실제로는 모두 같다(N-O 결합 길이는 122 pm로서 N-O 단일 결합 길이 130 pm와 N=O 이중 결합 길이 116 pm의 중간이다). 따라서 루이스 구조 **A**는 실제 구조를 제대로 나타내지 못한다는 점을 알 수 있다. 이러한 문제를 해결하기 위하여 공명(共鳴, resonance)이라고 부르는 이론이 도입되었다. 공명 이론에 의하면 실제 구조는 두 개 이상의 루이스 구조(공명 구조(resonance structure)라고 부름)가 혼합된 구조인 공명 혼성체(resonance hybrid)로 표현할 수 있다. 나이트로메테인의 경우, 전자 배치가 다른 구조 B를 그릴 수 있으며 실제 구조는 구조 A와 B의 공명 혼성체라고 간주한다. 공명 구조 사이의 관계는 양쪽 화살표, ↔ (double-headed arrow)로 나타낸다.

A　　　　　　　**B**　　　　resonance hybrid

1.14.1 공명 구조 그리기

각 공명 구조는 실제가 아닌 가상적(존재하지 않는) 구조이다. 공명에 참여하는 공명 기여체(resonance contributor)의 수(특히 같은 공명 구조의 수)가 많을수록 실제 구조는 더 안정하며 공명 혼성체는 각 공명 구조보다 더 안정하다고 본다. 그래서 공명 구조가 두 개 이상 가능한 구조는 "공명 안정화(resonance stabilized)되어 있다"고 말한다.

공명 구조에서는 원자의 위치는 동일하고, π 혹은 고립쌍 전자의 위치만 다르다(따라서 σ 결합이 깨지게 그리면 안 된다). π 혹은 고립쌍 전자의 이동은 굽은 화살표(curved arrow)를 사용하여 나타낸다(2장에서 다루겠지만, 굽은 화살표는 유기 반응의 메커니즘을 그릴 때에도 사용된다).

굽은 화살표 ⟋⟍ 에서 왼쪽 끝은 전자 두 개(전자쌍 하나)가 이동할 때 그 출발지를 나타내고 오른쪽 끝은 전자쌍의 도착지를 나타낸다. 따라서 공명 구조를 그릴 때에는 굽은 화살표의 양끝이 전자쌍의 출발지와 도착지에 놓이도록 그려야 한다.

A　　　　　　　　　　**B**

공명 구조를 그릴 때 지켜야 하는 규칙은 다음과 같다.

a) π 혹은 고립쌍 전자만 이동한다. σ 결합 전자는 이동하지 않는다.

b) 공명 구조는 알짜 전하, 전자쌍 그리고 홀전자의 수가 모두 같아야 한다

c) 모든 공명 구조는 올바른 루이스 구조이어야 한다. 2주기 원소는 팔전자 규칙을 따른다.

유기화학에서 흔히 접하는 공명 구조는 크게 네 가지 부류에 속한다. 첫 번째 부류는 알릴 자리 계(X=Y−Z*)로서 Z*는 고립쌍이 있거나 양전하, 음전하 또는 홀전자를 띤 원자이다.

'allyl(알릴)'기는 CH₂=CH-CH₂ 기 만을 가리킨다. 마늘에는 이러한 기를 함유하는 allicin이라는 화합물이 들어 있기 때문에 마늘의 학명 *allium*에서 'allyl'이라는 말이 유래하였다. 'allylic(알릴성 혹은 알릴 자리)' 양이온(음이온, 라디칼)은 알릴기의 수소 원자 대신에 알킬기나 할로 치환기 등이 붙어 있는 양이온(음이온, 라디칼)을 총괄하는 말이다.

allyl cation

allylic cations

'benzyl(벤질)'과 'benzylic(벤질성 혹은 벤질 자리)'이라는 말도 비슷하게 사용된다. 즉, 'benzyl'기는 C₆H₅CH₂기만을 가리키며 'benzylic'기는 벤질기의 수소 원자가 다른 치환기로 치환된 기를 전부 아우른다.

benzyl cation

benzylic cation

두 번째 부류는 콘쥬게이트 이중 결합이 있는 계(이중 결합과 단일 결합이 번갈아 있는 계)이다.

세 번째 부류는 고립쌍과 양전하가 이웃 원자에 놓인 계이다.

마지막으로 네 번째 부류는 X=Y 계로 X, Y 중에서 한 원자는 전기 음성도가 더 크다. 그러면 더 전기 음성 원자에 음의 형식 전하를 띤 공명 구조를 그릴 수 있다.

문제 1.18 다음 굽은 화살표를 이용하여 전자쌍을 이동하였을 때 얻어지는 공명 구조를 고립쌍과 형식 전하를 포함하여 그리시오.

a.   b.   c.   d.

문제 1.19 첫 번째 공명 구조를 두 번째 공명 구조로 바꾸는 데 필요한 굽은 화살표를 그리시오.

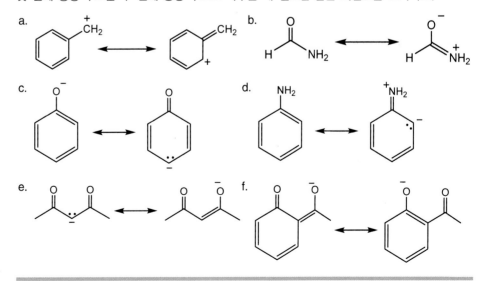

a.   b.

c.   d.

e.   f.

1.14.2 공명 구조의 안정성

공명 구조가 실제 구조에 기여하는 정도는 그 안정도에 달려 있다. 즉, 더 안정할수록 실제 구조에 더 크게 기여한다(크게 기여하는 구조를 주 공명 기여체(major resonance contributor), 덜 기여하는 구조를 부 공명 기여체(minor resonance contributor), 별로 기여하지 않는 구조는 중요하지 않은(unimportant) 기여체라고 부를 수 있을 것이다).

공명 구조는 실제 구조가 아닌데 안정성을 어떻게 알 수 있을까? 이 점에 관한 몇 가지 원칙이 있으며 그 중요도에 따라서 다음과 같이 쓸 수 있다(가장 중요한 원칙이 먼저).

a) 2주기 원소는 팔전자 규칙을 만족하여야 한다. 3주기 원소 및 그 아래 있는 원소는 팔전자계보다 더 많은 전자를 수용할 수 있다.

$$H_2C{=}\overset{+}{O}{-}CH_3 \quad\longleftrightarrow\quad H_2\overset{+}{C}{-}O{-}CH_3$$
major   minor

b) 결합의 수는 최대한 많아야 한다.

major   minor

c) 음전하는 더 전기 음성인 원자에 놓여야 한다.

minor   major

d) 형식 전하의 분리가 최소화되어야 한다.

major   minor   unimportant

문제 1.20 다음 화학종의 가능한 모든 공명 구조를 굽은 화살표를 이용하여 그리고, 주 공명 기여체와 부 공명 기여체를 확인하시오(고립쌍을 모두 표시하여야 함. 공명 구조의 안정성이 같거나 비슷하면 '안정성 비슷'이라고 쓸 것).

a.   b.   c.

d.   e.   f.

g.   h.   i.

문제 1.21 다음 구조의 주 공명 기여체를 그리시오.

a. b. c.

1.14.3   공명 구조와 혼성 오비탈

엔올 음이온(enolate)에서 산소의 혼성은 VSEPR 모델에 의하면 sp³인 것처럼 보인다.

enolate

하지만 구조 A의 다른 공명 구조 B에서는 산소의 혼성이 sp²이다. 어느 것이 맞을까? 두 공명 구조를 보면 음전하는 두 원자에 비편재화되어 있는데, MO 이론에 의하면 이러한 비편재화가 일어나려면 반드시 세 2p AO가 나란히 겹쳐야 한다. 그러려면 세 원자의 혼성을 sp²라고 간주하여야 한다.

추가 문제

〈전자 배치〉

문제 1.22   다음 원자 혹은 이온의 전자 배치를 쓰시오($1s^22s^22p^6$을 대신 [Ne]라고 적음).

a. F^- b. Ca^{2+} c. K^+ d. Mg   e. O

문제 1.23   바닥 상태 전자 배치가 다음과 같은 원자는 무엇인가?

a. $1s^22s^22p^3$ b. $1s^22s^22p^2$ c. $1s^22s^22p^63s^23p^2$ d. $1s^22s^22p^63s^23p^4$

문제 1.24   다음 원자의 원자가 전자의 수는 몇 개인가?

a. Mg   b. S   c. Xe   d. Br   e. Al

〈루이스 구조와 형식 전하〉

문제 1.25   다음 화학종의 루이스 구조를 그리시오.

a. 암모니아(NH_3)   b. 다이메틸 에터(CH_3OCH_3)

c. 에탄올(CH_3CH_2OH)   d. 아세톤(CH_3COCH_3)

문제 1.26   다음 구조에서 색으로 표시한 원자에 형식 전하를 부여하시오.

a. $H_3C-\overset{\displaystyle H}{\underset{\cdot\cdot}{O}}-H$ b. $H_3C-\overset{\cdot\cdot}{O}-H$ c. $H_3C-\overset{\displaystyle CH_3}{\underset{\displaystyle CH_3}{N}}-CH_3$

d. $H_3C-\overset{\cdot\cdot}{\underset{\cdot\cdot}{O}}{:}$ e. $H_3C-\overset{\displaystyle CH_3}{\underset{\displaystyle CH_3}{C}}$ f. $H_3C-\overset{\displaystyle CH_3}{\underset{\displaystyle CH_3}{C}}{:}$

문제 1.27   이산화 질소(NO_2)는 상온에서 적갈색 기체로서 NOX라고 부르는 질소 산화물 중 대표적인 대기 오염 물질이다. NO_2는 홀전자가 있으며 홀전자는 질소 혹은 산소 원자에 놓일 수 있다. 1.5절에서 형식 전하가 작은 루이스 구조가 형식 전하가 큰 구조보다 더 선호된다고 언급하였다. 이 원칙에 따라서 형식 전하가 더 작은 이산화 질소의 루이스 구조를 그리시오(실제로는 이산화 질소의 홀전자는 질소 원자에 놓여 있다. 문제 1.7의 NO와 비교할 것).

〈극성 결합〉

문제 1.28   다음 두 원자 사이의 결합이 공유성인 것을 모두 고르시오.

a. C, O   b. Cl, Li   c. N, C

d. C, S   e. Br, I

문제 1.29   다음 공유 결합의 부분 전하를 표시하고 이를 쌍극자 화살표로 나타내시오.

a. C-Br   b. I-Cl   c. C-N   d. H-N

〈공명 구조〉

문제 1.30 다음 화학종의 가능한 모든 공명 구조를 굽은 화살표를 이용하여 그리고 주 공명 기여체와 부
공명 기여체를 확인하시오(고립쌍을 모두 표시하여야 함. 공명 구조의 안정성이 같거나 비슷하면
'안정성 비슷'이라고 쓸 것).

문제 1.31 홀전자가 있는 라디칼인 이산화 염소(ClO_2)는 식수의 염소 소독에 쓰이는 녹황색의 기체이다.
이산화 염소의 루이스 구조와 공명 구조를 그리시오.

〈산화수〉

문제 1.32 데스-마틴 과아이오디네인이라고 부르는 다음 화합물은 알코올의 산화에 쓰이는 시약이다. 아이오
딘의 형식 전하와 산화수를 구하시오.

Dess-Martin periodinane

〈기하 구조와 혼성 오비탈〉

문제 1.33 다음 분자에서 탄소 원자의 혼성은 무엇인가?

    a. HCN   b. $H_2C=CH_2$ c. $HC \equiv CH$ d. $CH_2=NH$

문제 1.34 다음 화학종의 기하 구조를 VSEPR 모형을 이용하여 예측하시오.

    a. NH_4^+ b. CH_3^+ c. $CH_3{:}^-$ d. HCHO

〈분자 오비탈〉

문제 1.35 분자 오비탈(MO)을 상(phase)을 포함하여 그리시오.

    a. CH_3-CH_3에서 C–C σ MO   b. CH_3-CH_3에서 C–C σ* MO

    c. $H_2C=CH_2$에서 C=C π MO   d. $H_2C=CH_2$에서 C=C π* MO

문제 1.36 CH_3OH분자에서 C–O 결합의 결합성 MO는 무슨 AO의 겹침으로 생기는가?

2

산과 염기:
유기 반응의 메커니즘

산은 톡 쏘는 맛이 난다. 프랑스 화학자 라부아지에(질량보존의 법칙을 발견하고 체계적 명명법을 도입하는 등 소위 화학 혁명을 일으켰으나 프랑스 혁명의 여파로 단두대에서 생을 마감)는 모든 산에는 산소가 들어 있다고 잘못 생각하여 산소 기체를 'oxygene'이라고 명명하였다. 'oxy'는 산의 쏘는(sharp) 맛, 그리고 'gene'을 '만든다'는 의미이다. 'oxy'에서 유래한 영어 단위 중에는 'oxymoron'이라는 말이 있다.

산과 염기는 일반화학에서 다루었던 주제이기 때문에 유기화학에서 왜 또 다루는지 의아해할 것이다. 이 주제를 다시 공부하는 이유는 산과 염기가 그만큼 중요하기 때문이다. 그렇다면 왜 중요할까? 우선, 산과 염기는 유기 반응의 촉매나 시약으로 사용되므로 산과 염기의 세기와 구조를 알 필요가 있다. 또한 산과 염기의 세기는 분자 구조와 치환기의 영향을 받는데, 이러한 점을 이해하면 유기 화합물의 반응성의 이해에 도움이 된다. 마지막으로, 루이스 산과 루이스 염기의 반응은 전자쌍의 이동을 수반하는데, 대부분의 유기 반응도 전자가 풍부한 결합이나 원자에서 전자가 부족한 결합이나 원자로 전자쌍이 이동하면서 새로운 결합이 생기는 방식으로 일어난다. 따라서 산과 염기의 반응을 이해하면 유기 반응을 더 쉽게 이해할 수 있을 것이다.

2.1   산과 염기

덴마크 화학자 브뢴스테드(Brønsted)가 1923년에 소개한 브뢴스테드 산-염기 정의에 의하면 산 HA는 양성자를 주는 물질(양성자 주개)이고, 염기 B는 양성자를 받는 물질(양성자 받개)이다. 이 정의에 의하면 산과 염기 사이의 반응은 양성자 이동 단계(proton transfer step, pts)인 셈이다. 염기가 양성자를 받기 위해서는 염기에 고립쌍이 있어야 한다.

$$H-A + :B \rightarrow A:^- + H-B^+$$

HA는 그 양성자 H^+를 :B에 주고 :B는 양성자를 받았기 때문에 HA는 브뢴스테드 산이고 B는 염기이다. 전자쌍의 이동이라는 관점에서 보면 :B의 고립쌍이 양성자 H^+로 이동하면서 B와 H 사이에 단일 결합이 생기며, 동시에 H-A의 결합 전자쌍이 완전히 A로 이동한 셈이다. 유기화학자는 이러한 전자쌍의 이동을 공명 구조를 그릴 때 사용하였던 미늘이 두 개인 굽은 화살표(curved arrow)로 표시한다. 굽은 화살표의 양 끝이 의미하는 바는 공명 구조를 그릴 때와 같다. 즉 화살표의 꼬리는 전자 이동의 출발지, 머리는 도착지를 의미한다.

문제 2.1   다음 산-염기 반응의 생성물의 구조를 그리고, 전자쌍의 이동을 굽은 화살표로 나타내시오.
a. 아세트산(CH_3CO_2H)와 암모니아(NH_3)
b. 암모늄 이온(NH_4^+)와 아세트산 이온($CH_3CO_2^-$)

문제 2.2 다음 산-염기 반응의 생성물을 그리시오.

a.

b.

산의 세기는 묽은 수용액에서 다음 반응의 평형 상수 K로 정의한다.

$$HA + H_2O \;\underset{}{\overset{K_a}{\rightleftharpoons}}\; ^-A + H_3O^+$$

$$K_a = [A^-]\,[H_3O^+]/[HA]$$

평형 상수 K를 산 이온화 상수(acid ionization constant) K_a라고 부르며, K가 1보다 매우 작은 약산의 경우에는 pK_a($-\log K_a$)를 흔히 사용한다. 센산은 pK_a 값이 0보다 작은 산이고 약산은 0보다 큰 산이다. 산 이온화 상수 K_a가 클수록 그 산은 더 센 산이며, 반면에 pK_a가 클수록 더 약한 산이 된다. A^-를 산 HA의 짝염기(conjugate base), H_3O^+를 염기 H_2O의 짝산(conjugate acid)이라고 부른다(역반응에서는 HA가 A^-의 짝산, H_2O이 H_3O^+의 짝염기가 된다).

평형 상수 K는 표준 깁스 에너지의 변화 ΔG^o와 다음과 같은 관계를 이룬다.

$$\Delta G^o = -RT\,\ln K$$

또한 $G = H - TS$이므로 일정 온도에서의 ΔG^o는 다음과 같다.

$$\Delta G^o = 2.303\ RT\,pK_a = \Delta H^o - T\Delta S^o$$

25°C에서 ΔG^o (kcal mol^{-1}) $\sim$ $-1.4\log K = 1.4\,pK_a$의 식이 성립하며, 이 식을 이용하면 쉽게 pK_a에서 ΔG^o를 kcal mol^{-1} 단위로 구할 수 있다. 예를 들어 아세트산의 $pK_a = \sim 5$이므로 $\Delta G^o = \sim 7$ kcal mol^{-1}이다.

비슷하게 염기의 세기는 묽은 수용액에서 다음 반응의 평형 상수 K_b로 정의한다.

$$B + H_2O \underset{}{\overset{K_b}{\rightleftharpoons}} BH^+ + HO^-$$

$$K_b = [BH^+]\,[HO^-]/[B]$$

K_b를 염기 이온화 상수(base ionization constant)라고 부르며 K_b가 1보다 매우 작은 약염기의 경우에는 $pK_b(-\log K_b)$를 사용한다. 산의 경우처럼 염기의 K_b가 클수록 그 염기는 더 센 염기인 반면, pK_b가 클수록 더 약한 염기가 된다. 흔히 약염기의 세기를 pK_b가 아니라 그 염기의 짝산의 pK_a로 표시하기도 한다. 이 경우에는 pK_a가 클수록 더 센 염기가 된다.

염기의 pK_b와 그 짝산의 pK_a의 합은 상온에서 14.00이다.

$$pK_a + pK_b = 14.00$$

문제 2.3 산의 pK_a와 그 산의 짝염기의 pK_b는 $pK_a + pK_b = 14.00$의 관계에 있음을 보이시오.

대부분의 유기화학 교재를 보면 H_3O^+과 H_2O의 pK_a 값으로 각각 -1.7, 15.7이라고 적고 있으나 올바른 값은 아니다. 왜 그런지를 알려면 물리화학 교재를 참고하기 바란다.

pK_a 값이 0~14를 벗어난 산은 수용액에서 pK_a 값을 정확히 구할 수 없다. 수용액에서도 묽은 용액의 경우에 평형 상수 식이 더 잘 맞는다(활동도와 몰농도가 비슷해짐).

유기화학이나 생화학에서 자주 다루는 산의 대략적인 pK_a를 표 2.1에 정리하였다(더 많은 자료는 부록 A에 나와 있다). 이 값은 대부분 5의 배수이기 때문에 기억하기가 쉬울 것이다(산에서 컬러 표시된 양성자를 제거하면 짝염기가 얻어진다).

산이 더 센 산일수록 그 짝염기는 더 약한 염기이다. 예로서 암모늄 이온(NH_4^+, pK_a = ~10)은 물(pK_a = ~15)보다 더 센 산이므로 암모니아는 HO^- 이온보다 더 약한 염기이다.

표 2.1
산의 대략적 pK_a

산	구조	pK_a
하이드로늄 이온	H_3O^+	0
카복실산	RCOOH	5
암모늄 이온	NH_4^+, RNH_3^+, $R_2NH_2^+$, R_3NH^+	10
페놀		10
싸이올	RSH	10
알코올, 물	ROH, H_2O	15
메틸 케톤	$RCOCH_3$	20
1-알카인	$RC{\equiv}CH$	25
아민, 암모니아	NH_3, RNH_2, R_2NH	35

문제 2.4 다음 두 염기 중에서 더 센 염기를 고르시오.

a. NH_3, $CH_3CO_2^-$

b. HO^-, $CH_3CO_2^-$

c. CH_3O^-, CH_3S^-

문제 2.5 다음 화합물에서 가장 산성도가 큰 수소를 고르시오.

산-염기 반응에서는 더 약한 산과 더 약한 염기가 생기는 방향으로 평형이 치우친다. 산-염기 반응의 평형 상수 K는 다음 식을 이용하여 구할 수 있다.

$$HA + B \rightleftharpoons A^- + BH^+ \quad K = 10^{(pK_a(BH+) - pK_a(HA))}$$

이 식에서 p$Ka(BH^+)$는 염기 B의 짝산 BH^+의 pK_a이며 p$K_a(HA)$는 산 HA의 pK_a이다. 이 식은 쓸모가 많으니 기억하자.

문제 2.6 산-염기 반응의 평형 상수 K는 위에 주어진 식을 이용하여 구할 수 있음을 보이시오.

예를 들어 에타인의 양성자를 제거하기 위하여 수용성 NaOH를 사용한다고 하자. 에타인의 pKa는 25이고 ^-OH의 짝산인 물의 pK_a는 ~15이므로 평형 상수 K는

$$K = 10^{15-25} \sim 10^{-10}$$

이며 평형에서 에타인의 짝염기(아세틸라이드 이온)는 존재하지 않음을 알 수 있다.

$$H-C{\equiv}C\text{-}H + {}^-OH \rightarrow H-C{\equiv}C{:}^- + H_2O \quad K = 10^{-10}$$

하지만 더 센 염기인 $NaNH_2$를 사용하면, 평형이 아세틸라이드 이온이 전적으로 존재하는 방향으로 치우치게 된다.

$$H-C{\equiv}C\text{-}H + NH_2{}^- \rightarrow H-C{\equiv}C{:}^- + NH_3 \quad K = 10^{10}$$

문제 2.7 다음 산-염기 반응의 평형 상수 K를 예측하시오.

a. $CH_3COOH + CH_3NH_2 \rightleftharpoons$

b. $+\ HO^- \rightleftharpoons$

c. $(CH_3)_2NH_2{}^+ + HO^- \rightleftharpoons$

d. $CH_3CH_2SH + CH_3O^- \rightleftharpoons$

문제 2.8 다음 평형 반응의 평형 상수 K를 예측하시오.

문제 2.9 $HC{\equiv}CH$에서 그 짝염기인 $HC{\equiv}C{:}^-$을 정량적으로 얻기 위하여 필요한 염기를 하나 드시오.

2.2 산성도에 미치는 구조적 영향

왜 한 화합물은 다른 것보다 더 센 산 혹은 더 센 염기일까? 이런 유형의 질문은 유기 구조에 대한 지식을 유기 반응성의 이해에 적용하는 첫 사례라고 할 수 있다. 분자 구조가 산성도에 미치는 영향을 이해하면 다른 유기 반응에도 적용할 수 있기 때문에 이 절은 중요하다고 할 수 있다.

산 이온화 상수 K_a나 염기 이온화 상수 K_b는 평형 상수이므로 깁스(Gibbs) 에너지 변화와 관련이 있다. 깁스 에너지는 계의 안정성과 연관이 있기 때문에 생성물이 반응물

보다 더 안정하면 깁스 에너지 변화는 음의 값이고 K는 1보다 클 것이다. 반면에 반응물이 더 안정하다면 깁스 에너지 변화는 양의 값이고 K는 1보다 작을 것이다. ΔG^o는 $\Delta H^o - T\Delta S^o$이기 때문에 K 값은 ΔH^o와 ΔS^o의 영향을 모두 받는다.

한편 놓치기 쉬운 점은 산과 염기의 이온화는 물에서 일어난다는 점이다. 따라서 곧 살펴보겠지만 용매화 효과도 매우 중요하다. 따라서 일련의 산성도를 비교할 때 어떤 요인(공명 효과, 유발 효과 등)이 산과 그 짝염기의 안정성에 미치는 영향을 모두 고려해야 하는데, 이런 경우 다음과 같은 깁스 에너지 도표를 이용하면 편리하다.

예를 들어 두 산 HA_1과 HA_2의 산성도를 비교할 때 HA_2의 짝염기 계(용매 포함)가 HA_1의 짝염기 계(용매 포함)보다 안정해지는 정도(긴 컬러 화살표)가 산이 더 안정해지는 크기(짧은 컬러 화살표)보다 크다면 HA_2가 더 센산일 것이다.

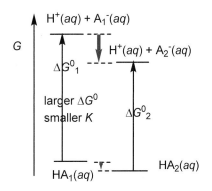

2.2.1 주기율표에서의 경향

주기율표에서 같은 족에 속한 화합물의 산성도를 비교해보면 아래로 갈수록 더 센산이 된다.

예로서,

산의 세기: H-F(pK_a = 3.2) << H-Cl(-7) < H-Br(-9) < H-I(-10)

흔히 위의 경향을 H-X(X: 할로젠)의 결합 해리 엔탈피로 설명하곤 한다. 즉 결합이 셀수록 더 약한 산이라는 것이다. 이러한 설명은 겉으로 보기에는 그럴 듯하지만 올바르지 않다. 왜 하필이면 HF만 약산일까? 모두가 약산 혹은 센산이면서 산성도는 아래로 갈수록 커질 수도 있지 않을까? 왜 약산과 센산의 경계가 하필이면 HF와 HCl 사이에 있을까?

산 이온화 상수 K_a는 깁스 에너지 변화와 관련이 있으므로 산의 세기를 비교할 때에는 깁스 에너지 변화를 고려해야 한다고 앞서 언급한 바 있다. H-X의 경우 ΔG^o를 표 2.2에 요약하였다. 이 표를 보면 HF의 경우에만 ΔG^o가 양수임을 알 수 있는데, 그 이유는 다른 할로젠화 수소산에 비하여 ΔH^o가 덜 음수(덜 발열. 이 점은 어느 정도 센 H-F 결합에 기인한다고 볼 수 있음)이고 ΔS^o가 가장 음수이기 때문이다. 특히 ΔS^o가 큰 음수인 이유는 F 이온이 물 용매와 강한 수소 결합을 하므로 계의 엔트로피가 가장 크게 감소하기 때문이다.

플루오린화 수소산은 약산임에도 불구하고 센산인 염산보다 훨씬 더 치명적이다. 염산이 피부에 닿으면 피부에 흉터가 생기는 것으로 끝나지만, 팔 부위 정도에 진한 플루오린화 수소산이 묻으면 몇 일 이내에 죽을 수도 있다. 플루오린화 수소산이 더 위험한 이유는 수용액에서 이 화합물이 주로 분자(극성 분자)로 존재하기 때문이다. 따라서 HF 분자는 적혈구나 다른 세포의 비극성 세포막을 통과할 수 있다. 세포 내에서 HF 분자는 Ca 이온이나 Mg 이온과 반응하여 불용의 CaF_2과 MgF_2 화합물을 만든다. 그러면 대사 과정에 필요한 이들 이온이 사라져서 결국에는 목숨을 잃게 된다. 플루오린화 수소산이 더 위험한 이유 중의 하나는 이 산이 약산이기 때문이다.

결합 해리 엔탈피는 기체상에서 특정 결합을 균일하게 깰 때 필요한 에너지이다. 산 H-A의 산성도는 물 용매에서 HA(aq)가 H_3O^+(aq)와 A^-(aq)로 이온화되는 정도를 나타낸다.

표 2.2
할로젠화 수소산의 이온화 과정
에서의 깁스 에너지 변화

HX	$\Delta H°$(kcal mol^{-1})	$T\Delta S°$(kcal mol^{-1})	$\Delta G°$(kcal mol^{-1})	K_a	pK_a
HF	-4.1	-6.9	$+3.8$	1.6×10^{-3}	$+2.80$
HCl	-14	-3.1	-11	1.2×10^{8}	-8.1
HBr	-15	-1	-14	2.2×10^{10}	-10
HI	-14	$+1$	-15	5.0×10^{10}	-11

할로젠화 수소 계열처럼 산소족 산에서도 아래로 갈수록 산성도는 증가한다. 산성도가 증가한다는 것은 짝염기 계가 더 안정해진다는 의미이다. 이에 대한 설명에도 $\Delta G°$ 자료가 필요하지만 일단은 음이온이 더 클수록 더 안정해진다고만 언급하자(HX의 경우와 비슷하게 이온이 커서 음전하가 더 넓게 퍼질수록 수화 과정의 ΔS는 덜 음수일 것이다).

산의 세기: H$_2$O(pK_a = 14) < H$_2$S(7.0) < H$_2$Se(3.9)

문제 2.10   에탄올(C$_2$H$_5$OH)과 에테인싸이올(C$_2$H$_5$SH)중에서 어느 것이 더 센 산인가?

주기율표의 한 주기에서는 오른쪽으로 갈수록 산성도는 증가한다.

산의 세기: H$_3$C-H(pK_a = 48) < H$_2$N-H(35) < HO-H(14) < F-H(3.2)

이러한 경향은 C, N, O, F로 갈수록 전기 음성도가 증가하는 경향과 일치한다. 전기 음성도가 큰 원자일수록 음전하를 더 잘 안정화시킬 수 있기 때문에 짝염기가 더 안정해질 것이다.

2.2.2   치환기 효과

한 분자에서 탄소와 결합하고 있는 수소를 다른 원자나 원자단으로 바꿨을 때, 그러한 원자나 원자단을 **치환기**(substituent)라고 부른다. 치환기가 한 분자의 다른 부분, 특히 작용기에 주는 영향을 **치환기 효과**(substituent effect)라고 한다. 치환기 효과는 크게 두 가지, 즉 유발 효과(inductive effect)와 공명 효과(resonance effect)로 나눌 수 있다.

유발 효과

전기적으로 중성인 산이 수용액에서 이온화하면 음전하를 띤 짝염기가 생긴다. 이 음전하는 산소나 황 같은 헤테로 원자에 주로 편재화될 것이다. 이때 **전자 끄는 기**(electron withdrawing group)가 분자에 치환되어 있으면 음전하가 분자에 걸쳐서 더 넓게 퍼지므로 음이온이 더 안정해진다. 그러면 결국 산성도가 증가할 것이다. 염소 원자는 전기 음성도가 크기 때문에 좋은 전자 끄는 기이다.

아세트산의 몇 가지 염소 치환 유도체의 pK_a는 다음 순서로 감소한다. 즉, 오른쪽으로 갈수록 더 센 산이 된다.

$$CH_3COOH(pK_a = 4.8) < ClCH_2COOH(2.8) < Cl_2CHCOOH(1.3) < Cl_3CCOOH(0.64)$$

할로겐으로 치환된 카복실산의 산성도를 할로겐의 전자 끌기 유도 효과로 설명하곤 하지만, 실험 결과에 의하면 이러한 효과는 엔트로피 효과로 귀착된다.

이러한 경향은 전기 음성도가 큰 염소 원자(전자 *끄는 기*)의 유발 효과(inductive effect)로 설명할 수 있다. 염소 원자가 σ 결합을 통하여 짝염기의 산소 음전하를 염소 원자 쪽으로 당기면 음전하가 분산되어 짝염기가 더 안정해질 것이다.

메틸기 같은 알킬기는 **전자 주는 기**(electron donating group)로 알려져 있다. 그래서 아세트산 ($MeCO_2H$, pK_a = 4.8)이 폼산 (HCO_2H, pK_a = 3.8)보다 더 약산이라고 한다. 하지만 실제 이유는 용매 효과(엔트로피)를 포함하여 더 복잡할 것이다.

유발 효과는 σ 결합을 통하여 전달되기 때문에 염소 원자가 CO_2H 작용기로부터 멀어질수록 급격히 감소한다:

문제 2.11 다음 카복실산을 산성도가 증가하는 순서로 배열하시오.

공명 효과

벤젠 구조처럼 콘쥬게이션 계의 치환기는 공명 효과로 인하여 산성도에 영향을 줄 수 있다. 좋은 예가 나이트로페놀의 산성도이다.

나이트로기의 전자 끌기 유발 효과로 *m*-화합물의 산성도는 페놀보다 더 크다. 반면에 *p*-유도체는 나이트로기가 OH기로부터 더 멀리 떨어져 있어도 산성도가 더 큰데, 그 이유는 산소 원자의 음전하가 공명 효과로 나이트로기의 산소 원자까지 비편재화되기 때문이다.

p-nitrophenoxide ion

다른 예는 CH_3O기(메톡시기)로 치환된 벤조산의 산성도이다.

$pK_a = 4.20$ $pK_a = 4.10$ $pK_a = 4.47$

CH_3O기는 유발 효과로 전자를 끄는 기이지만 공명 효과로는 전자 주는 기이다. 공명 효과가 작용하려면 CH_3O기가 p-위치에 놓여야 한다. 그러면 p-카복실산이 벤조산보다 더 안정해지고 그러면 더 약산이 된다(다른 관점: 카복실산 이온이 더 불안정해짐). m-유도체의 CH_3O기는 단순히 전자 끌기 유발 효과만 보일 것이다. 하지만 카복실산 이온의 산소와 CH_3O기의 산소는 거리가 상당히 멀기 때문에(다섯 결합만큼 떨어져 있음) 그 효과는 작을 것이다(두 산의 pK_a는 거의 비슷).

문제 2.12   다음 분자에서 메톡시기가 공명 효과로 전자를 주는 기임을 보이는 공명 구조를 그리시오.

페놀의 질소 유사체인 아닐린($pK_b = 9.1$)은 사이클로헥실아민($pK_b = 3.4$)보다 염기도가 작다. 아닐린에서는 고립쌍 전자가 벤젠 고리로 공명 효과에 의하여 분산되기 때문이다. 다른 이유로는 다음에 언급할 혼성 오비탈의 영향인데, 아닐린에서는 아미노기(NH_2)가 결합된 sp^2 탄소가 sp^3 탄소보다 고립쌍 전자를 탄소의 핵 쪽으로 더 잘 당기기 때문이다.

aniline
less basic   cyclohexylamine

문제 2.13   아닐린의 공명 구조를 모두 그리시오.

2.2.3 음이온 전하 비편재화

산의 짝염기가 더 안정할수록 산의 산성도는 증가한다. 짝염기가 더 안정해지려면 그 음전하가 여러 원자에 비편재화되어야 하며 결국 짝염기의 음전하가 더 많이 비편재화되는 산이 더 센 산이 된다.

예로서 에탄올(C_2H_5OH)보다 아세트산(CH_3COOH)이 훨씬 더 센 산이다.

> 산의 세기: C_2H_5O-H (pK_a = ~15) < < CH_3COO-H (~5)

아세트산이 알코올보다 더 센 산인 이유를 공명 효과로 설명하곤 한다. 즉, $C_2H_5O^-$ 이온은 음전하가 산소 원자 하나에 놓이는 반면에 CH_3COO^- 이온은 공명 효과로 음전하가 같은 두 공명 구조에서 두 산소 원자에 비편재화되어 있기 때문이라고 한다 (또한 CH_3COO^- 이온은 두 공명 구조가 동일하므로 공명 안정화가 크다고 주장함). 하지만 몇몇 연구 그룹에서 발표한 논문에 의하면 아세트산이 알코올보다 더 센 산인 이유로서 카보닐 산소 원자의 전자 끌기 유발 효과가 공명 효과보다 훨씬 더 중요하다고 한다.

resonance stabilization
less important

electrostatic stabilization
more important

페놀(pK_a = ~10)이 사이클로헥산올(pK_a = ~16)보다 더 센 산인 이유로 두 가지를 들 수 있다. 하나는 페놀의 짝염기인 페녹사이드 이온에서 음전하가 공명 효과로 벤젠 고리로 비편재화되어 사이클로헥산올의 짝염기보다 더 안정해진다는 점이다. 다른 하나는 바로 뒤에 다룰 혼성 오비탈 효과이다. 페놀의 OH기는 더 전기 음성인 sp^2 혼성 탄소에 결합되어 있기 때문에 음전하가 더 안정해진다.

문제 2.14 아스코브산(비타민 C)은 pK_a가 4.1인 약산이다. 산소와 결합하고 있는 네 수소 중에서 어느 것이 가장 센 산인지를 짝염기의 공명 구조를 그려 결정하시오.

2.2.4 혼성 오비탈

알케인, 알켄 그리고 알카인의 C-H 결합의 산성도의 순서는 다음과 같다.

산성도의 세기: H_3CCH_2-H (pK_a = ~50) < $H_2C=CH$-H (~44) < HC≡C-H (25)

이 순서는 탄소 원자의 혼성 오비탈의 차이로 설명할 수 있다. 에테인, 에텐, 에타인에서 탄소 원자의 s-성질은 각각 25%, 33%, 50%이다(1.12.3절). s-성질이 크다는 것은 전자가 더 핵에 가까이 있다는 것을 의미한다. 그러면 핵과의 인력이 더 강하므로 그 전자는 더 안정해질 것이다. 따라서 s-성질이 가장 큰 에타인(탄소가 가장 전기 음성적)의 음이온이 가장 안정하고 에타인이 가장 센 산이 된다.

피리딘(짝산의 pK_a = 5.2)도 포화 화합물인 피페리딘(짝산의 pK_a = 11.2)에 비하면 훨씬 약한 염기인데, 그 이유는 혼성화 효과 때문이다.

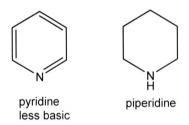

pyridine
less basic

piperidine

2.2.5 방향성 효과

피리딘과 피롤은 둘 다 방향성이나 피리딘이 훨씬 더 센 염기이다. 방향성 효과의 극적인 예는 펜타-1,4-다이엔과 사이클로펜타-1,3-다이엔의 산성도 차이이다. 방향성이 산성도(염기도)에 미치는 효과는 10장에서 다룬다.

pyridine
more basic

pyrrole

penta-1,4-diene
pK_a = ~35

cyclopenta-1,3-diene
pK_a = 16

2.2.6 용매 효과

산의 이온화 반응은 물이라는 용매에서 이루어진다. 물 용매는 이온화 과정에서 생기는 양이온(하이드로늄 이온)과 음이온을 수화한다. 수화가 잘 일어날수록 이온들이 안정해져서 산의 산성도가 증가할 것이다. 좋은 예가 알코올의 산성도이다. *tert*-뷰틸 알코올의 산성도($pK_a = 18$)가 메탄올($pK_a = 15.2$)보다 작은 이유를 알킬기의 전자 주는 효과로 설명하기도 한다. 하지만, *tert*-뷰틸 알코올이 덜 산성인 진짜 이유는 용매 효과 때문이다. 즉, *tert*-뷰틸 알코올의 짝염기는 수화가 덜 되기 때문에 더 불안정해진다 (기체상에서는 *tert*-뷰틸 알코올이 메탄올보다 더 산성이다).

다른 예는 아민의 염기도이다. 메틸아민(CH_3NH_2), 다이메틸아민[$(CH_3)_2NH$]과 트라이메틸아민[$(CH_3)_3N$]의 pK_b는 각각 3.38, 3.36, 4.24이다. 다이메틸아민은 메틸아민과 염기도가 비슷하나, 트라이메틸아민은 염기도가 가장 작다. 트라이메틸아민의 짝산은 수화가 어렵기 때문이다.

2.3 탄소산의 산성도

탄소산(carbon acid)은 탄소에 결합된 수소 원자가 브뢴스테드 산의 역할을 하는 산이다. 알케인의 산성도는 매우 작기 때문에($pK_a > 50\sim60$) 프로페인을 산성 화합물이라고 생각하지는 않을 것이다. 하지만 프로페인의 가운데 탄소에 카보닐기를 도입하여 아세톤을 만들면, 카보닐기의 α-위치의 탄소에 결합된 수소(α-수소라고 부름)는 그 pK_a가 20 정도로 크게 감소한다.

카보닐 화합물의 α-수소가 산성을 띠는 이유는 그 짝염기가 카보닐기의 유발 효과와 공명 효과로 인하여 안정화되기 때문이다.

유발 효과

공명 효과

음전하가 산소 원자에 놓인 구조를 엔올 음이온(enolate)이라고 하는데, 앞으로 다룰 카보닐기의 화학에서 매우 중요하다.

특히 두 카보닐기 사이에 놓인 CH_2(활성 메틸렌)의 수소는 매우 산성인데, 그 이유는 음전하가 더 많은 수의 산소 원자에 비편재화되기 때문이다.

예를 들어 에틸 아세토아세테이트($CH_3COCH_2CO_2CH_2CH_3$)는 CH_2기의 pK_a가 10.7, 에틸 말로네이트[$CH_2(CO_2CH_2CH_3)_2$]는 13.3, 펜타-2,4-다이온($CH_3COCH_2COCH_3$)은 8.84이다.

문제 2.15　$CH_3COCH_2CO_2CH_2CH_3$의 CH_2기에서 수소가 제거된 음이온의 공명 구조를 그리시오.

2.4 케토-엔올 토토머화 반응

엔올의 pK_a는 페놀과 비슷한 ~10 이다.

엔올 음이온에 양성자가 첨가되면 엔올(enol)이라고 부르는 구조가 얻어진다('enol'이라는 단어는 alkene의 'ene'과 alcohol의 'ol'에서 나왔다).

keto tautomer　　enolate　　enol tautomer

케톤에서 엔올로 변환되는 위 과정은 평형 반응으로서 염기 혹은 산 촉매 존재에서 빠르게 이루어진다. 이러한 평형 과정을 **토토머화 반응**(tautomerization)이라 하며, 각 구조를 **토토머**(tautomer)라고 부른다. 평형에서는 더 안정한 토토머가 주로 존재할 것이다.

일반적으로 토토머화 반응은 산소 같은 헤테로 원자에 붙은 양성자가 인접 원자로 이동하는 평형 과정이다. 가장 흔한 예가 위에서 언급한 케토-엔올 토토머화 현상 (keto-enol tautomerism)이다.

X = N, O
Y, Z = C, N

enol tautomer　　keto tautomer

아세톤의 경우 케토 토토머가 엔올 토토머보다 더 안정하기 때문에 평형에서는 케토 토토머가 주로(99.999%) 존재한다.

문제 2.16　엔올 토토머의 C=C, C-O, O-H 결합 엔탈피는 각각 170, 90, 110 kcal mol^{-1}이고, 케토 토토머의 새로 생기는 C-C, C=O, C-H 결합 엔탈피는 각각 90, 180, 100 kcal mol^{-1}이라고 가정하면, 다음 토토머화 반응은 흡열인가 아니면 발열인가?

enol tautomer　　　keto tautomer

문제 2.17   다음 카보닐 화합물의 가능한 모든 엔올 구조를 그리시오.

a.   b.   c.   d.

2.5   유기산과 유기염기

유기화학에서 산과 염기는 시약이나 촉매로 사용된다.

유기 반응의 산 촉매로서 센산인 황산이 쓰일 때가 있다. 하지만 황산은 점도와 밀도가 큰 액체이므로 다루기가 위험하다. 대신에 자주 쓰이는 산이 흔히 TsOH로 약칭하는 *p*-톨루엔설폰산(toluenesulfonic acid, $pK_a = -3$)이다. TsOH의 수화물은 고체이므로 다루기가 쉽다.

p-toluenesulfonic acid
(TsOH)

유기화학에서 흔히 사용되는 센염기는 알칼리 금속의 수산화물(NaOH), 소듐 아마이

표 2.3 유기화학에서 흔히 사용되는 염기

센염기	짝산의 pK_a	용매	약염기	짝산의 pK_a	용매
NaH (수소화 소듐)	35	THF[1]	Na$_2$CO$_3$(탄산 소듐)	10	H$_2$O
(뷰틸리튬)	~50	THF[1], 다이에틸 에터	(CH$_3$CH$_2$)$_3$N(트라이에틸아민)	11	다양한 유기 용매
NaOH, NaOCH$_2$CH$_3$, NaOCH$_3$	~15	물, 에탄올, 메탄올	이미다졸 *more basic*	6.9	다양한 유기 용매
KOC(CH$_3$)$_3$ (포타슘 tert-뷰톡사이드)	18	Me$_3$COH, THF[1]	피리딘	5.2	다양한 유기 용매
NaNH$_2$ (소듐 아마이드)	35	액체 NH$_3$			
LiN[CH(CH$_3$)$_2$]$_2$ (리튬 다이아이소프로필아마이드)	40	THF[1]			

주1. THF는 tetrahydrofuran(테트라하이드로퓨란)의 약자로 구조는 ⬠이다.

드(NaNH$_2$), 수소화 소듐(NaH), 뷰틸리튬(C$_4$H$_9$Li) 등이다. 약한 유기 염기로는 트라이에틸아민, 피리딘, 이미다졸 등을 들 수 있다. 표 2.3에 몇 가지 염기의 종류와 짝산의 pK_a를 수록하였다. 센염기는 모두 짝산의 pK_a가 15보다 크다.

2.6 루이스 산과 루이스 염기: 친전자체와 친핵체

산과 염기의 정의 중에서 가장 폭넓은 정의가 루이스의 정의이다. 미국 화학자 루이스(Lewis)는 1923년에 루이스 산(Lewis acid)은 전자쌍을 받는 물질(전자쌍 받개), 루이스 염기(Lewis base)는 전자쌍을 주는 물질(전자쌍 주개)로 정의하였다. 이렇게 정의하면 브뢴스테드 정의로는 산이 아닌 물질도 루이스 산이 될 수 있다. 좋은 예가 IIIA족 원소인 B와 Al의 염화물이다. 이러한 염화물은 B와 Al이 팔전자 규칙을 만족하지 않기 때문에 전자 부족 화합물이다.

F$_3$B   +   :NH$_3$ → F$_3$B$^-$−N$^+$H$_3$
브뢴스테드 산은 아니나
루이스 산

위 반응에서 질소 원자의 고립쌍 전자가 B 원자로 이동하면서 B-N 결합이 생성됨을 알 수 있다. 결국, 루이스 산과 루이스 염기 사이의 반응은 루이스 염기의 전자쌍이 전자 부족 화합물인 루이스 산으로 이동하는 전자쌍 이동 반응이라고 볼 수 있다. 유기화학자는 이러한 전자쌍 이동을 미늘이 두 개인 굽은 화살표로 표시한다.

사실, 대부분의 유기 반응의 메커니즘도 일련의 전자쌍 이동으로 서술할 수 있다. 유기화학자는 루이스 산을 친전자체(electrophile, E$^+$로 표시), 루이스 염기를 친핵체(nucleophile, Nu:$^-$로 표시. 음전하로 표시하지만 중성일 수도 있음)라고 부른다. 친핵체는 전자쌍을 줄 수 있는 화학종이어야 하므로 고립쌍 혹은 π 전자쌍이 있어야 한다. 반면에, 친전자체는 흔히 전자가 부족한 탄소 원자인데, 이러한 탄소 원자는 전기 음성도가 탄소보다 큰 원자(O, N, 할로젠)와 단일, 이중, 삼중 결합으로 연결되어 있다. 아래 구조에서 Cl에 연결된 탄소는 약간의 양전하를 띠므로 전자가 부족한 친전자체의 역할을 수행할 수 있다. 카보닐기에서도 탄소가 친전자체, 그리고 산소 원자가 친핵체의 역할을 한다.

문제 2.18 다음 화합물 중에서 친핵체의 역할을 할 수 있는 것을 고르고, 친핵성이 있는 <u>원자 혹은 결합</u>에 동그라미를 그리시오(한 구조에 친핵성과 친전자성 모두 있을 수 있음).

a. NH_3 b. BF_3 c. CH_3S^-

d. CH_3I e. CH_3COCH_3 f. CH_3OH

g. $H_2C=CH_2$ h. $CH_3C\equiv N$

문제 2.19 각 분자의 친핵성 장소(원자 혹은 결합)는 $Nu:^-$ 그리고 친전자성 장소는 E^+로 표시하시오.

a.   b.

c. H_3C——————CH_3 d. $CH_3\text{-}O\text{-}CH_3$

문제 2.20 다음 반응에서, 친핵체와 친전자체의 역할을 하는 결합 혹은 원자에 동그라미를 그리고, $Nu:^-$, E^+로 각각 표시하시오. 또한 굽은 화살표를 이용하여 생성물을 그리시오.

a.   + $AlCl_3$ $\longrightarrow$ b.   + BF_3 $\longrightarrow$

c.   + $\longrightarrow$ d.   + H_2O $\longrightarrow$

e.   + H—$\overset{+}{O}H_2$ $\longrightarrow$

친핵체에서 친전자체로의 전자쌍의 이동은 분자 오비탈 개념으로 설명할 수 있다. 할라이드(C-Cl)가 암모니아와 반응한다고 하자. 할라이드의 탄소 원자는 친전자체, 질소 원자의 고립쌍은 친핵체로 반응한다.

$$Cl—CH_3 \;+\; :NH_3 \longrightarrow H_3C—\overset{+}{N}H_3 \;+\; :\overset{-}{Cl}$$

분자 오비탈 개념을 사용하지 않아도 유기 반응을 공부할 수 있으나 더 깊이 있게 반응을 이해하려면 분자 오비탈을 사용하여야 한다. 예컨대 $NaOH$은 Br_2보다 HBr과 더 빠르게 반응한다. 반면에 알켄은 HBr보다도 Br_2과 더 빠르게 반응한다. 왜 그럴까? 또한 유기 반응의 입체 화학을 이해하기 위해서도 분자 오비탈이 필요하다.

질소의 고립쌍이 탄소로 이동하려면 C-Cl 결합이 비어 있어야 한다(파울리의 배타 원리). 전자가 비어 있는 C-Cl 결합(C-Cl σ*)을 LUMO(lowest unoccupied molecular orbital, 최저 비점유 분자 오비탈)라고 부른다. 반면에 질소의 고립쌍(sp³)을 HOMO (highest occupied molecular orbital, 최고 점유 분자 오비탈)라고 부른다(sp³ 오비탈이 MO는 아니지만). LUMO와 HOMO가 겹치면, 달리 말해 전자쌍이 질소 원자에서 탄소로 이동하면 새로운 C-N σ 결합이 생기고 다음 그림처럼 계의 에너지는 ΔE만큼 낮아진다.

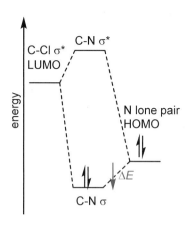

친핵체를 HOMO의 에너지가 높고 낮음에 따라 무른 친핵체(soft nuceloophile), 굳은 친핵체(hard nuceloophile)로 분류한다. 비슷하게 친전자체도 LUMO의 에너지가 높고 낮음에 따라 무른 친전자체, 굳은 친전자체로 분류한다. 무른 친핵체는 HOMO의 에너지가 상대적으로 높은 친핵체로서 I^-, HS^-, NC^-, R_3P, 알켄, 알카인 같이 편극성이 큰 원자나 결합이다(크기가 커서 전자의 분포가 넓다). 굳은 친핵체는 이와 반대로 HOMO의 에너지가 상대적으로 낮으며 F^-, HO^-, NH_3 등이 그 예이다.

무른 친전자체는 LUMO의 에너지가 상대적으로 낮은 I^+, Br^+, Hg^{2+} 같이 큰 원자이다. RI 같은 할라이드의 탄소도 무른 친전자체이다. 굳은 친전자체는 LUMO의 에너지가 상대적으로 높은 친전자체로서 H^+, Li^+ 같이 작은 원자이다.

친핵체와 친전자체가 둘 다 무른 경우 LUMO와 HOMO의 에너지의 차이가 작기 때문에(활성화 에너지 E_a가 작아짐) 두 사이의 반응은 빠르게 일어나는데, 이러한 반응을 오비탈 지배 반응(orbital-controlled reaction)이라고 부른다.

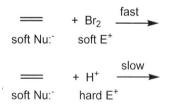

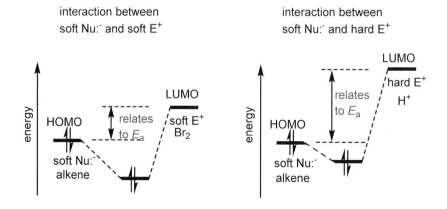

반면에 굳은 친핵체와 굳은 친전자체 사이의 반응도 빠른데, 이 경우에는 오비탈의 상호 작용보다 양전하와 음전하 사이의 쿨롱 힘이 더 중요하기 때문이다. 이러한 반응

을 전하 지배 반응(charge-controlled reaction)이라고 부르며 H_3O^+와 ^-OH 사이의 중화 반응이 한 예이다.

문제 2.21 다음 한 쌍의 화학종 중에서 더 무른 산을 고르시오.

a. H^+, Hg^{2+} b. Br_2, H^+ c. Li^+, I^+

문제 2.22 다음 한 쌍의 화학종 중에서 더 무른 염기를 고르시오.

a. F^-, I^- b. HS^-, HO^-

c. $(CH_3)_3N$, $(CH_3)_3P$ d. 알켄의 π 결합, HO^-

문제 2.23 다음 한 쌍의 반응 중에서 더 빠르게 일어날 것이라고 예측되는 반응을 고르시오.

a. ⬡‖ + Br_2 ⟶   ⬡‖ + H^+ ⟶

b. HO^- + H^+ ⟶   ⬡‖ + H^+ ⟶

2.7 공유 결합의 분해 방식

유기 반응은 공유 결합이 깨지는 과정을 거친다. 이 과정은 크게 두 가지 방법으로 일어날 수 있다. 첫 번째 방법인 불균일 분해(heterolysis)는 결합 전자쌍이 전기 음성도가 큰 원자로 이동하면서 결합이 깨지는 분해이다. 예를 들어 C-Cl 결합이 불균일하게 분해되면 탄소 양이온(carbocation)이 생긴다.

$$C\text{—}Cl \longrightarrow C^+ \quad + \quad :Cl^-$$
carbocation
electrophile

전자가 부족한 탄소 양이온은 탄소 친전자체로서 반응할 수 있기 때문에 유기 반응의 중요한 중간체 중의 하나이다.

탄소 원자가 더 전기 양성인 원소(예: Li)에 결합하고 있다면 불균일 분해로 음전하를 띤 탄소 음이온(carbanion)이 생기며 탄소 음이온도 유기 반응의 중요한 중간체이다. 탄소 음이온에서 음전하를 띤 탄소는 팔전자 규칙을 만족하며 전자쌍을 줄 수 있기 때문에 친핵체로 반응한다.

$$C\text{—}Li \longrightarrow C:^- \quad + \quad Li^+$$
carbanion
nucleophile

결합이 깨지는 다른 방법은 균일 분해(homolysis)이다. 균일 분해에서는 결합 전자쌍의 전자가 하나씩 결합에 참여하였던 원자로 이동한다. 이 과정을 묘사하는 굽은 화살표에서는 미늘이 한 개인 화살을 이용한다. 이 과정에서는 라디칼(radical)이라고 부르는, 홀전자가 있는 중간체가 얻어진다.

2.8 굽은 화살표 사용하기

'유기반응의 메커니즘을 '그린다'라는 말은 굽은 화살표로 전자쌍이나 홀전자의 이동을 나타낸다는 의미이다.

유기화학에서 굽은 화살표는 공명 구조를 그리거나 반응에서 전자쌍 혹은 홀전자의 이동을 나타내기 위하여 사용한다. 공명 구조를 그릴 때에는 σ 전자쌍의 이동이 불가능하였지만, 유기 반응에서는 σ 결합이 깨지거나 생길 수 있기 때문에 반응 메커니즘을 그릴 때 화살표의 꼬리 쪽이 σ 결합에 놓일 수도 있다. 한 원자가 굽은 화살표에 의하여 전자쌍을 받았을 때 팔전자계보다 전자 수가 많다면 바로 이웃 원자나 결합에 전자쌍을 내보내야 한다. 이러한 방식으로 전자쌍을 차례로 밀어내는 과정을 전자 밀어내기(electron pushing)라고 부른다.

또한 케톤의 산 촉매화 토토머화 반응에서처럼 양전하를 띤 카보닐 산소 원자는 전자를 강하게 당기므로(전자 끌기, electron pulling) 매우 약한 염기인 물에 의해서도 α-수소가 떨어질 수 있다. 결국 전자쌍 이동은 전자 밀어내기와 전자 끌기의 합동 작전으로 일어난다고 볼 수 있다.

문제 2.24 다음 반응의 메커니즘을 굽은 화살표로 그리시오.

추가 문제

〈산과 염기〉

문제 2.25 이미다졸에서 가장 염기성인 질소 원자에 동그라미를 그리고, 이 원자를 고른 이유를 설명하시오.

imidazole

문제 2.26 다음 화합물에서 가장 산성인 수소를 표시한 후 산성도가 증가하는 순서로 배열하시오.

$CH_3CH_2CO_2H$ CH_3COCH_3 $(CH_3CH_2)_2NH$

문제 2.27 페놀의 경우 CHO기 같은 전자 끄는 기가 치환되어 있으면 페놀의 산성도가 증가한다. 이때 CHO 기의 위치가 매우 중요하다. 다음 두 페놀 중에서 어느 것이 더 센 산인지를 결정하시오(힌트: 짝염기의 공명 구조).

문제 2.28 다음 두 구조 중에서 더 센 산인 것을 고르시오.

a.

b.

c.

d.

e.

f.

문제 2.29 아마이드가 아민보다 염기성이 작은 이유를 추론하시오.

amide: less basic
than amine   amine

문제 2.30 에스터의 두 산소 원자 중에서 카보닐 산소가 더 염기성이다. 왜 그런지 설명하시오(힌트: 공명 효과와 전자 끌기 유발 효과가 있음).

〈루이스 산과 루이스 염기 및 친전자체와 친핵체〉

문제 2.31   다음 화학종을 루이스 산 혹은 염기로 분류하시오.

a. $B(OCH_2CH_3)_3$ b. C_6H_6(벤젠)   c. $Al(CH_2CH_3)_3$

d. CH_3Br e. $P(C_6H_5)_3$

문제 2.32   다음 화학종을 친핵제 혹은 친전자체로 분류하시오.

a. CH_3^+ b. $B(CH_3)_3$ c. $FeBr_3$

d. $H_2C=CH_2$ e. $(CH_3)_3N$ f. $(CH_3)_2O$

3

입체 화학

입체 화학은 화합물의 삼차원 구조를 다루는 분야이다. 특히 사가(tetravalent) 탄소의 유기 화합물은 자신의 거울상과 겹치지 않을 수도 있는데, 이러한 성질을 카이랄성 (chirality)이라고 부른다. 서로 카이랄한 두 화합물은 마치 오른손 장갑이 왼손에 맞지 않는 것처럼 생리적 효과가 다를 수 있다. 탄수화물이나 단백질 같은 대부분의 생유기 분자는 카이랄하다. 이 장에서는 분자의 카이랄성에 대하여 공부할 것이다.

3.1 입체 화학의 역사

유기 화합물의 입체 화학은 1848년에 프랑스의 파스퇴르(Pasteur)가 타타르산 소듐 암모늄 염의 라셈 혼합물을 분할함으로써 시작되었다. 1874년에 네덜란드의 반트 호프(van't Hoff, 1901년도 노벨화학상의 첫 번째 수상자)와 프랑스의 르벨(Le Bel)은 탄소 원자에 연결된 네 치환기가 서로 다른 화합물은 정사면체 구조이며, 두 거울상 이성질체(enantiomer)로 존재한다고 독자적으로 제안하였다. 두 과학자가 사면체 구조를 주장하게 된 실험적 근거는 다음과 같다. X, Y, Z는 서로 다른 원자 혹은 원자단이다.

a) 분자식이 CH_3X, CH_2X_2, CH_2XY인 화합물은 하나만 존재한다.

b) 분자식이 CHXYZ인 화합물은 서로 거울상 관계이나 겹치지 않는 두 가지 화합물로 존재한다.

문제 3.1 CH_2XY 분자가 평면 구조, 피라미드 구조 및 사면체 구조를 각각 취한다고 가정하고 반트 호프와 르벨의 주장이 맞는지를 검증하시오.

3.2 카이랄성

'겹쳐지지 않음'의 의미는 한 모형의 이미지와 다른 모형의 이미지가 상상 속에서 겹쳐지지 않는다는 의미이다. 실제로 두 물체를 겹치게 할 수는 절대로 없다.

앞에서 언급한 분자식이 CHXYZ인 화합물을 보자. 이 분자의 삼차원 모형을 만든 후, 이 모형을 거울 앞에 놓으면 거울상이 생길 것이다. 이 거울상을 다시 모형으로 만든 후 원래의 모형과 겹쳐보자. 겹쳐지지 않을(nonsuperposable)것이다. 이러한 경우 이 분자가 카이랄(chiral: 손을 의미하는 그리스어 cheir에서 유래. 손대칭성)하다고 한다. 왼손과 오른손을 서로 마주보게 하면 두 손이 서로 거울상 관계이다. 하지만 두 손은 겹치지 않기 때문에 카이랄하다.

카이랄성(chirality)은 특정한 원자의 성질이 아니라 전체 분자의 입체적 성질이다. 아미노산, 탄수화물 등의 생분자도 대부분 카이랄하며 두 거울상 구조 중에서 한 가지 거울상으로만 존재한다. 단백질의 α-나선 구조, DNA의 이중 나선 구조도 카이랄하다. 우리 주위에서도 카이랄한 물체를 볼 수 있는데, 우리의 몸, 나사 못, 소라 껍질, 나선형 계단, 덩굴손 등이 그 예이다. 카이랄성은 생물학적으로 매우 중요한데, 이 점은 3.10절에서 다룰 것이다.

사면체 구조를 종이 평면에서 표현하는 방법 중의 하나는 대쉬(dash)와 쐐기(wedge)를 사용하는 것이다. 대쉬는 종이 면에서 보는 사람 뒤로 향한 결합, 쐐기는 앞으로 향한 결합을 나타낸다. 실선은 종이 면에 있는 결합이다.

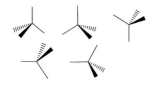

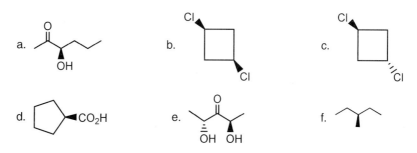

분자에 대칭 중심(center of symmetry. 대칭점. i라고 표기)이 있어도 비카이랄하다. 대칭 중심은 이 중심에 대하여 분자의 모든 원자들이 대칭을 이루는 점이다. 대칭 중심 이외에도 회전 반사축이라는 대칭 요소가 있으면 비카이랄하나 이에 대한 내용은 이 교재에서는 취급하지 않는다.

반면에 비커, 플라스크 등은 거울상과 그 자신이 겹쳐지므로 비카이랄(achiral)하다고 한다. 이러한 비카이랄한 물체의 공통점은 대칭면(plane of symmetry. 거울면, 반사면이라고도 부름. 흔히 σ 면이라고 나타냄)이 있다는 점이다. 대칭면은 물체의 가운데를 지나면서 이 면으로 똑같이 나눠지는 물체의 두 절반이 서로 거울상이 되도록 하는 가상적인 면이다.

분자도 대칭면이 있으면 비카이랄하다. 따라서 대칭면의 존재 여부는 분자의 카이랄성을 따질 때 쓸 수 있는 한 가지 기준이 된다.

문제 3.2 다음 화합물이 카이랄인지 비카이랄인지를 밝히시오. 어느 구조에 대칭면이 있는가?

고리 화합물의 카이랄성을 따질 때 고리는 평면 구조라고 간주한다.

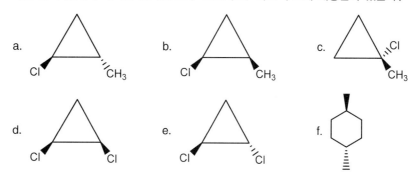

문제 3.3 다음 분자 중에서 카이랄 분자를 모두 고르시오. 어느 구조에 대칭면이 있는가?

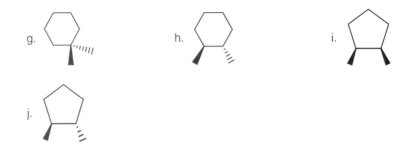

3.3 이성질체: 구조 및 입체 이성질체

위치 배열은 원자들의 특정한 삼차원적 배치를 지칭한다.

이성질체(isomer)는 분자식은 같으나 서로 다른 화합물이다. 예컨대 분자식이 C_2H_6O인 화합물에는 CH_3CH_2OH와 CH_3OCH_3의 두 가지가 있다. 이 두 분자는 원자의 연결 순서(connectivity)가 다르다. 이러한 이성질체를 구조 이성질체라고 부른다(1.9절). 반면에 cis-, 그리고 trans-1,2-다이클로로에텐(dichloroethene)을 보면 원자들의 연결 순서(Cl-C-C-Cl)는 같으나 염소(혹은 수소) 원자들의 공간에서의 위치 배열(configuration)이 다르다. 이러한 이성질체를 입체 이성질체(stereoisomer)라고 부른다.

cis-1,2-dichloroethene   trans-1,2-dichloroethene

알켄 XHC=CHX에서 같은 두 원자(X 혹은 H)가 같은 방향이면 cis, 반대 방향이면 trans라고 이름 앞에 쓴다.

입체 이성질체의 다른 예를 뷰탄-2올에서 찾을 수 있다. 이 경우 분자와 그 거울상이 겹쳐지지 않으므로 뷰탄-2-올은 카이랄하며 두 분자를 거울상 이성질체(enantiomer. 거울상체. 반대를 의미하는 그리스어 enantios에서 유래)라고 부른다. 앞에서 다룬 cis-, 그리고 trans-1,2-다이클로로에텐은 입체 이성질체이나 거울상 이성질체는 아니다. 이러한 입체 이성질체를 부분 입체 이성질체(diastereomer)라고 부른다.

거울상 이성질체와 부분 입체 이성질체는 결합이 깨지지 않는 이상 상호 변환이 불가능한 위치 배열 이성질체(configurational isomer)에 속한다. 다른 종류의 입체 이성질체는 4장에서 다룰, 단일 결합의 회전으로 생기는 형태 이성질체(conformational isomer)이다.

butan-2-ol

이성질체의 분류를 그림 3.1로 다시 한 번 정리하였다.

그림 3.1
이성질체의 분류

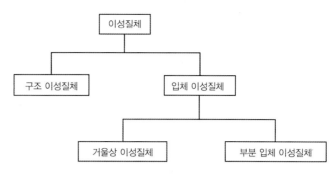

```
                        ┌─────────┐
                        │ 이성질체 │
                        └─────────┘
                  ┌──────────┴──────────┐
          ┌─────────────┐       ┌─────────────┐
          │ 구조 이성질체 │       │ 입체 이성질체 │
          └─────────────┘       └─────────────┘
                            ┌─────────┴─────────┐
                  ┌────────────────┐   ┌──────────────────┐
                  │ 거울상 이성질체 │   │ 부분 입체 이성질체 │
                  └────────────────┘   └──────────────────┘
```

* 이성질체: 분자식은 같지만 다른 화합물
* 구조 이성질체: 원자의 연결 순서가 다른 이성질체
* 입체 이성질체: 연결 순서는 같지만 공간에서의 원자들의 위치 배열이 다른 이성질체
* 거울상 이성질체: 분자와 그 거울상이 서로 겹쳐지지 않는 입체 이성질체
* 부분 입체 이성질체: 서로 거울상의 관계가 아닌 입체 이성질체

3.4 입체 발생 중심

뷰탄-2-올에서 *표 탄소의 혼성이 sp³이므로 사면체형(tetrahedral) 입체 발생 중심이라고 부른다. 반면에 cis-, trans-1,2-다이클로로에텐에서도 탄소 원자가 입체 발생 중심이나(탄소에 연결된 염소와 수소를 교환하면 다른 입체 이성질체가 생기므로) 이 경우에는 탄소 원자를 삼각형(trigonal) 입체 발생 중심이라고 부른다. *표 탄소를 카이랄 탄소라고도 하지만, '카이랄' 성질은 원자 하나의 성질이 아니라 분자 전체의 성질이므로 이 말은 올바른 용어는 아니다.

한 분자에 입체 발생 중심이 없어도 카이랄할 수 있다. 한 가지 예로 4.10절에 이러한 사이클로알켄을 소개하였다. 다른 부류의 예도 많이 있으나 이 교재에서는 다루지 않을 것이다.

앞에서 그린 뷰탄-2-올의 한 거울상 이성질체에서 한 원자(이 경우에는 *로 표시한 탄소)에 결합하는 두 원자(원자단)를 아무거나 서로 바꾸면 다른 입체 이성질체(이 경우에는 거울상 이성질체)가 생긴다. 이때 *로 표시한 원자를 **입체 발생 중심**(stereogenic center)이라고 한다.

문제 3.4 다음 분자의 입체 발생 중심에 '*' 표시를 하시오.

e.

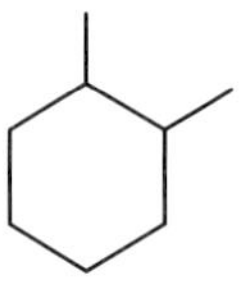

f.

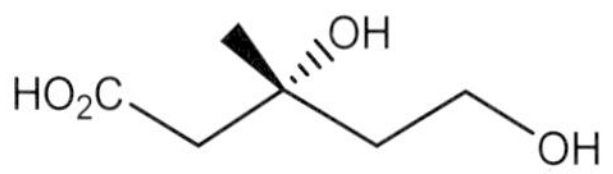

3.5 피셔 투영도

탄수화물에서는 탄소의 사슬을 수
직 방향으로 나타낸다.

앞에서 뷰탄-2-올의 입체 이성질체를 삼차원으로 그렸으나 삼차원 구조는 시간이 많
이 걸리는 단점이 있다. 이 문제를 해결하는 한 가지 방법은 독일의 유기화학자인 피
셔(Fischer)가 1891년에 원래 탄수화물의 위치 배열을 이차원적으로 표시할 때 사용
했던 방법이다. 피셔 투영도(Fischer projection)라고 부르는 이 그림에서 수직 결합은
보는 사람으로부터 멀어지는 결합을 나타내고 수평 결합은 보는 사람 방향으로 향한
결합을 나타낸다.

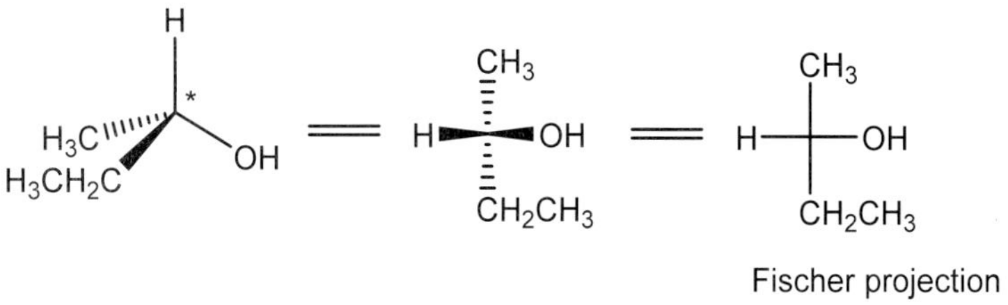

Fischer projection

피셔 투영도를 종이 면에서 90도 돌리면, 거울상 이성질체가 얻어진다. 반면에 180도
돌려도 구조는 변하지 않는다.

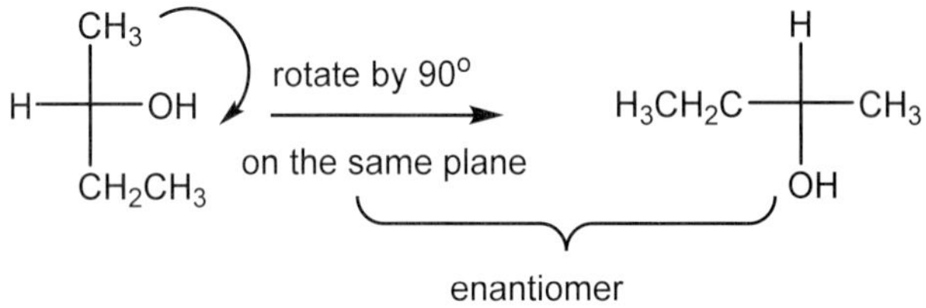

enantiomer

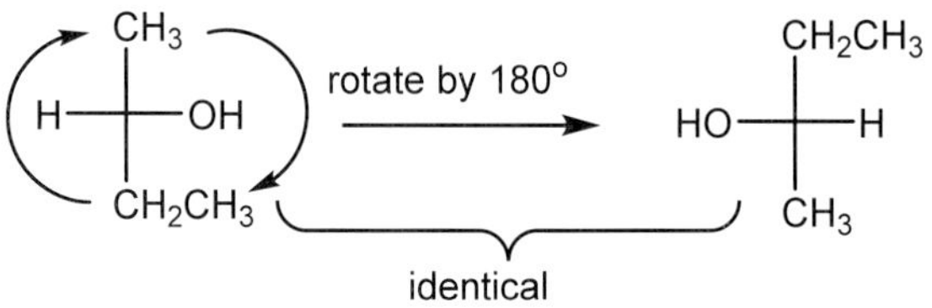

identical

문제 3.5 피셔 투영도에 다음과 같이 조작하였을 때 거울상 이성질체가 얻어지는 경우를 고르시오.

a.

$$CH_3$$

H——OH $\xrightarrow{\text{exchange of } CH_3 \text{ and OH}}$

$$CH_2CH_3$$

b.

$$CH_3$$

H——OH $\xrightarrow{\text{exchange of } CH_3 \text{ and } CH_2CH_3}$

$$CH_2CH_3$$

c.

$$CH_3$$

H——OH $\xrightarrow{\text{exchange of H and OH}}$

$$CH_2CH_3$$

3.6 (R/S) 표기법

(R/S) 표기법은 입체 이성질체의 절대 배열(3.11절)을 나타내는 방법이다.

뷰탄-2-올은 입체 이성질체가 두 가지 있다. 이러한 경우 두 가지를 이름으로 어떻게 구별할 수 있을까? 이러한 문제를 해결하기 위하여 칸(Cahn), 인골드(Ingold) 및 프렐로그(Prelog)가 1966년에 (R/S) 표기법을 제안하였다. 이 표기법(CIP 체계, CIP 우선순위 규칙이라고도 부름)은 다음과 같은 규칙에 따라 결정된다.

규칙 1. 입체 발생 중심에 직접 결합하고 있는 네 원자(원자단)에 우선순위(priority)를 배정한다. 우선순위는 먼저 네 원자의 원자 번호가 증가하는 순서로 결정한다. 동위원소의 경우에는 질량수가 더 큰 원자의 우선순위가 높다. 따라서 원자의 우선순위는 다음과 같다.

$$I > Br > Cl > S > P > O > N > C > {}^2H > {}^1H$$

뷰탄-2-올의 경우 산소의 원자 번호가 가장 크므로 우선순위 1번을 배정한다. 원자 번호가 가장 낮은 수소는 우선순위가 4번이다.

메틸기의 탄소에는 세 H 원자가 있으므로 이를 C(H,H,H)라고 표현할 수 있다. 비슷하게 에틸기의 경우에는 C(C,H,H)라고 표현한다. 괄호에는 원자 번호가 큰 원자를 먼저 쓴다. 그 다음에 다음과 같이 두 기호를 일대일 대응시키면 괄호 안에서 첫 번째 원자에서 우선순위의 결정이 판가름 난다.

C(C,H,H)　　　higher priority

↑ C>H

C(H,H,H)　　　lower priority

규칙 2. 뷰탄-2-올에서 두 탄소 원자는 원자 번호가 같으므로 당장 우선순위를 결정할 수 없다. 이러한 경우에는 입체 발생 중심에서 멀어지는 방향으로 그 다음에 있는 원자를 살핀다. CH_3기(메틸기)의 경우 그 다음 원자는 세 H 원자이고 CH_3CH_2기(에틸기)의 경우에는 C와 두 H 원자이다. 그러면 C의 원자 번호가 H보다 높으므로 에틸기의 우선순위가 메틸기보다 더 높다.

C(H,H,H)　　　　　C(C,H,H)

문자 *R*과 *S*는 라틴어의 rectus(많은 유기화학 교재는 '오른쪽'을 의미한다고 쓰고 있으나 원래는 곧은(straight)'을 의미)와 sinister (왼쪽을 의미. 현대 영어에서는 '불길한'을 의미)에서 유래하였다.

규칙 3. 우선순위 4번을 보는 사람으로부터 멀리 떨어진 방향으로 놓은 후 우선순위 1, 2, 3번의 도는 방향을 살핀다. 도는 방향이 시계 방향이면 (*R*), 시계 반대 방향이면 (*S*)라는 기호를 사용하여 배열을 나타낸다.

anticlockwise:
(*S*)-butan-2-ol

규칙 4. 불포화기가 있을 경우에는 불포화기를 다음과 같이 간주한다. 컬러로 표시된 원자에는 다른 원자는 없는 것으로 간주한다.

그러면 –C≡C기는 –CH=CH₂보다 우선순위가 더 높을 것이다.

C(C,C,H)   C(C,C,C)

피셔 투영도에서 (*R/S*) 결정하기

천연 아미노산인 L-알라닌(alanine)의 피셔 투영도는 다음과 같다(문자 'L'은 아미노산과 탄수화물의 절대 배열을 표시할 때 주로 사용된다. COOH기가 수직선의 위에 있도록 탄소 사슬을 수직 방향으로 그렸을 때 수평 방향에 있는 NH₂기가 왼쪽에 놓인 아미노산을 L-아미노산이라고 부른다).

L-alanine

알라닌의 절대 배열을 정하기 위해서는 먼저 네 기의 우선 순위를 정한다. CH_3기와 CO_2H기를 비교하는 경우에는 다음과 같이 간주한다.

$$CH_3 = C(H,H,H), \ CO_2H = C(O,O,O)$$

따라서 CO_2H기의 우선순위가 더 높다.

우선순위가 가장 낮은 수소 원자가 보는 사람 방향으로 있음을 기억하자. 우선순위 1번, 2번, 3번이 도는 방향은 시계 방향이므로 배열이 (R)-이나 수소 원자가 보는 사람 방향이므로 (R)-이 아니라 (S)-로 정한다.

문제 3.6 아래 그림은 뷰탄-2-올의 피셔 투영도이다. 각 구조의 절대 배열을 결정하시오.

문제 3.7 천연 L-아미노산은 대부분 (S)-배열이다. 하지만 (R)-배열인 아미노산도 있다. 무슨 아미노산 인가?(힌트: 황 원자가 있음)

3.7 광학 활성

서로 거울상 이성질체인 두 화합물은 녹는점, 끓는점, 밀도, 용해도, 증기압 같은 물리적 성질이 모두 같다. 한 가지 물리적 성질만이 다른데, 그 성질은 광학 활성과 관계가 있다.

수면이나 자동차 지붕 등에서 반사되는 햇빛은 평면 편광의 성질을 띤다(왜 그럴까?).

전에는 우회전성과 좌회전성을 (d), (l)로 표시하였지만 지금은 더 이상 쓰이지 않는다.

광학 활성(optical activity)은 한 가지 거울상 이성질체가 (더 많이)녹아 있는 용액이 들어 있는 관에 평면 편광(plane-polarized light)을 통과시키면 평면 편광의 진동면이 한 가지 방향으로 회전하는 현상을 말한다. 이때 보는 사람이 빛이 오는 방향으로 보았을 때, 진동면이 시계 방향으로 회전하면 그 물질을 우회전성(우선성, dextrorotatory), 시계 반대 방향으로 회전하면 좌회전성(좌선성, levorotatory)이라고 부르며 각각 (+), (−) 기호로 나타낸다. 이러한 광학 활성을 분석하는 장비를 편광계(polarimeter)라고 하는데, 디지털 방식의 편광계는 0.001°의 정밀도로 회전 각도를 측정할 수 있다.

편광 필터는 한 가지 방향으로 미세한 홈이 나있는 필름이라고 간주할 수 있다. 선글라스에 쓰이는 폴라로이드가 편광 필터의 예이다.

빛을 파동이라고 간주하면 보통의 빛은 자기파와 전기파가 서로 수직하면서 모든 방향으로 진동한다. 이러한 빛을 편광 필터(polarizing filter)에 통과시키면 한 가지 방향에서만 진동하는 평면 편광이 얻어진다. 아래 그림은 전기파의 진동면을 이중 화살표로 나타낸 것이다.

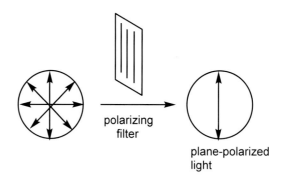

그러면 두 거울상 이성질체는 평면 편광을 통과할 때 무엇이 다를까? 다른 점은 같은 분석 조건에서 측정하였을 때 평면 편광의 회전 각도는 같으나 그 방향만 반대라는 것이다. 따라서 뷰탄-2-올의 한 가지 거울상 이성질체를 녹인 용액의 회전이 (+)이면 그 거울상은 (−)이고, 그 크기는 같다.

관측된 평면 편광의 회전 각도를 α라고 표시하는데, α는 용액의 농도, 관의 길이 및 빛의 파장에 따라 변한다. 따라서 이러한 변수를 고려하여 고유 광회전도(specific optical rotation, [α])를 다음과 같이 정의한다. 식에서 [α]의 단위는 degree cm^2 g^{-1}이나 그냥 단위를 빼고 쓴다.

$$[\alpha] = \alpha/(c\ l)$$

위 식에서 c는 1 mL의 용액에 녹아 있는 시료의 그램 수이고 l은 데시미터 단위로 나타낸 관의 길이이다(흔히 관의 길이는 10 cm이므로 l은 1이다). 흔히 쓰는 빛은 소듐의 특이한 노란 색인 D선(589 nm)이다. 온도, 용매 및 농도도 광회전도에 영향을 주는 변수이므로 표시하여야 한다. 예를 들어 (S)-뷰탄-2-올의 고유 광회전도는 아래와 같이 표시한다.

$$[\alpha]_D^{25}\ +13.5\ (c\ 1.00,\ CHCl_3)$$

3.8 부분 입체 이성질체

입체 발생 중심의 수가 n이면 최대 2^n개의 입체 이성질체가 가능하다.

지금까지 다룬 거울상 이성질체는 입체 발생 중심이 하나였지만 입체 발생 중심이 두 개 이상 있는 분자도 많이 있다. 한 예로 아미노산의 일종인 트레오닌(threonine)을 보자. 트레오닌은 입체 발생 중심이 두 개이므로 $2^2 = 4$개의 입체 이성질체가 가능하다. 아래에 피셔 투영도를 그렸다. (2R,3R)-과 (2S,3S)-트레오닌, 그리고 (2R,3S)-과한 거울상 이성질체의 배열이 (*R*,*R*)이면 다른 것은 (*S*,*S*)이다. (*R*,*S*)와 (*S*,*R*)-이성질체는 (*R*,*R*)의 부분 입체 이성질체이다.

(2*S*,3*R*)-트레오닌은 거울상 이성질체이다. 앞에서 부분 입체 이성질체를 거울상 이성질체가 아닌 입체 이성질체라고 정의하였는데, 이 정의에 따르면 (2*S*,3*S*)-과 (2*R*,3*S*)-트레오닌은 부분 입체 이성질체이다. 아래 그림에서 볼 수 있듯이 네 쌍이 그러한 관계에 있다.

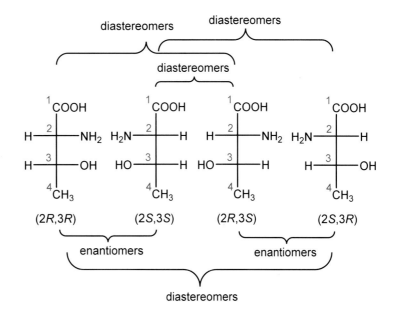

아미노산의 피셔 투영도를 그릴 때 탄소 사슬에서 가장 산화된 기(이 경우에는 카복시기)를 위에 놓는다. 천연 아미노산은 2번 탄소에서 아미노기가 왼쪽에 있으며(이러한 배열을 L이라고 정의한다) (2*S*,3*R*)-아미노산 (L-트레오닌)이 천연 아미노산이다.

부분 입체 이성질체는 녹는점, 끓는점, 용해도, 밀도 등의 모든 물리적 성질이 다르다. 고유 광회전도도 크기가 다 다르다.

threonine의 부분 입체 이성질체	[α]	mp
(2*S*,3*R*)-아미노산 (L-threonine)	$[\alpha]_D^{23}$ -28.5(c 0.05, H_2O)	256℃(분해)
(2*S*,3*S*)-아미노산 (L-*allo*-threonine)	$[\alpha]_D^{25}$ +9.0(c 2, H_2O)	272℃(분해)

문제 3.8

a. 다음 구조는 입체 발생 중심이 세 개인 탄수화물이다. 탄소 2, 3, 4번의 배열이 모두 (*R*)인 입체 이성질체의 구조를 대쉬와 쐐기로 그리시오.

b. 탄소 2, 3, 4번의 배열이 (*R*, *R*, *S*)인 구조를 그리시오.

3.9   메조 화합물

입체 발생 중심이 둘인 화합물의 경우에 네 개의 입체 이성질체가 항상 존재하지는 않는다. 어떠한 경우에는 세 개만 존재하는데, 이러한 경우는 분자에 대칭면이 있기 때문이다. 포도주에 들어 있는 타타르산(tartaric acid, 주석산)의 예를 들어보자. 아래에 타타르산의 세 피셔 투영도를 그렸다. 별표 *는 입체 발생 중심을 나타내는데, 타타르산에는 입체 발생 중심이 두 개인 것을 확인할 수 있다. 가장 오른쪽 화합물인 메조-타타르산은 대칭면이 있고 따라서 비카이랄하다. 이 화합물의 거울상을 만들어 보면 원래 구조와 겹치는 것을 볼 수 있다. 이렇게 입체 발생 중심이 있지만 비카이랄한 화합물을 메조(meso) 화합물이라고 부른다.

> meso는 '가운데, 중앙'을 의미하는 그리스어 'mesos'에서 유래한다. 메조아메리카, 메조포타미아(Mesopotamia) 같은 단어에서도 그 예를 볼 수 있다.

문제 3.9   다음 화합물 중에서 메조 화합물을 고르시오.

3.10   거울상 이성질체의 화학적 성질

앞에서 거울상 이성질체는 광학 회전의 방향만 반대일 뿐 물리적 성질은 같다고 기술하였다. 이제 화학적 성질을 논의하기로 하자.

두 거울상 이성질체는 비카이랄 환경(비카이랄 시약, 촉매, 용매 등)에서는 화학적 성질이 같다. 따라서 두 거울상 이성질체가 비카이랄 시약과 반응할 때 반응 속도 상수

마치 오른손에 오른손 장갑을 끼면 불편하지 않으나 왼손 장갑을 끼면 어색한 느낌이 드는 것과 비슷하다. 오른손과 왼손은 거울상 이성질체의 관계이므로 장갑(카이랄 시약)과의 상호 작용(착용감)이 다른 것이다.

나 평형상수는 같을 것이다. 하지만 카이랄 환경(효소, 카이랄 시약, 카이랄 촉매 등)에서는 화학적 성질이 다르다. 따라서 반응 속도 상수나 평형 상수도 다르다. 카이랄 환경에서 화학적 성질이 다른 이유는 다음과 같이 설명할 수 있다. (+)-와 (−)-반응물이 (+)-시약과 각각 반응한다고 하자. 각 반응의 전이 상태 [(+)-반응물•(+)-시약]‡, [(+)-반응물•(−)-시약]‡은 서로 부분 입체 이성질체의 관계에 있기 때문에 에너지가 다르고 따라서 반응의 활성화 에너지도 다를 것이다.

거울상 이성질체의 생리효과(냄새, 맛, 의약품으로서의 효능 등)도 다르다. 생리적 효과는 분자가 수용체의 활성화 자리(냄새라면 코의 냄새 수용체)와 결합함으로써 생기는데, 수용체는 L-아미노산으로 이루어진 생고분자이므로 카이랄하다. 그래서 한 거울상 이성질체는 이러한 수용체와 결합을 잘하나, 다른 거울상 분자는 결합을 잘하지 못하게 되어 두 거울상 이성질체의 냄새나 맛 같은 생리효과가 다르게 나타난다. 아래에 이 점을 그림으로 묘사하였다. 삼점 접촉 모형(three-point contact model)이라고 부르는 이 모형에서는 컬러로 표시한 선이 카이랄 주인(효소의 수용체 등)과 카이랄 손님(거울상 이성질체) 사이의 상호 작용을 나타낸다. 왼쪽 그림은 한 카이랄 분자의 세 기가 카이랄 주인의 세 점과 접촉하고 있음을 보여준다. 반면에 거울상 이성질체는 두 점에서만 접촉하고 있으므로 생리효과가 다를 수 있다.

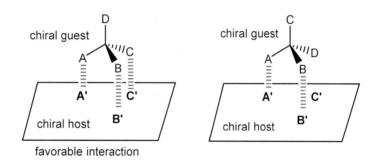

특히 의약품의 경우에는 한 가지 거울상 이성질체는 원하는 생리효과가 있지만 그 반대 거울상은 원치 않은 부작용을 야기할 수도 있다. 대표적인 예가 1960년대 유럽에서 시판된 탈리도마이드(thalidomide)라는 이름의 입덧 방지제이다. 특정한 임신 시기에 이 약의 두 거울상 이성질체의 혼합물을 복용했던 임신 여성이 사지가 충분히 발달하지 않은 신생아를 출산한 사건이 벌어졌다. 조사 결과 이러한 태아 독성은 (S)-이성질체에 기인하는 것으로 밝혀졌다. 표 3.1에 두 거울상 이성질체의 생리학적 효과를 비교하였다. 두 거울상 이성질체의 약효가 전혀 다른 경우도 있는데, 한 예가 Darvon과 Novrad(철자가 반대 순서)이다.

표 3.1
두 거울상 이성질체의 생리학적
효과의 비교

구조	이름	구조
(S)-(−)-, 레몬 향	리모넨(limonene)	(R)-(+)-, 오렌지 향
(R)-(−)-, 박하 향	카본(carvone)	(S)-(+)-, 향채 씨 향
(S)-, 쓴 맛	아스파라긴(asparagine)	(R)-, 단 맛
L-dopa, 파킨슨 병 치료제	도파(dopa)	D-dopa, 독성
(R,R)-, 항생제	클로람페니콜(chloramphenicol)	(S,S)-, 약효 없음
Darvon, 진통제		Novrad, 거담제
(S)-, 항염증제	이부프로펜(ibuprofen)	(R)-, 느리게 작용
(R)-, 입덧 방지제	탈리도마이드(thalidomide)	(S)-, 태아 독성

3.11 절대 배열과 상대 배열

입체 발생 중심에 결합하고 있는 원자들의 공간에서의 배열을 절대 배열(absolute configuration, 절대 위치 배열)이라고 부르는데, 앞에서 다룬 (R/S) 표기법이 절대 배열을 나타내는 방법이다.

상대 배열은 다른 의미에서도 사용된다. 즉, 같은 분자 내에서 한 입체 발생 중심과 다른 입체 발생 중심의 배열의 관계를 의미하기도 한다.

한 반응물이 입체 발생 중심에 연결된 결합이 깨어지지 않고 생성물로 변한다면(혹은 결합이 깨지더라도 원래 있던 같은 자리에 다른 원자가 결합한다면) 입체 발생 중심의 상대 배열(relative configuration)은 둘 다 같고 그 반응은 배열의 보존(retention of configuration)으로 진행된다고 말한다. 예로서 (S)-(−)-2-메틸뷰탄-1-올을 진한 염산으로 처리하면 (S)-(+)-1-클로로-2-메틸뷰테인이 생긴다. 이 반응은 입체 발생 중심에서 일어나지 않기 때문에 두 화합물은 상대 배열이 같다(하지만 광학 회전의 부호는 반대이다).

same relative configuration

$$
\begin{array}{c}
\text{CH}_3 \\
\text{H}{-}\overset{|}{\underset{|}{\text{C}}}{-}\text{CH}_2\text{OH} \\
\text{CH}_2\text{CH}_3
\end{array}
\quad\xrightarrow{\text{HCl}}\quad
\begin{array}{c}
\text{CH}_3 \\
\text{H}{-}\overset{|}{\underset{|}{\text{C}}}{-}\text{CH}_2\text{Cl} \\
\text{CH}_2\text{CH}_3
\end{array}
$$

(S)-(-)-2-methyl-butan-1-ol   (S)-(+)-1-chloro-2-methylbutane

문제 3.10 (S)-1-브로모뷰탄-2-올은 아연과 다음과 같이 반응한다. 이 반응은 배열이 보존되는 반응인가? 생성물의 절대 배열은 무엇인가?

$$
\begin{array}{c}
\text{CH}_2\text{Br} \\
\text{HO}{-}\overset{|}{\underset{|}{\text{C}}}{-}\text{H} \\
\text{CH}_2\text{CH}_3
\end{array}
\quad\xrightarrow{\text{Zn, H}^+}\quad
\begin{array}{c}
\text{CH}_3 \\
\text{HO}{-}\overset{|}{\underset{|}{\text{C}}}{-}\text{H} \\
\text{CH}_2\text{CH}_3
\end{array}
$$

(S)-1-bromobutan-2-ol   butan-2-ol

절대 배열은 1951년에야 비로소 결정되었다. 그 전에는 상대 배열만 알 수 있었다. 독일의 유기화학자인 피셔(Fischer)는 1890년대에 탄수화물의 배열을 연구하던 중에 절대 배열의 필요성을 느끼고 임의로 (+)-글리세르알데하이드에 D-라는 절대 배열을 부여하였다. D-화합물은 현대의 (R/S)-표기법에 따르면 (R)-배열이다.

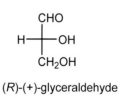

(R)-(+)-glyceraldehyde

화학카페

탈리도마이드 사건

탈리도마이드는 1950년대에 서독에서 임신 초기의 입덧 방지제로 개발된 약으로 40개 나라에서 두 거울상 이성질체의 1:1 혼합물(라셈 혼합물)로 처방되었다. 임신 초기 3개월 안에 이 약을 한 번이라도 복용한 산모는 사지가 충분히 발달하지 않은 신생아를 출산한 사건이 세계적으로 만 건 정도 발생하였다. 이러한 태아 독성은 (S)-이성질체에 의한 것으로 밝혀졌다. 그 후의 연구에 의하면 (R)-이성질체도 약간의 태아 독성이 있고 각 거울상 이성질체는 체내에서 라셈화할 수 있음이 알려졌다. 따라서 (R)-이성질체만 복용하였다고 하더라도 선천적 기형이 발생하였을지도 모른다. 탈리도마이드는 태아의 경우처럼 빠르게 자라는 세포를 더 손상시키기 때문에 현재 항암제로 사용되고 있다.

미국에서는 탈리도마이드가 처방되지 않았는데, 그 이유는 그 당시 식품의약(FDA)의 약리학자이자 의사였던 케슬리(Kesley)가 추가 자료를 요구하면서 미국 내 판매를 허용하지 않았기 때문이었다. 케슬리는 탈리도마이드 사건 이후 국민 영웅으로 떠올랐다.

그 후 많은 유기 화합물의 배열이 글리세르알데하이드의 배열에 근거하여 결정되었다.

1951년에 네덜란드의 비보예트(Bijvoet)는 (+)-타타르산의 어떤 염을 특별한 종류의 X-선 회절법으로 분석하여 (+)-타타르산의 절대 배열을 다음과 같이 결정하였다.

absolute configuration of (+)-tartaric acid

그 전에 (+)-글리세르알데하이드의 배열이 (+)-타타르산의 배열과 다음 그림에 나오는 반응을 통하여 연관되었기 때문에 비보예트의 실험은 (+)-글리세르알데하이드의 절대 배열을 확정하였다. 유기화학자에게는 다행스럽게 피셔가 임의로 결정한 (+)-글리세르알데하이드의 절대 배열이 올바른 것으로 판명되었다!

3.12 라셈 혼합물

'racemic'이라는 말은 포도송이를 의미하는 라틴어 *racemus*에서 유래한다.

큰 상자를 신발 한 켤레씩 채우는 것과 오른쪽(혹은 왼쪽) 신발로만 채우는 것은 채움 효율이 서로 다를 것이다. 비슷하게 라셈 혼합물과 순수한 한 가지 거울상 이성질체도 결정을 이룰 때 다른 방식으로 채워질 수 있다.

두 거울상 이성질체가 같은 양으로 혼합되어 있는 혼합물을 라셈 혼합물(racemic mixture, racemate)이라고 부르며 흔히 (±)- 혹은 *rac*-로 표시한다. 라셈 혼합물은 광학 비활성이며 고체상에서의 물리적 성질(예: 녹는점, 밀도, X-선 회절 패턴)이 순수한 거울상 이성질체와 다를 수도 있다. 예를 들어 (+)-와 (−)-타타르산의 녹는점은 171°C이나 라셈 혼합물(라셈산이라고 부름)의 녹는점은 206°C이다.

3.13 광학 분할: 거울상 이성질체의 분리

라셈 혼합물을 각각의 두 거울상 이성질체로 분리하는 작업을 광학 분할(optical

resolution 혹은 분할)이라고 부른다. 최초의 분할은 1848년에 파스퇴르가 실시하였다. 파스퇴르는 광학 비활성인 타타르산(라셈산)의 소듐 암모늄 사수화물($Na \cdot NH_4 \cdot$ tartrate $\cdot 4H_2O$, 파스퇴르 염)의 수용액에서 결정을 얻는 실험을 하던 중 우연히 눈으로 보기에 서로 거울상인 두 가지 결정(아래 그림)이 생성되는 것을 발견하였다. 두 종류의 결정을 끈기 있게 집게와 현미경을 사용하여 분리한 후 각 결정을 물에 녹인 용액의 광회전도를 조사하였더니 부호가 서로 반대였다. 1860년에 파스퇴르는 결정이 서로 거울상이면 그 분자들도 서로 거울상의 관계일 것이라고 (올바르게)추측하였으며, 라셈산은 두 거울상 이성질체의 1:1 혼합물임을 밝혔다. 아래 그림에서 왼쪽 결정이 우선성인 $(2R,3R)$-화합물이다.

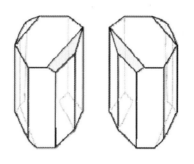

화학카페

타타르산

타타르산은 우리 말로 주석산(酒石酸)이라고 부르는데, 포도주 제조 과정의 부산물로 얻어지기 때문이다. (+)-, (−)-, 그리고 메조-타타르산의 세 가지 입체 이성질체로 존재한다.

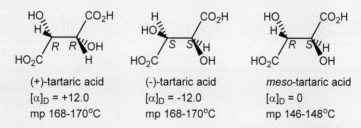

이 중에서 (+)-이성질체가 포도나 바나나 같은 식물 등에 널리 존재하며 모노포타슘 염이 포도주 제조 과정에서 다량으로 석출된다.

타타르산은 유기 화합물의 입체 화학의 발전에 크게 기여한 화합물이다. 먼저 1832년에 프랑스 과학자인 비오(Biot)는 타타르산을 포함하여 모르핀, 퀴닌 및 탄수화물의 광학 활성을 발견하였으며, 1838년에는 라셈산(타타르산의 라셈 혼합물)이 광학 비활성임을 발견하였다. 파스퇴르는 25세 되던 1848년에 소듐 암모늄 타타르산 염의 라셈 혼합물이 서로 거울상인 결정으로 결정화하는 것을 발견하고는 두 결정을 현미경을 보면서 집게로 분리하였다. 각 결정의 수용액의 광학 활성을 측정하였더니 편광의 회전 방향이 서로 반대인 것을 발견하였다.

그 당시 파스퇴르는 일 년 전에 박사 학위를 받고 파리의 한 대학교에서 비오 교수의 연구원으로 일하고 있었는데, 이 발견을 비오에게 보고하자 그는 믿지 않고 자기 앞에서 실험을 재연하도록 하였다. 파스퇴르가 분리한 염의 수용액이 알려져 있지 않았던 좌선성이자, 비오는 "내 심장이 뛸 정도로 놀라운 일이다"라고 말했다고 한다. 파스퇴르는 두 결정이 서로 겹치지 않는 거울상인 것처럼 타타르산도 **분자 수준**에서 서로 거울상일 것이라고 제안하였다. 그 후 1874년에 반트 호프와 르벨은 독립적으로 사가 탄소의 정사면체 구조를 제안하였다.

한 가지 재미 있는 점은 파스퇴르가 라셈 혼합물의 결정을 분리할 당시의 파리의 기온이었다. 파스퇴르가 사용한 염은 26°C 아래에서만 두 거울상 결정으로 자발적으로 분할되는데(이러한 라셈 혼합물을 conglomerate라고 부른다) 파리의 기온이 이 온도보다 낮았다고 한다. conglomerate는 라셈 혼합물에서 그리 흔한 예(~10%)는 아니다.

더 많이 쓰이는 광학 분할법은 산성이나 염기성 라셈 혼합물을 한 가지 거울상의 카이랄 염기나 산과 반응시켜 두 염의 혼합물을 얻는 방법이다. 두 염은 서로 부분 입체 이성질체의 관계이기 때문에 용해도가 다르며 분별 결정화 방법으로 분리할 수 있다. 이 방법도 파스퇴르가 1853년에 최초로 실시하였다. 파스퇴르는 라셈 타타르산을 카이랄 염기인 (−)-신초니딘(cinchonidine)과 반응시켜 두 염의 혼합물을 얻었다. 두 염 중에서 (−)-타타르산 • (−)-신초니딘 염이 먼저 석출되었으며, 그 다음에 (+)-타타르산 • (−)-신초니딘 염이 석출되었다. 분리한 염을 산으로 처리하면 타타르산의 두 거울상체를 구할 수 있다.

라셈 혼합물이 산이라면 광학적으로 순수한 알칼로이드(예: 브루신(brucine), 스트라이키닌(strychinine))를 염기로서 이용한다. 라셈 혼합물이 염기이면 (+)-타타르산, (−)-말산(malic acid), (+)-만델산 같은 광학 활성 산을 이용한다.

(S)-(-)-malic acid   (S)-(+)-mandelic acid

최초의 속도론적 분할은 파스퇴르가 1858년에 효소를 이용하여 라셈 타타르산에서 순수한 (−)-타타르산을 분리한 일이다.

(+/-)-tartaric acid

(-)-tartaric acid

다른 방법은 속도론적 분할(kinetic resolution)이다. 이 방법은 두 거울상 이성질체 (+)-A와 (−)-A가 카이랄 분자(효소, 카이랄 촉매, 카이랄 시약 등)와 서로 다른 속도로 반응한다는 점을 이용한다(효소인 경우 반응 속도 상수의 비가 1,000보다 크다).

3.14 거울상 초과도와 광학 순도

두 거울상 이성질체의 비는 흔히 *ee*(enantiomeric excess, 거울상 초과도)로 표시한다. *ee*는 두 거울상체의 존재 비를 질량(혹은 몰) 백분율로 나타내고 그 차이를 구한 값이다.

%*ee* = |한 거울상 이성질체의 % - 다른 거울상 이성질체의 %|

예로서 (+)-와 (−)-거울상체가 각각 90%, 10%이면 *ee*는 80% ee이다.

광학 순도(optical purity)는 관찰된 고유 광회전도/순수한 거울상체의 고유 광회전도의 값에 100을 곱한 값이다.

광학 순도 = $[\alpha]_{혼합}/[\alpha]_{순수} \times 100\%$

광학 순도와 *%ee*는 같지 않을 수도 있다. 두 값이 같기 위해서는 두 값이 선형 관계여야 하는데, 실제로는 그렇지 않을 수도 있기 때문이다. 고유 광회전도는 농도나 온도, 불순물 등의 영향을 받기 때문에 고유 광회전도를 이용하여 *ee*를 구하는 것은 정확하지 않다. 따라서 고유 광회전도를 이용한 *ee*의 측정은 실제로는 거의 쓰이지 않는다.

3.15 입체 발생 중심이 탄소가 아닌 화합물

탄소 이외에도 규소, 질소, 황, 인 같은 원자에 서로 다른 원자나 고립쌍이 결합된 화합물은 카이랄하기 때문에 두 거울상 이성질체로 존재할 수 있고 분할할 수 있다.

X, Y, Z, R: all different

silicon   ammonium salt   sulfoxide

아민의 경우에는 상온에서 빠르게 배열의 반전이 일어나기 때문에 라셈 혼합물로 존재한다.

amine

enantiomers

3.16 카이랄 화합물의 합성

비카이랄 반응물에서 광학 활성 생성물을 얻기 위해서는 반드시 카이랄 조건(카이랄 시약이나 촉매)이 필요하다. 비카이랄 반응물로부터 카이랄 생성물이 생기는 경우에, 카이랄 조건에서 반응이 일어나지 않으면 생성물이 라셈 혼합물로 얻어진다.

pentan-2-one   +   H-H   achiral metal catalyst   (+/-)-pentan-2-ol

한 거울상체가 다른 거울상보다 더 많이 생성하는 반응을 거울상 이성질 선택적 반응 (enantioselective reaction)이라고 부르는데, 거울상 이성질 선택적 반응은 반드시 카이랄 시약(촉매)을 이용하여야 한다. 카이랄 촉매의 한 예가 효소이며 현재 많은 종류의 효소가 다양한 거울상 이성질 선택적 반응에 사용되고 있다. 한 가지 예가 빵을 만드는 데 사용하는 효모이다. 효모는 적당한 조건에서 케톤을 한 가지 거울상 이성질체의 알코올로 환원시킨다.

3.17 선구 카이랄성

사면체 탄소에 결합된 같은 치환기 중의 하나를 기존기와는 다른 기(아래 그림에서는 수소를 중수소 D로 치환)로 바꿨을 때 그 탄소 원자가 입체 발생 중심이 된다면, 그 탄소를 선구 카이랄성(prochiral) 탄소라고 부른다. 선구 카이랄성 탄소에 붙어 있는 두 수소는 선구 카이랄성 수소라고 부른다.

선구 카이랄성(prochirality)은 수소 이외에도 다른 원자나 메틸기 같은 기에도 적용될 수 있다.

H_a를 D로 치환시켜 생긴 알코올의 절대 배열이 (S)-이므로 이 수소를 pro-S, 다른 수소는 pro-R이라고 부르며, 에탄올의 구조에 다음과 같이 R과 S를 아래 첨자로 써서 나타낸다.

CH$_3$기를 Me라고 약칭한다.

선구 카이랄성 탄소가 있는 분자의 좋은 예가 에탄올이다. 에탄올의 CH$_2$기의 두 수소를 각각 D로 치환시켜 얻어지는 분자는 서로 거울상 이성질체이다. 이러한 경우 이 두 수소를 거울상 유발성(enantiotopic) 수소라고 부른다.

다음 예가 보여주듯이 거울상 유발성 수소는 CH$_2$기에만 한정되지는 않는다. 메조-타타르산(메조산)에서 서로 다른 탄소 원자와 결합하고 있는 두 수소 H_a와 H_b는 서로 거울상 유발성 관계에 있다.

replace H$_a$ with D

replace H$_b$ with D

meso-tartaric acid

enantiomer

(R)

(S)

입체 발생 중심이 이미 있는 분자에서 두 수소가 한 탄소에 결합되어 있는 경우, 이 두 수소를 부분 입체 이성질성(diastereotopic) 수소라고 부른다. 그 이유는 이 두 수소를 각각 중수소나 다른 원자(혹은 기)로 치환시켰을 때 두 부분 입체 이성질체가 얻어지기 때문이다. 한 가지 예가 뷰탄-2-올의 CH$_2$ 수소이다. 아래의 피셔 투영도에서 H$_a$를 D로 치환시켜 생긴 새로운 입체 발생 중심의 배열이 (R)-이므로 H$_a$를 pro-*R* 수소라고 부른다. H$_b$는 pro-*S* 수소이다.

replace H$_a$ with D

replace H$_b$ with D

diastereomer

(R)

(S)

한 분자의 두 수소를 각각 D 혹은 다른 원자(기)로 치환하였을 때 입체 발생 중심이 새로 생기지 않는 경우 이 두 수소를 대칭 교환자리성(homotopic) 수소라고 부른다. 한 가지 예는 이염화 메테인의 두 수소이다. 치환 후에 생기는 두 구조는 동일하다.

replace H$_a$ with D

replace H$_b$ with D

identical
(superposable)

문제 3.11 타타르산의 H_a와 H_b가 대칭 교환자리 수소임을 보이시오.

CO_2H

H_a ——|—— OH

HO ——|—— H_b

CO_2H

tartaric acid

지금까지는 선구 카이랄성을 판단하기 위하여 '치환법'을 사용하였다. 다른 방법은 분자의 대칭 요소를 확인하여 정하는 방법이다.

대칭 교환자리는 두 기가 C_n 축에 의하여 교환 가능하다(분자를 관통하는 축을 중심으로 $360°/n$ 만큼 돌렸을 때 같은 구조가 얻어지면, 그 축을 C_n 축이라고 부른다).

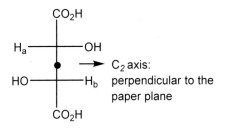

tartaric acid

한편, 두 기가 대칭면(σ 면)이나 i(대칭 중심) 교환 가능하면(C_n 축에 의해서는 교환 불가) 거울상 유발성이 된다. 아래 구조에서 두 H, HO, CO_2H기는 모두 거울상 유발성이다.

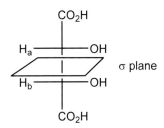

meso-tartaric acid

마지막으로, C_n 축, σ 면, i에 의하여 교환 불가이면 그 두 기는 부분 입체 이성질성이다.

문제 3.12 다음 구조에서 네모 안의 두 원자 혹은 기가 대칭 교환자리성, 거울상 유발성, 부분 입체 이성질성인지를 결정하시오.

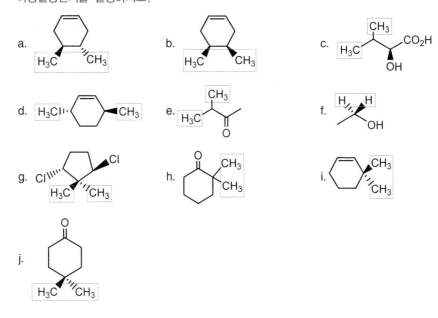

이렇게 선구 카이랄성을 구별하는 이유는 선구 카이랄성이 유기 반응, 특히 생화학 반응의 이해에 매우 중요하기 때문이다(또한 이 교재에서 다루지 않는 NMR 스펙트럼의 해석에서도 중요하다). 선구 카이랄성의 종류 및 관찰 환경에 따라서 두 기(혹은 세 기)를 서로 구별할 수 있거나 구별할 수 없게 된다. 이 점을 표 3.2에 정리하였다.

표 3.2
선구 카이랄성의 종류에 따른 구별 가능 여부

선구 카이랄성의 종류	비카이랄 환경	카이랄 환경
대칭 교환자리성(homotopic)	서로 구별 불가	서로 구별 불가
거울상 유발성(enantiotopic)	서로 구별 불가	서로 구별 가능
부분 입체 이성질성(diastereotopic)	서로 구별 가능	서로 구별 가능

표 3.2에서 비카이랄 환경이란 반응 조건이나 관찰 조건이 비카이랄 시약, 촉매 혹은 용매가 사용되는 실험 조건을 말한다. 반면에 카이랄 환경이란 카이랄 시약(예: 효소)이나 카이랄 용매가 사용되는 실험 조건을 말한다.

에탄올 분자를 예로 들어보자. 에탄올의 CH_2 수소는 거울상 유발성이다. 따라서 비카이랄 산화제인 CrO_3 같은 시약은 두 기를 구별하지 못하고 같은 속도로 두 H 원자를 제거하여 MeCHO를 생성한다.

반면에 산화 효소는 pro-*R* 만을 100% 제거한다.

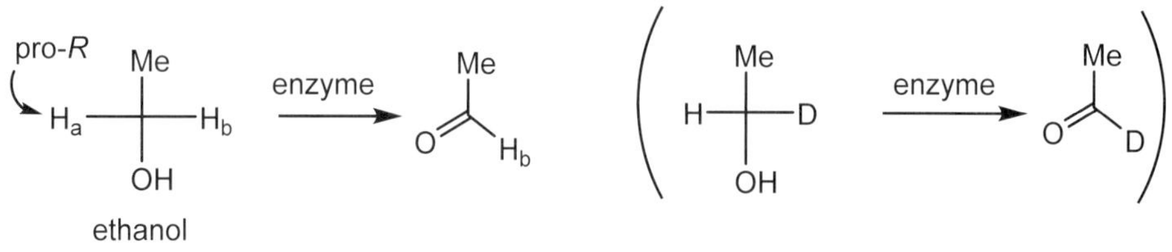

ethanol

문제 3.13 2-브로모뷰테인에서 CH₂기의 수소를 염기로 제거하면 두 알켄이 생성된다. 두 수소의 선구 카이랄성의 종류를 논한 후, 두 수소가 떨어지는 반응 속도가 다른지 혹은 같은지를 보이시오.

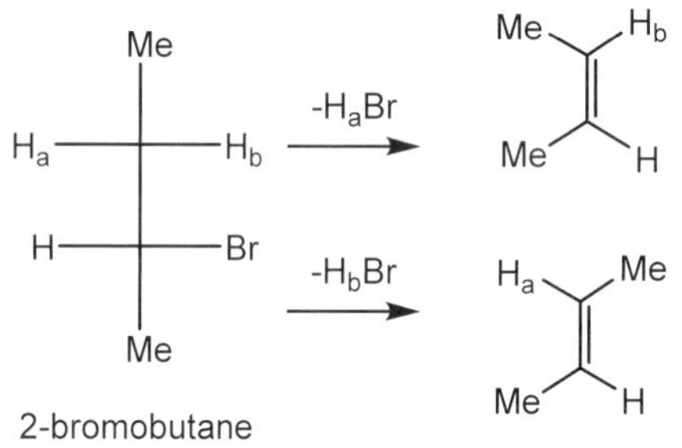

2-bromobutane

선구 카이랄성은 특히 생화학에서 매우 중요하다. 앞에서 에탄올의 산화 반응을 언급 하였지만 효소가 참여하는 수 많은 반응에서 두 거울상 유발성 수소 중에서 하나만 반응에 참여한다.

스테로이드나 터펜의 생합성의 초기 단계에서 아이소펜텐일 이인산염(isopentenyl diphosphate, IPP)이 구조 이성질체인 다이메틸알릴 이인산염(dimethylallyl diphosphate, DMAPP)으로 변환되는데, 이 반응에서는 IPP의 pro-*R* 수소만 반응한다.

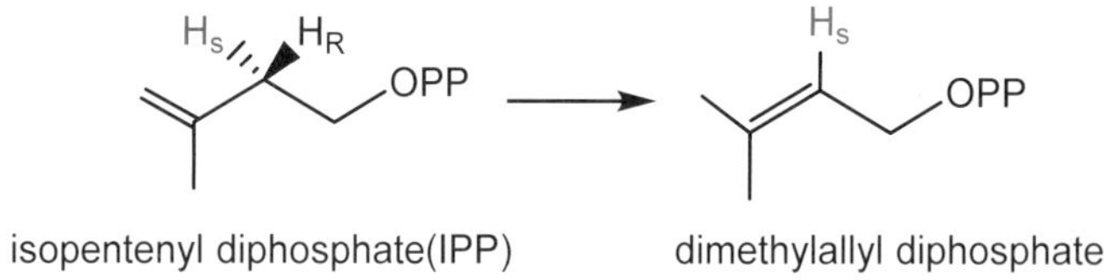

isopentenyl diphosphate(IPP)   dimethylallyl diphosphate

시트르산 이온(citrate)의 경우 두 CH₂CO₂⁻ 기가 거울상 유발성 기이다. 따라서 효소 는 이 두 기를 구별할 수 있으며 실제로 효소는 pro-*R* 기에만 HO기를 도입하여 아이 소시트르산 이온(isocitrate)을 생성한다.

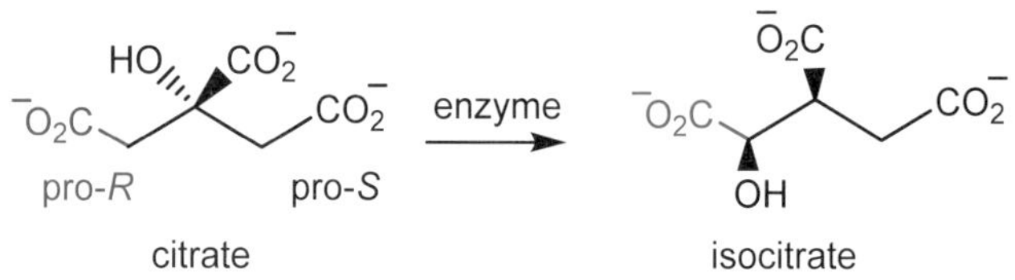

citrate   isocitrate

3.18 카보닐기와 이민의 *re* 및 *si* 면

삼각 평면인 sp^2 탄소는 입체 발생 중심은 아니나 이 탄소에 결합하고 있는 세 기가 모두 다른 경우에는 그 탄소가 선구 카이랄성이다. 평면 sp^2 탄소의 두 면(face)에서 각각 같은 기(기존의 기와는 다른)가 도입된다면 입체 이성질체가 생길 것이다. 이러한 경우 두 면을 구별하기 위하여 *re*와 *si* 면이라는 용어를 사용한다.

만약에 삼각 평면인 sp^2 탄소를 위에서 보았을 때(시약이 위에서 접근), 이 탄소에 치환된 세 기의 우선순위가 시계 방향으로 돌면, 그 면을 *re* 면, 시계 반대 방향으로 돌면 *si* 면이라고 한다. 예컨대, 아세토페논의 다음 구조에서 위 면이 *re* 면, 아래 면이 *si* 면이다(ph=C_6H_5).

효소 반응은 특정한 면에서 일어난다. 한 가지 예는 케톤의 환원 반응이다. 이 반응에서는 생물학적 환원제의 pro-*R* 수소가 케톤의 *si* 면에 첨가된 생성물만 얻어진다.

문제 3.14 다음 구조의 카보닐 결합을 위에서 보았을 때 *re* 면인 것을 모두 고르시오.

추가 문제

문제 3.15   다음 서술이 맞으면 O, 틀리면 X를 괄호 안에 쓰시오.

a. 입체 발생 중심이 하나만 있는 분자는 반드시 카이랄하다. (   )

b. 서로 거울상 관계인 두 카복실산이 NH_3와 반응하여 생성된 염은 물에서의 용해도가 모두 같다. (   )

c. 두 거울상 이성질체는 카이랄 분자와 다른 속도로 반응한다(이론적으로는). (   )

d. (2*R*,3*R*)-2,3-다이브로모뷰테인은 메조 화합물이다. (   )

e. 입체 발생 중심이 두 개 이상인 분자는 항상 카이랄하다. (   )

f. 거울상 관계에 있는 분자들은 모두 거울상 이성질체이다. (   )

g. 대칭면이 있는 분자는 항상 비카이랄하다. (   )

h. 일반적으로 부분 입체 이성질체는 물리적 성질이 서로 다르다. (   )

i. 라셈 혼합물과 그 거울상 이성질체는 녹는점이 항상 같다. (   )

문제 3.16   리보핵산의 한 성분인 리보스의 구조는 다음과 같다(실제 구조는 고리형임).

a. 리보스의 입체 발생 중심의 절대 배열을 *R* 혹은 *S*로 위의 구조에 모두 표시하시오.

b. 리보소의 피셔 투영도를 그리시오(탄소 사슬을 수직 방향으로 그리고, CHO기를 탄소 사슬의 위에 배치함).

c. 리보스의 거울상 이성질체의 구조를 피셔 투영도로 그리시오.

d. 리보스의 부분 입체 이성질체의 구조 하나를 피셔 투영도로 그리시오.

문제 3.17   다음 화합물 중에서 메조 화합물을 모두 고르시오.

문제 3.18   지방산의 생합성 단계 중 하나는 화합물 A가 화합물 B로 탈수되는 단계이다. 이 반응에서는 C2로부터 pro-*R* 수소와 pro-*S* 수소 중에서 어느 수소가 제거되는가?

문제 3.19   다음 두 구조가 서로 같으면 I, 거울상 이성질체의 관계이면 E, 부분 입체 이성질체이면 D, 그리고 구조 이성질체이면 C라고 쓰시오.

문제 3.20   두 거울상 이성질체의 성질에 대하여 맞게 언급한 것을 모두 고르시오.

a. 두 거울상 이성질체는 냄새, 맛, 약효 등의 생리학적 효과가 서로 다를 수 있다.

b. 각 거울상 이성질체는 평면 편광의 크기는 같으나 서로 반대 방향으로 회전시킨다.

c. 두 거울상 이성질체를 1:1의 비로 혼합한 혼합물의 녹는점은 순수한 거울상 이성질체의 녹는점과 항상 같다.

d. 두 거울상 이성질체의 혼합물을 증류 등의 물리적 방법으로 서로 분리할 수 없다.

e. 두 거울상 이성질체가 4:1의 비로 혼합된 혼합물의 거울상 초과도는 50%이다.

문제 3.21 다음은 탄수화물의 입체 구조이다. 다음 서술이 맞으면 O, 틀리면 X라고 쓰시오.

a. 천연 탄수화물인 D-에리트로스(erythrose)는 C2와 C3의 위치 배열이 모두 (*R*)이다. 그렇
   다면 구조 A는 D-에리트로스일 것이다. (　　)
b. 구조 A와 C는 서로 거울상 이성질체이다. 따라서 비카이랄 분자(예: 메탄올)와 같은 속도
   로 반응할 것이다. (　　)
c. 구조 C와 H는 동일한 구조이다. (　　)
d. 구조 E와 F는 효소와 다른 속도로 반응할 것이다.(　　)
e. 구조 B와 D는 편광의 회전도는 같고 방향만 반대이다. (　　)
f. 구조 F와 G는 녹는점과 고유 광회전도 [α](부호 포함)가 같다. (　　)
g. 구조 F와 H는 부분 입체 이성질체이다. (　　)

문제 3.22 파스퇴르는 1800년도 중반에 타타르산의 라셈 혼합물의 광학 분할에 지금도 쓰이는 방법 세 가지
를 발견하였다. 이 세 가지 분할법의 원리에 대하여 논하시오.

알케인과
사이클로알케인

알케인과 사이클로알케인은 탄화수소의 한 부류이다. 이 장에서는 탄화수소의 명명법 그리고 탄소-탄소 σ 결합의 자유 회전으로 생기는 여러 가지 형태의 에너지 분석을 다루고자 한다.

4.1 탄화수소의 분류

알케인(alkane)과 사이클로알케인(cycloalkane)은 탄소와 수소로만 이루어진 화합물인 탄화수소(hydrocarbon)의 한 부류이다. 알케인은 분자식이 C_nH_{2n+2}인 포화 탄화수소이고 고리가 하나인 사이클로알케인은 분자식이 C_nH_{2n}인 고리 화합물이다.

이러한 탄화수소의 주 원천은 원유로서 원유를 분별 증류하면 끓는점에 따라서 탄화수소를 분리할 수 있다. 끓는점이 비슷한 탄화수소는 많이 존재하므로 증류하여 얻은 분액은 수십에서 수백 개의 탄화수소가 혼합된 혼합물이며 연료, 용매 혹은 윤활유 등으로 상용된다(표 4.1).

표 4.1
원유의 증류에서 나오는 분액

끓는점의 범위(°C)	분자당 탄소 원자의 수	용도
20 이하	1~4	천연가스
20~60	5~6	석유 에터, 용매
60~100	6~7	리그로인, 용매
40~200	5~10	휘발유
175~325	12~18	등유, 제트 연료
250~400	12 이상	경유
비휘발성 액체	20 이상	윤활유, 그리스
비휘발성 고체	20 이상	파라핀 왁스, 아스팔트

화학카페

옥테인가

가지를 많이 친 알케인은 휘발유 엔진에서 **노킹**(knocking) 현상 없이 연소하기 때문에 유용하다. 노킹이란 연료를 압축한 후 전기적으로 불꽃을 일으켜 폭발시키기 전에 연료가 연소하는 현상을 말한다. 이러한 일이 생기면 폭발의 충격파가 엔진을 두드리는 소리를 내기 때문에 노킹이라는 이름이 생겼다. 노킹이 생기면 엔진에 무리를 가져온다. 휘발유의 **옥테인가**(octane rating, octane number)는 연료가 노킹을 일으키는 정도를 정량화한 값인데 노킹을 일으키지 않는 2,2,4-트라이메틸펜테인(소위 아이소옥테인이라고 부름)의 옥테인가를 100, 노킹을 심하게 일으키는 n-헵테인의 옥테인가를 0으로 정하고, 어떤 휘발유가 아이소옥테인과 헵테인의 9:1 혼합 용액과 같은 정도의 노킹을 보이면 그 연료의 옥테인가를 90으로 간주한다.

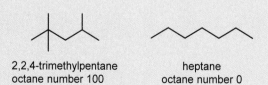

2,2,4-trimethylpentane
octane number 100

heptane
octane number 0

2,2,4-트라이메틸펜테인 같이 가지를 많이 친 알케인은 메틸기가 더 많은데, 이 메틸기의 C-H 결합은 균일 분해가 잘 일어나지 않는다(12.3절). 따라서 연소 반응이 더 어렵게 일어나므로 노킹 현상을 일으키지 않는다.

나프타(naphtha)라고 부르는 액체(C12 이상)를 500°C 이상의 고온에서 촉매의 존재하에 가열하면, 탄소-탄소 단일 결합이 깨지면서 탄소 수가 5~10인, 더 작고 가지를 많이 친 알케인으로 변하는데, 이러한 반응을 촉매 크래킹(catalytic cracking)이라고 부른다.

4.2   알케인의 구조

알케인과 사이클로알케인의 탄소는 혼성이 sp³이므로 탄소에 연결된 원자들은 사면체 구조이다. 곧은 사슬 알케인(straight chain alkane)은 탄소-탄소 사슬이 가지를 치지 않고 계속 연결된 구조인 반면, 가지 달린 알케인(branched alkane)은 곧은 사슬 구조의 탄소 원자에서 새롭게 다른 사슬이 생성된 구조이다. 곧은 사슬 알케인은 대부분 지그재그 모양을 이룬다.

탄소가 네 개인 뷰테인부터 구조 이성질체가 존재한다. 뷰테인은 구조 이성질체가 두 개이나 탄소 수가 증가할수록 구조 이성질체의 수는 급격하게 증가한다(표 4.2).

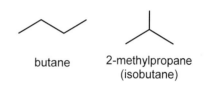

butane   2-methylpropane
(isobutane)

표 4.2
알케인의 구조 이성질체의 수

분자식	구조 이성질체의 수	분자식	구조 이성질체의 수	분자식	구조 이성질체의 수
C_4H_{10}	2	C_5H_{12}	3	C_6H_{14}	5
C_7H_{16}	9	C_8H_{18}	18	C_9H_{20}	35
$C_{10}H_{22}$	75	$C_{20}H_{42}$	366,319	$C_{30}H_{62}$	~4 × 10⁹

문제 4.1 C_7H_{16}의 모든 구조 이성질체를 골격 구조로 그리시오.

4.3   알케인과 사이클로알케인의 물리적 성질

알케인과 사이클로알케인의 한 계열에서 한 구성원이 다음 구성원과 일정한 분자 단위(이 경우에는 CH_2. 이 분자 단위를 메틸렌(methylene)이라고 부른다)만큼 차이가 나는데, 이러한 계열을 동족 계열(homologous series) 그리고 동족 계열의 각각의 구성원을 동족체(homolog)라고 부른다.

치환기가 없는 알케인과 사이클로알케인의 동족 계열에서 실온과 1기압에서 C1~C4 동족체는 기체, C5~C17 성분은 액체, 탄소 수가 C18 이상인 성분은 고체이다.

4.3.1 끓는점

곧은 사슬 알케인의 끓는점은 탄소 수가 증가할수록 규칙적으로 증가한다(그림 4.1).

그림 4.1
곧은 사슬 알케인의 끓는점과 녹
는점

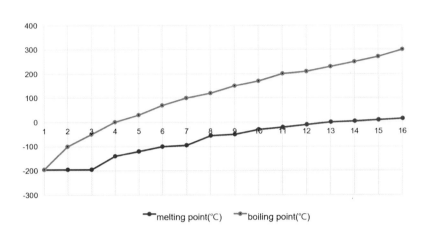

분자간 힘은 말 그대로 분자 사이에 존재하는 힘으로 **반데르 발스 힘**(van der Waals force)이라고도 부른다. 공유 결합 화합물의 경우에는 분자 내에서 순간적으로 생기는 쌍극자 사이의 힘인 **분산력**(dispersion force, 이 힘을 반데르 발스 힘이라고 부르기도 함), **쌍극자–쌍극자 힘**, 그리고 특별한 종류의 쌍극자-쌍극자 힘인 **수소 결합**이 있다. 분자간 힘은 분자 내의 결합보다 훨씬 약하나(수소 결합: ~10 kcal mol^{-1}), 이 힘 때문에 비극성 헬륨 원자나 수소 분자가 저온에서 액화된다. 분자간 힘은 녹는점, 끓는점, 용해도 같은 물리적 성질에 영향을 주며, 특히 단백질, 탄수화물이나 DNA 등의 생고분자의 삼차원 구조를 결정한다.

가지 달린 알케인은 탄소 수가 같은 곧은 사슬보다 끓는점이 더 낮다. 예를 들어, 헥세인(C_6H_{14})의 끓는점을 보자.

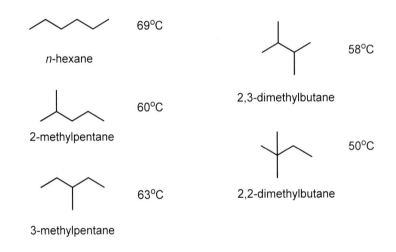

끓는점은 **분자간 힘**을 반영한다. 분자간 힘이 클수록 분자들은 서로 강하게 결합할 것이다. 알케인 같은 비극성 화합물의 경우에는 분산력이 주된 분자간 힘이다. 액체가 기체로 상전이를 하려면 외부에서 에너지를 공급하여야 하는데, 분자간 힘이 클수록 에너지가 더 많이 필요하므로 끓는점은 높아진다.

헥세인의 구조 이성질체는 분자의 모양이 다르다. 헥세인은 긴 원통 모양이나 2,2-다이메틸뷰테인은 공 모양일 것이다. 긴 원통 모양이면 표면적이 공 모양보다 더 크므로 한 분자가 이웃 분자와 접촉하면서 서로 당기는 분산력도 더 커지게 된다. 따라서 표면적이 더 큰 헥세인이 더 높은 온도에서 끓게 된다.

문제 4.2 다음 두 분자 중에서 끓는점이 더 높은 것을 고르시오.

a. b.

4.3.2 녹는점

알케인의 녹는점도 에테인(−183℃), 프로페인(−188℃), 뷰테인(−138℃), 펜테인(−130℃)에서처럼 탄소 원자의 수가 증가할수록 전반적으로는 증가한다. 특이한 점은 증가하는 모습이 계단식이라는 점이다. 하지만 탄소 수가 짝수인 알케인과 홀수인 알케인의 녹는점만을 탄소 수에 대하여 따로 그리면 녹는점이 부드럽게 증가한다. 왜 그럴까?

녹는점은 끓는점처럼 분자간 힘을 반영하지만 끓는점에는 개입하지 않는 요인이 하나 더 있다. 이 요인이 바로 결정에서 분자가 조밀하게 쌓이는 정도이다. X-선 회절 분석에 의하면 탄소 원자의 수가 짝수인 알케인이 더 조밀하게 쌓여 있다고 한다. 따라서 각 사슬 사이의 분자간 힘이 더 크고 녹는점이 높아진다. 이 점은 에테인과 프로페인의 녹는점을 비교해 보면 알 수 있다. 분자량이 더 작은 에테인의 녹는점이 프로페인보다 더 높다.

가지가 분자를 매우 대칭적인 구조로 만드는 경우에는 녹는점이 비정상적으로 높아진다. 2,2,3,3-테트라메틸뷰테인의 녹는점은 101℃로서 끓는점보다 불과 5℃ 더 낮다. 탄소 수가 같은 n-옥테인의 녹는점은 −57℃이다.

2,2,3,3-tetramethylbutane

4.3.3 밀도와 용해도

알케인과 사이클로알케인은 모든 부류의 유기 화합물 중 가장 가볍고 밀도는 0.6~0.8 g mL^{-1} 정도이다. 물에서의 용해도는 극히 작은데 알케인은 비극성이고 물과 수소 결합을 할 수 없기 때문이다. 하지만 알킬 할라이드나 벤젠 같이 극성이 비슷하게 작은 용매에는 잘 녹는다.

4.4 알케인과 사이클로알케인의 명명

4.4.1 곧은 사슬 알케인의 이름

유기 화합물의 명명은 탄소의 가장 긴 사슬인 어미 구조(어미 사슬)를 정하면서 시작한다. 탄소 수가 한 개에서 열 개까지의 어미 구조(알케인)의 이름(표 4.3)은 알케인뿐만 아니라 많은 유기 화합물 명명의 기본이 되기 때문에 반드시 기억하여야 한다. 곧은 사슬 알케인의 이름은 n-헥세인처럼 n-을 이름 앞에 붙여 명명하기도 하지만(n-은 normal의 약자이다) IUPAC 체계명에서는 권장하지 않는다.

표 4.3
탄소 수가 1~10개인 탄화수소의 이름

탄소 수	분자식	이름	탄소 수	분자식	이름
1	CH$_4$	메테인(methane)	6	C$_6$H$_{14}$	헥세인(hexane)
2	C$_2$H$_6$	에테인(ethane)	7	C$_7$H$_{16}$	헵테인(heptane)
3	C$_3$H$_8$	프로페인(propane)	8	C$_8$H$_{18}$	옥테인(octane)
4	C$_4$H$_{10}$	뷰테인(butane)	9	C$_9$H$_{20}$	노네인(nonane)
5	C$_5$H$_{12}$	펜테인(pentane)	10	C$_{10}$H$_{22}$	데케인(decane)

4.4.2　가지 달린 알케인의 이름

알킬기의 이름

알케인에서 수소 하나를 제거한 기를 알킬기(alkyl group)라고 부르며 R(radical에서 유래)로 나타낸다. 알킬기는 알케인의 이름 '-ane'을 '-yl'로 바꿔 명명한다. 예로서 CH_3기는 메틸(methyl), C_2H_5기는 에틸(ethyl), C_3H_7기는 프로필(propyl)이다. 이러한 알킬기는 Me, Et, Pr 같은 알킬기 기호로 자주 쓰기 때문에 이 기호들은 꼭 기억하여야 한다. 다른 알킬기 기호는 표 4.4에 나타내었다(알킬기 기호는 유기화학에서 사용하는 원소 기호에 해당하며 원소 기호처럼 첫 단어는 대문자이고 두 문자로 이루어진다).

4.4.3　가지 달린 알킬기의 이름

프로페인의 C2에서 수소를 제거하면,

$$H_3C \overset{\overset{\textstyle H_2}{|}}{C} CH_3 \longrightarrow H_3C \overset{2}{\underset{\ }{}} \overset{1}{CH} CH_3$$

체 계 명: 1-methyethyl
상 호 명: isopropyl
기　　호: *i*-Pr

이 얻어진다. '1-메틸에틸'은 체계명, '아이소프로필'은 상용명이며 둘 다 IUPAC 체

화학카페

유기 화합물의 명명

화합물의 이름을 정하는 방법에는 크게 두 가지가 있다. 하나는 **상용명**(常用名, common name. 관용명이라고도 부름)은 오래 전부터 사람들이 사용해 왔던 이름이다. 아세트산(식초의 성분)이나 폼산(개미산)이 그러한 예이다. 다른 하나는 **체계명**(systematic name)으로서 어떤 체계 혹은 규칙을 이용하여 정한 이름이다. 이 외에도 의약품에서 사용하는 **일반명**(generic name)과 **상품명**이 있다.

체계명에는 IUPAC(International Union Of Pure And Applied Chemistry, '아이유팩'이라고 읽음. 국제 순수 및 응용화학 연합)이 정한 IUPAC **명**과 미국화학회가 정한 CAS(Chemical Abstract Service) **명**이 있다(IUPAC 이름과 CAS 이름은 약간씩 다른데 CAS 이름은 미국화학회가 유료로 제공하는 데이터베이스를 검색할 때 요긴하다). 체계명의 원칙은 "화합물이 다르면 이름도 다르다"이다. 하지만 IUPAC 체계명이라고 해도 화합물의 이름이 하나가 아니라 몇 개의 이름이 허용되는 경우도 있다. 이러한 경우 유일한 이름인 PIN(preferred IUPAC name)을 사용하는 것이 권장된다.

최근에 각광 받는 체계는 IUPAC International Chemical Identifier(InChI. '인취' 혹은 '잉키'라고 발음)이다. 이 방식은 웹이나 데이터베이스에서 화합물을 검색하기 쉽도록 만든 텍스트 방식의 체계이다. 예를 들어 분자식이 C_2H_5OH인 에탄올의 InChi는

InChI=1/C2H6O/c1-2-3/h3H,2H2,1H3

이다(무료로 사용할 수 있는 'Chemsketch'라는 화학 구조 그리기 프로그램은 InChi를 지원한다). IUPAC 명은 접두사 + 어미 구조 + 접미사의 세 부분으로 이루어져 있다. 접두사는 어미 구조에 연결된 치환기의 이름과 위치를 나타낸다. 어미 구조는 가장 긴 사슬이나 고리의 이름을 표시한다. 접미사는 작용기의 종류를 나타낸다. 예컨대 CH_3OH의 이름인 methanol은 어미 구조명인 'methane'에서 말미 'e'를 제거한 후 알코올의 작용기 명인 'ol'을 뒤에 붙여서 만든 것이다.

계에서 허용된다. *i*-Pr은 기호이다.

뷰테인의 C2에서 수소를 제거하면,

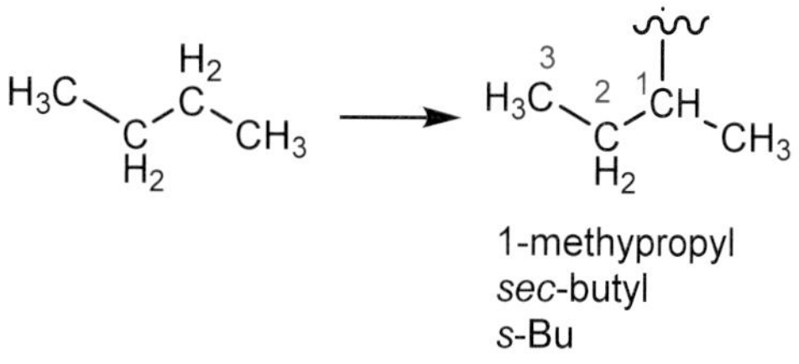

H3C
H2
C
C
H2
CH3
3
2
1
H3C
C
H2
CH
CH3
1-methypropyl
sec-butyl
s-Bu

이 얻어진다. '1-메틸프로필'은 체계명이고 '*sec*-뷰틸'은 상용명인데, 둘 다 IUPAC 체계에서 허용된다. *s*-Bu는 기호이다. *sec*-는 secondary(이차)의 준말로서 이차 탄소는 탄소 둘과 결합하고 있는 탄소를 말한다.

아이소뷰테인에서 수소를 제거하는 방법은 두 가지가 있다. 메틸기에서 수소를 제거하면 '2-메틸프로필' 혹은 '아이소뷰틸'기가 얻어진다. 기호는 *i*-Bu이다. CH에서 수소를 제거하면 '1,1-다이메틸에틸' 혹은 '*tert*-뷰틸'기가 얻어진다. 기호는 *t*-Bu이다. *tert*-는 tertiary(삼차)의 준말로서 삼차 탄소는 탄소 세 개와 결합하고 있는 탄소이다.

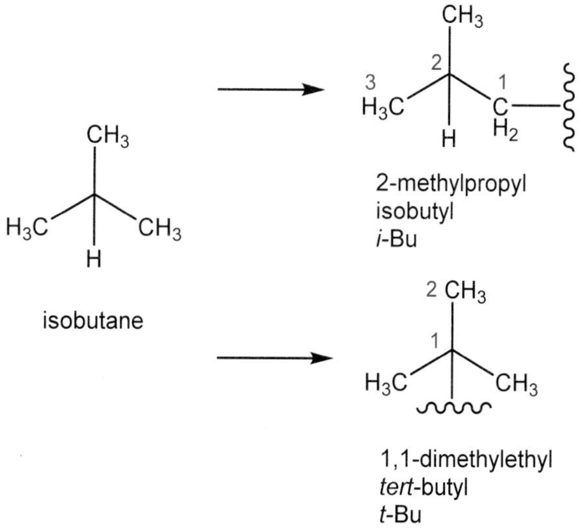

CH3
H3C
CH3
H
isobutane
CH3
3
2
1
H3C
H
C
H2
2-methylpropyl
isobutyl
i-Bu
2 CH3
1
H3C
CH3
1,1-dimethylethyl
tert-butyl
t-Bu

4.4.4 가지 달린 알케인의 이름

가지 달린 알케인의 이름은 다음과 같은 원칙으로 정한다.

a) 가장 긴 탄소 사슬을 찾는다. 이 사슬을 어미 구조(모체)라고 하며 알케인의 이름은 어미 구조의 이름(어미명)을 기반으로 정한다.

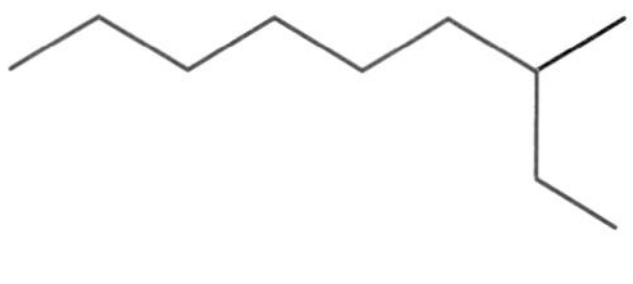

b) 알킬 치환기의 위치 번호(locant)가 더 작아지는 방향으로 어미 구조에 번호를 매긴다. 아래 예에서는 메틸 치환기에 더 낮은 번호를 주는 오른쪽 번호 매김만 허용된다.

substituent

7-methyl   7>3   3-methyl
                                        (accepted)

c) 규칙 b)에서 정한 위치 번호로 알킬 치환기의 위치를 포함한 치환기의 이름을 '3-methyl'처럼 쓰고 이 이름을 어미 구조의 이름 앞에 한 단어처럼 쓴다.

3-methylnonane

d) 치환기가 둘 이상인 경우에는 치환기가 하나인 경우처럼 가장 긴 사슬에서의 위치 번호를 각 치환기에 배정하고, 치환기를 영어 알파벳 순서로 나열한다. 어미 구조에 번호를 매길 때에는 치환기의 위치 번호 조합(번호가 증가하는 순으로)을 비교한 후, 첫 번째 대응에서 번호가 더 낮은 위치 번호를 택한다. 따라서 아래 구조의 이름은 6-에틸-3-메틸노네인이다.

4-ethyl-7-methyl   [4,7]   6-ethyl-3-methyl
                         ↕   (accepted)
                        [3,6]
                        4>3

e) 같은 치환기가 두 개 이상 있을 경우에는 접두사 다이(di), 트라이(tri), 테트라(tetra) 등을 이용하여 치환기의 수를 나타낸다. 이런 수치 접두사는 치환기의 알파벳 순서를 정할 때에는 무시한다.

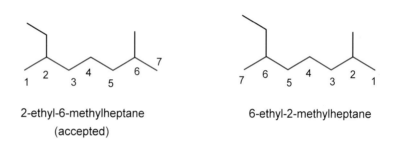

f) 치환기의 위치 번호의 조합이 같은 경우에는 알파벳 순서에서 이름이 빠른 치환기에 더 낮은 위치 번호를 부여한다.

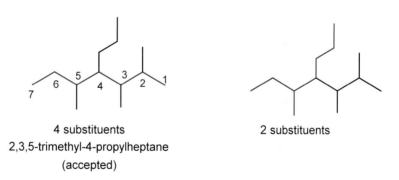

g) 같은 탄소 수의 어미 구조가 두 가지 가능한 경우에는 치환기의 수가 많은 사슬을 어미 구조로 삼는다.

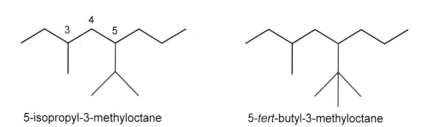

h) isopropyl, *tert*-butyl, *sec*-butyl 같은 이름은 IUPAC에서 허용된다. 단, 치환기의 알파벳 순서를 정할 때, *tert*-butyl처럼 하이픈(−)이 있는 경우, *tert*-같은 이탤릭체 접두사는 무시한다. isopropyl이나 isobutyl은 i로 시작한다.

5-isopropyl-3-methyloctane   5-*tert*-butyl-3-methyloctane

표 4.4에 중요한 알킬기의 구조, 이름 및 기호를 정리하였다.

표 4.4 알킬기의 구조, 이름 및 기호

알킬기의 구조	이름	기호	알킬기의 구조	이름	기호
CH_3	메틸	Me	$(CH_3)_2CH$	아이소프로필(isopropyl)	*i*-Pr, *i*Pr
CH_3CH_2	에틸	Et		아이소뷰틸(isobutyl)	*i*-Bu, *i*Bu
$CH_3CH_2CH_2$	프로필	Pr		*sec*-뷰틸(*sec*-butyl), *s*-뷰틸	*s*-Bu
$CH_3CH_2CH_2CH_2$	뷰틸	Bu 혹은 *n*-Bu		*tert*-뷰틸(*tert*-butyl), *t*-뷰틸	*t*-Bu, *t*Bu

4.4.5 수소와 탄소 원자의 분류

탄소 원자는 이 탄소 원자에 연결되어 있는 탄소 원자의 수에 따라 일차(1°), 이차(2°), 삼차(3°), 사차(4°) 탄소로 분류한다. 일차 탄소는 탄소 원자가 하나 연결되어 있다. 수소의 차수는 수소가 결합된 탄소의 차수가 결정한다. 즉, 삼차 탄소에 연결된 수소를 삼차 수소라고 한다. 당연히 사차 수소는 없다.

문제 4.3   검은 점으로 표시한 탄소를 일차, 이차 및 삼차 탄소로 분류하시오.

4.4.6 사이클로알케인의 이름

사이클로알케인의 이름은 다음과 같은 원칙으로 정한다.

a) 고리가 하나인 사이클로알케인의 이름은 탄소 수가 같은 알케인 이름에 접두사 사이클로(cyclo-)를 붙여 명명한다.

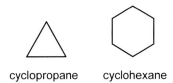

cyclopropane   cyclohexane

b) 치환기가 있는 사이클로알케인은 치환기의 이름을 사이클로알케인의 이름 앞에 붙여 명명한다. 치환기가 하나만 있을 경우에는 위치 번호를 쓰지 않는다. 치환기가 여러 개 있을 경우에는 고리 둘레에 번호를 매기는 방향은 다음과 같이 정한다. 특정 치환기에서 시작하여 두 방향으로 번호를 매긴 후 위치 번호의 두 집합을 대응시켰을 때, 처음으로 더 작은 수의 위치 번호를 주는 집합을 택한다. 번호를 시작하는 치환기의 위치를 바꿔가면서 앞의 작업을 반복한다(치환기가 세 개라면 6번의 작업이 필요함). 궁극적으로는 선택한 위치 번호의 집합들을 대응시키면서 더 작은 수의 위치 번호를 주는 집합을 이용하여 이름을 쓴다. 아래 두 번째 그림은 이러한 과정을 보여주는 예이다.

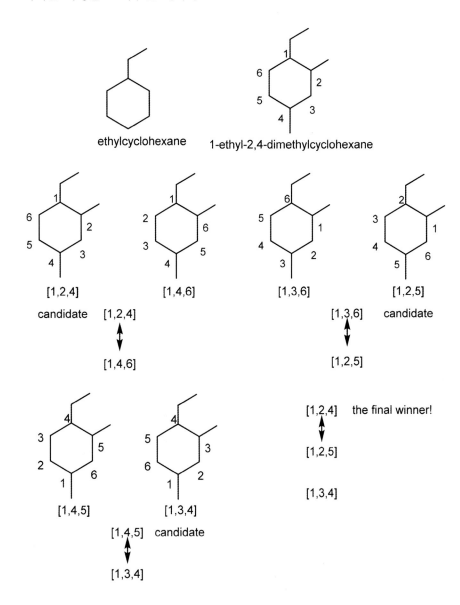

c) 고리에 연결된 알킬기의 탄소 수가 고리의 탄소 수보다 많을 경우에는 고리를 치환기로 간주하여 명명한다.

pentylcyclopentane   1-cyclobutylpentane

4.5 형태(회전 배열)

형태를 공부하려면 유기 화합물의 모형을 직접 만드는 것이 좋다. 모형이 없는 경우에는 컴퓨터에서 pdb(protein data bank) 파일을 사용하여 분자의 삼차원적 모양을 살필 수 있다.

형태(conformation, 회전 배열이라고도 함)는 단일 결합을 중심으로 일어나는 회전으로 생기는 분자의 삼차원적 구조를 말한다. 한 분자의 단일 결합 주위로 회전이 일어날 때 분자의 에너지 변화를 연구하는 분야를 형태 분석(conformational analysis)이라고 부른다. 형태 분석을 하면 어떤 형태가 가장 안정한지(에너지가 최소) 아니면 가장 불안정한지(에너지가 최고)를 알 수 있다. 이러한 분석은 유기 화합물의 반응성이나 의약품의 개발 연구에서 매우 중요하다.

4.5.1   에테인의 형태 분석

먼저 가장 간단한 에테인의 형태를 보자. 에테인을 C-C 결합 중심으로 회전시키면 무수히 많은 형태가 얻어진다. 에테인의 특정한 입체적 형태를 종이 면에서 그릴 때 흔히 두 가지 방식을 이용한다.

뉴만 투영도

뉴만(Newman) 투영도는 원을 그린 후, 원의 중심에서 서로 120° 간격으로 나가는 선을 그리고, 또한 원 바깥에서도 120° 간격으로 선을 그려 형태를 표현하는 방식이다. 원의 중심에 연결된 원자(원자단)은 보는 사람 방향으로 놓여 있고, 반면에 원 바깥 선에 연결된 원자는 보는 사람으로 떨어진 방향에 놓여 있다고 간주한다. 보는 시선에 놓은 결합은 원의 중앙에 놓여 있으며 이 결합은 따로 그리지 않는다.

에테인의 한 형태의 뉴만 투영도를 그리면 다음과 같다. 이 형태에서는 C-H 결합이 60° 각도로 엇갈려 있기 때문에 이 형태를 엇갈린 형태(staggered conformation)라고 부른다. 이면각(dihedral angle)은 세 원자로 이루어진 면, 그리고 이 면과 만나는 다른 면(두 원자는 공유) 사이의 각도이다. 엇갈린 형태에서는 H-C-C를 포함하는 면 사이의 각도, 즉 이면각이 60°이며 뉴만 투영도를 그리면 이면각을 바로 알 수 있는 장점이 있다.

Newman projection of
staggered conformation

톱질대 구조

형태를 표현하는 다른 방법은 톱질대(sawhorse) 구조이다. 이 구조는 특정한 단일 결합을 비스듬하게 혹은 정면으로 보았을 때 단일 결합 탄소에 연결된 세 원자가 사면체 구조를 이루는 것처럼 보이도록 그린 그림이다. 다음 그림은 에테인의 엇갈린 형태를 그린 것이다.

Sawhorse projection of
staggered conformation

에테인의 다른 형태는 가려진 형태(eclipsed conformation)이다. 이 형태의 뉴만 투영도를 보면 원 앞의 C-H 결합과 원 뒤의 C-H 결합이 서로 가려져 있음을 볼 수 있다. 즉, 이면각이 $0°$이다. 가려진 형태의 톱질대 모양도 아래에 그렸다.

dihedral angle
$0°$

Newman projection of
eclipsed conformation

Sawhorse projection of
eclipsed conformation

에테인의 형태는 무수히 많으며 앞서 소개한 에테인의 두 형태는 극단적인 경우이다. 즉, 하나는 가장 안정하나 다른 하나는 가장 불안정하다. 그러면 에테인의 두 형태 중에서 어느 형태가 더 안정할까? 실험에 의하면 엇갈린 형태가 약 3 kcal mol^{-1} 만큼 안정하다고 한다. 그 이유에 대해서는 두 가지 설명이 제안되었다. 그중 하나의 설명은 가려진 형태에서는 마주보고 있는 두 C-H 결합의 전자쌍 사이의 반발(파울리의 배타 원리)로 이 형태가 더 불안정해진다는 것이다. 이러한 반발로 에너지가 올라가는 것을 비틀림 무리(torsional strain)라고 한다. 에테인의 가려진 형태에서는 이러한 비틀림 무리가 세 번 일어나기 때문에 비틀림 무리 하나가 1 kcal mol^{-1}만큼 에너지를 올린다고 볼 수 있다. 다른 설명은 분자 오비탈 개념을 이용하는 것인데, 엇갈린 형태에서만이 C-H 결합의 σ 분자 오비탈이 이면각이 $180°$ 만큼 떨어진 다른 C-H 결합의 σ* 반결합성 분자 오비탈과 겹칠 수 있는데, 그러면 에너지가 더 낮아진다는 것이다.

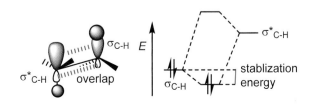

상온에서의 열적 에너지는 약 20 kcal mol^{-1} 정도의 에너지를 계에 제공한다.

에테인에서 가려진 형태와 엇갈린 형태 사이의 에너지 차이인 3 kcal mol^{-1}은 C-C 단일 결합의 자유 회전에 대한 장벽으로 작용하기 때문에 이 에너지를 회전 장벽 (rotation barrier)이라고 부른다. 에테인의 경우 이 값은 상온에서의 열적 에너지가 회전 장벽보다 훨씬 크기 때문에 상온에서는 엄청나게 빠른 속도(상온에서 약 4×10^{10} s^{-1})로 회전이 일어난다. 따라서 형태를 분리하는 것은 절대 불가능하며 대부분의 에테인 분자는 더 안정한 엇갈린 형태를 취하고 있다.

문제 4.4 에테인의 엇갈린 형태와 가려진 형태의 뉴만 투영도를 그리시오. 어느 형태가 안정한가? 그 이유를 올바른 용어를 사용하여 설명하시오.

4.5.2 뷰테인의 형태 분석

뷰테인의 C-C 결합이 에테인보다 많기 때문에 뷰테인은 좀 더 다양한 형태를 취할 것이다. 아래 그림은 C2-C3 결합을 중심으로 앞쪽 탄소만 시계 방향으로 60°씩 회전시켜 얻은 여섯 가지의 뉴만 투영도이다.

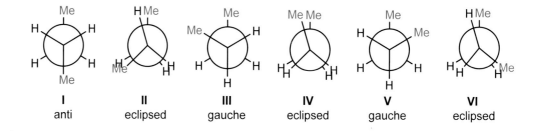

I	II	III	IV	V	VI
anti	eclipsed	gauche	eclipsed	gauche	eclipsed

형태 **I**은 엇갈린 형태이면서 두 메틸기가 서로 반대 방향(anti)으로 놓여 있기 때문에 메틸기 사이의 입체 무리(steric strain)가 없어서 가장 안정한 형태이다. 형태 **III**과 **V**는 고우시(gauche, 빗놓은)라고 부르는 형태로서, 엇갈린 형태이지만 두 메틸기의 전자 구름이 접촉하므로 반데르 발스 반발(고우시 상호 작용이라고 부름)이 존재한다. 실험에 의하면 이 반발은 0.9 kcal mol^{-1}이고 형태 **III**과 **V**는 형태 **I**보다 이 만큼 불안정하다.

형태 **II**, **IV**와 **VI**은 모두 가려진 형태인데, 형태 **II(VI)**는 비틀림 무리 및 가려진 메틸기와 수소 사이의 반데르 발스 반발이 있다. 형태 **IV**도 비틀림 무리가 있으며 특히 가려진 두 메틸기 사이의 큰 반데르 발스 반발이 있다. 실험에 의하면 형태 **IV**가 가장 불안정하다.

그림 4.2는 뷰테인의 형태 **I~VI**에 따른 에너지 변화를 묘사한 것이다. 형태 **II(VI)**와 **IV**는 형태 **I**에 비하여 각각 3.6 kcal mol^{-1}, 4.0 kcal mol^{-1}만큼 에너지가 높다. 에테인에서처럼 이 정도의 회전 장벽은 상온에서의 열적 에너지로 충분히 극복할 수 있기 때문에 형태 사이의 전환은 매우 빠르며 절대로 형태를 분리할 수는 없다. 다만, 뷰테인은 가장 많은 시간을 *anti*-형태 **I**로 보낼 것이다.

그림 4.2
뷰테인의 형태 I~VI에 따른 에너지 변화

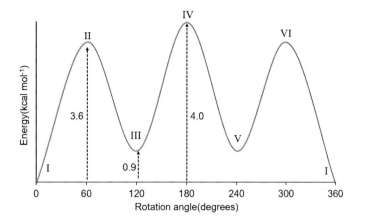

형태의 에너지를 올리는 비틀림 무리와 입체 무리를 각각 더하면 전체 에너지가 얻어진다고 가정하면(그럴듯한 가정이다), 형태 **II(VI)**에서 메틸기와 수소 원자 사이의 비틀림 무리를 다음 식에서 구할 수 있다.

> 형태 **II(VI)**의 상대적 에너지
> = 3.6 kcal = 두 메틸/수소 비틀림 무리 + 수소/수소 비틀림 무리(1 kcal)

따라서 메틸/수소 비틀림 무리는 1.3 kcal mol^{-1}이다.

비슷하게 형태 **IV**에서 메틸기 사이의 비틀림 무리를 다음과 같이 구해보면, 메틸/메틸 비틀림 무리와 입체 무리의 합은 2 kcal mol^{-1}임을 알 수 있다.

> 형태 **IV**의 상대적 에너지
> = 4 kcal = 메틸/메틸 비틀림 무리와 입체 무리 + 두 수소/수소 비틀림 무리(2 kcal)

지금까지 다룬 여러 가지 무리를 표 4.5에 정리하였다.

표 4.5
무리의 종류

무리	무리의 종류	에너지 증가
가려진 H/H	비틀림 무리	1 kcal mol^{-1}
가려진 Me/H	비틀림 무리	1.3 kcal mol^{-1}
가려진 Me/Me	비틀림 무리와 입체 무리	2 kcal mol^{-1}
gauche Me/Me	입체 무리	0.9 kcal mol^{-1}

문제 4.5 프로페인의 형태 중에서 에너지가 가장 높은 형태와 가장 낮은 형태를 뉴만 투영도를 이용하여 그리시오.

문제 4.6 다음 두 형태의 에너지 차이를 구하시오. 어느 형태가 더 안정한가?

a.

and

b.

and

4.6 사이클로헥세인의 형태

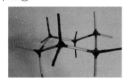

사이클로헥세인의 의자 형태의 분자 모형

각무리는 실제 결합각이 정상적 결합각에서 벗어날 때 생기는 무리이다.

사이클로헥세인의 형태에 대한 연구는 1890년에 당시 나이 28살인 독일 화학자 작스(Sachse)가 최초로 수행하였다. 그는 지금 우리가 의자, 그리고 보트 구조라고 부르는 사이클로헥세인의 두 형태를 수학적으로 증명하였다. 하지만 당시 대부분의 화학자는 그의 어려운 수학을 이해하지 못하였기 때문에 논문은 학계의 인정을 받지 못하였다(교훈: 동료 과학자의 인정을 받으려면 이해하기 쉽게 써라). 우울증에 걸린 그는 3년 후 생을 마감하였다. 그러다가 한참 뒤인 1918년에 모어(Mohr)가 X-선 회절법으로 다이아몬드의 분자 구조가 의자 형태임을 밝혔다. 바톤(Barton)과 하셀(Hassel)은 사이클로헥세인 유도체들의 형태 분석에 대한 업적으로 1969년에 노벨화학상을 수상하였다.

사이클로헥세인 구조는 자연계에서 가장 많이 발견되는데, 그 이유는 가장 안정한 고리이기 때문일 것이다. 사이클로헥세인의 C-C 결합이 회전하여 생길 수 있는 형태는 무수히 많으나 가장 안정한 형태는 의자(chair) 형태이다. 의자 형태에서는 C-C-C 결합 각도가 모두 109.5°이므로 각무리(angle strain)가 없다. 또한 C-H 결합이 모두 엇갈려 있기 때문에 비틀림 무리도 없다. 뉴만 투영도를 그려보면 이 점을 확실히 알 수 있다(이 뉴만 투영도를 이해하기 어려우면 분자 모형을 만들어보라).

다른 형태는 보트(boat) 형태이다. 이 형태는 의자 형태의 탄소 원자 하나가 위나 아래로 뒤집히면 생긴다.

flip

보트 형태는 각무리는 없으나 C-H 결합 사이에 비틀림 무리가 있음을 아래 뉴만 투영도에서 볼 수 있다. 또한 두 깃대봉(flagpole) 수소 원자 사이의 거리가 수소 원자의 반데르 발스 반경의 합보다 작으므로 반데르 발스 반발이 생겨 의자 형태보다는 불안정하다.

문제 4.7 보트 형태에서 몇 개의 비틀림 무리가 있는지를 구하고 무리에 동그라미를 그리시오.

보트 형태가 꼬인 보트(twisted boat) 형태를 취하면(아래 그림) 비틀림 무리가 어느 정도 해소되고 깃대봉 상호 작용이 사라지기 때문에 에너지가 더 내려간다.

에너지가 가장 높은 형태는 반의자(half-chair) 형태로서 의자 형태보다 10.8 kcal mol^{-1} 만큼 불안정하다. 반의자 구조에서는 다섯 탄소 원자가 거의 같은 평면에 놓여 있으므로 비틀림 무리가 매우 크며 이를 분자 모형에서 확인할 수 있다.

아래 그림에 사이클로헥세인의 여러 형태의 상대적 에너지가 나와 있다. 왼쪽의 의자 형태가 반의자, 꼬인 보트, 보트 등의 형태를 거쳐 거울상인 오른쪽 의자 형태로 바뀐다. 이러한 변환을 고리 뒤집기(ring flipping)라고 부르며 10.7 kcal mol^{-1}의 에너지 장벽을 거쳐서 일어난다. 이 정도의 에너지 장벽은 상온에서의 열적 에너지로 극복할 수 있기 때문에 사이클로헥세인의 고리 뒤집기는 상온에서 빠르게 일어나며 두 형태를 분리할 수는 없다.

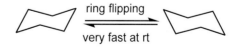

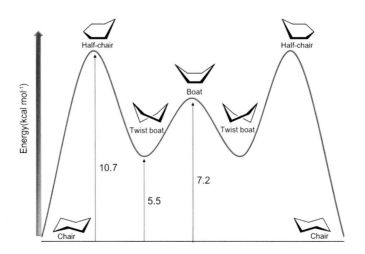

사이클로헥세인의 의자 형태는 유기화학에서 자주 등장하는 구조이기 때문에 그 구조를 올바르고 보기 좋게 그리는 것은 매우 중요하다. 몇 가지 방법이 있지만 그중에서 한 방법을 소개하기로 한다.

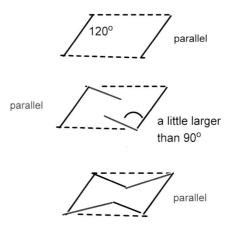

우선, 가상적인 점선을 그린 후 여기에 대하여 60°(120°)의 적당한 크기의 선을 긋고 다른 선은 이 선의 길이보다 약 1.4~1.5배 떨어져서 앞의 선과 평행하게 같은 길이로 그린다. 그 다음에는 90°보다 약간 큰 각도로 앞서 그린 선보다 약간 짧게 그리고 이 선들도 서로 평행하게 그린다. 마지막으로 선을 더 그어 고리를 완성시킨다.

이렇게 골격을 완성한 후에 C-H 결합을 그려 넣는다. 우선, 골격에 대하여 수직 방향으로 똑바르게 다음과 같이 C-H 결합을 그린다. 이 결합은 모두 평행하게 그려야 한다. 이러한 수직 방향의 결합을 축 방향 혹은 수직 방향 결합(axial bond)이라고 한다. 축 방향 수소는 고리에 걸쳐서 '위(up)' 방향과 '아래(down)' 방향이 번갈아 놓이게 된다.

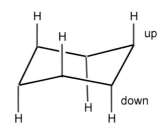

그 다음에는 나머지 C-H 결합을 아래 가운데 그림에서처럼 한 결합 떨어진 C-C 결합과 평행하게 그린다. 이러한 수평 방향의 결합을 **적도 방향** 혹은 **수평 방향 결합(equatorial bond)**이라고 한다. 적도 방향 수소도 축 방향 수소처럼 고리에 걸쳐서 '위(up)' 방향과 '아래(down)' 방향이 번갈아 나타난다.

각 탄소는 사면체 구조인 점을 상기하자.

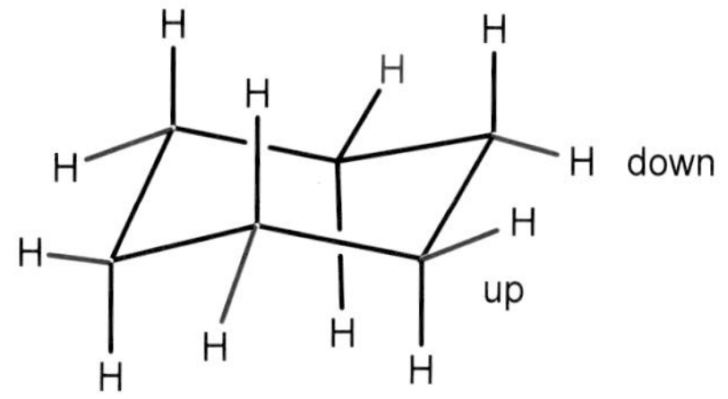

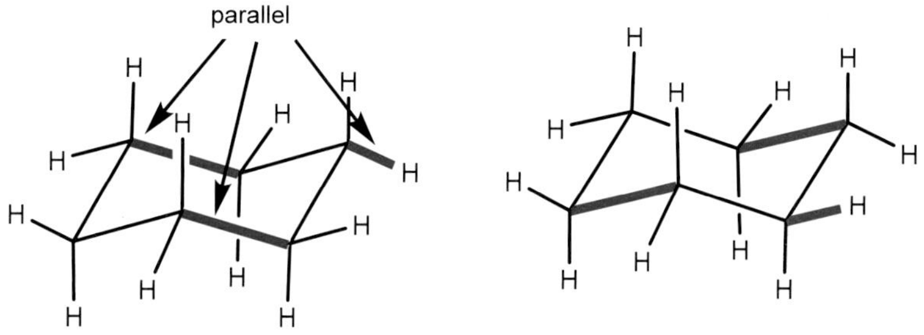

4.7 고리 뒤집기

앞에서 사이클로헥세인의 고리 뒤집기는 상온에서 매우 빠르게 일어나며 가장 불안정한 반의자 형태를 거친다고 언급하였다. 고리 뒤집기가 일어나면 한 형태에서 적도 방향인 모든 결합이 축 방향으로 변하고 축 방향인 것은 모두 적도 방향으로 변한다(가능하면 분자 모형을 만들어 확인해보라). 물론 사이클로헥세인이 고리 뒤집기를 하여도 같은 구조가 나오기 때문에 고리 뒤집기가 일어나는지를 알 수는 없지만 치환된 사이클로헥세인에서는 이를 확인할 수 있다.

단일치환 사이클로헥세인의 고리 뒤집기

간단한 예로서 메틸사이클로헥세인을 들자. 아래 그림에서 왼쪽 형태가 뒤집어지면 오른쪽 형태로 변한다.

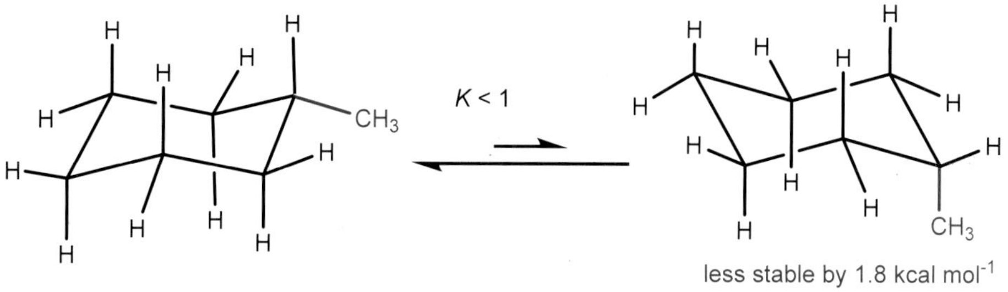

less stable by 1.8 kcal mol^{-1}

실험에 의하면 메틸기가 축 방향인 형태가 1.8 kcal mol^{-1}만큼 불안정하다고 한다. 이러한 불안정성은 1,3-이수직 방향 상호 작용(diaxial interaction)으로 생긴다고 설명할 수 있다(3이라는 숫자는 메틸기와 수소 원자 사이의 탄소 원자의 수를 말한다). 1,3-이수직 방향 상호 작용의 본질을 이해하려면 뉴만 투영도를 이용하는 것이 좋다. 뉴만 투영도를 보면 1,3-이수직 방향 상호 작용은 다름 아닌 뷰테인의 고우시 상호 작용임을 알 수 있다. 축 방향 메틸사이클로헥세인은 고우시 상호 작용이 두 번 일어나므로 1,3-이수직 방향 상호 작용이 없는 적도 방향 형태보다 $2 \times 0.9 = 1.8$ kcal mol^{-1}만큼 불안정해질 것으로 계산되며 이 값은 실험치와 잘 일치한다.

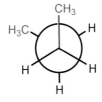

1,3-diaxial interaction

Newman projection of
axial methylcyclohexane

gauche conformation of
butane

메틸사이클로헥세인은 상온에서 메틸기가 적도 방향인 더 안정한 형태로 존재하며, 식 $\Delta G° = -RT \ln K$으로 상온에서 K를 구해보면 K는 ~20임을 알 수 있다.

tert-뷰틸사이클로헥세인은 치환기가 적도 방향인 형태가 그렇지 않은 것보다 5.4 kcal mol^{-1} 만큼 안정하다. 따라서 실온에서 분자의 99.99%는 *tert*-뷰틸기가 적도 방향이다.

문제 4.8   알킬사이클로헥세인의 두 의자 형태 사이의 깁스 에너지 차이는 다음과 같다.

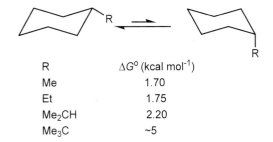

R	$\Delta G°$ (kcal mol^{-1})
Me	1.70
Et	1.75
Me$_2$CH	2.20
Me$_3$C	~5

$\Delta G°$ 값이 메틸기에서 아이소프로필기까지는 조금씩 변하다가 *tert*-뷰틸기에서 갑자기 크게 증가하는 이유는 무엇일까?(힌트: 아이소프로필사이클로헥세인에서 가장 안정한 아이소프로필기의 형태를 그린다).

4.8   이치환 사이클로펜테인과 이치환 사이클로헥세인의 입체 화학

사이클로펜테인의 1,2-와 1,3-다이메틸 유도체는 *cis*-와 *trans*-입체 이성질체로 각각 존재할 수 있다. *cis*-화합물은 두 기가 고리 평면의 같은 쪽에 있으며 *trans*-화합물은 반대 쪽에 있다. 이 두 구조는 서로 부분 입체 이성질체의 관계이므로 물리적 성질이 다르다. *cis*-이성질체는 입체 발생 중심은 있으나 대칭면이 있으므로 비카이랄한 메조 화합물이다. 반면에 *trans*-이성질체는 두 거울상 이성질체로 존재한다.

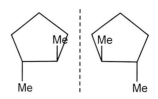

cis-1,2-dimethylcyclopentane
meso

enantiomers of
trans-1,2-dimethylcyclopentane

이치환 사이클로펜테인의 경우처럼 사이클로헥세인의 1,2-, 1,3- 및 1,4-다이메틸 유도체도 cis-와 trans-입체 이성질체로 각각 존재한다. 사이클로헥세인 유도체가 카이랄한지를 확인하려면 평면 구조를 그려서 알아볼 수도 있다(평면 구조는 의자 형태를 시간적으로 평균한 구조이다). cis-1,2-다이메틸 유도체는 대칭면이 있으므로 비카이랄하고(이 경우, 이 분자를 메조 화합물로 보는 것은 옳지 않다. 의자 형태는 카이랄하기 때문이다), trans-유도체는 대칭면이 없으며 두 거울상 이성질체로 존재한다.

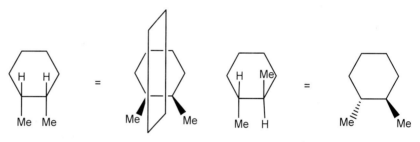

cis-1,2-dimethylcyclohexane   trans-1,2-dimethylcyclohexane

앞에서 cis-와 trans-이성질체를 그릴 때 그냥 평면 구조를 이용하였지만 각 이성질체의 가장 안정한 형태가 무엇인지를 이해하려면 물론 의자 형태로 그려야 한다. 평면 구조를 의자 구조로 바꾸는 방법을 cis-1,2-다이메틸사이클로헥세인을 예를 들어 설명하기로 한다. 평면 구조에서는 C1과 C2의 메틸기가 모두 위쪽 방향이다. 이 구조를 의자 형태로 바꾸려면 고리의 아무 탄소에 1, 2번을 배정한 후, C1의 메틸기를 위쪽 방향으로 그린다. 아래 그림에서는 위쪽 방향이 축 방향이다. 비슷하게 C2의 메틸기도 위쪽 방향으로 그리는데, 이 경우에는 적도 방향이다.

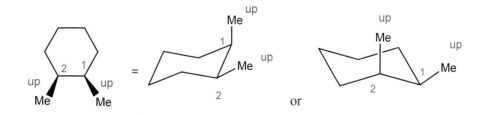

비슷한 방법으로, trans-1,2-다이메틸사이클로헥세인의 의자 구조도 다음과 같이 평면 구조로부터 그릴 수 있다.

문제 4.9 아래 평면 구조를 의자 형태로 그리시오.

a.

b.

일반적으로 치환 사이클로헥세인의 두 의자 형태는 서로 입체 이성질체이거나 같은 구조일 수 있다. 입체 이성질체는 형태 거울상 이성질체(conformational enantiomer)와 형태 부분 입체 이성질체(conformational diastereomer)의 두 종류로 나눌 수 있다('형태'라는 말을 사용한 이유는 두 입체 이성질체 사이의 변환이 C-C σ 결합의 회전, 즉 고리 뒤집기를 통하여 이루어지기 때문이다).

치환 사이클로헥세인의 예로서 두 치환기가 같은 이치환 *cis*-1,2-다이메틸사이클로헥세인을 들자. 이 화합물의 두 의자 형태는 카이랄하고 서로 형태 거울상 이성질체의 관계이다. 하지만 두 의자 형태는 상온에서 매우 빠르게 상호 변환되므로 1:1 라셈 혼합물로 존재하고 따라서 광학 비활성이다.

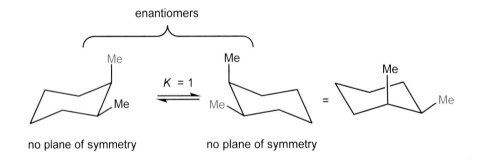

반면에 *trans*-1,2-다이메틸사이클로헥세인의 두 의자 형태는 카이랄하며 서로 형태 부분 입체 이성질체의 관계이다.

문제 4.10 다음 구조 중에서 카이랄한 것을 고르시오.

a.   b.

c.   d.

문제 4.11 문제 4.10의 구조 중에서 메조 화합물을 고르시오.

이치환 사이클로헥세인의 두 의자 형태의 안정성 비교

두 치환기가 다른 이치환 사이클로헥세인의 경우, 두 치환기가 모두 적도 방향이 아니라면 덩치가 더 큰 기가 적도 방향인 형태가 더 안정하다.

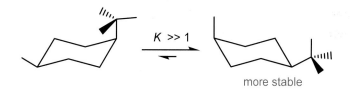

more stable

문제 4.12 *trans*-1-아이소뷰틸-3-메틸사이클로헥세인의 가장 에너지가 낮은 의자 형태를 그리시오.

---

cis-1,2-다이메틸사이클로헥세인의 가장 안정한 의자 형태를 정하기 위하여 먼저 한 의자 형태를 그리고, 이 구조의 뒤집힌 구조도 그린다.

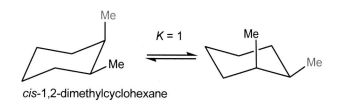

cis-1,2-dimethylcyclohexane

두 형태를 보면 두 구조의 에너지가 같음을 알 수 있다.

trans-1,2-다이메틸사이클로헥세인의 경우에도 먼저 한 의자 형태를 그리고, 이 구조의 뒤집힌 구조를 그린다. 아래 그림에서 두 형태의 에너지를 비교해보면 두 메틸기가 둘 다 적도 방향인 형태가 더 안정함을 알 수 있다. 두 형태의 에너지 차이는 얼마나 될까? 이 차이를 구하려면 두 메틸기의 입체 효과를 더할 수 있다고 가정하여야 한다 (실험적으로 이 가정은 옳다고 밝혀졌다). 축 방향 메틸기 하나는 사이클로헥세인 고리를 $0.9 \times 2 = 1.8$ kcal mol^{-1}만큼 불안정하게 하므로 메틸기 두 개가 축 방향인 구조는 $0.9 \times 4 = 3.6$ kcal mol^{-1}만큼 불안정할 것이다. 반면에 오른쪽 의자 형태에는

Me-Me 고우시 상호 작용이 하나 있으므로 0.9 kcal mol⁻¹만큼 불안정할 것이다. 결과적으로 오른쪽 의자 형태가 왼쪽 형태보다 2.7 kcal mol⁻¹만큼 더 안정하다.

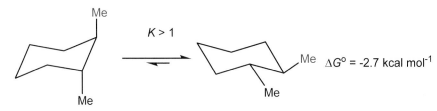

trans-1,2-dimethylcyclohexane

cis-1,3-다이메틸사이클로헥세인의 경우에는 메틸기가 모두 축 방향인 형태가 5.4 kcal mol⁻¹ 이상 불안정한데, 이는 두 메틸기 사이의 반발이 5.4 − (2 × 0.9) = 3.6 kcal mol⁻¹보다 더 큼을 의미한다.

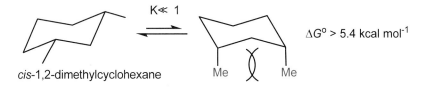

cis-1,2-dimethylcyclohexane

1,3-다이메틸사이클로헥세인의 cis-와 trans-이성질체 같이 두 부분 입체 이성질체 사이의 에너지 차이는 연소열 자료로부터 구할 수 있는데, cis-구조가 1.7 kcal mol⁻¹만큼 더 안정하다.

	$\Delta H°$
cis-1,3-dimethylcyclohexane	−1245.7 kcal mol⁻¹
trans-1,3-dimethylcyclohexane	−1247.4 kcal mol⁻¹

두 구조의 더 안정한 의자 형태를 그린 후, 사이클로헥세인에 대한 에너지 차이를 구해보면 cis-구조가 1.8 kcal mol⁻¹만큼 더 안정함을 알 수 있으며 이 값은 실험치와 잘 일치한다.

cis-1,3-dimethylcyclohexane:
stable as much as
cyclohexane

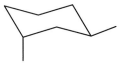

trans-1,3-dimethylcyclohexane:
less stable by 1.8 kcal mol⁻¹
than cyclohexane

문제 4.13   1,4-다이메틸사이클로헥세인의 cis-와 trans-이성질체의 두 의자 형태를 그리고, cis-와 trans-구조 중에서 어느 것이 더 안정한지를 결정하고 그 에너지 차이를 구하시오.

4.9 두고리 및 여러 고리 알케인

다리걸친 고리와 접합 고리는 접
두사 바이사이클로(bicyclo) 뒤에
기호 [ ]와 탄소 수가 같은 알케인
의 이름을 붙여 명명한다. 기호
[ ] 안에는 다리에 있는 탄소 수를
큰 수부터 나열하고 그 사이에 점
을 찍는다. 접합 고리의 경우에는,
두 공유된 탄소가 직접 연결되어
있기 때문에 마지막 숫자는 항상
0이다. 스파이로 고리는 접두사 스
파이로(spiro) 뒤에 기호 [ ]와
탄소 수가 같은 알케인의 이름을
붙여 명명한다. 기호 [ ] 안에는
공유된 탄소(스파이로 탄소)를 서
로 연결하는 탄소 수를 숫자가 증
가하는 순서로 적고 숫자 사이에
는 점을 찍는다.

두고리 화합물(bicyclic compound)은 하나 혹은 두 탄소 원자를 공유하는 화합물로서
다리걸친 고리(bridged ring), 접합 고리(fused ring) 혹은 스파이로 고리(spiro ring)의
세 가지로 분류할 수 있다.

다리걸친 고리는 두 고리가 서로 인접하지 않은 두 원자(다리목(bridgehead) 원자)를
공유하는 화합물이며 접합 고리는 두 고리가 인접한 두 다리목 원자를 공유하는 화합
물이다. 반면에 스파이로 고리는 두 고리가 한 원자를 공유하는 화합물이다.

bicyclic compounds

* bridgehead

bridged ring — bicyclo[2.2.1]heptane

fused ring — bicyclo[4.3.0]nonane

spiro ring — spiro[4.5]decane

두 사이클로헥세인이 접합하여 만들어진 구조가 데칼린(decalin, 바이사이클로[4.4.0]
데케인)이다. 데칼린은 *trans*-와 *cis*-이성질체로 존재하며 *trans*-데칼린이 더 안정하다
(*cis*-데칼린은 고우시 상호 작용이 3개 있다). *trans*-데칼린은 고리 뒤집기가 불가능하
나 *cis*-데칼린은 가능하다.

trans-decalin
trans-bicyclo[4.4.0]decane

cis-decalin

equivalent

아다만테인(adamantane. 다이아몬드를 의미하는 그리스어 *adamantinos*에서 유래.
adamant는 단단하다는 의미)은 사이클로헥세인 고리 세 개가 연결된 구조로서 가장
간단한 다이아몬드류(diamondoid)이다. 사실, 다이아몬드는 아다만테인의 구조가 삼
차원적으로 연장된 구조이다.

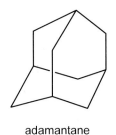

adamantane

4.10 사이클로알켄

사이클로헥센과 고리가 더 작은 사이클로알켄은 이중 결합이 *cis*이어야 한다. *trans*-사이클로헥센의 모형을 만들어보면 네 탄소 원자만으로는 이중 결합이 *trans*-배열할 수 없음을 알 수 있다.

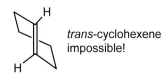

trans-cyclohexene
impossible!

고리 크기가 가장 작으면서 실온에서 안정한 *trans*-사이클로알켄은 *trans*-사이클로옥텐이다. 하지만 *cis*-이성질체보다는 11.4 kcal mol⁻¹ 만큼 불안정하다. *trans*-사이클로옥텐은 입체 발생 중심이 없는 카이랄 분자로서 두 거울상 이성질체로 존재한다. 두 사이의 변환의 활성화 에너지가 20 kcal mol⁻¹보다 높은 36.1 kcal mol⁻¹이므로 상온에서는 변환이 일어나지 않는다.

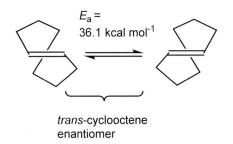

$E_a =$
36.1 kcal mol⁻¹

trans-cyclooctene
enantiomer

다리가 짧은(다리 원자 수가 3 미만) 두고리 화합물에서 이중 결합이 다리목에 있는 구조는 매우 불안정하므로 분리할 수 없다(브레트(Bredt) 규칙). 브레트 규칙이 성립하는 이유는 *trans*-사이클로헥센이 존재하지 않는 이유와 비슷하다.

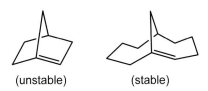

(unstable)　　　　(stable)

사이클로헥센은 흔히 평면 구조나 의자 형태로 그리지만 가장 안정한 형태는 반의자 형태이다.

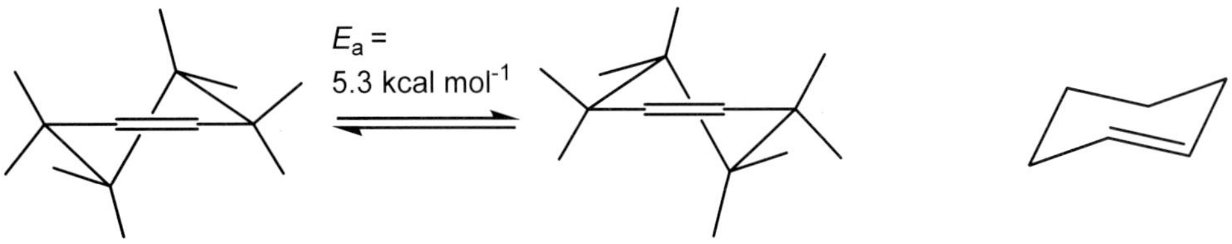

E_a =
5.3 kcal mol-1

half-chiar　　　　wrong!

4.11 스테로이드

접합고리가 있는 천연물 중에서 스테로이드(steroid)는 특히 중요하다. 스테로이드는 다음과 같은 네고리 골격이 있는 화합물이다. 고리접합은 *trans*이므로 스테로이드는 고리 뒤집기가 불가능하며 평면 구조를 이룬다. 평면 구조의 아래 면을 α-면, 위 면을 *β*-면이라고 부르며, 탄소 10과 13번에는 각 메틸(angular methyl)이 축 방향으로 있다. 콜레스테롤은 1775년에 스테로이드 중에서 가장 먼저 분리된 화합물이다.

1
2
5
6
8
10
11
13
14
15
17

Me
H
=
β-face
α-face

Me
H
HO

cholesterol

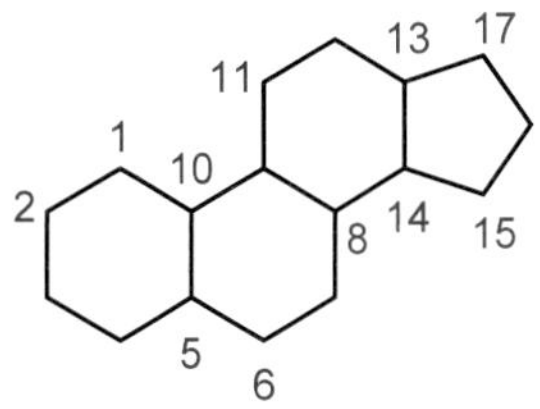

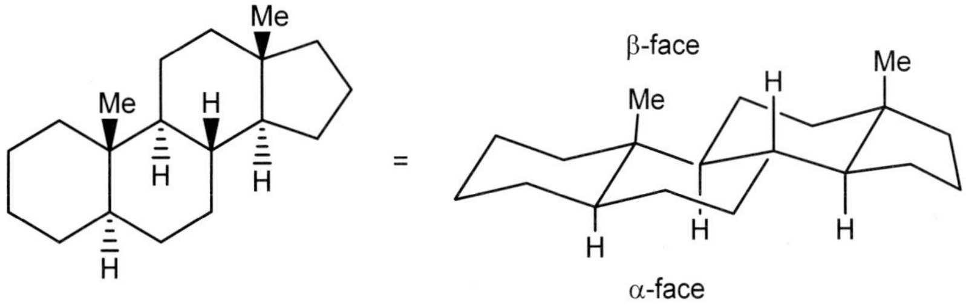

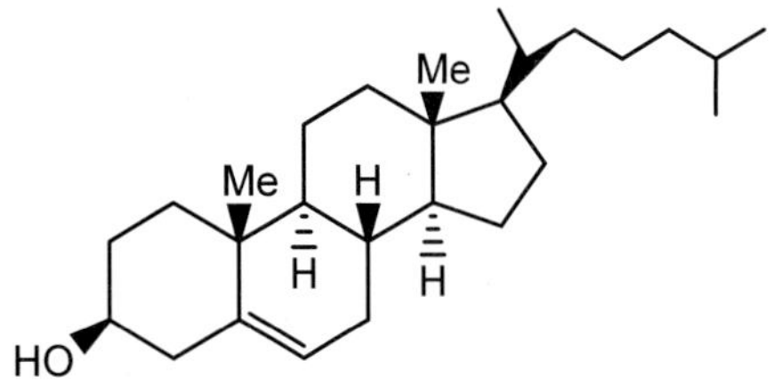

추가 문제

문제 4.14   다음 기호는 자주 쓰이는 알킬기의 기호이다. 완전한 알킬기의 구조를 그리시오.

a. *i*-Pr   b. *i*-Bu   c. *s*-Bu   d. *t*-Bu

문제 4.15   다음 그림은 뷰테인의 C2–C3 결합을 중심으로 회전하였을 때 얻어지는 형태의 위치 에너지를 이면각의 함수로 표시한 그림이다.

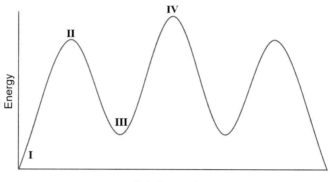

a. 형태 **I, II, III, IV**의 뉴만 투영도를 각각 아래에서 고르시오.

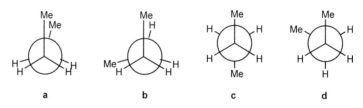

b. 가려진 형태가 엇갈린 형태보다 에너지가 높은 이유를 설명하는 데 쓰는 용어를 쓰시오.

c. 형태 **III**이 형태 **I**보다 불안정한 이유를 설명하는 용어를 쓰시오.

d. 표 4.5를 참조하여 뷰테인의 C2-C3 결합의 회전 장벽을 kcal mol^{-1} 단위로 구하시오.

문제 4.16   a. 메틸기가 적도 방향에 있는 메틸사이클로헥세인의 의자 형태를 C-H 결합을 포함하여 그리시오.

b. a.에서 그린 의자 형태가 고리 뒤집기를 하였을 때 얻어지는 또 다른 의자 형태를 분명하게 그리시오.

문제 4.17   *cis*-와 *trans*-1,2-다이메틸사이클로헥세인은 어떠한 조건에서는 평형을 이룬다. *cis*-와 *trans*-화합물 중에서 어느 것이 얼마만큼 더 안정한가?

문제 4.18   다음 이치환 사이클로헥세인 중에서 두 의자 형태 사이의 에너지 차이가 더 큰 것을 고르시오.

a. *cis*-1,2-다이메틸사이클로헥세인 혹은 *trans*-1,2-다이메틸사이클로헥세인

b. *cis*-1,3-다이메틸사이클로헥세인 혹은 *cis*-1,4-다이메틸사이클로헥세인

문제 4.19 탄수화물인 갈락토스(galactose)의 평면 구조는 다음과 같다. 원으로 표시한 OH기만 축 방향에 있는, 갈락토오스의 가장 안정한 의자 형태를 그리시오.

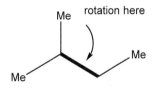

문제 4.20 탄수화물인 마노스(mannose)의 평면 구조는 다음과 같다. 두 의자 형태를 그리고 어느 것이 더 안정할지를 예측하시오.

문제 4.21 *cis*-와 *trans*-1,4-다이메틸사이클로헥세인에 대한 질문에 답하시오.

a. 가장 안정한 의자 형태를 각각 그리시오.

b. a.에서 그린 형태가 고리 뒤집기한 후의 의자 형태를 예쁘게 그리시오.

c. 두 형태 사이의 에너지 차이를 kcal mol^{-1} 단위로 구하시오.

문제 4.22 다음 알케인의 표시된 결합을 중심으로 회전하면 무수한 형태가 얻어진다.

a. 가장 안정한 형태와 가장 불안정한 형태를 뉴만 투영도로 그리시오.

b. 표 4.5를 이용하여 회전 장벽을 kcal mol^{-1} 단위로 구하시오.

5

유기 반응 서론

유기 반응은 반응물 사이에서 고립쌍이나 결합쌍이 이동하면서 일어난다. 이러한 전자쌍의 이동을 반응 단계별로 그린 것을 반응 메커니즘이라고 부르며 전자쌍의 이동을 굽은 화살표로 그려 나타낸다. 또한 반응을 좀 더 심도 있게 이해하려면 분자 오비탈의 도움이 필요하다.

분자 오비탈 개념에 의하면 반응에 참여하는 원자나 결합의 원자 혹은 분자 오비탈이 서로 최대로 겹쳐야 하는데, 이 장에서는 이러한 점을 간단히 소개하기로 한다. 마지막으로 반응의 에너지 면을 다루는 에너지 도표를 소개하고자 한다.

에너지 도표는 반응이 진행될 때 계의 에너지를 나타낸 그림이다. 에너지 도표를 이용하면 전이 상태, 활성화 에너지 및 반응열, 반응 단계의 수 등을 간단히 나타낼 수 있다.

5.1   유기 반응의 몇 가지 종류

수많은 유기 화합물이 있지만 유기 화합물이 수행하는 반응은 의외로 간단하다. 대부분의 유기 반응은 치환 반응, 첨가 반응, 제거 반응, 자리 옮김 반응의 범주에 속한다.

5.1.1   치환 반응

치환 반응은 한 원자(혹은 원자단)가 다른 원자(혹은 원자단)로 바뀌는 반응으로 흔히 탄소에 σ 결합으로 연결된 헤테로 원자나 수소 원자가 치환된다.

$$C-Z + Y \longrightarrow C-Y + Z$$

C: alkyl, aryl
Z: heteroatom, H

몇 가지 예는 다음과 같다.

5.1.2   첨가 반응

첨가 반응은 다중 결합과 X-Y가 반응하여 다중 결합의 π 결합이 깨지면서 C-X σ 결합과 C-Y σ 결합이 생기는 반응이다.

$$C=C \quad + \quad X\text{-}Y \quad \longrightarrow \quad \underset{X}{\overset{|}{C}}\text{—}\underset{Y}{\overset{|}{C}}$$

첨가 반응의 예는 다음과 같다.

$$C=C \quad + \quad Br\text{-}Br \quad \longrightarrow \quad \overset{|}{C}\text{—}\underset{\underset{Br}{|}}{\overset{|}{C}}\underset{Br}{}$$

$$C=C \quad + \quad H\text{-}Cl \quad \longrightarrow \quad \underset{H}{\overset{|}{C}}\text{—}\underset{Cl}{\overset{|}{C}}$$

$$C=O \quad + \quad H\text{-}OH \quad \longrightarrow \quad \underset{OH}{\overset{|}{C}}\text{—}\underset{H}{\overset{|}{O}}$$

5.1.3 제거 반응

제거 반응은 첨가 반응의 역반응이다. 이 반응에서는 두 단일 결합이 이중 결합으로 변한다.

$$\underset{X}{\overset{|}{C}}\text{—}\underset{Y}{\overset{|}{C}} \quad \xrightarrow{\text{reagent}} \quad C=C \quad + \quad X\text{—}Y$$

가장 흔한 제거 반응의 예는 알코올(X = H, Y = OH)이나 알킬 할라이드(X = H, Y = 할로젠)에서 H_2O나 할로젠화 수소가 제거되는 반응이다.

$$\underset{\underset{\text{alcohol}}{H}}{\overset{|}{C}}\text{—}\underset{OH}{\overset{|}{C}} \quad \xrightarrow{\text{cat. } H_2SO_4} \quad C=C \quad + \quad H\text{—}OH$$

$$\underset{\underset{\text{alkyl halide}}{H}}{\overset{|}{C}}\text{—}\underset{Br}{\overset{|}{C}} \quad \xrightarrow{\text{EtO}^-} \quad C=C \quad + \quad H\text{—}OEt \quad + \quad Br^-$$

5.1.4 자리 옮김 반응

자리 옮김 반응은 결합이나 원자의 위치가 바뀌는 반응이다. 이 교재에서는 자리 옮김 반응은 다루지 않는다.

문제 5.1 다음 반응을 치환, 첨가, 제거 반응 중의 하나로 분류하시오.

a. 〔구조식〕 $+ HBr \longrightarrow$ 〔구조식〕 $+ H_2O$

b. 〔구조식〕 $\longrightarrow$ 〔구조식〕 $+ HCl$

c. 〔구조식〕 $+ HBr \longrightarrow$ 〔구조식〕

d. 〔구조식〕 $+ H_2SO_4 \longrightarrow$ 〔구조식〕 $+ H_2O$

5.2 유기 반응식 쓰기

유기 반응식은 왼쪽의 반응물이 어떠한 반응 조건(시약, 온도, 촉매, 용매 등)에서 생성물로 변하는지를 나타낸 식이다. 반응의 방향은 반응 화살표 →로 나타낸다. 시약을 단계별로 가하는 경우에는 그 순서를 1. 2. 등으로 화살표 위와 아래에 표시한다. 가열한 경우에는 화살표 위나 아래에 Δ 기호를 적고 빛을 사용한 경우에는 $h\nu$로 나타낸다. 생성물 중에서 무기 화합물은 특별한 이유가 아니면 나타내지 않는다.

반응 용매는 유기 반응의 매우 중요한 반응 조건이다. 이 교재에서는 가급적이면 용매를 표시하고자 한다. 다음 예를 보자.

〔반응식: cyclohexene + Br₂, CCl₄ → trans-1,2-dibromocyclohexane, solvent〕

〔반응식: toluene + Br₂, CCl₄, Δ or hν → benzyl bromide (CH₂Br)〕

〔반응식: acetone + 1. CH₃Li, ether / 2. H₂O → tert-butanol + (LiOH) usually not written〕

5.3 반응 메커니즘과 에너지 도표

5.3.1 반응 메커니즘

분자 사이의 충돌로 일어나는 반응을 단일 단계 반응이라고 한다. 단일 단계 반응이면 화학 반응식에서 속도식을 직접 쓸 수 있다.

반응 메커니즘(reaction mechanism)은 반응이 어떠한 단일 단계 반응(elementary reaction)으로 일어나는지를 순차적으로 적은 일련의 반응식이다. 각 단계들을 합하면 전체 반응식이 얻어진다. 2장에서 언급하였듯이 유기 반응은 주로 전자쌍의 이동으로 일어난다고 볼 수 있기 때문에 반응 메커니즘을 쓸 때 전자쌍의 이동을 굽은 화살표로 표시한다.

단일 단계 반응에서 충돌에 관여하는 반응물 분자의 수를 분자도(molecularity)라고 부른다. 즉, 분자 하나만 참여하면 단분자 반응, 둘이 참여하면 이분자 반응, 세 분자가 참여하면 삼분자 반응이라고 부른다. 단분자 반응과 이분자 반응이 가장 흔하며 삼분자 반응은 드물게 일어난다.

다음과 같은 단일 단계 반응은 분자 하나만 반응에 참여하므로 단분자 반응이며 A에 대하여 일차이다. 즉, 이 반응은 일차 반응(first-order reaction)이고 속도 = k[A]이다(k = 반응 속도 상수, k의 단위는 s^{-1}).

$$A \longrightarrow products$$

A와 B 분자가 참여하는 이분자 단일 단계 반응에 대해서는 속도 = k[A][B]이며(k의 단위는 $L\ mol^{-1}\ s^{-1}$), 이 반응은 이차 반응(second-order reaction)이다.

$$A\ +\ B \longrightarrow products$$

단일 단계 반응에서는 모든 반응물의 농도가 속도식에 포함되나 다단계 반응에서는 가장 느린 단계인 속도 결정 단계(rate determining step, rds)에 관여하는 반응물의 농도만 속도식에 포함된다.

단일 단계 반응의 한 가지 예는 다음과 같은 반응이다.

$$H_3C-Cl\ +\ :NH_3 \longrightarrow H_3C-\overset{+}{N}H_3\ +\ :\overset{-}{Cl}$$

따라서 이 반응의 속도식은 속도 = k[CH_3Cl][NH_3]라고 쓸 수 있다.

세 단계로 일어나는 반응을 보자. 좋은 예가 *tert*-뷰틸 클로라이트(Me_3C-Cl)의 가수 분해 반응이다.

$$Me_3C-Cl\ +\ H_2O \longrightarrow Me_3C-OH\ +\ HCl$$

이 반응은 다음과 같이 세 단계로 일어나며 실험에 의하여 구한 속도식은 다음과 같이 Me_3C-Cl에 대하여 일차이다.

$$속도 = k\ [Me_3C-Cl]$$

따라서 단계 1이 가장 느린 단계임을 알 수 있다.

단계 1: Me_3C-Cl $\rightarrow$ $Me_3^+(aq)$ + $Cl^-(aq)$
단계 2: $Me_3C^+(aq)$ + $H_2O \rightarrow Me_3C$-$O^+H_2(aq)$
단계 3: Me_3C-$OH_2^+(aq)$ + $H_2O \rightarrow Me_3C$-$OH(aq)$ + $H_3O^+(aq)$

문제 5.2 위 반응의 메커니즘을 굽은 화살표를 이용하여 그리시오.

___

5.3.2   에너지 도표

에너지 도표(energy diagram)는 반응이 일어나는 과정에서 에너지 변화를 나타낸 그림이다. 에너지 도표에서 x 축을 반응 좌표(reaction coordinate)라고 하는데, 반응의 진행도(C-Cl이 깨지는 반응이라면 C와 Cl 사이의 거리)를 나타내며 y 축은 반응계의 에너지(깁스 에너지나 엔탈피를 사용하기도 함)를 나타낸다. 에너지 도표를 이용하면 반응열, 활성화 에너지, 반응 단계의 수나 중간체의 수 등을 나타낼 수 있다.

먼저 한 단계 반응을 고려하자.

$$H_3C \overset{\frown}{—} Cl \;+\; :NH_3 \;\longrightarrow\; H_3C—\overset{+}{N}H_3 \;+\; :\overset{-}{Cl}$$

이 반응은 친핵체인 질소가 친전자체인 탄소를 공격하여 한 단계로 C-N 결합이 생기는 반응이다.

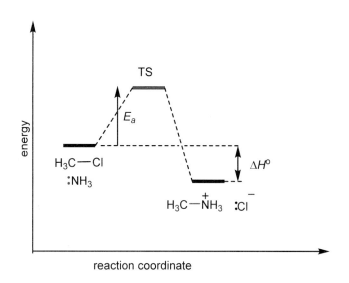

출발물인 염화물과 암모니아를 왼쪽에 놓고 오른쪽에는 생성물을 그린다. 생성물과 반응물의 에너지 차이가 반응열 ΔH^o이다. 반응이 진행됨에 따라 에너지는 증가하며 결국에는 전이 상태(transition state, TS)라고 하는 최대점에 도달한다. 전이 상태의 수명은 매우 짧기 때문에 분리가 불가능하다. 전이 상태의 구조는 기호 [   ]‡로 표시한다.

출발물과 전이 상태 사이의 에너지 차이를 활성화 에너지(activation energy)라고 부르며, E_a(혹은 y축이 깁스 에너지라면 $\Delta G^\ddagger$)로 표시한다. 활성화 에너지는 반응계가 반응이 일어나기 위하여 넘어야 할 에너지 장벽이라고 간주할 수 있다. 반응이 발열 반응이라고 하더라도 왜 활성화 에너지가 필요할까? 두 반응물이 서로 접근한다고 상상하여 보자. 가까이 접근하면 어느 순간부터는 상대방의 전자 구름을 느낄 것이고, 그

만약에 활성화 에너지가 없다고 상상하여 보자. 지구상의 탈 수 있는 모든 재료는 공기 중의 산소와 반응하여 다 타버리고 없을 것이고 생명도 존재할 수 없었을 것이다.

러면 서로 반발이 일어날 것이다. 이러한 반발을 극복하기에 필요한 에너지가 바로 활성화 에너지이다. $H_3O^+(aq)$와 $HO^-(aq)$ 사이의 반응처럼 전자 구름의 반발이 없는 반응이나 두 라디칼 사이의 반응은 E_a가 거의 0에 가깝다. 이러한 반응은 확산 과정만이 반응 속도에 영향을 주므로 이러한 반응을 확산 지배 반응(diffusion controlled reaction)이라고 부른다.

물 용매에서 C_2H_5Br와 HO^- 사이의 반응, Me_3CCl의 가수 분해 반응 등은 활성화 에너지가 24 kcal mol^{-1} 정도이다. 반응 속도는 아레니우스 식, $k = A\ e^{-Ea/RT}$과 관련이 있기 때문에 E_a 값이 작을수록 그리고 온도가 높을수록 반응이 빨라진다. 상온(25°C)도 열적 에너지를 반응계에 줄 수 있는데 대략 E_a 값이 20 kcal mol^{-1}보다 작은 반응은 상온에서 잘 일어난다고 볼 수 있다(대부분의 유기 반응은 E_a값이 10~40 kcal mol^{-1}이다.).

이 결합은 가만히 정지하고 있는 결합이 아니라 적외선의 진동수로 진동하고 있는 결합이다. 어느 결합이 먼저 깨지는지에 따라서 이 전이 상태는 출발물로 되돌아갈 수 있고 생성물로 변환될 수 있다.

위 예에서 전이 상태에서는 C-Cl 결합이 깨지면서(길이가 길어짐) C-N 결합이 생기므로(길이가 짧아짐) 전이 상태를 다음과 같이 그릴 수 있다. 이 그림에서 검은색 점선은 반절 깨진 Cl-C 결합, 컬러 점선은 반절 생긴 C-N 결합을 나타낸다.

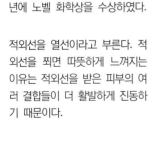

전이 상태의 수명은 결합의 진동과 관련이 있고, 결합의 진동은 적외선 영역이므로 그 수명은 10^{-12}~10^{-14} s일 것이다. 전에는 전이 상태의 수명이 매우 짧아서 관찰이 불가능하다고 여겨졌으나 이집트 출신의 Caltech 물리화학자 즈웨일(Zewail, 1946~2016)이 펨토초 분광학을 이용하여 전이 상태를 관찰하였다. 이 공로로 1999년에 노벨 화학상을 수상하였다.

5.3.1절에서 다룬 tert-뷰틸 클로라이트(Me_3C-Cl)의 가수 분해 반응을 다시 보자.

이 반응은 다음과 같이 세 단계로 일어나며 단계 1이 가장 느린 단계이다.

단계 1: Me_3C-Cl → $Me_3^+(aq)$ + $Cl^-(aq)$
단계 2: $Me_3C^+(aq)$ + H_2O → Me_3C-O$^+H_2(aq)$
단계 3: Me_3C-O$H_2^+(aq)$ + H_2O → Me_3C-OH(aq) + $H_3O^+(aq)$

적외선을 열선이라고 부른다. 적외선을 쬐면 따뜻하게 느껴지는 이유는 적외선을 받은 피부의 여러 결합들이 더 활발하게 진동하기 때문이다.

이 반응의 에너지 도표는 다음과 같이 그릴 수 있다.

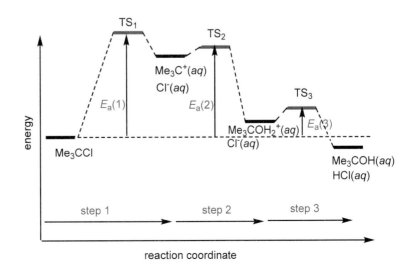

이 도표에서는 중간체가 두 가지, 전이 상태가 세 가지 존재한다. 단계 1은 C-Cl 결합의 불균일 분해로 시작한다. 이 과정에서는 전하의 분리가 일어나기 때문에 단계 1이 전체 반응에서 가장 느린 단계, 즉 속도 결정 단계이며 이 반응의 속도는 활성화 에너지 $E_a(1)$에 의하여 결정된다. 첫 번째 전이 상태 TS_1의 구조는 다음과 같을 것이다. 점선은 절반 깨진 C-Cl 결합을 나타낸다.

$$\left[(H_3C)_3 \overset{\delta+}{C} \text{------} \overset{\delta-}{Cl} \right]^{\ddagger}$$

이 전이 상태가 깨지면 양전하를 띤 탄소 양이온과 염화 이온이 생기고 이들 이온은 수화되어 있을 것이다.

단계 2에서는 수화된 탄소 양이온이 용매인 물과 반응하여 탄소-산소 결합을 형성한다. 전이 상태 TS_2의 구조는 다음과 같을 것이다.

$$\left[(H_3C)_3 \overset{\delta+}{C} \text{----} \overset{\delta+}{OH_2} \right]^{\ddagger}$$

단계 3은 브뢴스테드 산-염기 반응으로서 물이 중간체에서 양성자를 제거하면 생성물인 알코올과 하이드로늄 이온이 생기는 단계이다.

문제 5.3 전이 상태 TS_3의 구조를 그리시오.

문제 5.4 다음 단일 단계 반응의 전이 상태의 구조를 그리시오.

a. $H_3C\text{---}Br \quad + \quad \bar{O}\text{---}CH_3 \quad \longrightarrow \quad H_3C\text{---}O\text{---}CH_3 \quad + \quad Br^-$

b.

5.4 평형 상수와 깁스 표준 에너지 변화

평형 상태에 놓여 있는 반응에서 평형 상수 K는 반응의 깁스 에너지 차이 $\Delta G°$와 다음 식으로 연관되어 있다. 특히 상온에서 $\Delta G°$(kcal mol^{-1} 단위) $= -1.4 \log K$이며 이 식은 쓸모가 많으니 기억하기 바란다.

$$A \quad \rightleftharpoons \quad B$$

$$K=[B]/[A], \quad \Delta G° = -RT \ln K = -1.4 \log K \text{(298 K에서 kcal mol}^{-1} \text{ 단위)}$$

깁스 에너지 감소 반응이더라도 생성물이 얼마나 빨리 생길지에 대한 정보는 주지 않는다. 반응 속도는 깁스 활성화 에너지가 결정하기 때문이다. 한 반응에서 깁스 에너지는 감소하나 깁스 활성화 에너지가 매우 커서 반응이 일어나지 않을 때, 반응물이 '열역학적으로 불안정'하나 '속도론적으로 안정'하다고 말한다. 연소 반응이 그러한 예이다.

$\Delta G°$이 음인 반응과 양인 반응을 각각 깁스 에너지 감소 반응(exergonic reaction)과 깁스 에너지 증가 반응(endergonic reaction)이라고 한다. 깁스 에너지는 계의 열역학적 안정성을 나타내기 때문에 깁스 에너지 감소 반응은 생성물이 반응물보다 더 안정한데, 이럴 때 생성물이 '열역학적으로 선호된다(thermodynamically favored)'고 말한다.

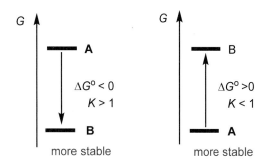

깁스 에너지와 평형 상수는 지수 관계이므로 깁스 에너지가 조금만 변화되도 평형 상수가 크게 변한다. 위에 언급한 식을 보면 깁스 에너지가 ~1.4 kcal mol^{-1} 단위씩 변할 때 K는 10의 지수 함수로 변함을 알 수 있다.

문제 5.5 위에 언급한 식은 화합물의 형태 분석에도 사용할 수 있다. 예를 들어 메틸사이클로헥세인은 다음과 같은 두 형태 사이의 평형이 상온에서 빠르게 일어나며 메틸기가 수평 방향인 형태가 더 안정하다(4.7절). 이 고리 뒤집힘의 평형 상수 K와 두 형태의 비를 구하시오.

ring flipping $\Delta G° = -1.8$ kcal mol^{-1}

문제 5.6 298 K에서 다음 평형 반응 (아세트산의 이온화 반응)의 $\Delta G°$을 kcal mol^{-1} 단위로 구하시오. 아세트산의 pK_a는 ~5이다.

$$MeCO_2H + H_2O \rightleftharpoons MeCO_2^-(aq) + H_3O^+(aq)$$

5.5 하몬드 가설

전이 상태는 수명이 매우 짧으므로 전이 상태의 구조를 밝히는 것은 거의 불가능하다. 하몬드 가설(Hammond postulate)은 하몬드가 1955년에 제안한 전이 상태의 구조에 관한 가설로서 전이 상태의 구조는 에너지 도표에서 에너지가 더 가까운 실제 구조에 더 흡사하다는 이론이다. 따라서 흡열 과정의 경우 전이 상태의 구조는 생성물 구조에 더 가깝고, 발열 과정에서는 반응물에 더 가까울 것이다.

한 반응물이 안정성이 다른 두 생성물 **A**와 **B**를 줄 수 있는 한 단계 발열 과정을 보자.

reactant $\longrightarrow$ **A** + **B**

이 경우 하몬드 가설에 의하면 전이 상태의 구조는 반응물의 구조에 더 가깝기 때문에 두 전이 상태의 에너지 차이, 즉 두 반응의 활성화 에너지 차이 ΔE_a는 생성물의 아레니우스 식을 이용하고 생성물의 비와 k의 비가 같다고 놓으면(속도론적 지배), 상온에서 두 생성물의 비 B/A와 ΔE_a를 다음과 같이 연관시킬 수 있다. 이 식은 평형 상수와 깁스 에너지 변화에 대한 식, $\Delta G^\circ = -1.4\ \log K$(5.4절)과 아주 유사하다. 아래의 예에서 ΔE_a가 4.2 kcal mol⁻¹이면 B/A는 1,000임을 알 수 있다.

$$\Delta E_a\ (\text{kcal mol}^{-1})\\ = 1.4\ \log(\mathbf{B/A})$$

안정성 차이 ΔE보다 훨씬 작을 것이다(예로서 생성물의 에너지 차이가 5 kcal mol⁻¹일 때 ΔE_a는 0.5 kcal mol⁻¹). 따라서 이 반응이 **속도론적으로 일어난다면**(더 빨리 생기는 생성물이 주 생성물. 이러한 경우 이 반응이 속도론적 지배(kinetic control)하에 있다고 함. 5.6절) 두 생성물의 비는 그리 크지 않을 것이다(ΔE_a가 0.5 kcal mol⁻¹이면 [B]/[A] ~ 10^{0.5/1.4} = 2).

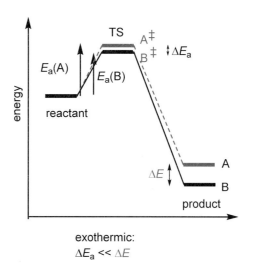

반면에 흡열 과정이라면 전이 상태가 생성물의 구조와 비슷하므로 두 전이 상태의 에너지 차이 ΔE_a는 두 생성물의 에너지 차이 ΔE에 근접할 것이다(예로서 생성물의 에너지 차이가 5 kcal mol⁻¹일 때 ΔE_a는 4.2 kcal mol⁻¹). 따라서 이 반응이 속도론적으로 일어난다면 더 안정한 생성물 (E_a가 더 작음)이 훨씬 더 많이 얻어질 것이다.

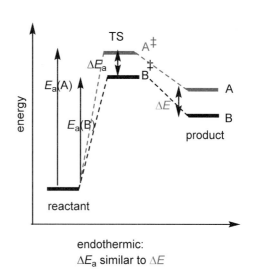

5.6 열역학적 지배 반응과 속도론적 지배 반응

5.4절에서 반응물과 생성물이 평형 상태에 놓여 있는 반응을 언급하였다. 이러한 반응을 열역학적 지배 반응(thermodynamic controlled reaction) 그리고 그 생성물을 열역학적 생성물(thermodynamic product)이라고 부르며 더 안정한 화합물이 주로 평형에서

존재하게 된다.

이제 좀 더 복잡한 상황을 고려하여 보자. 다음 그림에서처럼 반응물 **A**와 **B**의 반응은 두 전이 상태 **TS₁**과 **TS₂**를 거치는 두 가지 경로로 반응할 수 있고 **TS₂**를 거치는 반응의 E_a가 더 작다고 하자. 그리고 **TS₁**에서 생성물 **P₁**, 그리고 **TS₂**에서 생성물 **P₂**가 얻어지며 생성물 **P₁**이 **P₂**보다 더 안정하다고 하자

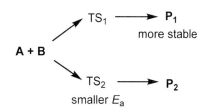

이 상황에 부합하는 에너지 도표를 아래에 그렸다.

이 반응이 속도론적으로 일어난다면, 덜 안정한 생성물 **P₂**가 주 생성물로 얻어질 것이다. 이런 경우 반응이 속도론적 지배하에 있다고 말한다. 반면에 반응물과 생성물이 (그리고 생성물 사이에서) 평형 상태에 도달한 계의 경우에는 더 안정한 생성물인 **P₁**이 주로 얻어질 것이다. 이런 경우 반응이 열역학적 지배하에 있다고 말한다.

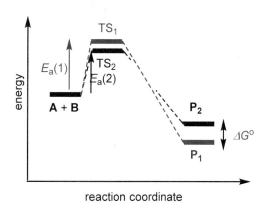

이러한 예는 유기 반응에서 종종 볼 수 있으며 뷰타-1,3-다이엔의 첨가 반응이 한 가지 예로서 10.2절에서 다룰 것이다.

5.7 촉매

촉매(catalyst)는 반응물에 비하여 소량(촉매량이라고 함)이 존재해도 반응을 촉진시키는 물질을 말한다. 촉매는 변하지 않기 때문에 반응식에는 나타나지 않으며(반응 속도식에는 나타남) 이론적으로는 반응 후에 회수가 가능하다(특히 금속 같은 불균일 촉매인 경우).

촉매는 어떻게 하여 반응을 촉진시킬까? 촉매가 존재하면 전에 비하여 활성화 에너지가 더 작은 새로운 반응 경로가 열리기 때문이다(마치 산을 넘어가야 할 때 정상을 거치지 않고 안부로 넘어가는 것과 비슷하다). 촉매가 반응 속도에 비치는 영향은 에

너지 도표를 그려 설명할 수 있다. 어떤 한 단계 반응이 있다고 하자. 촉매가 없을 때 활성화 에너지가 E_a(uncat.)이라고 하면 촉매가 있으면 활성화 에너지 E_a(cat.)가 더 낮아진 경로가 새로 생긴다. 이 경로는 한 단계가 아니라 몇 단계이다(아래 그림의 촉매 반응은 세 단계로 그렸다). 촉매는 반응의 깁스 에너지 변화에는 영향을 미치지 않기 때문에 평형 상수는 동일하다.

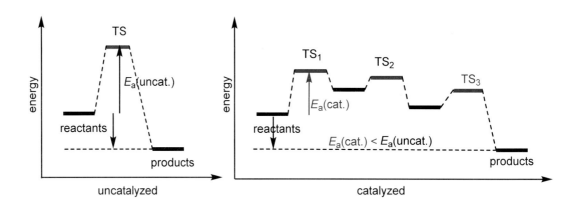

추가 문제

문제 5.7 다음 세 에너지 도표는 가상적인 도표이며 같은 스케일로 그려졌다. 다음 물음에 답하시오(에너지는 깁스 에너지라고 간주한다).

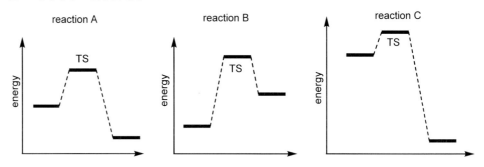

a. 어느 에너지 도표가 가장 빠른 반응을 보여주는가?

b. 평형 상수가 1보다 작은 반응은 어느 것인가?

c. 활성화 에너지가 가장 큰 반응은 어느 것인가?

d. 역반응의 활성화 에너지가 가장 작은 반응은 어느 것인가?

문제 5.8 화합물 A는 화합물 B보다 열역학적으로 더 안정하나 어떤 시약과 B보다 더 빠르게 반응한다. 이들 반응이 단일 단계로 일어나고 발열 반응이라고 하자. 이 두 반응의 에너지 도표를 하나의 도표에서 그리시오(생성물의 에너지는 같음). 두 E_a 값의 크기에 대하여 언급하시오.

6

알킬 할라이드:
친핵성 치환 반응

알킬 할라이드(할로젠화 알킬(alkyl halide) 혹은 할로알케인(haloalkane))는 할로젠 원자(X)가 탄소와 결합한 유기 화합물이다. 할로젠 원자는 탄소보다 더 전기 음성이므로 탄소가 부분 양전하를 띠게 된다. 그러면 친핵체가 친전자성 탄소를 공격하여 할로젠 원자가 치환되는 친핵성 치환 반응(nucleophilic substitution reaction)이라고 부르는 반응이 일어난다. 이 반응은 다양한 원자(C, H, O, 할로젠, S, N, P 등)의 친핵체를 탄소에 결합시킬 수 있어서 유기 합성에서 중요한 반응이다.

$$Nu:^- + \overset{\delta+}{C}\!-\!\overset{\delta-}{X} \longrightarrow Nu\!-\!C + X:^-$$

$$Nu:^- = C, H, O, halogen, S, N, P$$

또한 이 반응은 앞 장에서 다루었던 입체 화학과 반응 속도론이 실제로 어떻게 적용되는지를 보는 첫 번째 예가 되는 반응이다.

6.1　유기 할라이드의 종류

유기 할라이드는 할로젠 원자가 결합된 탄소의 혼성에 따라 몇 부류로 나눌 수 있다.

알킬 할라이드: 할로젠 원자가 sp^3-혼성화 탄소에 결합하고 있는 할라이드이다. 예: $CHCl_3$, CH_3I, CF_2Cl_2.

바이닐 할라이드(vinyl halide): 할로젠 원자가 sp^2-혼성화 탄소에 결합하고 있는 할라이드이다. 예: $H_2C{=}CHCl$, $ClHC{=}CHCl$.

아릴 할라이드(aryl halide): 할로젠 원자가 sp^2-혼성화 방향족 탄소에 결합하고 있는 할라이드이다. 예: C_6H_5Cl.

6.2　알킬 할라이드의 명명

IUPAC 체계에서 알킬 할라이드는 할로젠 원자를 치환기로 간주하여 명명한다. 할로젠 원자의 치환기를 할로(halo)라고 부르는데, 할로 치환기는 원소명의 '-ine'을 '-o'로 바꿔 명명한다. 예를 들어 F 치환기는 플루오로(fluoro), Cl 치환기는 클로로(chloro) 등이다. 할로젠과 알킬 치환기들의 위치 번호는 앞에서 거론한 알케인의 명명법에 따라 정한다.

3-chloro-4-methylheptane　　　2,3-dibromohexane

간단한 할로알케인의 상용명은 알킬 할라이드로 명명하며 IUPAC 체계에서 허용된다.

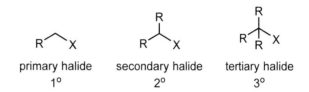

pentyl fluoride   *sec*-butyl bromide   *tert*-butyl chloride   isobutyl chloride

알킬 할라이드의 분류

알킬 할라이드는 할로젠 원자가 결합하고 있는 탄소의 차수(이 탄소와 결합하고 있는 알킬기의 수)에 따라 일차(1°), 이차(2°), 삼차(3°) 할라이드로 분류한다.

primary halide   secondary halide   tertiary halide
1°   2°   3°

문제 6.1   다음 알킬 할라이드를 차수에 따라 분류하시오.

a.   Br   b.   Br   c.   Cl   d.   Cl

6.3 유기 할라이드의 예

유기 할로젠 화합물은 유기 용매, 유기 시약, 냉매, 살충제, 제초제로서 널리 이용되고 있다.

비교적 끓는점이 낮은 CH_2Cl_2, $CHCl_3$, CCl_4(현재 시약회사에서 판매하지 않음), $ClCH_2CH_2Cl$ 등의 화합물은 비극성 유기 용매로 사용되며 불에 잘 타지 않는 특징이 있다. 하지만 발암성이기 때문에 사용 시 환기에 주의하여야 한다.

유기 할로젠 화합물은 친핵성 치환반응, 제어 반응, 유기금속 시약 생성 등의 다양한 반응을 할 수 있기 때문에 유기 합성의 원료로서 많이 사용된다.

CF_2Cl_2(프레온-12) 같은 염화플루오로탄소는 냉매로서 많이 사용되었으나 프레온-12는 오존층 파괴의 요인으로 지목받은 후 몬트리올 의정서(Montreal protocol)에 의하여 1996년부터 생산이 중지되었다. 현재는 수소화플루오로탄소(hydrofluorocarbon)가 대신 사용되고 있다.

DDT(살충제), 2,4-D, 2,4,5-T(제초제)가 사용된 바 있으나, 현재 2,4-D 이외에는 제조가 중지되었거나 사용이 제한되고 있다. 2,4-D와 2,4,5-T의 1:1 혼합물이 월남전에 사용되었던 에이전트 오렌지(agent orange)로서 불순물로 들어 있었던 다이옥신의 발암성으로 많은 피해가 발생하였다. 클로로자일레놀은 항균 비누 등에 사용된다.

DDT   2,4-D   2,4,5-T

One example of dioxin   chloroxylenol

6.4   유기 할라이드의 물리적 성질

용해도

유기 할라이드는 비교적 비극성 화합물에 속하므로 물에는 거의 녹지 않는다. 대신 유기 할라이드는 서로 잘 녹이거나 벤젠, 헥세인 같은 비극성 용매에 잘 녹는다.

밀도

BuF, BuCl, BuBr, BuI의 예를 보면 밀도는 각각 0.78, 0.89, 1.61 g mL^{-1}로서 할로젠의 원자량이 커질수록 밀도는 증가한다. CH_2Cl_2, $CHCl_3$, CCl_4의 밀도는 1.33, 1.49, 1.59 g mL^{-1}로서 물보다 무겁다.

6.5   알킬 할라이드의 친핵성 치환 반응

C-X 결합은 X의 전기 음성도가 C보다 크므로 탄소는 양의 부분 전하, 할로젠은 음의 부분 전하를 띤다.

전자가 약간 부족한 친전자성 탄소 원자는 다양한 친핵체와 친핵성 치환 반응 (nucleophilic subsitution reaction)이라고 부르는 반응을 할 수 있다. 이러한 유형의 반응을 친핵체의 입장에서 친전자성 핵을 좋아한다는 의미에서 친핵성 치환 반응이라고 부른다. 유기 할라이드 중에서 바이닐 할라이드와 아릴 할라이드는 친핵성 치환 반응이 일어나지 않는다.

$$R\!-\!X \ + \ Nu\!:^- \ \longrightarrow \ R\!-\!Nu \ + \ X\!:^-$$

alkyl halide　　nucleophile　　　substitution　　halide
　　　　　　　　　　　　　　　　product

2장에서 다루었듯이 친핵체는 고립쌍이나 π 전자쌍이 있는 시약으로서 중성이거나 음전하를 띤 화학종이다. 유기 반응은 전자쌍의 이동으로 설명할 수 있다고 언급하였다. 그러면 친핵성 치환 반응에서 전자쌍의 이동은 어떻게 이루어질까? 친핵체가 자신의 고립쌍(π 전자쌍은 아님)을 친전자성 탄소 원자에 주면 이 고립쌍이 C-Nu 결합의 σ 결합쌍으로 변한다. 또한 C-X 결합이 깨지면 C-X 결합의 결합쌍이 X의 고립쌍이 되면서 할로젠 원자 X가 탄소 원자에서 떨어지게 된다. 이렇게 떨어지는 할로젠 원자를 이탈기(leaving group)라고 부른다.

아래 표 6.1에 알킬 할라이드의 친핵성 치환 반응에서 자주 쓰이는 친핵체의 종류와 그 시약을 표시하였다.

표 6.1
알킬 할라이드의 친핵성 치환 반응에서 자주 쓰이는 친핵체의 종류와 그 시약

친핵성 원자	시약의 예
H	$LiAlH_4$(이 교재에서는 다루지 않음)
C	$LiC\!\equiv\!CR$(9.13절), NaCN, 엔올 음이온(17.7절)
N, P	NH_3, RNH_2, NaN_3, PPh_3(14.9.3절)
O, S	H_2O, ROH, $MeCO_2H$, HCO_2H NaOR, NaSR, $(NH_2)_2C\!=\!S$(13.11절)
할로젠	NaBr, NaI

6.5.1　친핵성도 대 염기도

친핵체는 브뢴스테드 염기(혹은 루이스 염기)이기도 하다. 염기도는 산-염기 반응의 평형 상수로 측정하는 열역학적 성질이지만 친핵성도(nucleophilicity)는 탄소 친전자체와의 반응에서의 속도론적 개념이다. 주어진 조건에서 반응이 빠르게 일어나는 친핵체를 센, 혹은 좋은 친핵체라고 말한다. 앞으로 다루겠지만 센 염기가 반드시 센 친핵체는 아니며 친핵성도는 반응 용매에 따라서 크게 변한다.

친핵성도는 다음 세 가지 요인, 즉 친핵체의 염기도, 반응 용매 및 친핵체의 편극성에 의하여 결정된다.

a) 친핵체의 염기도: 친핵성도와 염기도는 주기율표의 같은 주기에서는 그 순서가 같다.

2주기 원소에서: $HO^- > F^-$. $NH_3 > H_2O$

또한 친핵성 원자가 같은 경우, 더 염기성인 친핵체의 친핵성도가 더 크다.

HO^-(짝산의 $pK_a = 14$) > PhO^-(10) > $MeCOO^-$(5) > H_2O(0)
$EtO^- > EtOH$, $MeO^- > MeOH$

b) 반응 용매: 같은 족에서 아래로 내려갈수록 친핵체의 염기도는 감소하지만, 양성자성 용매(6.5.2절에서 다룸)에서는 친핵성도가 증가한다. 양성자성 용매는 음이온과 수소 결합을 할 수 있는 양성자가 있는 용매이다. 할라이드 이온을 예로 들면, F^- 이온은 I^- 이온보다 훨씬 더 강하게 물 같은 양성자성 용매와 수소 결합을 할 것이다. F^- 이온이 친핵체로서 반응하려면 이러한 수소 결합을 깨야 하므로 활성화 에너지가 더 필요할 것이다. 따라서 F^- 이온은 할라이드 이온 중에서 친핵성도가 가장 작다. 반면에 비양성자성 용매에서는 할라이드 이온의 친핵성도는 염기도 순서를 따른다.

> 양성자성 용매에서의 친핵성도: $I^- > Br^- > Cl^- > F^-$ (염기도 순서와 반대임).
> 비양성자성 용매에서의 친핵성도: $F^- > Cl^- > Br^- > I^-$ (염기도 순서와 같음).

c) 편극성: 친핵체인 음이온이 더 클수록 전자 구름이 원자에 더 넓게 퍼지게 될 것이다(편극성이 더 큼). 그러면 전자쌍을 친전자체에 더 잘 줄 수 있으므로 친핵성도가 증가한다(이러한 친핵체를 무른 친핵체라고 부른다(2.6절). 좋은 예는 싸이올레이트 이온(RS^-)으로서 RO^-보다 염기도는 작지만 친핵성도는 훨씬 크다.

중성 분자의 경우에도 H_2S, RSH가 H_2O, ROH보다 친핵성도가 더 크다(편극성 효과).

하지만 *tert*-뷰톡사이드(^-OBu-*t*) 같이 덩치가 큰 시약은 염기도가 HO^-나 EtO^-보다 더 크지만 탄소 친전자체에 접근하기가 어려우므로 친핵성도가 거의 없다. 이러한 시약을 **비친핵성 염기**(nonnucleophilic base)라고 부른다. 포타슘 *tert*-뷰톡사이드(KOBu-*t*), 리튬 다이아이소프로필아마이드(LiN(*i*-Pr)$_2$) 등이 비친핵성 센염기에 속한다. *N*,*N*-다이아이소프로필에틸아민(EtN(*i*-Pr)$_2$, Hünig염기) 같은 아민은 비친핵성 약염기이다.

문제 6.2 다음 화학종의 쌍 중에서 친핵성이 더 큰 것을 고르시오.

a. MeO^-, MeS^-
b. $MeCO_2^-$, $Cl_3CCO_2^-$
c. 물, 암모니아
d. 아민(RCH_2NH_2)과 아마이드($RCONH_2$)

6.5.2 반응 용매

유기화학에서 자주 쓰는 용매를 부록 B에 수록하였다.

반응이 일어나려면 반응물의 분자들이 서로 만나야 한다. 고체상 반응물을 그냥 섞기만 하면 반응은 거의 일어나지 않을 것이다. 분자가 서로 만나는 마당을 제공하여 주는 것이 용매(溶媒, '媒'는 '중매 매'이다. solvent)의 역할이다. 생화학적 반응은 물 용매에서 일어나지만, 대부분의 유기 화합물은 물에 녹지 않기 때문에 유기 용매가 필요하다(대신에 NaOH, NaN$_3$, NaCN 같은 무기염 친핵체는 유기 용매에 잘 녹지 않는다).

고무나 유리 같은 비전도성 물질을 유전체(dielectric)라고 부른다. 유전체를 축전기의 도체판에 채운다고 하자. 그러면 전위차가 채우기 전보다 $1/\varepsilon$ 만큼 감소함을 알 수 있는데, ε은 차원이 없는 상수로서 유전 상수(물리에서는 유전율(permittivity)라는 용어를 사용)라고 부른다.

유기 용매는 몇 가지 기준으로 분류한다. 먼저 극성에 따라서 비극성 용매(apolar solvent)와 극성 용매(polar solvent)로 나눌 수 있다. 극성 용매는 유전 상수(誘電常數, dielectric constant) ε이 15보다 큰 용매를 말한다. 물($\varepsilon = 78$), 메탄올($\varepsilon = 33$), 아세톤($\varepsilon = 21$) 등이 극성 용매이며, 반면에 다이에틸 에터($\varepsilon = 4$), 아세트산($\varepsilon = 6$)은 비극성 용매이다.

극성 분자는 기체상에서 측정하는 쌍극자 모멘트가 0이 아닌 분자를 말한다. 용매는 용질을 잘 녹이는 물질인데, 그러기 위해서는 용매 분자들은 용질을 용매화하여야 한다. 따라서 용매는 반응물보다 수가 훨씬 많아야 한다.

유의할 점은 쌍극자 모멘트가 큰 극성 분자라고 하여도 비극성 용매일 수도 있다는 것이다(반대로 극성 용매는 모두 극성 분자로 이루어져 있다). 좋은 예가 아세트산이다. 아세트산은 쌍극자 모멘트가 1.68 D인 극성 분자이나 유전 상수는 6.1로서 비극성 용매로 분류된다. 반면에 폼산은 아세트산과 쌍극자 모멘트의 크기(1.82 D)는 비슷하지만 극성 용매이다(ε = 59). 용매의 극성 여부는 분자 하나의 성질이 아니라 수많은 분자들이 모여서 이루어진 집합체에서 분자들이 서로 어떻게 상호 작용하는지에 달려 있기 때문이다.

용매는 다시 수소 결합에 참여하는(양성자를 내줄 수 있는) 수소 원자가 있는 양성자성(protic) 용매와 그러한 수소 원자가 없는 비양성자성(aprotic) 용매로 나뉜다. 양성자성 용매의 예는 물, 아세트산, 알코올, 액체 암모니아 등이며 흔히 극성 용매이기도 하다. 비양성자성 용매는 극성 용매(예: 아세톤), 혹은 비극성 용매(예: 헥세인)일 수 있다. 아래 그림에 용매를 분류하였다(대부분의 유기 교재에서는 THF(ε = 7.6)나 아세트산을 극성 용매로 분류하기도 한다).

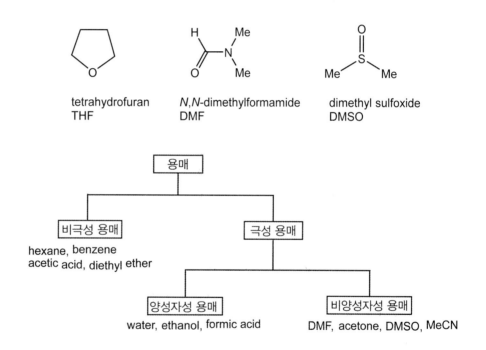

tetrahydrofuran
THF

N,*N*-dimethylformamide
DMF

dimethyl sulfoxide
DMSO

양성자성 용매의 중요한 특징은 양이온과 음이온을 모두 용매화(solvation)할 수 있다는 점이다. 아래 그림은 물 용매에서 이온들의 용매화를 나타낸 것이다.

solvated cation

solvated anion

이러한 음이온을 '노출된 음이온 (naked anion)'이라고 부른다.

하지만 비양성자성 극성 용매에서는 양이온은 용매화되나 음이온은 용매화되지 않는다. 아래 그림은 양이온 M⁺와 음이온 X⁻이 용매 DMSO에 의하여 용매화되는 양상을 묘사한 것이다. 양이온은 잘 용매화되나 DMSO의 두 메틸기가 음이온의 접근을 가로막기 때문에 음이온은 용매화가 잘 이루어지지 않는다. 이러한 경우 음이온은 용매라는 껍질(옷)을 벗었기 때문에 친핵성도가 크게 증가한다.

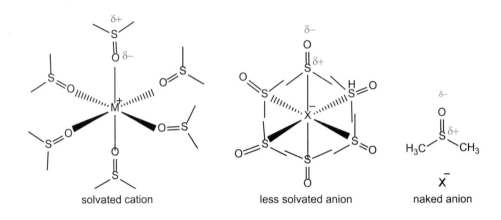

solvated cation   less solvated anion   naked anion

문제 6.3 극성 분자와 극성 용매라는 단어에서 '극성'이라는 의미는 다르다. 어떤 의미에서 다른가? 극성 용매와 비극성 용매를 구별할 때 용매의 어떠한 물리적 성질을 이용하는가?

문제 6.4 양성자성 용매에서 친핵성이 더 큰 화학종을 고르시오.

a. Cl⁻, Br⁻   b. F⁻, I⁻

6.6 친핵성 치환 반응: S_N2와 S_N1 반응

S_N1과 S_N2에서 S는 substitution (치환), N은 nucleophilic (친핵성)을 의미하며, 숫자 1과 2는 반응차수를 나타낸다.

이제 친핵성 치환 반응의 주요한 두 메커니즘인 S_N2와 S_N1 반응을 살펴보자. 하지만 그 전에 두 반응 조건의 중요한 차이점부터 언급하고자 한다.

어떤 유기화학 교재는 두 S_N 반응의 예로서 다음 반응을 소개하고 있다.

S_N2: H_3C——Br   +   [아세트산 이온 구조]   ⟶   [아세트산 메틸 에스터 구조]

S_N1: Me_3C——Br   +   [아세트산 이온 구조]   ⟶   [아세트산 Me_3C 에스터 구조]

이 예에는 반응 용매와 화학양론적 정보가 나와 있지 않다(또한 메틸 브로마이드는 상온에서 기체이다. 액체인 *n*-뷰틸 브로마이드가 더 좋은 예일 것이다).

처음 유기 반응을 배우는 학생들이 이러한 예를 접하면, 두 S_N 반응의 차이를 전혀 모를 것이다. S_N1 반응에 대하여 먼저 언급할 점은 이 반응은 양성자성 용매에서 일어나며 바로 양성자성 용매가 친핵체(친핵성도가 비교적 작음)의 역할도 같이 수행한다는 점이다(이러한 반응을 가용매 반응(solvolysis)이라고 부름). 따라서 친핵체가 할라이드에 비하여 과량으로 존재하게 된다. 흔히 사용하는 양성자성 용매는 물, 메탄올, 에탄올이나 아세트산, 폼산 등이므로 반응 조건도 중성이나 산성일 것이다.

반면에 S_N2 반응에서는 S_N1 반응에서보다 더 큰 친핵체가 쓰이며 이 친핵체는 중성(암모니아, 아민)이나 염기성(HO^-, EtO^-, $MeCO_2^-$)이므로 반응 조건도 중성 아니면 염기성일 것이다. 또한 친핵체는 이론적으로는 할라이드와 화학양론적으로 반응하므로 특별한 경우가 아니면 과량으로 사용하지 않는다. 또한 비양성자성 극성 용매에서 반응이 빠르게 일어나므로 이러한 용매를 사용한다(양성자성 용매에서는 반응이 느리지만 그래도 장점이 있으므로 이러한 용매를 사용하기도 한다).

따라서 두 반응을 다음과 같이 표시하면 그 차이를 쉽게 알 수 있을 것이다.

S_N2:

n-Bu—Br $\xrightarrow[\text{DMF}]{\text{NaOCOMe (1.1 equiv.)}}$ n-BuO—C(=O)—CH$_3$ (+ NaBr)

S_N1:

Me$_3$C—Br $\xrightarrow{\text{MeCO}_2\text{H (solv.)}}$ Me$_3$CO—C(=O)—CH$_3$ (+ HBr)

6.7 S_N2 반응

S_N2 반응의 예는 MeOH 용매에서 1-브로모뷰테인과 메톡사이드 이온 사이의 반응으로 에터 생성물이 생기는 반응이다.

n-Bu——Br   +   MeO$^-$ $\xrightarrow[\text{MeOH}]{60^\circ\text{C}}$ n-Bu—OMe   +   Br$^-$

1-bromobutane n-butyl methy ether

문제 6.5 1-브로모뷰테인에서 다음과 같은 생성물을 얻고자 한다. 적절한 친핵체를 쓰시오.

a. ⌒⌒⌒CN
b. ⌒⌒⌒OCOMe
c. ⌒⌒⌒OEt
d. ⌒⌒⌒SCH$_2$Ph

6.7.1   속도론

실험에서 구한 이 반응의 속도식은 다음과 같다.

$$\text{속도} = k\,[\text{BuBr}]\,[\text{MeO}^-]$$

반응 속도는 두 반응물의 농도의 곱에 비례하므로 전체 반응 차수는 2인 이차 반응이다. 이러한 친핵성 치환 반응을 S_N2 반응이라고 한다. S_N2 반응은 단일 단계로 일어나며

C-Br 결합이 끊어지는 동시에 C-O 결합이 생기는 협동 반응(concerted reaction) 이다.

6.7.2 S$_N$2 반응의 메커니즘: 배열의 반전

친핵체가 전자쌍을 친전자체에 주는 것을 공격(attack)이라고 흔히 표현한다.

S$_N$2 반응의 메커니즘은 영국의 휴스(Hughes)와 인골드(Ingold)가 1937년에 제안하였다. S$_N$2 반응의 중요한 특징 중의 하나는 입체 화학에 관한 것으로 친핵체는 C-할로젠 결합의 반대 방향에서 탄소를 공격한다는 점이다. 이러한 일이 일어나면 탄소 원자 주위의 배열이 뒤바뀌는 배열의 반전(inversion of configuration)이 일어난다.

(S)-2-bromobutane → (R)-butan-1-ol + Br⁻

1-브로모뷰테인의 예에서는 Br이 연결된 탄소가 입체 발생 중심이 아니므로 반전이 일어나도 확인할 수 없으나 *cis*-1-브로모-3-메틸사이클로펜테인 같이 입체 발생 중심이 두 개 있는 고리 화합물을 이용하면 입체 발생 중심에서 배열의 반전이 일어남을 확인할 수 있다.

배열의 반전을 1896년에 처음으로 발견한 화학자인 발덴(Walden)의 이름이 따서 발덴 반전(Walden inversion)이라고 부르기도 한다.

cis-1-bromo-3-methyl-cyclopentane → *trans*-3-methyl-cyclopentanol

배열의 반전은 분자 오비탈을 이용하여 설명할 수 있다.

위에서 소개한 이차 브로마이드와 HO⁻ 사이의 반응에서 친핵성 산소의 sp³ 오비탈(HOMO)과 C-Br의 σ* 반결합성 오비탈(LUMO)이 같은 상(same phase)끼리 최대로 겹치면서, 접근하려면 산소 원자는 C-Br 결합의 반대 방향에서 접근하여야 한다(후면 공격).

sp³ orbital of O lone pair   C-Br σ* antiboning MO   C-O σ boning MO

다음 두 반응처럼 S$_N$2 반응이 연속적으로 두 번 일어나면 최종 생성물과 출발물의 상대 배열이 같아진다.

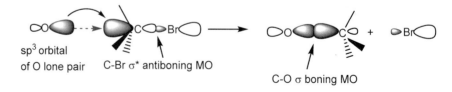

(S)-2-bromobutane   S$_N$2 inversion   S$_N$2 inversion   (S)-butan-2-ol
overall retention of configuration
(same relative configuration)

문제 6.6 다음 S_N2 반응의 생성물을 그리시오.

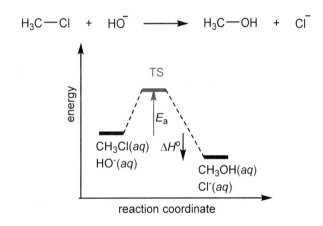

6.7.3 S_N2 반응의 에너지 도표와 전이 상태

S_N2 반응은 한 단계로 일어나는 협동 반응이므로 전이 상태도 하나이다. 예로서 염화 메틸과 HO^- 사이의 반응의 에너지 도표는 다음과 같이 그릴 수 있다.

$$H_3C-Cl \ + \ HO^- \longrightarrow H_3C-OH \ + \ Cl^-$$

상 이동 촉매를 이용한 S_N2 반응

알킬 할라이드와 NaCN 같은 무기 염의 친핵체 사이의 S_N2 반응을 다이클로로메테인(CH_2Cl_2) 용매에서 수행한다고 하자(DMF나 DMSO 용매를 사용할 수 있으나 CH_2Cl_2 용매가 더 저렴하고 회수도 더 용이하다). 유기 할라이드는 유기 용매에 잘 녹겠지만 무기 염은 녹지 않기 때문에 원하는 반응은 거의 일어나지 않을 것이다.

하지만 물과 CH_2Cl_2(물에 불용)의 혼합 용매(두 상(相))에 할라이드, NaCN 그리고 상 이동 촉매(phase transfer catalyst, PTC)라고 부르는 사차 암모늄 염이나 사차 포스포늄 염을 촉매량 가한 후 잘 저어주면 S_N2 반응이 빠르게 일어난다.

$$R\diagdown Br \ \xrightarrow[\text{H}_2\text{O/CH}_2\text{Cl}_2]{\text{cat. } n\text{-Bu}_4\text{N}^+\text{Br}^-\text{, NaCN}} \ R\diagdown CN$$

상 이동 촉매는 $PhCH_2N^+Et_3 \ Cl^-$, $n\text{-Bu}_4N^+ \ Br^-$, $n\text{-Bu}_4P^+ \ Br^-$ 같은 사차 암모늄 염이나 포스포늄 염으로서 이온성 염이므로 물에 잘 녹고, 또한 알킬기의 소수성 때문에 비극성 유기 용매에도 잘 녹는다. 반응이 일어나는 과정은 다음 그림으로 설명할 수 있다. Q^+는 상전이 촉매의 양이온이다.

$$Q^+Br^- \ + \ NaCN \ \rightleftharpoons \ Q^+CN^- \ + \ NaBr \qquad \text{water layer}$$

- boundary

$$Q^+Br^- \ + \ \diagup\diagdown \ \xleftarrow{\ R\diagup Br\ } \ Q^+CN^- \ + \ NaBr \qquad \text{CH}_2\text{Cl}_2 \text{ layer}$$

촉매량의 Q^+Br^-을 가하면 수용액에서 소량의 Q^+CN^-을 형성한다. 이 염이 물 층에서 유기 층으로 이동(상 이동)하면 알킬 할라이드와 만나 S_N2 반응이 일어난다. 반응 후에 생기는 소량의 Q^+Br^-은 다시 물 층으로 옮겨가고 이러한 과정이 반복된다.

전이 상태는 다음과 같이 묘사할 수 있다. 이 구조에서 세 수소 원자와 탄소는 같은 면에 놓여 있으며 잠시 탄소는 원자가 5가 된다. 컬러 표시 점선은 생기고 있는 C-O 부분 결합을, 검은 색 점선은 깨지고 있는 C-Cl 부분 결합을 나타낸다.

문제 6.7   위에 그린 전이 상태에서 H−C−Cl 각도는 얼마인가?

6.7.4 S_N2 반응 속도에 영향을 주는 요인

할라이드의 차수

알킬 브로마이드 R-Br과 I⁻ 사이의 S_N2 반응의 상대적 속도를 실험으로 구하면 다음과 같다.

$$R{-\!-}Br \ + \ I^- \ \xrightarrow{\text{acetone, 25 }^\circ C} \ R{-\!-}I \ + \ Br^-$$

$$R = Me_3C(\sim 0) < Me_2CH(0.008) < CH_3CH_2(1) < CH_3(145).$$

반응 속도는 할라이드의 차수에 따라서 크게 차이가 남을 알 수 있다. 즉,

> S_N2 반응 속도: 3° << 2° < 1° < Me

S_N2 반응 속도가 이러한 경향을 보이는 이유는 알킬기의 입체 장애(steric hindrance) 때문이다. 친핵체는 C-X 결합의 반대 방향에서 접근하여야 하는데, 수소 원자보다 더 큰 알킬기가 많을수록 친핵체가 더 깊숙한 곳에 위치한 탄소 원자에 접근하기가 점점 더 어려워진다. 그러면 전이 상태의 에너지가 올라가서 활성화 에너지도 증가할 것이다.

이 그림에서 기호 ◖◗는 반데르 발스 반발을 나타낸다

methyl   primary   secondary   tertiary
No S_N2 reaction

（예제 6.1）　**다음 두 반응 중에서 어느 것이 빠른가? 그 이유를 에너지 도표를 그려 설명하시오(두 할라이드의 안정성은 같다고 간주함).**

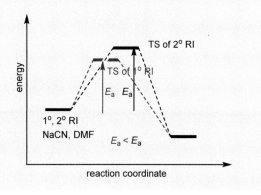

（풀이）

이 반응은 S_N2 메커니즘으로 일어난다. 입체 장애가 더 작은, 일차 할라이드의 전이 상태가 더 안정하므로 일차 할라이드가 더 빨리 반응할 것이다. 이를 다음과 같은 에너지 도표로 설명할 수 있다.

용매 효과

다른 요인은 용매 효과이다. 할라이드 이온의 친핵성도는 양성자성 용매에서보다 극성 비양성자성 용매에서 크게 증가한다(6.5.2절). 따라서 S_N2 반응은 극성 비양성자성 용매에서 더 빨리 일어난다.

할라이드 이온의 친핵성도의 순서는 양성자성 용매에서는 $F^- \ll Cl^- < Br^- < I^-$ 이나, 비양성자성 극성 용매에서는 순서가 반대가 된다. 양성자성 용매에서 F^-는 수소 결합에 의하여 강하게 용매화될 것이다. 친핵체가 자신의 전자쌍을 친전자체인 탄소 원자에 주려면 용매 껍질을 벗어야 하는데, 강하게 용매화되면 벗는 일에 활성화 에너지가 더 들어가게 되어 반응 속도가 떨어진다. 반면에 극성 비양성자성 용매에서는 음이온이 용매라는 옷을 벗은 상태가 되므로 친핵성이 양성자성 용매에서보다 더 커지게 된다. 또한 친핵성도는 할라이드 이온의 염기도를 따른다.

그렇다면 모든 S_N2 반응을 DMSO 같은 극성 용매에서 반드시 수행하여야 할까? 반드시 그렇지는 않다. 이런 용매는 아세톤을 제외하면 끓는점이 상당히 높기 때문에 (DMSO: 189°C, DMF: 153°C) 용매를 제거하거나 회수하여 재사용하기가 어렵다. 또한 어떤 용매는 값이 비싸다. 그래서 이런 용매 대신에 저렴한 알코올 같은 양성자성 용매를 사용하기도 한다. 양성자성 용매는 무기염을 비양성자성 용매보다 더 잘 녹이기도 한다. 하지만 F^- 이온은 메탄올 같은 양성자성 용매에서는 친핵성도가 크게 감소하므로 DMF 같은 비양성자성 극성 용매를 사용하여야 한다.

예제 6.2 다음 두 반응 중에서 어느 것이 빠른가? 그 이유를 에너지 도표를 그려 설명하시오.

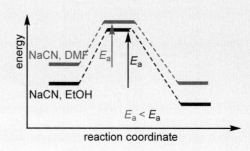

풀이

극성 용매이지만 비양성자성 용매인 DMF에서는 음이온이 덜 용매화되므로 친핵성도가 EtOH 용매에서보다 더 크다. 따라서 DMF에서의 반응이 더 빠르다. 에너지 도표를 그릴 때 DMF 용매에서 출발물의 하나인 NaCN의 에너지를 더 높게 그린다. TS에서는 전하가 분산되므로 두 TS의 에너지 차이가 출발물에서보다 작아진다.

친핵체

양성자성 용매에서 친핵체의 친핵성도는 다음 순서로 감소한다(6.5.1절 참조).

RS^-, I^- (매우 센 친핵체) $>>$ CN^-, RO^-, HO^- (센 친핵체) $>$ Br^-, N_3^-, RNH_2 $>$ Cl^-, RCO_2^- $>>$ F^- $>$ ROH, H_2O (매우 약한 친핵체)

예제 6.3 다음 두 반응 중에서 어느 것이 더 빠른가? 그 이유를 에너지 도표를 그려 설명하시오.

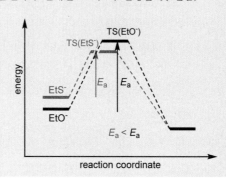

풀이

EtS^- 음이온이 EtO^- 음이온보다 친핵성도가 더 크므로 EtS^-가 친핵체인 반응이 더 빠르다. 에너지 도표를 그릴 때 EtS^-의 에너지를 더 높게 그려 E_a가 더 작아지도록 한다(산소 원자보다 더 큰 원자인 황 원자에 부분 음전하가 편재된 TS가 더 안정할 것 같음).

이탈기

좋은 이탈기는 전이 상태에서 음전하를 더 잘 감당할 수 있기 때문에 전이 상태가 더 안정해진다. 그래서 좋은 이탈기일수록 반응이 빨라지는 것이다.

이 점은 산-염기 반응에서와 비슷하다. 산-염기 반응에서도 더 약한 산과 더 약한 염기가 생기는 방향으로 평형이 치우친다.

좋은 이탈기는 치환 반응에서 쉽게 떨어지는 기를 말한다. 그러면 어떠한 기가 좋은 이탈기일까? 할로젠 이탈기는 전자쌍을 품고서 할라이드 이온으로 떨어지므로 할라이드 이온이 더 안정할수록 이탈기가 잘 떨어질 것이다. 그러려면 이탈기가 약한 염기이어야 하며 염기도가 약한 기일수록 더 좋은 이탈기가 된다. F^-이온을 제외한 할라이드 이온은 염기도가 매우 작기 때문에 좋은 이탈기인 반면에 더 센 염기인 F^- 이온은 이탈기로서 떨어지지 않는다.

> 이탈기로서의 능력: $I^- > Br^- > Cl^- \gg F^-$
> 염기도: $I^- < Br^- < Cl^- \ll F^-$

이탈기는 편의상 좋은 이탈기와 나쁜 이탈기로 구별한다. 기준이 되는 것은 그 짝산의 pK_a인데 좋은 이탈기는 pK_a가 0보다 작고 나쁜 이탈기는 크다.

좋은 이탈기:
I^-(짝산의 pK_a = $-$10), Br^-($-$9),
RSO_2O^-($-$3), H_2O(0)
나쁜 이탈기:
F^-(3.2), ^-CN(9.2), HO^-(14)

알코올에서 유래하는 설포네이트 $ROSO_2R'$(R' = Me, Ph 등)도 알킬 할라이드처럼 S_N2 반응이 잘 일어난다. 설폰산 이온($^-OSO_2R'$)은 센산인 설폰산($HOSO_2R'$(pK_a = $-$3))의 짝염기이므로 매우 좋은 이탈기이다(13.6.3절). 반면에 알코올의 HO기는 HO^- 이온(짝산의 pK_a = 14)이 센염기이므로 S_N2 반응에서 떨어지지 않는다. 따라서 아래 반응은 일어나지 않는다.

poor leaving group

예제 6.4

다음 두 기질을 아세톤 용매에서 ^-CN 이온과 반응시켰을 때 더 빨리 반응하는 것을 고르시오.

a. H_3C-OCH_3 H_3C-I

b.

풀이

a. 두 이탈기 중에서 I^- 이온이 더 약한 염기이므로 메틸 아이오다이드가 더 빨리 반응할 것이다.

b. 두 설폰산 음이온 중에서 전기 음성도가 큰 F로 치환된 이온이 더 약한 염기이다. 따라서 CF_3기가 있는 설포네이트가 더 빨리 반응할 것이다(OSO_2CF_3기를 **트라이플레이트**(triflate)라고 부르는데, 알려진 이탈기 중에서 가장 좋은 이탈기이다. triflate는 <u>trifluoromethylsulfonate</u>에서 유래한 단어이다).

문제 6.8

다음 두 구조 중에서 S_N2 반응이 더 빨리 일어날 것이라고 예측되는 것을 고르시오.

a. H_3C-SCH_3 $H_3C-\overset{+}{S}(CH_3)_2$ b. H_3C-I H_3C-F

예제 6.5   다음 두 반응 중에서 어느 것이 빠른가? 그 이유를 에너지 도표를 그려 설명하시오(두 할라이드의 안정성은 같다고 간주함).

$$\text{(n-butyl iodide)} \quad \xrightarrow[\text{DMF}]{\text{NaCN}}$$

$$\text{(n-butyl chloride)} \quad \xrightarrow[\text{DMF}]{\text{NaCN}}$$

풀이

I^- 이온이 더 좋은 이탈기이므로 아이오다이드의 반응이 더 빠르다. I^- 이온이 더 좋은 이탈기인 이유는 전이 상태에서 음전하를 더 잘 분산시키기 때문이다. 따라서 아이오다이드 반응의 전이 상태를 더 낮게 그린다.

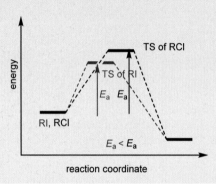

생화학적 S_N2 반응

S-아데노실메싸이오닌(S-adenosyl methionine, SAM)은 생물계에서 메틸화 효소 (methyltransferase)의 도움을 받아서 다양한 분자에 메틸기를 전달하는 보조 효소이다. 한 예로서 SAM은 DNA의 아데노신 염기와 S_N2 반응하여 질소 원자에 메틸기를 도입한다. 설파이드기는 염기도가 매우 작으므로 뛰어난 이탈기이다.

adenine base in DNA

S-adenosylmethionine
SAM

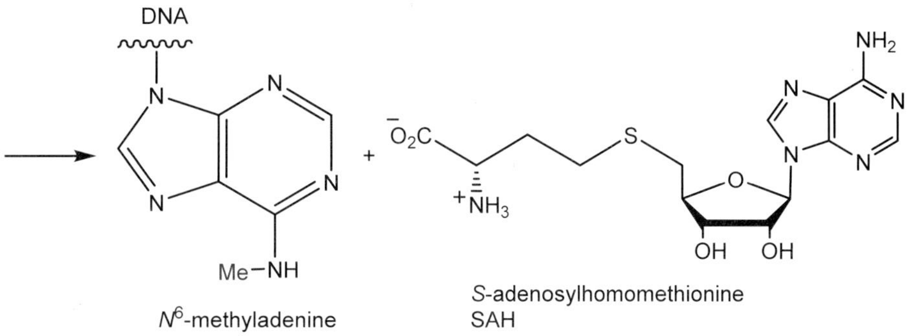

DNA
N⁶-methyladenine
S-adenosylhomomethionine
SAH

6.8 S_N1 반응

6.8.1 속도론

삼차 할라이드인 *tert*-뷰틸 클로라이드가 물과 아세톤 혼합 용액에서 반응하면 *tert*-뷰틸 알코올이 얻어진다.

H₂O, acetone
+ HCl(aq)

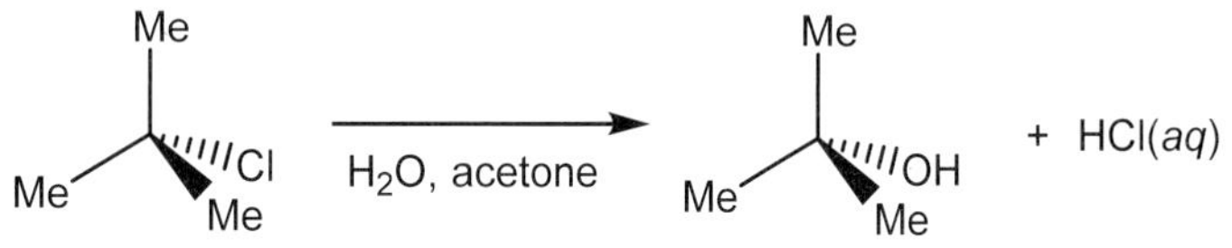

이 반응의 속도는 *tert*-뷰틸 클로라이드의 농도에만 의존함을 실험적으로 알 수 있으며(이 반응은 용매인 물이 친핵체로 작용하는 가용매 분해 반응이다) 반응 속도는 순수한 물($[HO^-] = 10^{-7}$ M)에서나 0.01 M NaOH 용액($[HO^-] = 10^{-2}$ M)에서나 거의 비슷하다.

$$\text{반응 속도} = k\,[Me_3CCl]$$

전체 반응 차수가 일차이기 때문에 이러한 반응을 S_N1 반응이라고 부른다.

6.8.2 S_N1 반응의 메커니즘과 입체 화학

메커니즘

이 반응은 세 단계로 이루어져 있다.

단계 1

slow
H₂O, acetone
(aq) +
Cl⁻ (aq)
carbocation

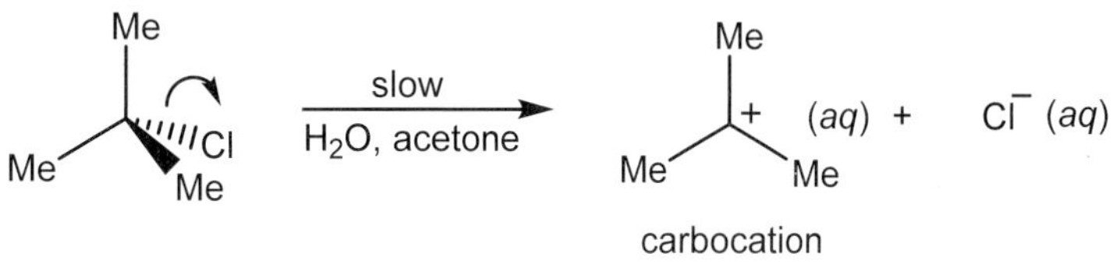

C-Cl 결합의 불균일 분해로 물 용매로 수화된 탄소 양이온과 염화 이온이 생긴다. 반대 전하의 분리가 일어나는 이 단계가 속도 결정 단계이다. 탄소 양이온은 매우 불안정한 중간체로서 중심 탄소의 혼성이 sp^2인 평면 삼각 구조이며, 전자로 채워지지 않은 2p AO가 평면 구조에 수직으로 놓여 있다.

단계 2

용매인 물 분자가 루이스 염기(친핵체)로 작용하여 전자가 부족한 탄소 원자에 전자 쌍을 주면 C-O 결합이 생긴다. 생성물은 양성자첨가된 *tert*-뷰틸 알코올이다. 이 단계는 빠르게 일어난다.

단계 3

다시 용매인 물이 브뢴스테드 염기로 작용하여 양성자첨가된 알코올에서 양성자를 제거하면 최종 생성물인 알코올이 생긴다.

S$_N$1 반응의 입체 화학

예로서 아래 구조의 삼차 (*S*)-브로마이드의 가수 분해 반응을 보자. 중간체인 탄소 양이온은 비카이랄 삼각 평면 구조이므로 친핵체인 물은 비어 있는 탄소 2p 오비탈의 위와 아래에서 같은 확률로 접근할 것이다. 그러면 1:1의 비로 (*R*)-과 (*S*)-알코올이 생겨 결국에는 광학 비활성인 라셈 혼합물이 생길 것이다.

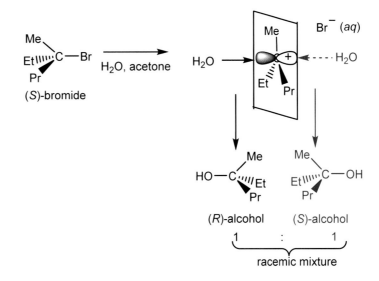

하지만 이렇게 완전히 라셈화(racemization)가 일어나기 위해서는 탄소 양이온과 브로마이드 이온이 완전히 용매화되면서 서로 떨어져야 한다. S_N1 반응의 첫 단계에서 C-Br 결합이 깨지면 처음에는 인접 이온쌍(intimate ion pair)이라고 부르는 화학종이 생긴다. 시간이 좀 더 지나면 두 이온 사이에 용매 몇 개가 끼어 들어가면서 용매로 분리된 이온이 생기고 시간이 더 지나면 완전히 용매로 분리된 이온이 생길 것이다. 완전히 분리된 탄소 양이온이 친핵체와 반응하면 라셈 화합물이 생길 것이다. 하지만 인접 이온쌍이나 용매로 분리된 이온에 친핵체가 반응하면, 이탈기가 아직도 탄소 양이온 한 면을 가로 막고 있기 때문에 S_N2 반응이 일어날 수도 있다. 그러면 (S)-브로마이드의 가수 분해 반응에서 (R)-알코올이 50%보다 더 많이 생길 수 있으며, 실제로도 (R)-알코올과 (S)-알코올이 6:4의 비로 얻어진다.

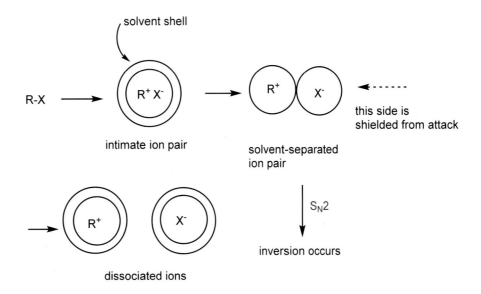

6.8.3 S_N1 반응의 에너지 도표와 전이 상태

이 반응의 에너지 도표는 5.3.2절에서 한 번 다루었다. 첫 단계의 $E_a(1)$(약 20 kcal mol^{-1}. 이 정도의 E_a라면 상온에서 반응이 잘 일어난다)는 $E_a(2)$나 $E_a(3)$에 비하여 크므로 첫 단계가 속도 결정 단계이다.

6.8.4   탄소 양이온의 구조와 안정성

S_N1 반응의 특징은 탄소 양이온이라고 부르는 중간체를 거친다는 점이다. 실험 및 계산에 의하면 탄소 양이온의 안정성 순서는 다음과 같다.

더 안정성순서 (most stable)

벤질 양이온과 알릴 양이온이 일차 양이온이지만 알킬 일차 양이온보다 더 안정한 이유는 공명 안정화되어 있기 때문이다. 메틸 양이온과 일차 탄소 양이온은 너무 불안정하기 때문에 수용액에서는 존재하지 않는다.

> **탄소 양이온은 양전하를 띤 탄소에 치환된 탄소 원자의 수에 따라 삼차, 이차, 일차로 분류한다.**

문제 6.9   벤질 양이온의 공명 구조를 모두 그리시오.

문제 6.10   바이닐 양이온이 일차 탄소 양이온보다 불안정한 이유는 무엇이라고 생각하는가?(힌트: 혼성화와 탄소 원자의 전기 음성도)

> 수용액에서 탄소 양이온 사이의 안정성 차이는 S_N1 반응의 속도를 비교하면 짐작할 수 있다. *tert*-뷰틸 브로마이드는 아이소프로필 브로마이드보다 물 용매에서 십만 배 더 빠르게 반응한다고 한다. 그러면 상온에서 두 반응의 활성화 에너지 차이는 $\Delta E_a = 1.4 \log (k_1/k_2) \sim 7$ kcal mol^{-1}이라고 짐작할 수 있다. 따라서 수용액에서 두 양이온의 에너지 차이는 7 kcal mol^{-1}보다는 클 것이다.

더 많이 치환된 탄소 양이온이 더 안정한 이유는 양전하를 띤 탄소 양이온의 sp^2 탄소에 (수소 원자보다)전자를 더 잘 줄 수 있는 알킬기가 많을수록 양전하가 더 많은 원자에 걸쳐서 비편재화되기 때문이다.

일반적으로 전하를 띤 이온은 그 전하가 더 많은 원자에 퍼질수록(비편재화) 안정해진다. 어떻게 하여 삼차 양이온에서 양전하가 더 잘 퍼질까? 한 가지 설명은 분자 오비탈 개념을 이용한 것이다. 즉 양전하를 띠고 있는 탄소의 비어 있는 2p AO(LUMO)가 이웃한 C-H σ 결합 오비탈(HOMO)과 서로 나란히 겹치면 탄소 원자의 양전하의 밀도는 감소하고 수소 원자에 약간의 양전하가 퍼지게 된다. 그렇다면, 하이퍼콘쥬게이션 (hyperconjugation)이라고 부르는 이러한 겹침의 개수에 따라서 양전하의 비편재화의 정도는 일차 < 이차 < 삼차의 순서로 증가하므로 이 순서로 탄소 양이온이 안정화될 것이다.

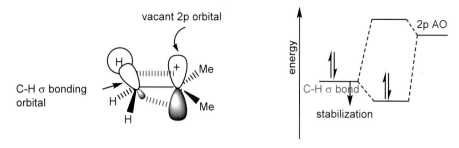

권력을 한 독재자가 독점하는 독재 정권보다 권력이 분산된 민주주의라는 정치체계가 더 안정한 것과 비슷하다.

탄소 양이온에 카보닐기나 플루오로 원자가 있으면 전자 끄는 유발 효과로 양이온이 불안정해진다.

반면에 산소나 질소 같은 헤테로 원자가 양전하 바로 옆에 놓이면 탄소 양이온은 매우 안정해진다. 산소나 질소는 유발 효과로는 전자를 끄는 성질이 있으나 공명 효과로 전자를 주는 원자이다. 이러한 경우에는 공명 효과가 더 크게 작용하므로 궁극적으로는 양이온이 더 안정해진다.

문제 6.11 다음 탄소 양이온을 안정성이 증가하는 순서로 배열하시오.

a.

b.

c.

6.8.5 탄소 양이온의 자리 옮김

아래 이차 브로마이드의 가수 분해 반응에서는 기대했던 알코올과 같이 오른쪽 알코올도 얻어진다. 이 알코올은 출발물과 탄소 골격이 다르며 메틸기가 바로 옆 탄소로 이동하여 생성된 것으로 볼 수 있다.

1,2-alkyl shift

이 반응의 첫 단계도 C-Br 결합의 불균일 분해 반응에서 시작한다. 이 과정에서 생기는 이차 탄소 양이온은 더 안정한 삼차 양이온으로 변신하려는 경향이 매우 크다. 그러려면 양전하를 띤 탄소의 바로 이웃한 메틸기가 자신의 C-Me기의 결합쌍을 가지고서 이웃 전자 부족 탄소로 이동하여야 한다. 그러면 더 안정한 삼차 양이온이 생기며 이렇게 알킬기가 자리를 옮기는 반응을 1,2-알킬 옮김(1,2-alkyl shift)이라고 한다(이 경우에는 1,2-메틸 옮김이다).

1,2-알킬 옮김이나 1,2-수소화물 옮김은 분자 내 반응이므로 빠르게 일어난다.

이차 양이온이 자리 옮김의 기회를 놓치고 물 용매와 반응하면 자리 옮김이 일어나지 않은 알코올이 생길 것이고, 이차 양이온이 자리 옮김을 하게 되면 오른쪽 알코올이 생길 것이다.

다음 할라이드의 경우에도 자리 옮김이 일어나는데, 이 경우에는 이차 양이온이 더 안정한 삼차 양이온으로 변하기 위해서는 수소 음이온(hydride)의 옮김이 필요하다. 이러한 유형의 자리 옮김을 1,2-수소화물 옮김(hydride shift)이라고 부른다.

C-I와 *anti*-준평면(거의 평면) 관계인 메틸기가 옮겨진다.

일차 할라이드의 1,2-알킬 옮김도 일어난다. 일차 탄소 양이온은 매우 불안정하므로 존재할 수 없다. 따라서 이 경우에는 탄소 양이온이 개입하지 않고 곧바로 알킬기 옮김이 일어난다.

문제 6.12 다음 자리 옮김 반응의 메커니즘을 굽은 화살표를 이용하여 그리시오(힌트: 자리 옮김이 두 번 일어난다). 첫 번째 자리 옮김은 이차 양이온이 이차 양이온으로 변하는 과정이다. 양이온의 차수는 같은데 이 과정이 일어나는 이유는 무엇인가?(힌트: 사이클로뷰테인 고리 무리로 인하여 사이클로펜테인보다 불안정하다).

앞으로 자주 보겠지만 탄소 양이온의 자리 옮김은 탄소 양이온이 어떻게 하여 얻어지는지 상관없이 항상 일어난다. 그래서 탄소 양이온이 중간체로 생기면 항상 자리 옮김을 염두에 두어야 한다.

예제 6.6 다음 S_N1 반응의 생성물을 그리시오.

풀이

a. 아이오다이드에서 생기는 이차 탄소 양이온은 1,2-자리 옮김으로 더 안정한 삼차 양이온으로 변할 수 없다. 따라서 자리 옮김은 일어나지 않는다.

b. 할라이드에서 유래하는 이차 탄소 양이온은 수소 음이온 옮김으로 더 안정한 삼차 양이온으로 변환될 수 있다. 따라서 두 종류의 탄소 양이온에서 두 가지 생성물이 생길 것이다.

문제 6.13 다음 S_N1 반응의 생성물을 그리시오.

화학카페

콜레스테롤의 생합성에서 일어나는 자리 옮김 반응

세포막의 중요한 성분인 콜레스테롤은 간이나 소장, 부신 등에서 생합성된다. 콜레스테롤은 입체 발생 중심이 모두 8개이므로 256개의 입체 이성질체가 가능하나 천연 콜레스테롤은 구조가 하나뿐이다.

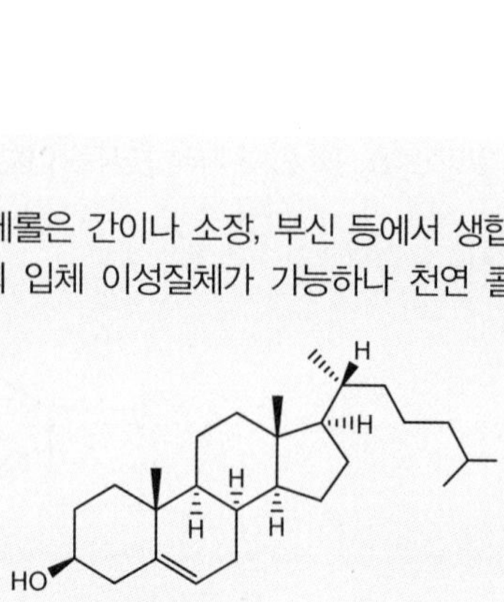

cholesterol

양이온성 π-고리화 반응은 알켄의 π-결합이 양이온성 탄소에 첨가되어 고리 구조가 생기는 반응이다. 산화 스콸렌의 경우에는 양이온성 탄소가 양성자 첨가된 에폭사이드의 탄소이다.

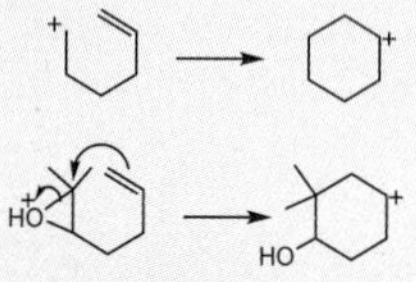

콜레스테롤의 생합성은 아세틸 보조 효소(15.2절)에서 시작하여 많은 단계를 거치면서 스콸렌이 얻어진다. 스콸렌이 모노 산소 첨가 효소(monooxygenase)에 의하여 산화되면 산화 스콸렌(squalene oxide)이 생긴다. 산화 스콸렌이 양성자를 주는 효소의 도움을 받아 **양이온성 π-고리화 반응**이 일어나 삼차 탄소 양이온으로 변하면 일련의 **수소화물 옮김 및 알킬 옮김**을 거쳐 라노스테롤이 얻어진다(아래 그림에서는 수소화물 옮김 및 알킬 옮김은 단계별로 그렸지만 실제로는 모든 옮김 반응이 한 단계로 일어날 수 있다).

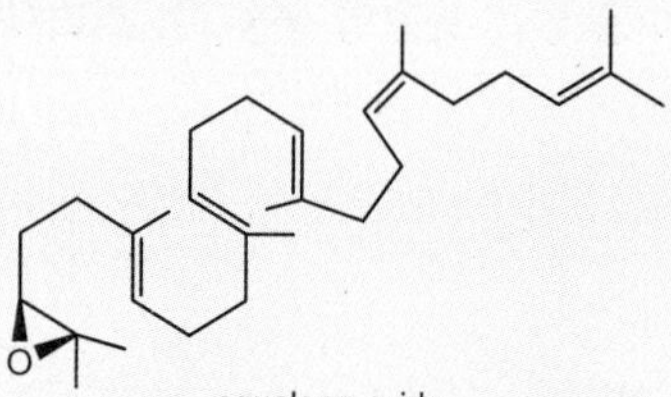

squalene oxide

squalene oxide cyclase
π cyclization
squalene oxide

hydride shift

hydride shift   alkyl shift

alkyl shift $-H^+$
E1

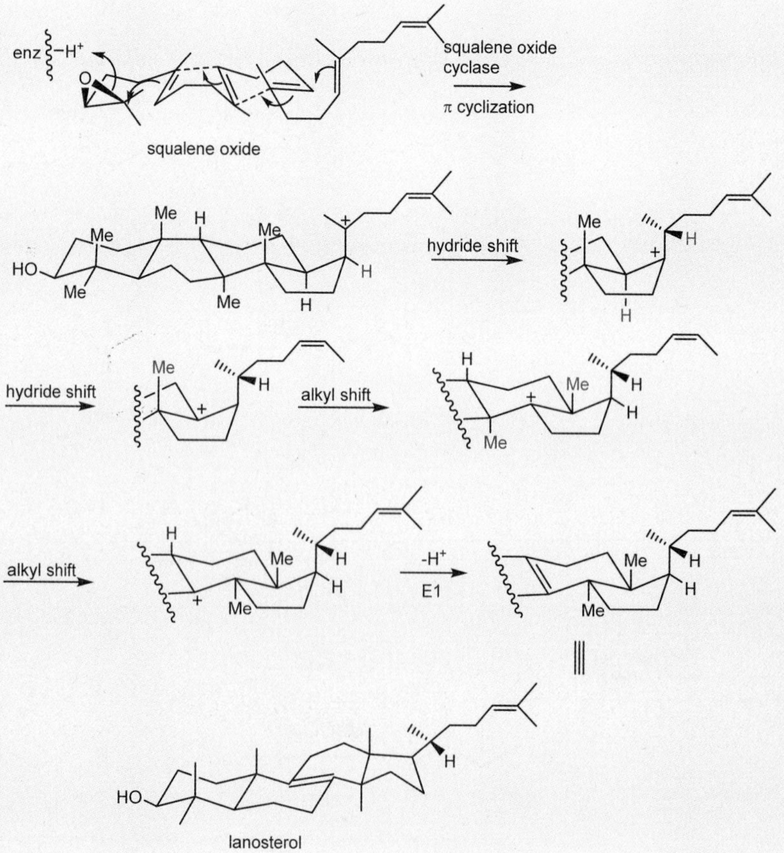

lanosterol

라노스테롤은 수 많은 단계(적어도 19개의 단계)를 거쳐 콜레스테롤로 변환된다. 1,2-수소화물 자리 옮김이나 알킬 자리 옮김은 시험관에서만 일어나는 반응이 아니라 우리 몸 속에서 매일 일어나는 반응인 것이다.

6.8.6 S_N1 반응 속도에 영향을 주는 요인

할라이드의 차수

삼차 할라이드의 반응이 가장 빠른 다른 이유는 속도 결정 단계에서 탄소 양이온으로 불균일 분해가 일어나면서 입체 무리가 해소되기 때문이다.

몇 가지 알킬 브로마이드의 가수 분해 반응 속도를 비교하면 다음과 같다.

수용성 폼산에서의 가수 분해의 상대적 반응 속도:
$Me_3CBr(1.2 \times 10^6) >>> Me_2CHBr(12) > EtBr \sim MeBr(1)$

즉, S_N1 반응 속도는

S_N1 반응 속도: 삼차 할라이드 >>> 이차 할라이드 > 일차 할라이드 ~ 메틸 할라이드

임을 알 수 있다. 이 순서는 할라이드에서 생기는 탄소 양이온의 안정성 순서이며 일차 및 메틸 할라이드는 S_N1 반응이 일어나지 않는다(반응이 일어나더라도 S_N2 메커니즘으로 일어날 것이다). 삼차 할라이드는 이차 할라이드에 비하여 엄청나게 빠르게 반응한다는 것을 알 수 있다. 염화 벤질($C_6H_5CH_2Cl$)이나 염화 알릴($CH_2=CH_2H_2Cl$) 같은 할라이드는 일차 할라이드이지만 그 양이온이 매우 안정하기 때문에(6.8.4절) S_N1 반응이 잘 일어난다.

문제 6.14 Me_3CBr은 Me_2CHBr보다 더 빠르게 가수 분해한다. 이 사실에 부합하는 에너지 도표를 그리시오(단, 두 할라이드는 에너지가 비슷하다고 간주한다. 에너지 도표는 속도 결정 단계만 그릴 것).

용매 효과

S_N1 반응은 비양성자성 용매보다 양성자성 용매에서 빨리 일어나며 양성자성 용매 중에서도 탄소 양이온과 할라이드 음이온을 모두 가장 잘 용매화할 수 있는 물에서 가장 빠르다.

몇 가지 양성자성 용매에서 *tert*-뷰틸 브로마이드의 S_N1 반응 속도는

85% 물/에탄올(v/v)(1600) > 50% 물/에탄올(50) > 20% 물/에탄올(1) > 100% 에탄올(5×10^{-3})

의 순으로 감소한다.

예제 6.7   *tert*-뷰틸 클로라이드가 물 혹은 에탄올 용매 중에서 가용매 분해하였을 때 더 빠르게 반응하는 용매는 무엇인가? 에너지 도표를 그려 설명하시오.

풀이

이들 반응은 S_N1 메커니즘으로 일어나므로 중간체는 탄소 양이온과 염화 이온이다. 이 이온이 더 잘 용매화될수록 더 안정해지고 또한 하먼드 가설에 따르면 전이 상태도 안정해질 것이다. 따라서 이온을 가장 잘 용매화하는 물에서 반응이 더 빠르게 일어날 것이다. 에너지 도표에서는 물에서의

TS와 중간체의 에너지를 더 낮게 그려 E_a가 더 작아지도록 그린다.

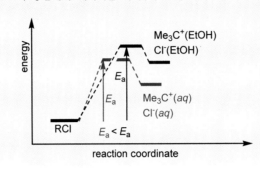

이탈기

S_N2 반응에서처럼 S_N1 반응도 이탈기가 더 안정할수록 더 빨리 일어난다.

예제 6.8

다음 한 쌍의 할라이드 중에서 S_N1 반응이 더 빨리 일어날 것이라고 예상되는 구조를 고르고 그 이유를 쓰시오.

a.

b.

c.

d.

풀이

a. 아이오다이드 이온이 염화 이온보다 더 좋은 이탈기이다.

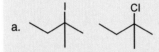

b. 삼차 할라이드에서 더 안정한 탄소 양이온이 얻어지기 때문에 삼차 할라이드가 더 빠르게 반응할 것이다.

c. 더 안정한 탄소 양이온을 주는 알릴성 할라이드가 더 빠르게 반응한다.

d. 더 안정한 탄소 양이온을 주는 벤질성 할라이드가 더 빠르게 반응한다.

문제 6.15 다음 한 쌍의 할라이드 중에서 S_N1 반응에서 더 빨리 반응할 것이라고 예상되는 구조를 고르고 그 이유를 쓰시오.

생화학적 S_N1 반응

S_N1 반응은 탄수화물과 뉴클레오타이드 대사 과정에서 중요한 역할을 수행하고 있다. 한 가지 예는 리보스-5-인산염(ribose-5-phosphate)의 OH기가 NH_2기로 치환되는 반응이다. 나쁜 이탈기인 OH기가 좋은 이탈기인 이인산염 이온으로 변하면 S_N1 반응으로 중간체인 공명 안정화 탄소 양이온이 생기고, 친핵성 암모니아가 위에서 전자쌍을 내주면 처음 구조와는 배열이 반전된 입체 이성질체가 얻어진다.

다른 예는 세포 신호 전달에서 중요한 역할을 수행하는 알릴성 이인산 염의 반응이다. 단백질의 싸이올기가 파네실 파이로인산 염과 S_N1/S_N2 반응하여 파네실기가 단백질에 붙으면 이 단백질이 세포막에 달라붙을 수 있다.

farnesyl pyrophosphate

6.9 알킬 할라이드의 S_N2과 S_N1 반응의 요약

알킬 할라이드의 S_N2와 S_N1 반응을 다음 표 6.2에 정리하였다.

표 6.2 알킬 할라이드의 S_N2와 S_N1 반응의 요약

	S_N2	S_N1
메커니즘	일 단계. 중간체 없음	이 단계. 탄소 양이온 중간체
속도식	속도 = k[할라이드] [친핵체] 입체 장애가 속도 결정	속도 = k[할라이드] 탄소 양이온 안정성이 속도 결정
할라이드	3°<<2°<1°<Me	3°>>2°>>1°>Me
용액의 pH	염기성이거나 중성	산성이거나 중성
친핵체의 친핵성도	강함. 친핵성이 클수록 반응이 빨라짐.	약함. 친핵성도는 반응 속도에 영향을 주지 않음.
이탈기	$I^- > Br^- > Cl^-$	$I^- > Br^- > Cl^-$
용매	극성 비양자성 용매	양성자성 용매(흔히 친핵체의 역할도 수행)
입체 화학	배열의 반전	라셈화 혹은 부분적 라셈화

또한 표 6.3에 S_N1과 S_N2 반응에서 할라이드의 반응성을 비교하였다. 메틸과 일차 할라이드는 탄소 양이온이 너무 불안정하기 때문에 S_N2 반응만이 일어난다. 삼차 할라이드는 입체 장애로 S_N2 반응이 일어나지 않고 대신 S_N1 반응만과 가능하다. 이차 알킬 할라이드는 반응 조건에 따라 S_N1 및 S_N2 반응 중에서 한 가지 메커니즘이 선호될 것이다. 일차, 이차 알릴성 및 벤질성 할라이드는 S_N1과 S_N2 반응이 둘 다 일어난다.

표 6.3
S_N2와 S_N1 반응에서
할라이드의 반응성 비교

메틸, 일차, 이차 할라이드	S_N2 반응만
삼차 할라이드	S_N1 반응만
일차, 이차 벤질성 및 알릴성 할라이드	S_N1 및 S_N2 반응

예제 6.9 다음 반응의 메커니즘을 예측한 후 입체 화학을 포함하여 치환 생성물을 그리시오.

a.   b.

c.   d.

풀이

a. 일차 할라이드와 센 친핵체 사이의 반응은 S_N2 메커니즘으로 일어난다.

b. 메탄올 용매에서 이차 할라이드의 가용매 분해 반응은 S_N1 반응으로 일어난다.

c. 비양성자성 극성 용매인 DMSO에서 센 친핵체인 KCN은 이차 할라이드와 S_N2 메커니즘으로 반응한다.

d. 양성자성 용매인 폼산에서 삼차 할라이드는 S_N1 메커니즘으로 가용매 분해된다.

문제 6.16 입체 화학을 포함하여 다음 반응의 치환 생성물을 그리시오.

a.   b.

c.   d.

6.10 친핵성 치환 반응을 이용하는 유기 합성

입체특이적 반응은 생성물의 입체 화학이 반응 메커니즘으로 결정되어 하나의 입체 이성질체만 생기는 반응이다. 반면에 입체선택적(stereoselective) 반응은 반응물이 몇 가지 경로를 선택할 수 있을 때 한 가지 생성물이 주로 얻어지는 반응이다(입체특이적 반응은 경로를 선택할 수 없음). 예를 들어 Ea가 더 낮은 경로(속도론적 조절 반응)나 더 안정한 생성물이 나오는 경로(열역학적 조절 반응)를 선택할 수 있을 것이다.

지금까지 알킬 할라이드가 다양한 친핵체와 S_N2 및 S_N1 메커니즘으로 반응하여 생성물이 생기는 반응을 살펴보았다. 그러면 S_N2와 S_N1 반응 중 어느 것이 유기 합성 관점에서 더 유용할까?

답은 S_N2 반응이다. S_N2 반응은 입체특이적(stereospecific)이다. 즉, 하나의 입체 이성질체에서 하나의 입체 이성질체 생성물만 얻어진다.

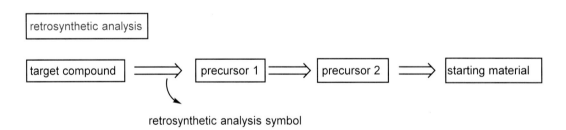

반면에 입체 발생 중심에서 일어나는 S$_N$1 반응에서는 라셈화가 일어난다. 또한 S$_N$1 반응은 탄소 양이온 중간체를 거치는데, 이 양이온은 더 안정한 양이온으로 자리를 옮기는 경향이 크다. 그 다음에 원래의 양이온과 자리를 옮긴 양이온이 여러 가지 반응(제거 반응 등)을 수행할 수 있기 때문에 여러 생성물의 혼합물이 얻어진다. 따라서 유기 합성 과정에서는 쓸모가 거의 없다고 말할 수 있다.

마지막으로 S$_N$1 반응의 친핵체는 주로 산소가 친핵체인 양성자성 용매(에탄올, 아세트산)이므로 친핵체 원자의 종류가 제한적이다. 반면에 S$_N$1 반응의 친핵체는 원자가 더 다양하다(C, O, N, S, 할로젠, P 등).

6.11 역합성 분석을 이용한 유기 합성

유기 합성은 쉽게 구할 수 있는 물질로부터 원하는 화합물(목표 화합물(target compound)이라고 부름)을 얻는 과정을 말한다. 유기 합성은 단순한 한 단계 반응일 수도 있고 많은 단계를 포함할 수도 있다. 다단계 합성이 필요한 경우에 유기화학자는 **역합성 분석(retrosynthetic analysis)**이라는 방법을 이용하여 합성 단계를 설계한다. 역합성 분석은 말 그대로 합성 단계를 역순으로 생각하는 것이다. 즉, 목표 화합물의 합성에서 이 화합물을 한 단계로 줄 수 있는 중간체(전구체(precursor)라고 부름)를 머리에서 고안한다. 이런 분석을 계속 반복하여 쉽게 구할 수 있는 출발물까지 도달하는 것이다(이 교재의 합성 문제에서는 출발물이 정해진 경우도 있다). 아래 그림에서 열린 화살표는 역합성 분석 과정에 쓰는 기호이다.

> 역합성 분석은 하버드대학교의 코리(Corey) 교수에 의하여 제안되었다. 코리는 유기 합성의 업적으로 1990년도 노벨화학상을 수상하였다.

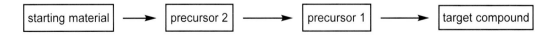

실제 합성은 이러한 역합성 분석의 역순으로 일어난다.

유기 합성은 크게 작용기 상호 변환(functional group interconversion, FGI)과 탄소-탄소 결합 형성의 두 가지 부류로 나눌 수 있다. FGI는 예를 들어 할라이드에서 알코올을 얻거나 알코올의 산화로 카복실산을 얻는 과정을 말한다. 반면에 탄소-탄소 결합 형성은 새로운 C-C 결합이 생기는 반응이다. 이와 비슷하게 역합성 분석도 이 두 가지 면을 살펴보아야 한다.

그러면 역합성 분석은 어떠한 방식으로 하면 좋을까? 가장 중요한 점은 역합성 분석에서 머리 속에서 생각한 전구체가 실제 합성에서도 원하는 생성물을 주어야 한다는 점이다. 예를 들어 위의 분석에서 전구체 **1**에서 전구체 **2**로 역합성 분석을 하였으면 실제로 전구체 **2**가 전구체 **1**로 변환될 수 있어야 한다. 따라서 역합성 분석을 하기 위해서는 이미 교재에 나와 있는 반응을 모두 숙지하여야 한다.

6.10절에서 언급한 바와 같이 친핵성 치환 반응을 이용한 유기 합성은 대부분 한 단계 S_N2 반응으로 일어난다. 한 단계 반응이므로 역합성 분석이 필요하지 않을 수 있지만 그래도 역합성 분석을 적용하여 합성 문제를 풀어보기로 하자.

예를 들어, $RCH_2CH_2SCH_2Ph$를 적당한 할라이드에서 합성한다고 하자.

이 합성은 새로운 C-C 결합이 생기지 않기 때문에 FGI에 속한다. 역합성 분석에서는 C-S 결합을 깨야 하며 이를 다음과 같이 표현한다. 아래 그림에서 물결 무늬는 절단 (disconnection) 기호이다. 절단이란 역합성 분석에서 가상적으로 결합을 쪼개는 과정을 말한다. 그러면 두 가지의 가상적인 파편이 얻어지는데, 이를 합성 단위체(synthon)라고 부른다. 결합이 깨지면 두 원자에 홀전자가 있을 수도 있고 전하를 띨 수도 있다. S_N2 반응은 극성 반응이므로 전하를 띨 것이다. 전하를 띠는 방법도 두 가지가 있을 수 있으나 헤테로 원자인 황 원자에 음전하, 그리고 탄소 원자에는 양전하가 놓이는 것이 정상 극성(normal polarity)을 띠는 방식이다.

역합성 분석

두 합성 단위체는 가상적인(실제로 존재하지 않는) 구조이며, 이런 합성 단위체의 역할을 할 수 있는 실제 물질을 시약(reagent)이라고 부른다. 시약은 전기적으로 중성이어야 하므로 + 전하를 띤 탄소 원자에 할라이드 이온(아니면 HO^- 이온)을 붙여 만들 수 있다. 비슷하게 - 전하를 띤 황 원자에는 H^+ 이온이나 Na^+ 이온을 붙여 중성 시약을 만들면 된다(아래 그림에서 ≡ 기호는 합성 단위체와 시약의 관계를 나타낸다).

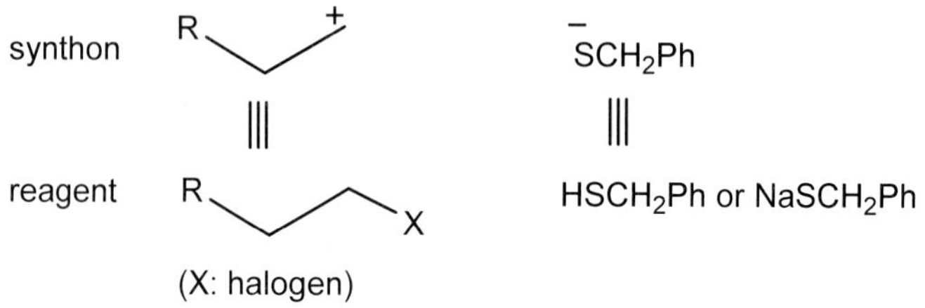

실제 합성은 역합성 분석의 역순이다.

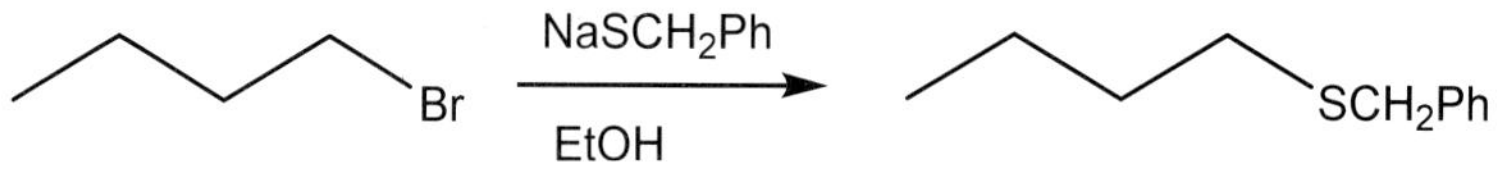

(예제 6.10) 역합성 분석을 이용한 다음 화합물의 합성법을 제안하시오. 출발물은 모두 알킬 할라이드이다.

a. 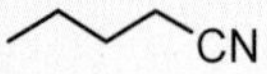   b.

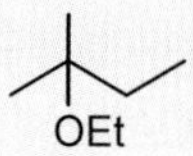

풀이

a. 다음과 같이 CN의 탄소 원자가 음전하를 띠도록(¯CN에 해당하는 시약이 있는 것을 알기 때문에) 절단하면 두 합성 단위체가 얻어진다. 탄소에 양전하를 띤 합성 단위체의 시약은 알킬 브로마이드 같은 할라이드이다.

역합성 분석

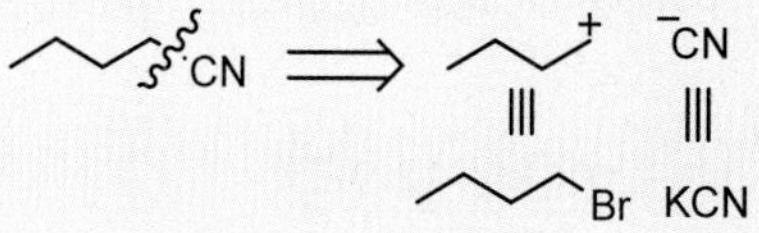

실제 합성

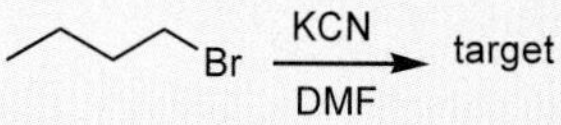

b. 다음과 같이 C-O 결합을 절단하면 두 합성 단위체가 얻어지며 헤테로 원자인 산소가 음전하를 띠는 극성이 정상 극성이다.

역합성 분석

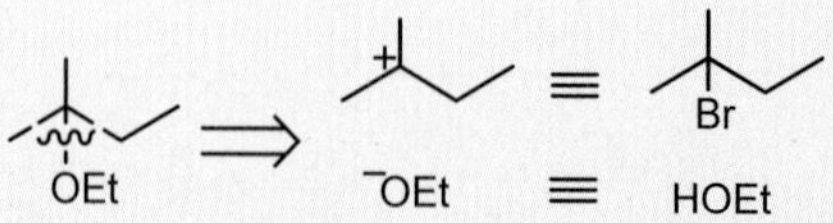

실제 합성

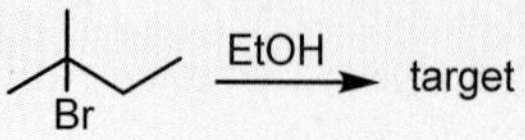

(문제 6.17) 다음 화합물의 합성법을 역합성 분석을 이용하여 제안하시오. 출발물은 모두 알킬 할라이드이다.

a. 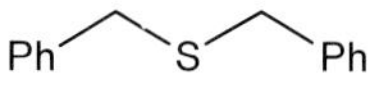 Ph—S—Ph   b.

추가 문제

〈에너지 도표〉

문제 6.18 25°C에서 Me₃CBr은 Me₂CHBr보다 물에서 <u>십만 배</u> 더 빠르게 치환 반응이 일어난다.

a. 이 반응은 S_N1인가 S_N2인가?

b. 두 반응의 속도 결정 단계의 에너지 도표를 한 에너지 도표에서 같이 그리고 활성화 에너지 차이를 나타내시오. 단, 이 에너지 차이는 두 중간체의 에너지 차이와 비슷하다고 가정한다.

c. 두 중간체의 구조를 위 에너지 도표에 각각 그리시오.

d. 두 반응의 E_a 차이가 반응의 두 중간체의 에너지 차이와 비슷하다고 가정하고 25°C에서 (물 용매에서의) 두 중간체의 에너지 차이를 kcal mol⁻¹ 단위로 구하시오(참고로 기체상에서의 에너지 차이는 약 15 kcal mol⁻¹이다).

〈용매〉

문제 6.19 용매는 반응이 일어나는 매체로서 중요한 역할을 수행한다. 예로서, 물은 생명체에서 반응이 일어나는 용매이다. 용매는 흔히 비극성 용매와 극성 용매로 분류하고 극성 용매는 다시 양성자성 용매와 비양성자성 용매로 분류한다.

a. 양성자성 용매의 정의는 무엇인가?

b. 양성자성 용매와 비양성자성 용매의 예를 각각 2개씩 들고 루이스 구조식을 그리시오.

c. NaCN이 양성자성 용매와 비양성자성 용매(b.에서 답한 용매를 예로 들 것)에 각각 녹아 있을 때 Na⁺ 이온과 ⁻CN 이온이 어떻게 용매와 상호 작용하는지를 그림으로 표시하시오.

d. S_N2 반응은 양성자성 용매에서보다 극성 비양성자성 용매에서 더 빨리 일어난다. 적당한 알킬 할라이드와 NaCN 친핵체를 예로 들어 이러한 차이가 생기는 이유를 설명하시오.

〈메커니즘〉

문제 6.20 S_N2 반응에서는 배열의 반전이 일어난다. 왜 이러한 현상이 일어나는지를 분자 오비탈을 이용하여 설명하시오.

문제 6.21 다음 브로마이드를 아세톤 용매에서 MeSNa와 반응시켰을 때 반응성이 증가하는 순서로 배열하시오.

〈반응〉

문제 6.22 알킬 할라이드의 S_N2 반응성은 RCH₂-I 〉 RCH₂-Br 〉 RCH₂-Cl 순으로 감소하므로 아이오다이드가 가장 좋은 할라이드이다. 하지만 아이오다이드는 반응성이 좋기 때문에 불안정하고 더 비싸다. 대신에 흔히 쓰는 방법은 클로라이드의 아세톤 용매에 촉매량의 NaI을 가하는 것이다. 그러면 반응 속도가 빨라진다.

(NaI: soluble in acetone)

a. 왜 반응이 빨라지는가?

b. 왜 촉매량의 NaI만 필요한가?

c. 왜 생성물은 RCH_2I가 아닌가?

문제 6.23 다음 반응의 주 생성물(들)의 구조를 생성물의 입체 화학을 포함하여 그리시오.

a.
Br
⁻CN
acetone

b.
Br
CH₃OH

c.
Br
NaSMe
acetone

d.
Br
Ph
MeOH

문제 6.24 다음 친핵성 치환 반응의 가능한 모든 생성물을 그리시오. 이 반응은 S_N1과 S_N2 중에서 어느 메커니즘을 따르는가?

a.
Br
⁻SCH₃
acetone

b.
H₃C
Br
H₂O, acetone

c.
H₃C
Br
NaSMe
MeOH (solvent)

d.
Br
NaI
acetone

문제 6.25 다음 한 쌍의 화합물을 수용성 메탄올 용매에서 가수 분해 반응을 시켰다. 더 빨리 반응할 것이라고 예측되는 화합물을 고르시오.

a.
Br
Br

b.
Br
Cl

c.
Br
Br

d.
Cl
Cl

〈합성〉

문제 6.26 다음 변환에 필요한 시약과 적절한 용매를 제안하시오.

a.
Cl
CN

b.
Br
OEt

c.
Br
N₃

d.
Br
OCOMe

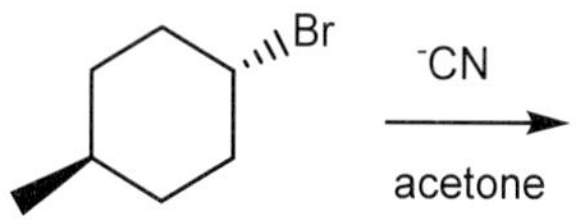

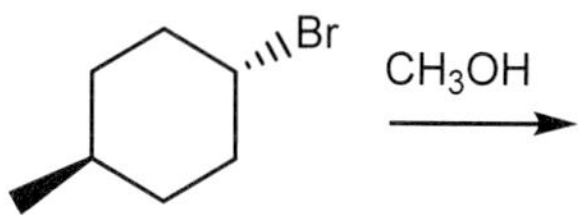

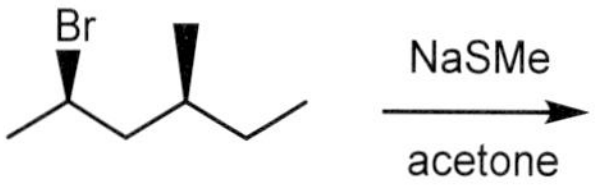

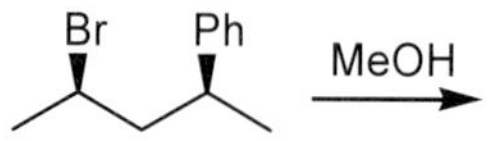

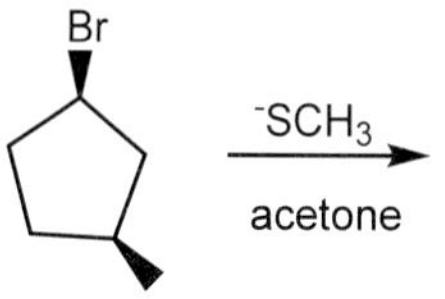

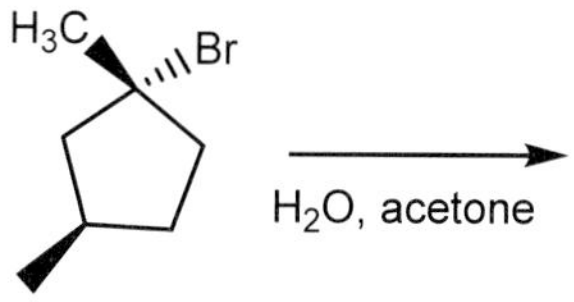

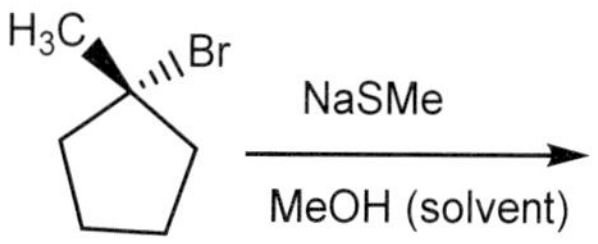

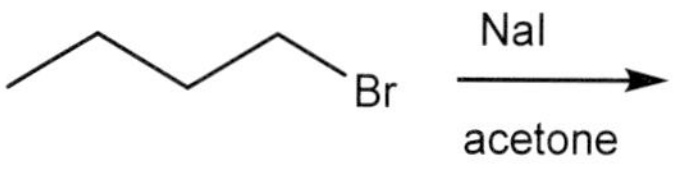

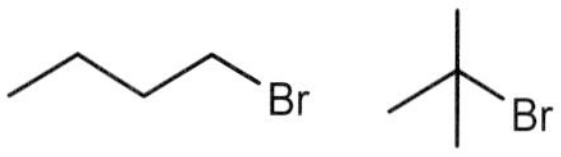

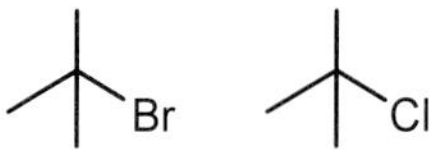

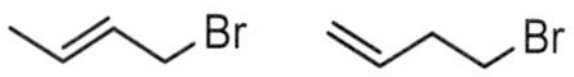

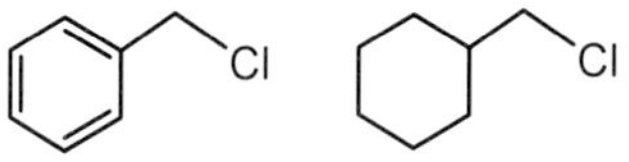

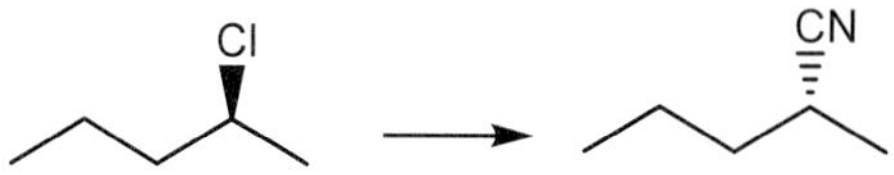

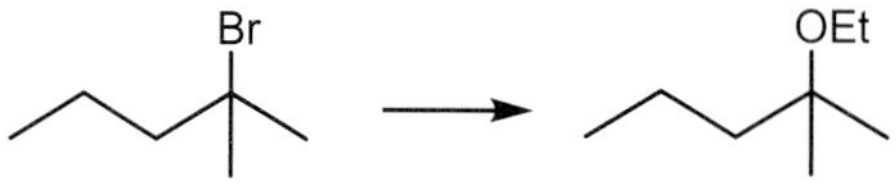

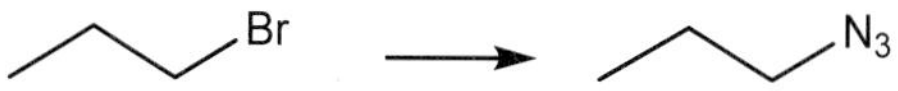

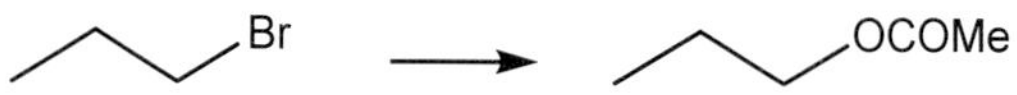

〈탄소 양이온의 안정성〉

문제 6.27   아래 두 양이온의 쌍 중에서 더 안정한 이온을 고르시오.

7

알킬 할라이드의 제거 반응: 알켄의 생성

알킬 할라이드의 S_N1 및 S_N2 반응 조건에서는 제거 반응(elimination)이라고 부르는 반응이 동시에 일어날 수 있다. 제거 반응의 흔한 예는 이웃 탄소 원자에 연결된 H원자와 할로젠 원자가 제거되면서 이중(혹은 삼중) 결합이 생기는 반응이다. 친핵성 치환 반응이 S_N1 및 S_N2 메커니즘으로 주로 일어나는 것처럼 제거 반응도 주로 E1과 E2 메커니즘으로 일어난다. E1 반응과 E2 반응은 각각 S_N1 및 S_N2 반응과 같은 반응 조건에서 경쟁적으로 일어난다.

7.1 E2 반응

7.1.1 메커니즘

E2 반응은 β-수소가 있는 알킬 할라이드가 S_N2 반응 조건에서 알켄으로 변환되는 반응이다. E2 반응은 S_N2 반응과 경쟁적으로 단일 단계로 일어난다. 그러면 먼저 E2 반응의 한 예를 보자. *tert*-뷰틸 브로마이드를 EtO^-로 처리하면 알켄이 주로 얻어진다.

이 반응의 속도식은 다음과 같다.

속도 = k[할라이드] [EtO^-]

이 반응은 두 반응물의 농도에 비례하므로 이차 반응이다. 이 반응에서는 EtO^-가 친핵체로서가 아니라 염기로서 반응하여 β-수소를 제거한다. 따라서 이러한 반응을 β-제거 반응이라고도 부른다.

E2 반응은 S_N2 반응처럼 단일 단계 반응이며 전이 상태에서 C-H 결합과 C-Br 결합이 깨지는 동시에 C=C 결합이 생긴다. 따라서 전이 상태를 다음과 같이 묘사할 수 있다.

TS of E2 reaction

7.1.2 E2 대 S_N2: 기질 효과

E2 반응은 S_N2와 경쟁적으로 일어난다. 그러면 어떤 조건에서 E2 반응이 더 잘 일어 날까? 두 가지 변수가 있는데 할라이드의 구조와 염기의 구조이다. 아래 자료는 몇 가지 알킬 할라이드의 반응에서 알켄 생성물의 비를 괄호에 보여주고 있다.

R = Et (1%), *i*-Pr(79%), *s*-Bu(82%), *t*-Bu(100%)

일차 할라이드는 ¯OEt와 거의 S_N2 메커니즘으로 반응하지만, 이차 할라이드는 제거 반응이 주로 일어나고, 특히 삼차 할라이드는 제거 반응만 일어남을 알 수 있다. α-위 치(할로젠 원자가 결합한 탄소 위치)에 알킬기가 많을수록 알켄의 비가 증가하는 이 유는 두 가지이다. 첫 번째 이유는 S_N2 반응이 일어나려면 친핵체가 탄소 원자를 공 격해야 하는데, α-위치에 알킬기가 있다면 친핵체의 공격이 어려워져서 친핵체가 대 신 염기로 반응하여 크기가 더 작아 더 쉽게 제거할 수 있는 β-수소를 제거하기 때문 이다. 두 번째 이유는 알켄의 열역학적 안정성에 관한 것이다(알켄은 sp² 탄소에 알킬 기의 수가 많을수록 열역학적으로 더 안정하다. 7.1.4절). α-위치에 알킬기가 더 많이 있으면 전이 상태에서 부분적으로 생성되는 이중 결합이 더 안정해지므로 활성화 에 너지가 더 낮아지기 때문이다.

s-butyl bromide

82 %

18 %

7.1.3 E2 대 S_N2: 염기 효과

tert-뷰톡사이드 같이 가지가 많이 달린 염기는 치환보다 제거 반응을 선호한다. 이러 한 염기가 α-탄소를 공격할 경우에는 알킬 할라이드의 수소와 반데르 발스 반발을 겪 게 된다. 하지만 β-수소를 제거할 경우에는 반발이 줄어든다.

Base: NaOEt in EtOH   60%   40%

Base: KOBu-*t* in *t*-BuOH   92%   8%

포타슘 *tert*-뷰톡사이드 같은 염기를 이용하면 일차 할라이드에서도 1-알켄을 구할 수 있으며, 이 반응은 일차 할라이드에서 1-알켄을 얻는 좋은 반응이다.

7.1.4   알켄의 열역학적 안정성

알켄은 sp² 탄소에 알킬기가 더 많이 치환되어 있을수록 더 안정해진다.

이러한 경향에 대한 실험적 증거는 8.5절에서 살펴 볼 것이다.

더 많이 치환된 알켄이 더 안정한 이유에 대한 한 가지 설명은 sp² 탄소가 sp³ 탄소에 비하여 더 전기음성적이라는 점이다. 알킬기는 수소 원자보다 편극성이 더 크므로 sp² 탄소가 전자를 더 원하는 요구에 더 잘 부응할 수 있을 것이다. 이 점은 앞에서 다룬(6.8.4절) 탄소 양이온(sp² 탄소 함유)의 차수에 따른 안정성 순서와도 연관되어 있다.

문제 7.1   다음 알켄을 열역학적 안정성이 증가하는 순서를 배열하시오.

7.1.5   E2 반응의 위치 선택성

E2 반응에서는 알켄의 여러 입체 이성질체가 생길 수 있다. MeO⁻나 EtO⁻ 같이 간단한 알콕사이드를 사용하는 경우에 더 많이 치환된 알켄이 주 생성물로 얻어지는데, 이러한 규칙을 러시아 화학자의 이름을 따서 사이체프 규칙(Zaitsev rule)이라고 부르며, 주 생성물을 사이체프 생성물(Zaitsev product)이라고 부른다.

E2 반응은 속도론적 지배하에서 일어난다. 즉, 생성 속도가 더 빠른 생성물이 주 생성물이 되는 것이다. 알켄 **A**가 주 생성물인 이유는 알켄 **A**를 주는 단계의 활성화 에너지가 알켄 **B**를 주는 단계의 값보다 더 작기 때문이다(실온에서 두 과정의 활성화 에너지 차이 ΔE_a는 0.5 kcal mol^{-1} 정도로 계산된다. 반면에 두 알켄의 안정성 차이는 1.9 kcal mol^{-1}이다).

예제 7.1   **알킬 할라이드의 제거 반응에서 더 많이 치환된 알켄이 주 생성물로 얻어진다는 규칙을 사이체프 규칙이라고 한다. 예를 들어 t-아밀 브로마이드의 NaOEt를 이용한 제거 반응에서는 알켄 A가 주 생성물이다.**

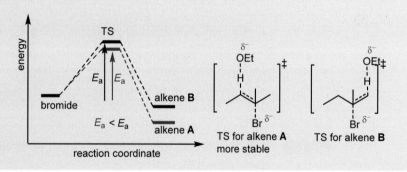

하지만 이 반응은 속도론적 지배 반응이므로 알켄 A가 더 많이 치환되었기 때문에(그래서 더 안정) 주 생성물이라는 표현은 조금(?) 맞지 않는다. 알켄 A가 주 생성물인 점을 보여주는 에너지 도표를 그리고, 두 전이 상태를 그려 사이체프 규칙을 설명하시오(단, 발열 반응이라고 간주함).

풀이 ··································

속도론적 지배 반응이므로 반응은 활성화 에너지가 더 작은 경로를 선호할 것이다. 발열 반응이지만 전이 상태는 알켄의 구조를 약간 닮았을 것이고, 그러면 더 안정한 알켄 A을 주는 경로의 TS가 더 안정하므로 활성화 에너지 (E_a)가 더 작아질 것이다.

NaOEt 대신에 KOBu-t 같이 입체적으로 큰 염기를 사용하면 덜 치환된 알켄이 주 생성물로 얻어진다. 이러한 알켄을 호프만(Hofmann) 생성물이라고 부른다.

KOBu-t 염기를 사용한 경우 호프만 생성물이 생기는 이유는 다음 뉴만 투영도로 설명할 수 있다. 염기가 덩치가 큰 경우에는 CH$_2$기에서 수소를 제거하는 전이 상태는 KOBu-t 염기와 컬러로 표시한 메틸기와의 반데르 발스 반발이 있게 되어 불안정해진다. 반면에 메틸기에서 수소를 제거하면 이러한 반데르 발스 반발을 피할 수 있다.

예제 7.2 다음 제거 반응의 가능한 생성물을 모두 그리고 주 생성물을 예측하시오.

a. (구조) NaOEt / EtOH

b. (구조) KOBu-t / t-BuOH

풀이

a. NaOEt 염기를 사용하는 E2 반응에서는 더 많이 치환된 알켄이 주 생성물로 얻어진다(사이체프 규칙).

major   minor

b. 덩치가 큰 염기인 KOBu-t를 사용하는 E2 반응에서는 덜 치환된 알켄(호프만 생성물)이 주 생성물로 얻어진다.

major   minor

문제 7.2 다음 브로마이드의 E2 반응에서는 2-알켄이 주 생성물로 얻어진다. 그 이유를 에너지 도표를 그려 설명하시오.

(구조) NaOEt / EtOH → minor + major

7.1.6 E2 반응의 입체 화학

앞의 뉴만 투영도에서 C-Br 결합과 β 위치의 C-H 결합을 *anti* 방향으로 그렸다. 이러한 형태에서 일어나는 제거를 *anti*-제거라고 부른다. *anti*-제거가 일어나기 위해서는 C-Br 결합과 C-H 결합이 *anti*-동일 평면(coplanar)에 있어야 한다. 다른 제거 방식은 C-X 기와 β 위치의 C-H 결합이 같은 방향에서 제거되는 *syn*-제거이다.

C-Br 결합과 C-H 결합이 완전히 *anti*-동일 평면에 있지 않고 준동일 평면(periplanar)에 놓여도 E2 제거가 가능하다. 준동일 평면은 제거 반응에 관여하는 네 원자가 완전히 동일한 평면에 있지 않고, 두 이면각이 약간의 각도(30°까지)로 벗어나 있는 경우를 말한다.

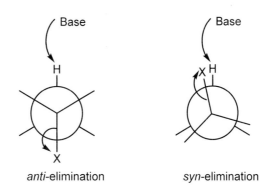

anti-elimination   syn-elimination

그러면 E2 반응은 어떤 입체 화학을 선호할까? 다음과 같은 할라이드를 이용한 실험에서 *syn*-제거에 의하여 생기는 알켄은 얻어지지 않았다. 따라서 *syn*-보다는 *anti*-제거가 선호됨을 알 수 있다.

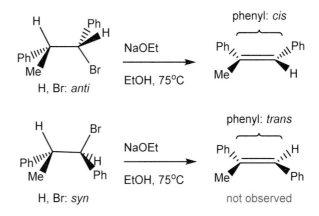

그러면 *anti*-제거가 선호되는 이유는 무엇일까? 세 가지 이유를 들 수 있다. 첫 번째는 *syn*-제거의 전이 상태는 가려진 형태를 취하기 때문에 엇갈린 형태를 취하는 *anti*-제거보다 불안정하다는 점이다. 두 번째 이유는 염기와 이탈기가 분자의 반대편에서 반응하기 때문에 두 사이의 입체적 반발이 없다는 점이다. 세 번째 이유는 분자 오비탈 계산에 의하면 *anti*-제거의 전이 상태가 더 안정하다는 점이다. 아래 그림은 C-H 결합의 σ MO(루이스 염기, HOMO)와 C-X 결합의 σ* MO(루이스 산, LUMO)의 겹침을 묘사한 것이다. *anti*-제거에서는 두 오비탈이(같은 상끼리) 평행하게 겹치나(이 두 오비탈이 생성물의 π 결합이 됨) *syn*-제거에서는 그렇지 못함을 알 수 있다.

사이클로헥실 할라이드의 E2 반응이 *anti*-제거로 일어나기 위해서는 C-X 결합과 C-H 결합이 모두 축 방향에 있어야 한다.

두 오비탈이 평행하게 겹쳐야 겹침이 최대가 되어 TS가 더 안전해진다.

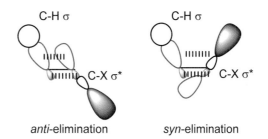

anti-elimination   syn-elimination

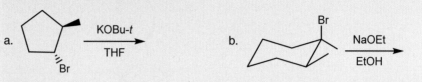

예제 7.3 다음 반응의 주 생성물을 예측하시오.

풀이

E2 제거 반응의 입체 화학은 *anti*-제거이므로 C-X 결합과 *anti* 배열에 있는 C-H 결합의 H 원자만이 제거된다.

a.

b.

from -HBr
major　　　from -HBr
minor

문제 7.3 다음 반응의 주 생성물을 예측하시오.

a.　　　　　　　　　　　　　b.

7.2 E1 반응

7.2.1 메커니즘

E1 반응은 S_N1 반응 조건에서 일어나는 제거 반응이다. 예컨대 *tert*-뷰틸 클로라이드를 80% 수용성 에탄올에서 처리하면 치환 생성물과 제거 생성물이 83%와 17%의 수율로 각각 얻어진다. 따라서 이 경우에는 치환 생성물이 더 우세하다.

20% H₂O/EtOH (v/v)
25°C

83%　　　　17%

이 반응의 첫 단계는 S_N1 반응에서처럼 *tert*-뷰틸 양이온의 생성이다.

slow

(aq)　+　$Cl^-(aq)$

이 탄소 양이온에 용매인 에탄올과 물이 친핵체로서 친전자성 탄소 원자와 반응하면 치환 생성물이 얻어진다. 하지만 용매가 염기로서 반응하여 β-수소를 제거하면 제거 생성물이 생긴다.

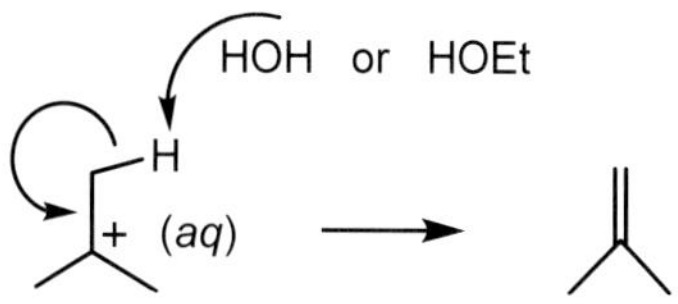

다음 할라이드의 경우 E1 반응이 약간 우세하다.

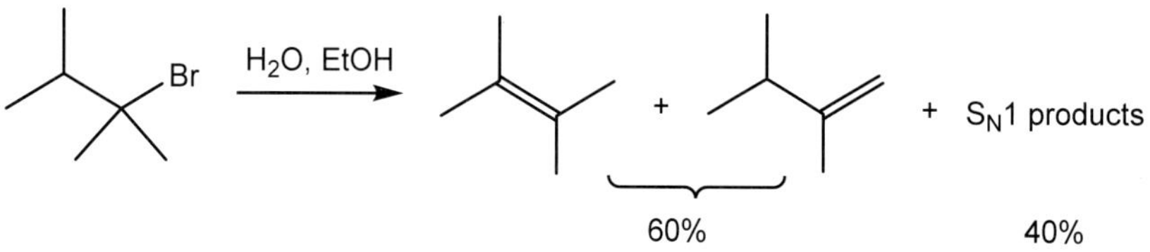

예제 7.4　**다음 반응의 제거 및 치환 생성물을 모두 그리시오.**

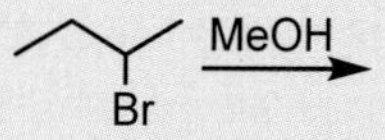

풀이

S_N1 반응으로 메틸 에터, 그리고 E1 반응으로 세 가지 알켄이 얻어진다.

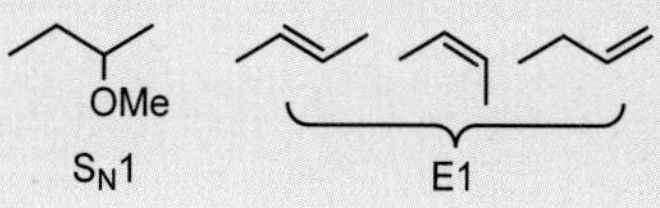

문제 7.4　다음 반응에서 생길 수 있는 제거 및 치환 생성물을 모두 그리시오.

7.2.2　E1 반응의 위치 선택성

t-아밀 할라이드의 E1 반응에서는 E2 반응에서처럼 더 많이 치환된 알켄이 주 생성물로 얻어진다(사이체프 규칙). 그 이유는 E1 반응의 두 번째 단계에서 2-알켄을 주는 전이 상태가 더 안정하므로 활성화 에너지가 더 작아지기 때문이다(이 반응은 속도론적 반응이며 전체 반응 속도는 아이오다이드가 가장 빠르다).

172

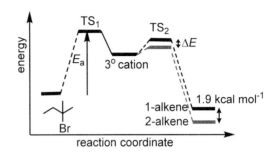

tert-amyl halide
X = I, Br, Cl   30%   5%   OEt
                                            65%

이러한 경우 두 번째 단계를 생성물 결정 단계라고 한다.

이 반응의 에너지 도표는 다음과 같이 그릴 수 있다. 전체 반응 속도는 첫 번째 단계의 E_a가 결정하나 생성물의 비는 두 번째 단계의 전이 상태 TS$_2$의 에너지 차이 ΔE가 결정함을 알 수 있다(두 생성물의 비에서 ΔE를 구해보면 0.9 kcal mol^{-1} 정도이다).

문제 7.5 다음 반응의 메커니즘을 그리시오.

7.3 치환 및 제거 반응의 정리

S$_N$1, S$_N$2 치환 반응과 E1, E2 제거 반응 중에서 어느 메커니즘이 선호될지는 알킬 할라이드의 차수와 친핵체의 성질에 크게 달려 있다. 이를 표 7.1에 정리하였다.

표 7.1
치환 및 제거 반응의 정리
(X = Cl, Br, I)

친핵성도	염기도	친핵체의 예	가능한 반응
큼	큼	HO$^-$, MeO$^-$	1° (RCH$_2$X) S$_N$2(선호), E2 1° (R$_2$CHCH$_2$X) E2(선호), E2 2° E2(선호), S$_N$2 3° E2
큼	작음	I$^-$, HS$^-$, RS$^-$, NC$^-$	1° S$_N$2 2° S$_N$2 3° S$_N$1, E1
작음	큼	Me$_3$CO$^-$	1° E2 2° E2 3° E2
작음	작음	H$_2$O, ROH, AcOH	1° No reaction 2° S$_N$1, E1 (혼합물) (slow) 3° S$_N$1, E1(고온에서 선호) (fast)

이 표를 보면 센 염기(EtO⁻)를 사용하면 일차 할라이드를 제외하면 E2 반응이 선호됨을 알 수 있다. 친핵성도는 크지만 염기도는 작은 친핵체(I⁻ 등)는 치환 반응을 선호한다. 친핵성과 염기도가 모두 작은 친핵체(알코올 등)를 이용하는 가용매 분해 반응은 삼차 할라이드만 빠르게 반응하며 일차 할라이드는 반응하지 않는다. 삼차 할라이드의 가용매 분해 반응은 두 메커니즘으로 일어나기 때문에 생성물의 혼합물이 얻어진다. 따라서 이런 반응은 특별한 경우를 제외하고는 유기 합성에서 쓰이지 않는다.

예제 7.5 **다음 반응이 치환과 제거 중에서 어느 것을 선호할지를 예측하고 주 생성물을 그리시오.**

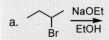

a.

b.

풀이

a. 이차 할라이드는 NaOEt 같은 센 염기와는 치환보다 제거 반응을 선호하므로 알켄이 주로 얻어진다.

b. NaSEt 같이 염기도는 작으나 친핵성도가 큰 시약은 아세톤 용매에서 S_N2 반응을 선호하므로 치환 생성물이 주로 얻어진다.

문제 7.6 다음 반응이 치환과 제거 중에서 어느 것을 선호할지를 예측하고 주 생성물을 그리시오.

a. NaOEt / EtOH

b. NaOEt / EtOH

c. KOBu-t / t-BuOH

d. NaCN / DMF

e. NaI / acetone

f. EtOH

추가 문제

〈에너지 도표〉

문제 7.7 다음 두 반응 중에서 어느 것이 빠른가? 그 이유를 에너지 도표를 그려 설명하시오(전이 상태 구조를 반드시 그릴 것. 할라이드의 에너지는 같다고 가정).

문제 7.8 브로마이드 A는 E1 조건에서 두 알켄 B와 C를 형성한다. 이 반응에서 알켄 B가 주 생성물이다.

a. E1 조건에 부합하는 반응 조건 중 어떤 것이든 하나를 쓰시오.

b. 브로마이드에서 알켄 B가 생기는 반응의 메커니즘을 굽은 화살표로 쓰시오.

c. 브로마이드에서 알켄 B와 C가 생기는 반응의 에너지 도표를 모든 전이 상태와 중간체의 구조를 포함하여 그리시오.

d. 왜 알켄 B가 주 생성물인지를 c에서 그린 에너지 도표를 이용하여 설명하시오.

〈메커니즘〉

문제 7.9 다음 브로마이드의 가수분해 반응에서 생길 수 있는 모든 생성물의 구조를 그리고 메커니즘을 제안하시오(Br⁻ 이온이 친핵체로 작용하여 생기는 생성물은 무시함).

문제 7.10 클로라이드 A는 E2 조건에서 하나의 알켄을 생성하나 클로라이드 B는 두 알켄을 형성한다. 이 현상을 반응 메커니즘을 이용하여 설명하시오.

B　　　　25%　　　75%

문제 7.11 다음 브로마이드를 EtOH 용매에서 가열하였더니 다음과 같은 생성물이 얻어졌다. 각 생성물이 생기는 메커니즘을 그리시오.

〈반응〉

문제 7.12 다음 반응의 주 생성물을 그리시오.

문제 7.13 다음 할라이드를 NaOEt로 처리하면 *trans*-화합물이 주 생성물로 얻어진다. 이러한 이유를 뉴만 투영도를 그려 설명하시오(Ph = phenyl).

trans-　　　*cis-*

문제 7.14 알킬 할라이드가 치환 혹은 제거 반응을 할지는 할라이드의 차수만이 아니라 친핵체의 성질에 의해서도 결정된다. 친핵체는 흔히 네 가지 부류로 나눌 수 있다. 다음 정의에 부합하는 친핵체의 예를 하나만 드시오.

부류1: 친핵체의 역할만 하는 시약(염기가 아니라):

부류2: 센 친핵체이면서 센 염기인 시약:

부류3: 약한 친핵체이면서 약 염기인 시약:

부류4: 염기의 역할만 하는 시약:

문제 7.15 다음 반응에서 예상되는 모든 생성물의 구조를 그리고 각각의 생성물이 생성되는 메커니즘(S_N1, S_N2, E1, E2)을 나타내시오. 두 가지 이상의 생성물이 가능한 경우에는 주 생성물을 밝히시오.

〈합성〉

문제 7.16   다음 알켄을 E2 반응을 이용하여 얻고자 한다. 적절한 출발물과 시약을 제안하시오.

a.    b.   c.

8

알켄과 알카인:
구조, 성질 및 제법

알켄과 알카인은 각각 탄소-탄소 이중 결합, 그리고 탄소-탄소 삼중 결합이 있는 유기 화합물이다. 알켄의 가장 간단한 구조인 에텐(상용명: 에틸렌)은 과일의 숙성에 관여하는 천연 식물 호르몬이다. 또한 에텐은 가장 많이 생산되는 유기 화합물로서 폴리에틸렌의 제조에 쓰인다. 알켄 작용기는 곤충의 페로몬이나 터펜 같은 천연물에서도 흔히 발견된다. 에타인(아세틸렌)은 가장 간단한 알카인으로 아세틸렌 토치의 온도가 높은 불꽃을 만들 때 사용된다.

$$H_2C = CH_2 \qquad HC \equiv CH$$

ethene　　　　　　　ethyne
(ethylene)　　　　　(acetylene)

알켄과 알카인의 친핵성 π 전자쌍이 다양한 종류의 친전자체와 반응하면 첨가물이 얻어진다. 알켄과 알카인이 수행하는 가장 흔한 반응은 할로젠화수소, 할로젠 등의 친전자체가 첨가되는 친전자성 첨가 반응(electrophilic addition)이다.

8.1 명명법

알켄과 알카인의 IUPAC 이름은 다음과 같이 정한다.

a) 이중 결합 혹은 삼중 결합을 포함하여 가장 긴 사슬을 어미 구조로 정한다. 어미 구조는 탄소 수가 같은 알케인의 말미 '-ane'을 '-ene' 혹은 '-yne'으로 바꿔 명명한다.

> IUPAC의 1993년도 권고안에 따르면 위치 번호는 hex-2-ene에서처럼 이 번호가 나타내는 이름 바로 앞에 써야 한다. 전에는 2-hex-ene에서처럼 위치 번호를 어미 이름 앞에 적었었다. 새로운 권고안은 작용기가 둘 이상 있는 화합물의 명명에 유용하다. 아직도 대부분의 유기화학 교재는 옛날 방식을 고수하고 있으나 이 교재에서는 주로 새로운 이름을 쓸 것이다 (옛 이름도 가급적이면 괄호 안에 적어 놓았다).

b) 사슬의 위치 번호는 이중, 삼중 결합에 가까운 사슬의 끝에서부터 시작하고 불포화기의 위치는 불포화기의 첫 번째 원자의 번호로 정한다. 치환기가 있으면 위치 번호를 매긴다.

5-methylhex-2-ene
(5-methyl-2-hexene)

5-methylhex-2-yne
(5-methyl-2-hexyne)

c) 이중 결합이 여러 개 있으면 −다이엔(-diene)처럼 명명한다.

hexa-1,4-diene
(1,4-hexadiene)

d) 치환된 사이클로알켄의 이름은 이중 결합이 있는 어느 탄소든 1, 2번을 매긴 후 치환기들의 위치 번호가 가장 먼저 작아지는 방향으로 고리에 번호를 매긴다. 이중 결합의 위치 번호는 표시할 필요가 없다.

1,6-dimethylcyclohexene
(accepted)

2,3-dimethylcyclohexene

[1,6]

[2,3]

8.2 알켄과 알카인의 구조

알켄에서 불포화 탄소의 혼성은 sp^2 혼성이므로 입체 구조는 삼각 평면이다. 따라서 이중 결합과 그 치환된 원자는 모두 같은 평면에 놓이게 된다. 에텐에서 이중 결합의 길이는 단일 결합보다 짧은 1.33 Å 이다.

에텐의 이중 결합의 결합 엔탈피는 174.1 kcal mol^{-1}이고 에테인의 단일 결합의 결합 엔탈피는 90.1 kcal mol^{-1}이다. 에텐에서도 σ 결합 엔탈피가 에테인에서와 같다고 가정하면(에텐은 결합 길이가 더 짧기 때문에 σ 결합 엔탈피가 더 클 것이지만), 에텐의 π 결합 엔탈피는 최대 84 kcal mol^{-1}이라고 예상된다.

두 sp^2 혼성 탄소끼리 겹치면 σ 결합이 생기고(또한 MO 이론에 따르면 σ* 반결합성 MO도 생김) 혼성에 참여하지 않은 2p AO가 서로 겹치면 π MO(그리고 π* MO)가 생긴다.

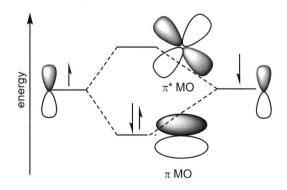

π* MO

π MO

알카인에서 탄소는 sp 혼성이므로 선형이다. 두 sp 혼성 탄소끼리 겹치면 σ 결합이 하나 생기고(또한 σ* 반결합 MO), 혼성에 참여하지 않은 두 2p AO가 서로 겹쳐지면 서로 수직인 두 π MO(그리고 두 π* MO)가 생긴다. 서로 수직인 두 π 결합은 분자의 축에 대하여 전자 밀도가 대칭인 원통형 모양으로 볼 수 있다.

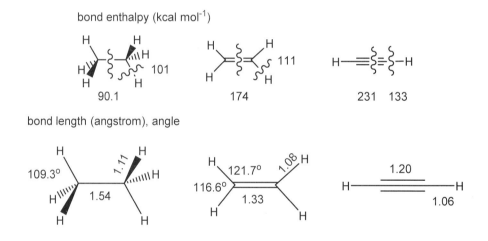

cylindrical
electron density

에타인의 삼중 결합의 길이는 1.20Å으로서 이중 결합보다 더 짧다. 에타인의 한 π 결합 엔탈피를 삼중 결합과 이중 결합의 차이로서 어림 짐작하면 57 kcal mol⁻¹ 정도 이므로 에텐의 π 결합 엔탈피보다는 더 작다.

탄소-탄소 결합만이 아니라 C-H 결합도 에타인, 에텐, 에타인의 순서대로 결합 엔탈 피는 커지고(더 강해짐) 길이는 더 짧아진다.

에테인, 에텐, 에타인에서 결합 길이, 결합 각도, 결합 엔탈피를 다음 그림에 정리하였다.

bond enthalpy (kcal mol⁻¹)

90.1   101   174   111   231   133

bond length (angstrom), angle

109.3°   1.11
1.54   116.6°   121.7°   1.08
1.33   1.20   1.06

8.3 알켄의 *cis-trans* 입체 이성질체: (*E*)-와 (*Z*)-체계

뷰트-2-엔(2-뷰텐)은 *cis*-와 *trans*-입체 이성질체의 두 가지로 존재한다. *cis*-이성질체에서 는 이중 결합의 한 쪽에 같은 기(메틸 혹은 수소)가 있으며 *trans*-이성질체에서는 반대 면에 있다. 상온에서 두 사이의 변환이 일어나려면 π 결합이 깨어져야 하는데, 이 일에는 84 kcal mol⁻¹ 만큼의 에너지가 필요하다. 상온은 이 만큼의 열적 에너지를 계에 줄 수 없기 때문에 *cis*-와 *trans*-뷰트-2-엔 사이의 변환은 상온에서 일어나지 않는다.

25 °C

cis-but-2-ene
(*cis*-2-butene)

trans-but-2-ene
(*trans*-2-butene)

cis-와 *trans*-접두사는 이치환 알켄의 경우에만 쓸 수 있다. 이치환 알켄을 포함하여 다중치환 알켄의 입체 화학은 (*E*)-와 (*Z*)-체계로 명명한다.

(*E*)-와 (*Z*)-체계에서는 각 sp^2 탄소에 결합된 두 치환기의 우선순위를 따진 후(3.6절) 두 탄소 원자에서 우선순위가 높은 치환기가 같은 면에 있으면 (*Z*)- (독일어의 zusammen, together), 반대 면에 있으면 (*E*)- (독일어의 entgegen, against)라고 명명한다.

(*E*)-와 (*Z*)-명명법의 예는 다음과 같다(컬러 표시 원자의 우선순위가 더 높다).

(*Z*)-1-chloro-2-bromoprop-1-ene   (*E*)-1,2-dichloroethene

문제 8.1   다음 알켄이 (*E*)- 혹은 (*Z*)-인지를 판단하시오.

8.4 불포화도

헥스-1-엔(1-헥센)과 사이클로헥세인은 분자식(C_6H_{12})이 같지만 헥스-1-엔은 이중 결합이 하나, 사이클로헥세인은 대신 고리가 하나이다. 이는 포화 탄화수소인 헥세인 (C_6H_{14})에 비하여 수소가 두 개 적은 구조, 즉 이중 결합 하나 혹은 고리 하나가 있어야 함을 나타낸다.

이런 의미에서 다음 식으로 정의하는 **불포화도**(degree of unsaturation, 수소 결핍 지수 (index of hydrogen deficiency))를 알면 유기 분자의 구조에 대한 여러 정보를 알 수 있다. 분자식이 C_nH_m인 분자의 불포화도는 탄소 수가 같은 포화 탄화수소의 분자식 C_nH_{2n+2}에서 분자식 C_nH_m이 나오도록 할 때 제거하여야 하는 수소 원자의 쌍이다.

$$불포화도 = [(2n + 2) - m]/2$$

분석 대상의 분자식이 C_6H_{12}라면 불포화도는 $(14 - 12)/2 = 1$이다. 이는 구조에 고리 하나 혹은 이중 결합 하나가 있음을 의미한다. 분자식이 C_4H_6이면 불포화도는 2이고, 이는 이중 결합 둘, 혹은 삼중 결합 하나, 혹은 고리 둘, 혹은 고리 하나와 이중 결합 하나를 의미한다.

할로젠 원자가 있는 경우에는 할로젠 원자를 수소 원자처럼 간주하여(할로젠과 수소는 원자가가 같으므로) 불포화도를 구한다. 분자식 $C_5H_8Cl_2$은 C_5H_{10}으로 간주하여 불포화도를 구하면 1이다.

산소나 황이 있는 경우에는 그 수를 무시한다. 분자식 $C_5H_8O_2S$를 C_5H_8으로 간주하면 불포화도가 2이다.

질소나 인이 있으면 그 수를 수소 수에서 뺀다. 분자식 $C_3H_7NO_2$를 C_3H_6으로 간주하면 불포화도가 1이다. 이 구조의 한 예가 아미노산인 알라닌이다.

문제 8.2 다음 조건에 맞는 구조를 하나 그리고 불포화도를 구하시오.
a. 분자식 C_5H_8(고리 하나)
b. C_5H_5N(고리 하나, 이중 결합 세 개)
c. $C_6H_{10}O$(고리 두 개, 이중 결합 하나)

상온에서 일어나는 수소 첨가 반응 조건에서는 이중 결합과 삼중 결합만 반응한다. 소비된 수소 기체의 당량을 구하면 다중 결합의 수를 알 수 있고, 이 수를 불포화도에서 빼면 고리의 수를 구할 수 있다.

문제 8.3 분자식 C_5H_6의 불포화도를 구하시오. 수소 첨가 반응에서 2당량의 수소가 소모되었다면 가능한 구조는 무엇이겠는가?

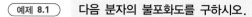

예제 8.1　다음 분자의 불포화도를 구하시오.

a.

b.

c.

> **풀이** ·····
>
> 이중 결합과 고리 하나당 불포화도가 1이며 삼중 결합 하나는 불포화도 2에 해당된다.
>
> a. 4　b. 5　c. 3

문제 8.4　다음 분자의 불포화도를 구하시오.

a.

b.

c.

d.

8.5 알켄의 열역학적 안정성

7.14절에서 알켄은 sp^2 탄소에 알킬기가 더 많이 치환되어 있을수록 더 안정해진다고 언급한 적이 있다.

8.5.1 수소첨가 반응의 반응열

알켄에 수소가 첨가되는 반응(Pt, Pd 같은 금속 촉매 필요)은 발열 반응이며 이중 결합 한 개당 대략 30 kcal mol^{-1}의 열이 방출된다. 하지만 알켄의 구조에 따라서는 2 kcal mol^{-1} 만큼 차이가 나기도 한다.

but-1-ene　$\xrightarrow[\text{Pt}]{\text{H}_2}$　ΔH^o = -30.4 kcal mol^{-1}

cis-but-2-ene　$\xrightarrow[\text{Pt}]{\text{H}_2}$　ΔH^o = -28.7 kcal mol^{-1}

trans-but-2-ene　$\xrightarrow[\text{Pt}]{\text{H}_2}$　ΔH^o = -27.5 kcal mol^{-1}

생성물이 같고 반응물 중 H_2가 같기 때문에 방출된 열의 차이는 알켄의 열역학적 안정성을 반영할 것이다. 더 발열인 알켄이 더 불안정하므로 알켄의 안정성 순서는 다음과 같이 정할 수 있다.

알켄의 안정성: *trans*-알켄 > *cis*-알켄 > 1-알켄

1-알켄과 *cis*-알켄의 에너지 차이는 1.7 kcal mol^{-1}, 그리고 *cis*-알켄과 *trans*-알켄 사이의 차이는 1.2 kcal mol^{-1}임을 알 수 있다. *trans*-알켄이 *cis*-알켄보다 더 안정한 이유는 *cis*-알켄에서는 같은 면에 놓인 두 기 사이에 반데르 발스 반발이 있기 때문이다.

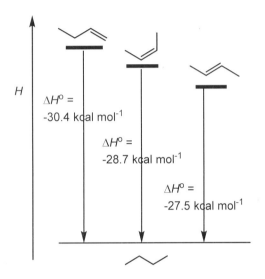

8.5.2 연소열과 표준 생성 엔탈피

2-메틸프로펜과 *trans*-뷰트-2-엔(*trans*-2-뷰텐) 같은 알켄은 수소화 반응에서 다른 생성물로 변하기 때문에 두 알켄의 안정성을 수소화 반응을 이용해서는 비교할 수 없다.

이러한 경우에는 생성물(4CO_2와 4H_2O)이 모두 같은 연소 반응의 연소열을 이용하여 안정성을 비교할 수 있다(연소열이 작은 알켄이 더 안정).

$$\text{(구조)} + 6\ O_2(g) \longrightarrow 4\ CO_2(g) + 4\ H_2O(l) \qquad \Delta H^o = \text{-649.9 kcal mol}^{-1}$$

$$\text{(구조)} + 6\ O_2(g) \longrightarrow 4\ CO_2(g) + 4\ H_2O(l) \qquad \Delta H^o = \text{-648.2 kcal mol}^{-1}$$

$$\text{(구조)} + 6\ O_2(g) \longrightarrow 4\ CO_2(g) + 4\ H_2O(l) \qquad \Delta H^o = \text{-647.0 kcal mol}^{-1}$$

$$\text{(구조)} + 6\ O_2(g) \longrightarrow 4\ CO_2(g) + 4\ H_2O(l) \qquad \Delta H^o = \text{-646.0 kcal mol}^{-1}$$

이 예에서 알 수 있듯이 연소열에 비하여 그 차이는 매우 작다 (~0.1%). 따라서 연소열 실험은 매우 정확하여야 한다. 마치 사람의 체중을 잰다고 큰 배에 태운 후 배의 무게를 재는 것과 비슷하다.

따라서 뷰텐 이성질체의 안정성 순서는 다음과 같을 것이다.

알켄의 표준 생성 엔탈피 ΔH_f^o 자료로부터도 알켄의 안정성의 순서를 알 수 있다. 표준 생성 엔탈피는 표준 상태에서 1몰의 분자가 안정한 구성 원소로부터 생성될 때 나오는 열이므로, 헥센의 경우에는 반응 6 C(흑연) + 3 $H_2(g)$ → $C_6H_{12}(l)$에서 방출되는 열이 표준 생성 엔탈피이다. 따라서 표준 생성 엔탈피가 더 발열일수록 그 화합물이 더 안정하다.

생성 엔탈피를 정의하는 반응은 실제로는 불가능하기 때문에 연소법을 이용하여 측정한다.

표 8.1은 헥센의 몇 가지 구조 이성질체의 표준 생성 엔탈피 자료이다. 더 많이 치환된 알켄 생성물이 열역학적으로 더 안정함을 알 수 있다.

더 많이 치환된 알켄이 더 안정한 점은 탄소 양이온의 차수에 따른 안정성 순서와 비슷하다. 둘 다 탄소의 혼성이 sp²이다.

표 8.1
헥센의 구조 이성질체의 표준 생성 엔탈피

구조 이성질체	ΔH^o(kcal mol^{-1})	sp² 탄소에 연결된 알킬기의 수	열역학적 안정성
(구조)	−10.0	1	가장 덜 안정
(구조)	−11.2	2	
(구조)	−12.1	2	
(구조)	−16.0	3	
(구조)	−16.6	4	가장 안정

예제 8.2 다음 알켄을 열역학적 안정성이 증가하는 순서로 배열하시오.

풀이

알켄의 sp² 탄소에 알킬 치환기가 더 많을수록 안정하므로 안정성은 다음과 같은 순서로 증가할 것이다. 또한 *trans*-알켄이 *cis*-알켄보다 더 안정하다.

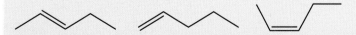

문제 8.5 다음 알켄을 안정성이 증가하는 순서로 배열하시오.

문제 8.6 뷰트-2-아인(2-뷰타인)과 뷰트-1-아인(1-뷰타인)의 상대적 안정성을 비교하려고 한다. 어떠한 방법을 이용할 수 있는지를 논의하시오.

8.6 알켄과 알카인의 제법

알켄을 얻는 흔한 방법은 알킬 할라이드의 E2 제거 반응을 이용하는 것이다(7.1절). E1 반응에서는 자리 옮김 반응과 S_N1 반응도 일어나기 때문에 E2 반응 조건이 선호된다. 즉, β-수소의 종류가 하나인 이차 혹은 삼차 할라이드를 NaOEt나 $KOCMe_3$ 같은 센 염기로 처리하면 E2 반응이 일어나서 한 종류의 알켄을 얻을 수 있다.

difficult to separate!
not useful in organic synthesis

알코올의 탈수 반응에서도 알켄을 얻을 수 있으며 이 반응은 13장에서 다룬다.

알켄을 얻을 수 있는 다른 방법은 비티히 반응으로서 14장에서 다룰 것이다.

알카인은 같은 자리(geminal)나 이웃 자리(vicinal) 이할로젠화물의 E2 반응으로 만들 수 있다. 각 경우에 E2 반응이 두 번 일어난다. 첫 번째 E2 반응은 NaOEt 같은 염기

이웃 자리 이할로젠화물은 알켄에 브로민을 첨가하여 만들며 자세한 사항은 9.8절에서 다룬다.

로도 일어날 수 있으나 두 번째 반응은 더 센 염기가 필요하다(왜 그럴까?) 그래서 흔히 쓰는 염기가 소듐 아마이드(sodium amide)이다.

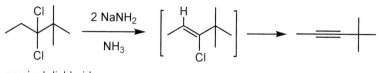

geminal dichloride

vicinal dibromide

문제 8.7 이웃 자리 이브로민화물에서 알카인이 얻어지는 반응의 메커니즘을 그리시오.

문제 8.8 다음 같은 자리 이브로민화물에서 알카인을 얻으려면 몇 당량의 $NaNH_2$가 필요하겠는가? 그리고 물을 쓰는 이유는 무엇인가?

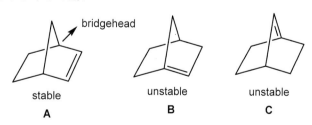

 추가 문제

문제 8.9 다음과 같은 두 알켄이 있다고 하자. 두 알켄 A, B의 안정성을 정량적으로 비교할 수 있는 실험 한 가지를 제안하시오.

A   B

문제 8.10 브레트(Bredt) 규칙에 의하면 다리목 탄소가 이중 결합을 이룬 구조 B, C는 존재할 수 없다. 왜 그런지 설명하시오(4.10절).

bridgehead

stable
A

unstable
B

unstable
C

문제 8.11 다음 알켄을 안정성이 증가하는 순서로 배열하시오.

9

알켄과 알카인의 첨가 반응: 친전자성 첨가 반응

알켄과 알카인의 주 반응은 첨가 반응이다. 이 반응에서는 π 결합 하나와 σ 결합이 깨지면서 σ 결합 두 개가 생긴다. 더 약한 π 결합이 깨지고 더 센 σ 결합이 생기므로 첨가 반응은 대부분 발열 반응이다. π 결합의 전자 밀도는 결합 축의 위와 아래 그리고 결합 축 둘레에 노출되어 있기 때문에 알켄과 알카인의 π 결합은 좋은 탄소 친핵체이다. 전체 반응은 친전자체 E^+와 친핵체 $Nu:^-$의 첨가이지만 속도 결정 단계인 E^+에 대한 알켄의 공격으로 반응이 시작되므로 이러한 유의 반응을 친전자성 첨가 반응(electrophilic addition)이라고 한다.

MO 개념으로 보면 친핵체인 알켄의 π 오비탈(HOMO)이 친전자체의 한 예인 HCl의 σ* 오비탈(LUMO)과 겹치면 반응이 일어난다고 볼 수 있다.

9.1 친전자체

그러면 어떤 친전자체가 π 결합과 반응할까? 반응할 수 있는 친전자체는 몇 가지 부류로 정리할 수 있다.

- 양전하를 띤 친전자체: H^+, 탄소 양이온
- 중성 시약: Br_2, Cl_2(비극성 분자이지만 π 전자 밀도가 접근하면 분자가 분극화되어 한쪽 끝이 양전하를 띰), RCO_3H, BH_3
- 금속 이온: Hg^{2+}(무른 산)

9.2 할로젠화 수소 첨가 반응

친전자체가 H^+인 첫 번째 반응은 할로젠화 수소 HX의 첨가이다. 이 반응이 일어나면 H 원자와 X 원자가 이중 결합에 첨가되어 알킬 할라이드가 얻어지며, 이러한 반응을 할로젠화 수소 첨가 반응(hydrohalogenation)이라고 부른다. HX에서 H 원자는 부분 양전하를 띠며 친전자체로 작용한다.

alkyl halide

흔히 할로젠화 수소 HX의 시약으로서 기체 상태의 산을 아세트산, 다이에틸 에터(HCl의 경우), 혹은 이염화 메테인 같은 용매에 녹인 용액이나 진한 염산, 혹은 진한 브로민화 수소산의 수용액을 사용한다. HX의 반응성은 HI > HBr > HCl > HF의 순으로 감소한다.

첨가 반응은 두 단계로 기술할 수 있다. 가장 느린 첫 단계에서 π 결합이 수소에 전자쌍을 전달하면 탄소 양이온 중간체가 생긴다.

carbocation

질산, 과염소산이나 황산의 짝염기는 친핵성도가 낮기 때문에 이들 산의 첨가 반응은 일어나지 않는다.

두 번째 단계에서 할로젠화 이온이 전자쌍을 양전하에 주면 최종 생성물인 알킬 할라이드가 빠르게 생긴다.

이 책에서는 HX의 첨가 반응의 입체 화학(syn- 혹은 anti-첨가)은 다루지 않는다.

프로펜과 HCl의 반응에서는 두 가지 다른 탄소 양이온의 생성을 같은 방식의 굽은 화살표로 그리기도 하나 혼동을 줄 수 있다.

2° carbocation

1° carbocation

이런 경우에는 Clayden의 유기화학 교재에 나오는 방식을 사용하면 좋을 듯하다. 즉, 화살표가 수소가 첨가되는 탄소를 통과하도록 그리는 것이다.

2° carbocation

1° carbocation

9.3   알켄의 반응성

8.5절에서 알켄의 열역학적 안정성을 논의하였다. 그러면 안정한 알켄일수록 친전자성 첨가 반응에서 느리게 반응할까?

몇 가지 알켄의 수용성 황산에서의 수화 반응의 상대적 반응 속도는 다음과 같다. 알킬기가 하나만 있어도 반응이 엄청 빨라진다는 것을 알 수 있다.

$$Me_2C = CH_2(2.5 \times 10^{12}) > Me_2C = CHMe(1.5 \times 10^{12}) > MeCH = CH_2(1.6 \times 10^7)$$
$$> CH_2 = CH_2(1)$$

친전자성 첨가 반응은 속도론적 지배하에 있는 반응이므로 반응 속도는 전적으로 활성화 에너지에 달려 있을 것이다. 두 뷰텐의 안정성 차이(Δ_a)에 비하여 중간체인 탄소 양이온 사이의 에너지 차이(Δ_c)가 더 크기 때문에(왜 그럴까?) 아래와 같이 속도 결정 단계인 첫 단계의 에너지 도표를 그릴 수 있다. 두 전이 상태는 에너지가 양이온에 더 가깝기 때문에 하몬드 가설에 따라 알켄보다는 양이온의 구조에 더 흡사하고, 그 에너지 차이도 Δ_c보다는 작아도 Δ_a보다는 클 것이다. 따라서 더 안정한 알켄이 더 빠르게 반응할 것이다.

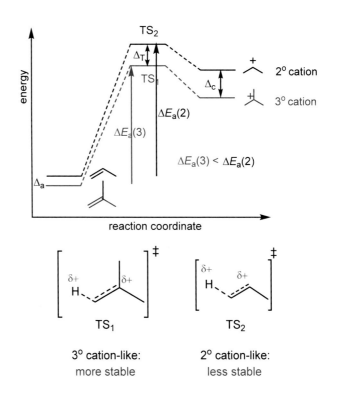

3° cation-like: 2° cation-like:
more stable   less stable

문제 9.1   수화 반응의 상대적 반응 속도 자료에서 *tert*-뷰틸 양이온과 아이소프로필 양이온의 에너지 차이(수용액에서)를 유추할 수 있다. 즉, $MeCH=CH_2$보다 $Me_2C=CH_2$이 10^5배 빠르게 반응하므로 상온에서 두 반응의 활성화 에너지 차이 $\Delta E_a = 1.4 \log (k_1/k_2) \sim 7$ kcal mol^{-1}이라고 짐작할 수 있다. 두 양이온의 에너지 차이는 두 전이 상태의 에너지 상태와 같다고 가정하고, 두 알켄의 안정성 차이(3.9 kcal mol^{-1})를 고려할 때 두 양이온의 에너지 차이는 얼마일까?(이 값은 최솟값일 것이다).

9.4 위치 선택성: 마르코우니코프 규칙

비대칭 구조의 알켄에 HX를 첨가시키면 두 구조 이성질체가 혼합물로 얻어질 수 있으나 흔히 한 가지 생성물이 주로 생긴다.

러시아 화학자인 마르코우니코프(Markovnikov)는 HX의 알켄 첨가 반응에서의 위치 선택성에 관하여 1869년도 박사 논문에서 다음과 같이 제안하였다.

> **"HX의 수소 원자는 수소 원자와 더 많이 결합하고 있는 이중 결합의 탄소 원자에 첨가한다."**

이러한 규칙을 마르코우니코프 규칙, 이러한 첨가를 마르코우니코프 첨가라고 한다. 또한 주생성물을 마르코우니코프 생성물, 부 생성물을 *anti*-마르코우니코프 생성물이라고 한다.

예제 9.1) 다음 반응의 주 생성물을 그리고 메커니즘을 굽은 화살표로 그리시오.

풀이

문제 9.2 다음 반응의 주 생성물을 그리시오.

a. $\xrightarrow[\text{ether}]{\text{HCl}}$

b. $\xrightarrow[\text{ether}]{\text{HCl}}$

c. $\xrightarrow[\text{ether}]{\text{HCl}}$

9.5 마르코우니코프 규칙의 현대적 해석

마르코우니코프가 살아 있을 당시에는 탄소 양이온의 존재가 알려지지 않았다(탄소 양이온의 존재를 실험적으로 확인한 것은 1950~60년대의 일이다). 현재 이러한 첨가 반응이 탄소 양이온 중간체를 거쳐 일어난다는 것을 알고 있기 때문에 이 규칙을 다음과 같이 재해석할 수 있다.

친전자성 첨가 반응에서 친전자체의 양전하를 띠는 원자(HX에서는 H)는 더 안정한 탄소 양이온 중간체가 생기는 방향으로 비대칭 알켄에 첨가한다.

뷰트-1-엔(1-뷰텐)은 두 가지 방식으로 HBr과 반응하여 이차 및 일차 탄소 양이온을 줄 수 있다.

이차 양이온이 일차보다 훨씬 더 안정하므로 이차 양이온을 주는 전이 상태도 에너지가 더 낮을 것이다(하몬드 가설). 그러면 이차 양이온을 주는 반응의 활성화 에너지가 더 작아지기 때문에 마르코우니코프 생성물이 주 생성물로 얻어질 것이다.

이러한 사실은 다음과 같은 에너지 도표를 그려 나타낼 수 있다.

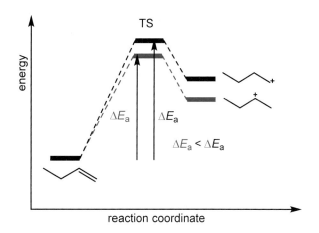

9.6 탄소 양이온의 자리 옮김

6.8.5절에서 언급하였듯이 탄소 양이온은 더 안정한 탄소 양이온으로 자리를 옮기려는 경향이 크다. 예컨대 다음과 같이 알켄에 HBr 첨가가 일어나면 이차 할라이드가 생성될 것으로 쉽게 예상할 수 있다. 하지만 주 생성물은 삼차 할라이드이다.

삼차 할라이드가 얻어지는 이유는 이차 양이온이 더 안정한 삼차 양이온으로 빠르게 변하기 때문이다. 이차 양이온에서 양전하를 띤 탄소의 바로 이웃한 수소 원자가 전자쌍과 함께 양전하를 띤 이웃 탄소로 자리를 옮기면(1,2-수소화물 옮김. 6.8.5절) 이차 탄소 양이온이 더 안정한 삼차 양이온으로 변한다. 이렇게 생긴 삼차 양이온이 Br⁻과 반응하면 삼차 할라이드가 얻어지는 것이다.

1,2-알킬 옮김(alkyl shift)은 알킬기가 바로 이웃 탄소로 이동하면 더 안정한 양이온이 생기는 자리 옮김 반응이다.

문제 9.3 다음 반응의 주 생성물을 그리시오(힌트: 자리 옮김 생성물이 주 생성물이라고 간주함).

a.   b.

9.7 산 촉매화 물과 알코올의 첨가 반응

산 촉매 존재하에서 알켄이 물과 반응하면 알코올이 얻어지는데, 이러한 반응을 수화 반응(hydration)이라고 한다. 물 대신에 알코올 ROH가 반응하면 에터를 얻을 수 있다.

alcohol, ether

중성인 물은 양성자를 줄 수 없기 때문에 반드시 산이 필요하다. 흔히 쓰이는 산 촉매는 짝염기의 친핵성도가 작은 황산이나 인산이다. 가장 느린 단계인 첫 단계에서 양성자가 알켄에 첨가하면 더 안정한 탄소 양이온이 중간체로 얻어진다. 이 단계가 반응의 위치 선택성을 결정하며 결국 마르코우니코프 생성물이 주 생성물로 얻어지게 된다. 단계 2는 물 용매가 친핵체로 반응하여 양성자 첨가된 알코올이 얻어지는 단계이고, 마지막 단계 3은 양성자 이동 단계(proton transfer step, pts)로서 단계 1에서 쓰였던 산이 다시 나오는 단계이다.

단계 1:

단계 2:

단계 3:

이 세 단계는 가역적이므로 알코올도 산 촉매하에서 탈수 반응을 할 수 있다. 물의 첨가 반응은 저온(탈수 반응에 비하여), 그리고 묽은 산의 조건에서 일어나며 탈수 반응은 진한 산과 고온 조건에서 일어난다.

예제 9.2 **다음 알켄 중에서 황산 촉매가 있을 때 물과 가장 빠르게 반응하는 것은 무엇인가?**

a.   b.   c.   d.   e.

풀이

더 많이 치환된 알켄은 열역학적으로는 더 안정할지라도 속도론적으로는 더 빠르게 반응한다. 따라서 삼차 양이온을 중간체로 주는 e번 알켄이 가장 물과 빠르게 반응할 것이다.

문제 9.4 다음 두 알켄 중에서 황산 촉매가 있을 때 물과 가장 빠르게 반응하는 것을 고르시오.

산 촉매화 수화 반응은 탄소 양이온 중간체를 거치기 때문에 탄소 양이온의 자리 옮김 반응이 일어날 수 있다.

문제 9.5 다음 반응의 메커니즘을 그리시오.

a.   cat. H_2SO_4 / H_2O

b.   cat. H_2SO_4 / H_2O

화학카페

옥시수은 첨가-탈수은 반응

알켄의 산 촉매화 수화 반응은 중간체가 삼차 탄소 양이온 같이 상당히 안정하지 않으면 잘 일어나지 않는다. 이러한 제한이 없이 같은 구조의 알코올을 주는 다른 수화 반응이 **옥시수은 첨가-탈수은 반응**(oxymercuration-demercuration)이다.

알켄과 수은 이온은 모두 무르기 때문에 알켄과 양성자의 반응보다 더 잘 일어날 것이다(2.6절).

옥시수은 첨가-탈수은 반응을 이용하면 알켄에 자리 옮김 반응이 일어나지 않으면서 물을 마르코우니코프 첨가 방식으로 첨가할 수 있다(Ac는 acetyl의 약자로서 −COMe기를 의미함).

이 반응은 네 단계로 일어난다. 먼저 단계 1에서 알켄이 친전자성 수은 시약인 아세트산 수은(II)과 반응하면 수은이 다리를 놓은 양이온 중간체가 생긴다(이 반응은 알켄과 브로민의 반응과 비슷하다). 굳고 무른 산-염기(hard soft acid-base) 이론(2.6절)에 의하면 수은 이온은 H^+ 이온보다 무른 산이므로 (수은 이온의 LUMO의 에너지가 H^+보다 더 낮음) 알켄의 HOMO와의 에너지 간격이 줄어들기 때문에 알켄과 수은 이온과의 반응은 훨씬 빠르게 일어난다.

단계 2는 물 분자가 부분 양전하가 놓인 탄소를 공격하는 단계이다. 세 원자 고리인 머큐륨 이온이 물과 반응할 때 알킬기가 있는 탄소에서 반응이 일어난다(이러한 위치 선택성은 9.8절에서 다룰 할로하이드린의 생성과 매우 유사하다).

단계 3과 4에서는 양성자 이동 단계를 거쳐서 수은 화합물(주의: 매우 독성이 큰 물질임)이 생성되고(여기까지의 과정은 몇 십 초 이내에 이루어진다), C-Hg 결합을 $NaBH_4$로 환원하면(이 반응은 라디칼 메커니즘으로 일어남) 마르코우니코프 첨가 생성물이 얻어진다. 옥시수은 첨가 반응의 장점으로 반응이 중성 조건에서 일어나고 탄소 양이온 중간체를 거치지 않기 때문에 자리 옮김이 일어나지 않는다는 점을 들 수 있다. 하지만 매우 독성이 큰 수은 염을 이용하는 점은 단점이다.

물 대신에 알코올을 사용하면 에터를 얻을 수 있다.

알코올도 물과 비슷하게 산 촉매 조건에서 알켄에 첨가되며 반응의 생성물은 에터이다.

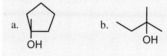

예제 9.3 **다음 알켄의 산 촉매화 수화 반응의 생성물을 그리시오.**

a.   b.

> **풀이**
>
> 마르코우니코프 규칙에 따라서 양성자는 더 안정한 탄소 양이온이 생기는 방향으로 첨가되며, 이 예제의 경우에는 둘 다 삼차 알코올이 주 생성물이다.
>
> a.　　　　b.
>
> OH　　　OH

문제 9.6 다음 알켄의 산 촉매화 수화 반응의 생성물을 그리시오.

a.　　　　　　　　b.

9.8 할로젠의 첨가 반응

포화 탄화수소인 알케인은 상온에서 빛이 없으면 Br_2과 반응하지 않는다. 따라서 CCl_4의 Br_2 용액(적갈색)을 알켄, 혹은 알케인의 CCl_4 용액에 한 방울씩 떨어뜨리면서 적갈색이 즉시 사라지는지의 여부를 보면 알켄과 알케인을 구별할 수 있다. 알켄(혹은 알카인)은 거의 즉시 색이 사라지지만 알케인의 경우에는 색이 남아 있을 것이다.

알켄이 CCl_4 같은 비친핵성 용액에 Cl_2 혹은 Br_2과 반응하면 이웃 자리 이할로젠화물이 생성된다(Br_2의 경우 거의 즉시).

alkene (colorless)　　bromine (dark brown)　　→ very fast CCl_4 → vicinal dibromide (colorless)

이 반응의 첫 단계(속도 결정 단계)는 다리 걸친 브로모늄(bridged bromonium) 이온의 생성이다. Br_2은 비극성 분자이나 알켄의 π 결합의 전자 구름이 접근하면 브로민 결합이 편극화되면서 알켄에 가까운 브로민 원자는 부분 양전하를 띠게 된다. 이 브로민 원자가 친전자체로 반응하면 다리걸친 브로모늄 이온 중간체가 얻어진다.

굽은 화살표로 그린 아래 메커니즘은 다음과 같이 해석할 수 있다.

먼저 π 결합이 전자쌍을 브로민 친전자체에 주면(컬러 굽은 화살) Br-Br 결합이 깨지면서 Br 원자 하나가 음이온으로 떨어져 나간다. 이와 동시에 친전자체였던 Br 원자가 자기 전자쌍을 이제 양전하를 띤 탄소 원자(컬러 C)에 주면 C-Br이 마저 생긴다. 브로모늄 이온의 브로민은 팔전자 규칙을 만족한다.

단계 1

할로젠의 첨가반응은 탄소 양이온을 거치지 않기 때문에 자리 옮김이 일어나지 않는다.

두 번째 단계는 친핵체인 Br^- 이온이 탄소-브로민 결합의 반대 방향에서 탄소 원자를 공격하여(S_N2 반응) 이웃 자리 이브로민화물이 생기는 단계이다.

단계 2

생성물에서 두 브로민 원자는 서로 알켄의 반대 면에 놓이게 되는데 이러한 첨가를 *anti*–첨가라고 부르며 사이클로펜텐의 첨가 반응에서 *trans*-생성물이 생기는 사실로부터 *anti*-첨가의 입체 화학을 확인할 수 있다.

(*E*)-뷰트-2-엔의 브로민 첨가 반응도 *anti*-방식으로 일어나며, 결국 메조-다이브로마이드가 얻어진다(두 생성물은 같다).

생성물이 메조-화합물인지는 다른 톱질대 구조와 피셔 투영도로 다음과 같이 그려보면 금방 알 수 있다.

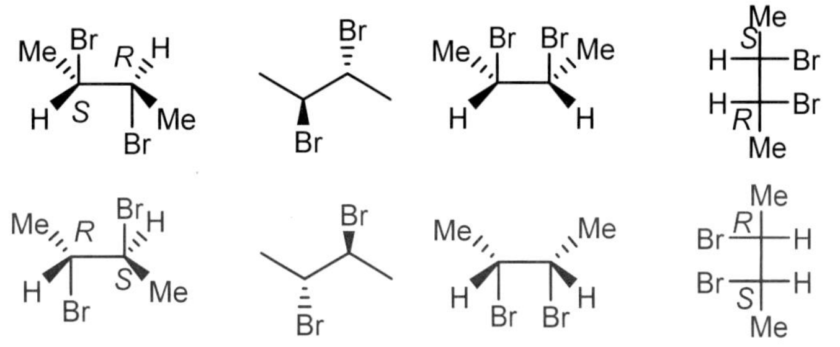

문제 9.7   다음과 같이 (Z)-뷰트-2-엔의 위 면에서 Br₂가 첨가하였을 때 생기는 두 생성물의 구조를 피셔 투영도로 그리시오. 두 생성물의 관계는 무엇인가?

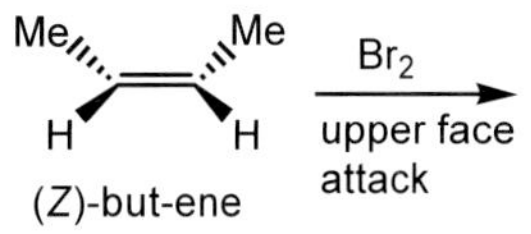

사이클로알켄의 브로민화 반응

대부분의 유기화학 교재는 사이클로알켄의 브로민화 반응으로 사이클로펜텐의 예를 들고 있다.

그 이유는 사이클로헥센의 경우 입체 화학에 대한 설명이 보다 복잡하기 때문이다. 사이클로펜텐은 거의 평면 구조이므로 위의 그림이 맞는다고 볼 수 있다. 반면에 사이클로헥센은 평면이 아니므로 사이클로헥센의 반응을 다음과 같이 그리면 올바르지 않다 (4.10절).

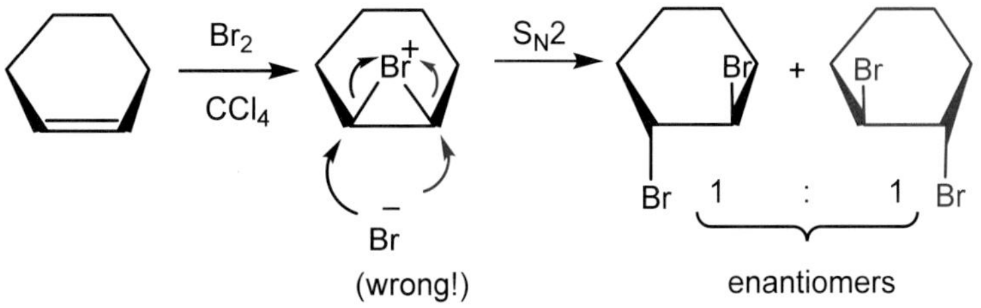

대신, 사이클로헥센의 반의자(half-chair) 형태를 이용하여야 한다. 이 형태에서 Br₂이 밑에서 접근한다면 묘사된 브로모늄 이온이 얻어진다. 이때 Br⁻ 이온이 공격할 수 있는 탄소는 두 군데인데, 오른쪽 탄소를 공격하면 의자 형태보다 에너지가 높은 꼬인 보트(twisted boat)가 나온 후(S_N2 반응이므로 두 C-Br 결합은 *anti* 배열) 더 안정한 의자 형태로 변한다. 반면에 왼쪽 탄소를 공격하면 의자 형태가 곧바로 나오는데(두 브로민은 축 방향), 이 형태는 브로민 원자가 적도 방향이어서 더 안정한 의자 형태로 뒤집어진다. 따라서 아래 구조의 브로모늄 이온에서는 왼쪽 탄소(컬러 C)에서의 공격이 선호된다.

할로하이드린의 생성

알켄을 수용성 브로민으로 처리하면 할로하이드린이라고 부르는 생성물이 생긴다.

이 반응의 중간체는 할로늄 이온이다. 친핵체로서 할라이드 이온이 있지만 용매인 물이 훨씬 많으므로 친핵성 물 분자가 탄소를 공격하면 할로하이드린이 생긴다.

알켄이 비대칭이라면 두 구조 이성질체가 생길 수 있으나 한 가지 생성물이 주로 얻어진다. 다음 알켄의 반응을 보자. 중간체인 브로모늄 이온이 순수한 S_N2 메커니즘으로 덜 치환된 탄소에서 친핵성 물과 반응한다면 삼차 브로마이드가 얻어질 것이다. 하지만 전적으로 일차 할라이드가 생성된다.

이 사실은 이 반응이 물 분자가 반응하기 전에 C-Br 결합이 부분적으로 깨진 전이 상태에서 S_N1 메커니즘과 비슷한 경로로 일어난다는 점을 암시한다. 브로모늄 이온은 다음 두 가지 경로로 반응할 수 있지만 삼차 양이온과 비슷한 전이 상태가 이차 양이온을 닮은 구조보다 더 안정하므로 경로 A의 활성화 에너지가 더 작아질 것이다. 따라서 반응은 경로 A를 거쳐 일어난다고 볼 수 있다.

문제 9.4   **다음 반응의 주 생성물을 그리시오.**

풀이

브로모늄 이온에서 더 많이 치환된 탄소를 물 친핵체가 공격하므로 다음과 같은 생성물이 주로 얻어질 것이다.

문제 9.8   다음 반응의 주 생성물을 그리시오

9.9   수소 첨가 반응

수소 기체는 친전자체는 아니지만 Pd, Pt, Ni 등의 금속 촉매의 존재하에서 알켄에 첨가되는데, 이러한 반응을 수소 첨가 반응(hydrogenation)이라고 부른다. 금속 촉매로는 흔히 활성탄 가루에 5~10% Pd 입자를 고르게 입힌 시약을 쓰며, 이 촉매를 Pd/C라고 표시한다. 용매는 물, 에탄올, 메탄올 등을 이용한다.

수소 첨가 반응은 약한 C=C π 결합이 깨지고, 대신 센 C-C σ 결합이 생기기 때문에 발열 반응이다.

$$R\text{-}CH\text{=}CH\text{-}R \xrightarrow[\text{Pd/C, EtOH}]{\text{H}_2 \text{ (1~5 atm)}} R\text{-}CH_2\text{-}CH_2\text{-}R \qquad \Delta H^{\circ} \sim \text{-30 kcal mol}^{-1}$$

H_2와 비슷한 Br_2은 빠르게 첨가하는데, 금속 촉매가 없으면 수소 첨가 반응은 일어나지 않는다. 왜 그럴까?

수소 분자가 알켄과 브로민처럼 반응한다면 H 원자가 센 염기인 수소화 이온으로 떨어지므로 브로모늄 이온과 비슷한 고리 화합물의 생성은 불가능할 것이다(고리 화합물 자체도 매우 불안정).

그렇다면 다음과 같이 반응하면 안될까?

굽은 화살표를 이렇게 그릴 수 있을 것 같지만, 분자 오비탈 관점에서 보면 이런 반응은 불가능하다. π 결합이 HOMO, 그리고 H-H σ 결합이 LUMO로 반응한다고 간주한 후, 두 MO의 상호 작용을 그려보면 한 오비탈에서 위상(phase)이 맞지 않음을 알 수 있다. 따라서 수소 분자는 **분자 상태로는** 알켄에 첨가하지 않는다(π 결합을 LUMO 그리고 σ 결합을 HOMO로 간주하고 분석하여도 같은 결과가 얻어질 것이다).

이 반응의 첫 단계는 수소 기체가 금속(예: Pd) 표면의 홀전자와 짝을 이루면서 Pd-H 결합을 만드는 단계이다(알켄이 금속과 착물을 이루는 과정을 먼저 그려도 좋다).

$$\underset{\text{Pd surface}}{\text{———————}} \quad + \text{ H-H} \quad \rightleftharpoons \quad \underset{\text{—Pd———Pd—}}{\overset{\displaystyle \text{H} \qquad\quad \text{H}}{\big|\qquad\quad\big|}}$$

다시 알켄의 흡착이 이루어지고 수소 원자가 Pd에서 탄소로 두 번 이동하여 알케인이 생기면, 이 알케인은 더 이상 흡착하지 않고 촉매 표면에서 떨어져 나온다.

$$\underset{\text{—Pd———Pd—}}{\overset{\displaystyle \text{H} \qquad \text{H}}{\big|\qquad\big|}} \quad + \text{ H}_2\text{C}=\text{CH}_2 \quad \rightleftharpoons$$

$$\rightleftharpoons \quad \underset{\text{—Pd—Pd—Pd—Pd—}}{} \quad \rightleftharpoons \quad \underset{\text{—Pd—Pd—}}{\text{H}_3\text{C}—\text{CH}_3}$$

수소 첨가 반응이 금속의 표면에서 이루어지기 때문에 두 수소는 알켄의 한 면에만 첨가되어 주로 *syn*-첨가물을 준다.

trans-생성물이 소량 생기는 이유는 이 교재에서는 다루지 않는 다른 반응이 일어나기 때문이다.

$$\text{(구조식)} \xrightarrow{\text{H}_2,\ \text{Pt}} \text{(구조식)} \quad + \quad \text{(구조식)}$$

cis-1,2-dimethyl-
cyclohexane
95%

5%

예제 9.5

다음 반응의 주 생성물을 그리시오.

a. (구조식) $\xrightarrow[\text{EtOH}]{\text{H}_2,\ \text{Pd/C}}$

b. (구조식) $\xrightarrow[\text{EtOH}]{\text{H}_2,\ \text{Pd/C}}$

풀이

수소 첨가 반응의 입체 화학은 *syn*-첨가이다.

a. (구조식)

b. (구조식)

cis-1,2-dimethylcyclopentane

문제 9.9   다음 반응의 주 생성물을 그리시오.

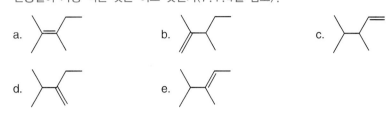

a. ⟶ excess H₂, Pd/C ⟶ EtOH

b. ⟶ D₂, Pd/C ⟶ EtOH

문제 9.10   다음 알켄은 모두 수소화 반응에서 같은 알케인으로 변한다. 이 알켄 중에서 수소 첨가 반응의 반응열이 가장 작은 것은 어느 것인가(7.1.4절 참조)?

a.   b.   c.

d.   e.

9.10   수소화붕소 첨가–산화 반응

알켄은 산성 조건에서 물과 반응하여 알코올로 변한다. 이 반응은 탄소 양이온 중간체를 거치기 때문에 마르코우니코프 생성물이 주 생성물로 얻어지게 되며, 또한 탄소 양이온의 자리 옮김도 일어날 수 있다. 한편, 자리 옮김 없이 알켄에서 *anti*-마르코우니코프 방식의 첨가로 알코올을 얻는 방법이 수소화붕소 첨가–산화 반응(hydroboration-oxidation)이다.

$$R \diagdown \quad \xrightarrow[\text{2. } H_2O_2, \, HO^-]{\text{1. } BH_3\text{-THF}} \quad \underset{H}{R} \diagdown \diagup OH$$

브라운(Brown)은 1979년에 수소화붕소 첨가 반응을 개발한 업적으로 노벨 화학상을 수상하였다. 유기붕소 화합물과 보레인 시약은 공기 중에서 자발적으로 연소할 수 있다.

수소화붕소 첨가 반응은 H-B 결합이 알켄에 첨가하는 반응이며 시약으로는 다이보레인(diborane)이라고 부르는 보레인(borane) BH_3의 이합체(B_2H_6)의 THF 용액을 흔히 사용한다. THF의 산소 고립쌍은 루이스 염기로 작용하여 루이스 산인 붕소 원자에 전자를 주므로 보레인–THF 착물(borane-THF complex)이 생성된다.

diborane   + 2 THF ⇌ 2 borane-THF complex

1-알켄을 보레인–THF 착물의 용액으로 처리하면 H-B 결합의 첨가가 연속적으로 일어나 트라이알킬보레인(trialkylborane)을 구할 수 있다. 일반적으로 어느 정도까지 다이알킬-과 트라이알킬보레인이 생길지는 알켄의 입체적 요인에 달려 있다.

9.10.1 수소화붕소 첨가 반응의 위치 선택성

알켄에 첨가가 일어날 때 붕소는 수소 수가 적은 이중 결합의 탄소에 주로 결합한다. 특히 9-BBN(9-borabicyclo[3.3.1]nonane)이라고 약칭하는 다이알킬보레인 시약은 BH_3-THF보다 덩치가 커서 위치 선택성이 매우 우수하다.

이러한 반응의 위치 선택성은 두 가지 요인으로 설명할 수 있다. 첫 번째는 입체 효과이다. H보다 큰 붕소 원자는 입체 장애가 덜한 탄소에 첨가하려고 하는데, 이 탄소가 수소 수가 많은 탄소이다. 특히 이러한 경향은 모노알킬보레인과 다이알킬보레인이 첨가할 때 더 커질 것이다. 두 번째는 전자 효과이다. 전기 음성도는 수소(2.2)가 붕소(2.0)보다 크므로 붕소는 부분 양전하를 띨 것이다. 뷰트-1-엔과의 반응에서 붕소 원자가 수소 수가 더 많은 알켄의 탄소에 첨가되면 전이 상태에서 탄소가 이차 양이온을 닮은 구조가 되고, 다른 탄소에 첨가되면 덜 안정한 일차 양이온을 닮은 구조가 된다. 따라서 붕소가 말단 탄소에 첨가된 생성물이 주로 생성된다.

수소화붕소 첨가 반응에서는 친전자체 역할을 하는 원자가 붕소(B)이며, 주 생성물은 붕소 원자가 수소 수가 더 많은 알켄의 탄소에 첨가된 생성물이다. 따라서 이 반응도 마르코우니코프 법칙을 따른다고 말할 수 있다. 하지만 산화 반응 후에 얻어지는 알코올이 물의 첨가에서 생기는 주 생성물은 아니기 때문에 *anti*-마르코우니코프 생성물이라고 부를 뿐이다.

수소화붕소 첨가 반응은 사원자 고리 전이 상태를 거치기 때문에 *syn*-첨가로 일어난다. 첨가 반응 시 BH₃은 이중 결합의 두 개의 면(face) 중에서 입체 장애가 작은 쪽으로 접근하게 된다.

9.10.2 입체 화학

수소화붕소 첨가 반응의 전이 상태는 고리 구조이므로 이중 결합의 한 면에만 첨가되는 *syn*-첨가가 일어난다.

9.10.3 산화 반응

HOO⁻이온은 HO⁻이온보다 친핵성이 더 크다.

트라이알킬보레인을 알칼리성 과산화수소와 반응시키면 3몰의 알코올과 붕산이 생긴다. 이 반응의 첫 번째 단계는 과산화수소 음이온이 루이스 산인 붕소 원자와 결합하여 화합물 **A**가 생기는 것이다. 다음 단계에서 알킬기가 붕소 원자에서 산소 원자로 자리를 옮기는데, 이 과정에서 약한 산소-산소 결합이 깨지면서 HO⁻ 이온이 떨어진다. 이러한 단계는 모든 붕소-탄소 결합이 산소-탄소 결합으로 바뀔 때까지 반복적으로 일어난다.

이 자리 옮김 반응의 중요한 점은 이동하는 탄소의 배열이 보존된다는 점이다. 아래 반응에서 C-B 결합의 배열이 보존되면서 *trans*-알코올이 얻어진다.

예제 9.6

다음 알켄을 수소화붕소 첨가 반응 후에 NaOH, H₂O₂로 처리하였다. 마지막에 생기는 주 생성물을 그리시오.

a.

b.

풀이

수소화붕소 첨가 반응은 *syn*-첨가이며 첨가물을 NaOH, H₂O₂로 처리하면 소위 *anti*-마르코우니코프 생성물이 얻어진다.

a.   HO

b.

문제 9.11

다음 알켄을 수소화붕소 첨가 반응 후에 NaOH, H₂O₂로 처리하였다. 마지막에 생기는 주 생성물을 그리시오.

a.

b.

9.11 알켄의 산화 반응

알켄이 친전자체인 산화제와 반응하면 에폭사이드나 1,2-다이올 같은 화합물이 얻어진다.

9.11.1 에폭시화 반응

알켄을 과산화산(peroxy acid), RCO₃H으로 처리하면 한 단계 반응으로 과산화산의 (친전자성) 산소 원자가 알켄에 전달되어 에폭사이드(epoxide)라고 부르는 삼원자 고리 화합물이 생기는데, 이러한 반응을 에폭시화 반응(epoxidation)이라고 부른다.

에폭시화 반응은 알켄의 브로민화 반응의 첫 단계와 비슷하게 과산화산의 산소 원자가 고리형 전이 상태에서 한 단계로 알켄에 전달되는 반응이므로 *syn*-첨가 반응이다.

mCPBA

MMPP

alkene $\xrightarrow[\text{CH}_2\text{Cl}_2]{\text{RCO}_3\text{H}}$ epoxide   +

흔히 쓰는 과산화산은 *m*-클로로퍼옥시벤조산(*m*-chloroperoxybenzoic acid, mCPBA), 모노퍼옥시프탈산 마그네슘(magnesium monoperoxyphthalate, MMPP)이다.

(Z)-but-2-ene   cis-2,3-dimethyloxirane

문제 9.12   (E)-뷰트-2-엔의 에폭시화 반응에서 얻어지는 두 에폭사이드의 구조를 그리고, 두 생성물의 관계에 대하여 언급하시오.

9.11.2   다이하이드록실화 반응

알켄을 차가운 염기성 $KMnO_4$나 사산화 오스뮴(VIII)(OsO_4)으로 산화하면 1,2-다이올(글라이콜)이 얻어진다. 이 반응의 입체 화학은 *syn*-첨가이다.

cis-cyclopentane-1,2-diol

이러한 반응은 고리형 중간체를 거쳐 일어난다. OsO_4은 $KMnO_4$에 비하여 더 비싸고 독성이 있으나 수율이 더 좋은 장점이 있다. 실제 반응에서는 값이 저렴한 산화제인 *N*-메틸모폴린 *N*-옥사이드(*N*-methylmorpholine *N*-oxide)를 일 당량 사용하면 환원된 오스뮴(VI)이 다시 오스뮴(VIII)으로 산화되기 때문에 OsO_4를 촉매량만큼 사용할 수 있다.

> **예제 9.7**

다음 알켄을 차가운 염기성 KMnO₄ 용액으로 처리하였을 때 생기는 1,2-다이올의 구조를 지그재그 모양으로 그리시오.

a.　　　　　　　　　　　　　　b.

> **풀이**

a. 이 반응은 *syn*-첨가이다. 따라서 (*E*)-알켄은 다음과 같이 지그재그 모양으로 사슬을 그렸을 때 두 OH기가 같은 쪽으로 향한다.

Br₂ 첨가 같은 *anti*-첨가의 경우에는 반대 상황이 벌어진다.

b. 반면에 (*Z*)-알켄은 다음과 같이 지그재그 모양으로 사슬을 그렸을 때 두 OH기가 반대 쪽으로 향한다.

9.11.3　가오존화 분해 반응

알켄이 오존과 반응한 후 황화 다이메틸이나 아연으로 처리하면 C=C 결합의 탄소 원자가 카보닐 탄소로 산화된 생성물인 알데하이드 또는 케톤이 얻어지며, 이러한 반응을 가오존화 분해 반응(ozonolysis)이라고 한다.

오존의 진한 용액은 파란 색이다. 저온에서 알켄의 용액에 오존을 불어 넣어주면 처음에는 색이 없으나 반응이 끝나면 오존이 농축되므로 색이 파래진다.

$$
\underset{\text{R–C}=\text{CH–R}}{\overset{\text{R'}}{|}}\quad\xrightarrow[\text{2. Me}_2\text{S or Zn, MeCOOH}]{\text{1. O}_3,\ \text{CH}_2\text{Cl}_2,\ -78^\circ\text{C}}\quad \underset{\text{R}}{\overset{\text{O}}{\|}}\text{R'}\ +\ \underset{\text{R}}{\overset{\text{O}}{\|}}\text{H}
$$

알켄과 오존의 반응은 쌍극성 첨가 반응(dipolar addition)으로 일어난다. 오존은 1,3-쌍극자(dipole), 혹은 1,3-쌍극성 시약(dipolar reagent)의 한 예이다. 1,3-쌍극자는 X-Y-Z 구조에서 형식 전하가 0인 루이스 구조는 그릴 수 없고, 대신 전하가 1,2-, 그리고 1,3-위치에 놓여 있는 구조만 가능하다. 이러한 1,3-쌍극자가 알켄에 첨가하면 오원자 고리가 얻어진다.

저온에서 알켄과 오존이 반응하면 먼저 몰오조나이드(molozonide)가 생기고 더 안정한 오조나이드(ozonide)로 자리 옮김이 일어난다. 몰오조나이드와 오조나이드는 폭발 위험성이 있는 불안정한 화합물이다.

molozonide

ozonide

오조나이드는 불안정하기 때문에 분리하지 않고, 직접 황화 다이메틸(Me₂S)이나 아연을 가하여 환원시키면 알데하이드 또는 케톤으로 분해된다. 황화 다이메틸을 이용하는 반응의 메커니즘을 아래에 그렸다.

ozonide

예제 9.8 다음 알켄의 CH₂Cl₂ 용액을 저온에서 오존과 반응시킨 후 황화 다이메틸을 가하였다. 얻어지는 생성물을 그리시오.

a.   b.

풀이

이 조건에서는 이중 결합이 깨지면서 sp² 탄소가 알데하이드 혹은 케톤의 카보닐 탄소로 변환된다.

a.   b.

문제 9.12 다음 알켄의 CH₂Cl₂ 용액을 저온에서 오존과 반응시킨 후 황화 다이메틸을 가하였다. 얻어지는 생성물을 그리시오.

a.   b.   c.

9.12 알카인의 친전자체 첨가 반응

알카인의 π 결합도 알켄처럼 친전자체와 첨가 반응을 할 수 있다. 알카인의 π 결합은 알켄의 그것보다 약하므로 알카인이 친전자체와 더 빨리 반응할 것이라고 예상할 수 있지만 사실은 그 반대이다. 알카인의 산 촉매화 수화 반응과 브로민 첨가 반응의 속도를 알켄과 비교해보면 알카인의 반응 속도가 느림을 알 수 있다. 특히 브로민 첨가 반응의 속도가 현저하게 느린데, 이는 알카인에서 생기는 브로모늄 이온이 특히 불안정하기 때문이다.

	Br$_2$, MeCOOH	H$_2$O, H$^+$
헥스-1-엔/ 헥스-1-아인	1.8×10^5	3.6
(E)-헥스-3-엔/ 헥스-3-아인	3.4×10^5	16.6

9.12.1 수소 첨가 반응

알카인을 두 당량의 수소 기체와 Pd나 Pt 촉매 존재하에서 반응시키면 알켄을 거쳐서 포화 알케인으로 환원된다. 일 당량의 수소 기체를 사용하여도 알켄을 얻을 수는 없다. 알켄을 얻으려면 Pd 촉매보다도 활성이 떨어진 촉매를 사용하여야 하는데, 그 예가 린들러 촉매(Lindlar catalyst)이다. 린들러 촉매는 Pd 촉매의 활성을 줄이기 위하여 납과 퀴놀린 같은 촉매독(catalyst poison)을 넣어준 촉매로 이 촉매를 사용하면 알카인이 알켄까지만 환원된다. 이 반응의 입체 화학은 *syn*-첨가로서 *cis*-알켄이 얻어진다.

quinoline

Et —≡— Et → (H$_2$, Pd/CaCO$_3$, quinoline, Pb(OCOMe)$_2$) →
cis-hex-3-ene
(*syn*-addition)

알카인을 액체 암모니아 용매에서 소듐이나 리튬 금속으로 환원하면 *trans*-알켄을 얻을 수 있다.

Me(CH$_2$)$_2$ —≡— (CH$_2$)$_2$Me
oct-4-yne
→ (1. Li, liq. NH$_3$ 2. NH$_4$Cl) →
(E)-oct-4-ene
(*anti*-addition)

리튬 금속을 액체 암모니아(bp -33°C)에 넣으면 즉시 진한 청색의 용액이 생기면서 금속이 녹게 된다(진한 청색은 암모니아 분자로 용매화된 자유 전자 때문이다). 이 전자가 알카인에 첨가되면 라디칼 음이온(radical anion)이라고 부르는 매우 불안정한 중간체가 생긴다. 이 중간체는 즉시 암모니아 용매로부터 양성자를 받아 바이닐성 라디칼(vinylic radical)로 바뀐다. 바이닐성 라디칼은 *cis*와 *trans*-구조가 가능하지만 더 안정한 *trans*-구조가 전적으로 존재한다. 다시 리튬에서 생긴 전자가 라디칼에 첨가되면, *trans*-바이닐성 음이온(vinylic anion)이 생기고 마지막으로 다시 용매로부터 양성자를 받아서 *trans*-알켄으로 변환된다.

$$\text{Li} \cdot \xrightarrow{\text{liq. NH}_3} \text{Li}^+ \quad + \quad e^- (\text{NH}_3)_n$$

solvated electron: deep blue

radical anion

vinylic radical
two R: *trans-*

*trans-*vinylic anion　　*trans-*alkene

예제 9.9　다음 반응의 생성물을 그리시오.

a. Me —≡— Et $\xrightarrow[\text{liquid NH}_3]{\text{Na}}$

b. Me —≡— Et $\xrightarrow[\text{Lindlar catalyst}]{\text{H}_2}$

풀이

액체 암모니아 용매에서 알칼리 금속으로 알카인을 처리하면 *trans*-알켄이 얻어지고 린들러 촉매 존재하에서의 수소 환원은 *cis*-알켄을 준다.

a.　　　　　　　　b. Me　Et

문제 9.14　다음 반응의 생성물을 그리시오.

a. Ph —≡— Et $\xrightarrow[\text{Lindlar catalyst}]{\text{H}_2}$　　　b. Et —≡— Et $\xrightarrow[\text{liquid NH}_3]{\text{Na}}$

9.12.2　할로젠화 수소 첨가 반응

알킬-치환 알카인이 일 당량의 할로젠화 수소, HX(X = Br, Cl)와 반응하면 *anti*-첨가로 바이닐성 할라이드가 생성되고, 다시 일 당량의 산을 더 가하면 같은 자리 (geminal) 다이할라이드가 생성된다.

$$\equiv \xrightarrow{\text{HX}} \text{vinylic halide} \xrightarrow{\text{HX}} \text{geminal dihalide}$$

Et —≡— Et $\xrightarrow[\text{AcOH}]{\text{1 equiv. HCl}}$ 　 + (*E*)-, trace

(*Z*)-, 95%

1-알카인의 첨가 반응에서 HBr의 H 원자는 알켄의 마르코우니코프 첨가에서처럼 H 원자로 더 많이 치환된 sp 탄소에 첨가한다.

한편, 일 당량의 HX를 사용하면 바이닐성 할라이드만 생성된다. 이러한 사실은 할로젠의 전자 끄는 효과로 바이닐성 할라이드의 π 전자밀도가 감소하여 C=C π 결합의 친핵성이 알카인보다 더 작기 때문이라고 설명할 수 있을 것이다.

알킬-치환 아세틸렌의 첨가 반응은 바이닐성 양이온 중간체를 거쳐 일어날 수도 있다. 하지만 안정성이 일차 알킬 양이온과 비슷한 이차 바이닐 양이온은 매우 불안정하므로 반응 조건에서 존재하지 않을 것이다. 또한 바이닐성 양이온 메커니즘은 HX의 *anti*-첨가를 설명할 수 없다

HX의 *anti*-첨가 및 HX에 대한 이차 반응 속도식을 설명하기 위하여 다음과 같은 삼분자 메커니즘이 제안되었다.

바이닐성 브로마이드가 HBr과 반응하면 같은 자리 다이할라이드가 생성된다. 그 이유는 HBr의 양성자가 수소 원자로 치환된 알켄 탄소에 첨가하여 생긴 탄소 양이온 A는 양전하가 브로민 원자까지 비편재화되어 있어서 다른 양이온 B보다 더 안정하기 때문이다.

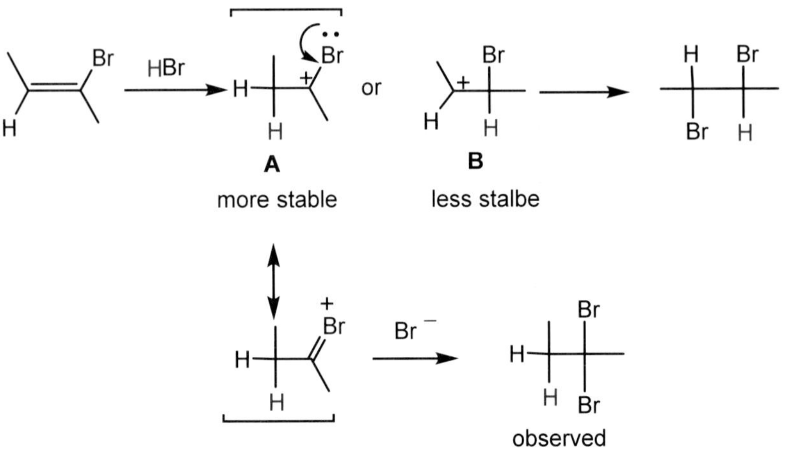

Br
HBr
H
Br
or
Br
H
H
A
more stable
B
less stalbe
H Br
Br H
Br
Br −
observed

문제 9.15 다음 반응의 생성물을 그리시오.

a. H—≡—Et $\xrightarrow[\text{ether}]{\text{excess HBr}}$ b. Et—≡—Et $\xrightarrow[\text{ether}]{\text{1 equiv. HBr}}$

9.12.3 수화 반응

알카인도 알켄처럼 산(황산)의 존재하에서 수화 반응이 일어나지만 알카인은 더 느리게 반응한다. 다음 메커니즘처럼 바이닐성 양이온이 중간체라면, 이 이온은 일차 양이온과 안정성이 비슷하므로 매우 불안정할 것이다. 따라서 이 양이온이 중간체일 것 같지는 않다.

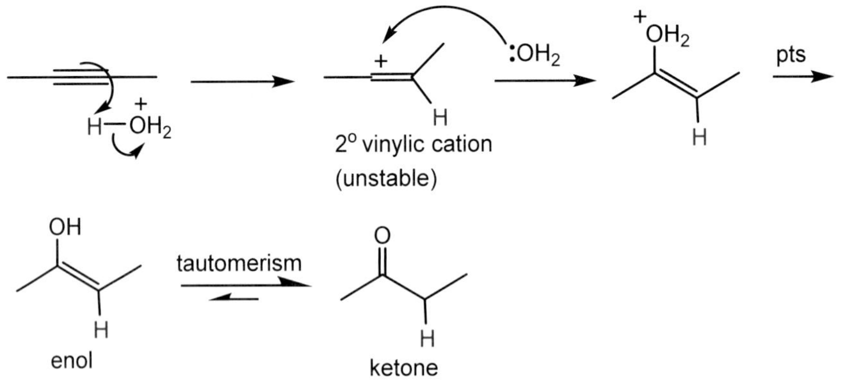

H—OH2
:OH2
2° vinylic cation
(unstable)
OH2
pts
OH
tautomerism
enol
ketone

다른 대안은 삼분자 반응으로서 HX의 첨가에서처럼 다음과 같은 전이 상태를 거치는 것이다.

H—OH2
:OH2
H2O
pts
tautomerism
ketone

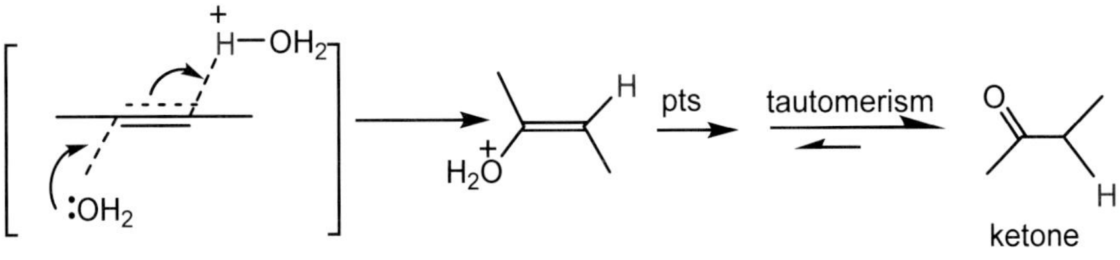

수화 반응의 속도는 특히 1-알카인의 경우 HgOAc⁺ 같은 무기 이온이 촉매로서 존재
하면 빨라지며, 궁극적인 생성물은 메틸 케톤이다.

수은 이온은 양성자보다 더 무른 산이기 때문에 무른 알카인의 π 전자 구름과 오비탈
의 겹침이 더 크다. 그러면 브로모늄 이온과 비슷한 머큐리늄 이온이 빠르게 생성된
다. 이 이온의 더 치환된 탄소(검은색)에 물 분자가 공격하면(이 과정은 9.8절에 소개
된 할로하이드린의 생성 반응과 비슷) 엔올이 얻어지고, 이 엔올은 토토머화 반응으로
(2.4절) 더 안정한 카보닐 화합물로 변한다.

예제 9.10　다음 알카인이 아세트산 수은(II) 촉매 존재하에서 수화 반응을 하였다. 생성물을 그리시오.

a. Et━━━Me

b. Ph━━━H

풀이

알카인이 수화되면 케톤이 얻어진다. a의 경우에는 두 가지 구조 이성질성 케톤이 가능하나 b처럼
1-알카인은 메틸 케톤만을 준다.

문제 9.16　다음 알카인이 아세트산 수은(II) 촉매 존재하에서 수화 반응을 하였다. 생성물을 그리시오.

a. Et━━━Et

b. Bu━━━H

9.13 말단 알카인의 산성도

2.2절에서 다루었듯이 말단 알카인의 수소의 pK_a는 25이다. 따라서 소듐 아마이드(짝산의 pK_a = 38)나 n-뷰틸리튬(짝산의 pK_a = 50) 같은 센염기로 양성자를 제거하면 아세틸라이드 음이온(acetylide anion)을 정량적으로 얻을 수 있다. 이 이온은 매우 좋은 탄소 친핵체로서 일차 할라이드와 S_N2 치환 반응을 하면 새로운 C-C 결합이 생성된다.

하지만, 이차나 삼차 할라이드를 사용하면 E2 제거 반응이 더 잘 일어난다.

9.14 역합성 분석을 이용한 유기 합성

6.11절에서 역합성 분석을 이용한 유기 합성을 소개하였다. 이 절에서는 주로 알카인을 이용한 유기 합성을 다루기로 한다.

예 1 : 아세틸라이드의 S_N2 반응

이러한 알카인은 sp 탄소와 알킬기의 탄소 사이의 결합에서 절단하여야 한다. 그러면 아세틸라이드 이온과 탄소 양이온의 두 합성 단위체가 얻어지며, 이 합성 단위체와 대응하는 시약은 1-알카인과 알킬 할라이드이다.

역합성 분석:

실제 합성:

예 2 : 알카인의 수화 반응

알카인의 수화 반응으로 케톤을 얻을 수 있다는 점을 알고 있다면, 다음과 같이 역합성 분석을 할 수 있을 것이다(대칭 구조의 알카인으로 역합성 분석해야 함).

역합성 분석:

실제 합성:

예 3: 알카인의 환원을 이용한 *trans*-알켄의 합성

trans-알켄은 알카인을 액체 암모니아 용매에서 알칼리 금속으로 환원하여 얻을 수 있으므로 다음과 같이 역합성 분석할 수 있다.

역합성 분석:

실제 합성:

$$Et\text{————}Et \xrightarrow{\text{Na, liq. NH}_3} \text{target}$$

문제 9.17   다음 화합물을 역합성 분석한 후 합성법을 제안하시오.

a. $Ph\diagup\diagdown\diagup\diagdown$ from $Ph\text{———}$ b. $Ph\diagup\diagdown\diagup$ from $Ph\text{——}$

c. $Ph\overset{\text{O}}{\diagup\diagdown}$ from $Ph\text{———}$

추가 문제

〈에너지 도표〉

문제 9.18 $Me_2C=CH_2$에 HCl이 첨가 반응하면 *tert*-뷰틸 클로라이드와 아이소뷰틸 클로라이드의 두 구조 이성질체가 얻어질 수 있으나 실제로는 *tert*-뷰틸 클로라이드가 전적으로 얻어진다.

   a) *tert*-뷰틸 클로라이드와 아이소뷰틸 클로라이드를 만드는 탄소 양이온의 구조를 각각 그리고, 차수를 표시하시오.

   b) *tert*-뷰틸 클로라이드가 전적으로 얻어지는 이유를 두 탄소 양이온의 안정성을 고려한 에너지 도표를 그려 설명하시오.

문제 9.19   아세틸렌과 에틸렌의 π 결합의 세기는 각각 ~50 kcal mol^{-1}, 64 kcal mol^{-1}로 추정된다. 그렇다면 아세틸렌은 π 결합 하나를 깨는 데 에너지가 덜 필요하므로 에틸렌보다 친전자체와 더 빠르게 반응할 수 있을 것이라는 느낌(?)이 들 것이다. 하지만 알카인은 알켄보다 친전자체와의 반응이 느리다. 그 이유를 에너지 도표를 그려 추론하시오.

〈메커니즘〉

문제 9.20   알켄의 브로민화 반응이 다음과 같이 두 단계로 일어났다고 하자.

$$\overset{Br\frown Br}{\diagup\diagdown} \longrightarrow \overset{Br^-}{+\diagup\diagdown Br} \longrightarrow Br\diagup\diagdown\diagup Br$$

사이클로펜텐이 이러한 방식으로 Br$_2$와 반응하였다면 어떠한 생성물이 생기겠는가? 생성물의 입체화학은 실제 결과와 부합하는가?

문제 9.21 $CH_3CH=CH_2$의 수소화붕소 반응에서 $(CH_3CH_2CH_2)_3B$가 주 생성물로 얻어지는 이유를 두 가지 드시오.

문제 9.22   뷰트-1-아인과 1당량의 HBr을 반응시키면 1-브로모뷰트-1-엔과 2-브로모뷰트-1-엔 중에서 어느 화합물이 주로 얻어지는가? 그 이유는 무엇인가?

문제 9.23   *cis*-1-브로모헥스-1-엔과 HBr을 반응시키면 어느 다이브로마이드가 주로 얻어지는가? 왜 그런가?

문제 9.24   알켄에 대한 Br₂의 첨가는 *anti*-첨가이다.
a. 아래 구조의 (*Z*)-펜트-2-엔에 Br₂가 위로부터 반응하여 얻어지는 브로모늄 이온의 구조를 그리시오.

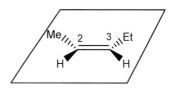

b. 위에서 그린 브로모늄 이온의 C2와 C3에 Br⁻이 반응하여 생성되는 두 생성물의 피셔 투영도를 각각 그리시오.
c. b.에서 그린 두 구조는 서로 (동일, 거울상 입체 이성질체, 부분 입체 이성질체)하다(이다).

문제 9.25   다음 알킬 할라이드 A~C 중에서 하나만 HBr과 알켄과의 반응에서 주 생성물로 얻어진다. 이렇게 만들 수 있는 알킬 할라이드는 어떤 것인가? 다른 두 개는 왜 이러한 반응으로 만들 수 없는지를 설명하시오.

A   **B**   **C**

문제 9.26   다음 알켄이 HBr과 반응하면 *anti*-마르코우니코프 생성물이 주로 얻어진다. 설명하시오.

anti-Markovnikov product

문제 9.27   a. 다음과 같은 사이클로헥센의 반의자 형태에서 Br₂이 위에서 접근하여 얻어지는 브로모늄 이온의 구조를 그리시오.

b. 이 브로모늄 이온에 Br⁻ 이온이 반응하였을 때 생기는 다이브로마이드의 의자 형태(힌트: 이축 방향)를 그리시오.

〈반응〉

문제 9.28   아래 생성물은 알켄으로부터 합성할 수 있다. 네모 안에 적당한 알켄의 구조를 그리시오.

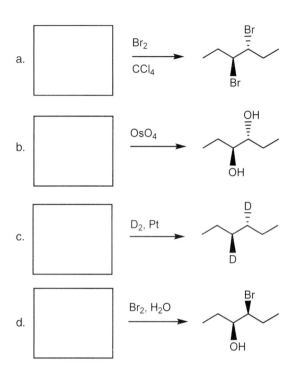

문제 9.29   어떤 알켄을 가오존화 분해 반응 후 황화 다이메틸을 가하였더니 다음 카보닐 화합물이 얻어졌다. 알켄의 구조를 제안하시오.

a. HCHO, (구조)

b. HCHO, (구조)

c. (구조)

d. (구조)

문제 9.30   다음 화합물이 에터 용매에서 염화 수소와 반응하였다. 주 생성물의 구조를 예측하시오

a. (구조)   b. (구조)   c. (구조)   d. (구조)

문제 9.31   분자식이 $C_{10}H_{14}$인 화합물 **X**를 과량의 수소와 Pd 촉매 존재하에서 반응시켰더니 화합물 **A**($C_{10}H_{20}$)가 얻어졌다. 화합물 **X**를 린들러 촉매 존재하에서 수소화 반응을 시켰더니 화합물 **B**($C_{10}H_{16}$)가 얻어졌다. 화합물 **A**, **B**, **X**의 가능한 구조를 하나씩 그리시오.

문제 9.32   미지 화합물 **X**의 분자식은 C_6H_{12}이며 편광을 회전시킨다. 화합물 **X**를 Pd/C 촉매 존재하에서 수소 기체와 반응시켰더니 편광을 회전시키지 않는 화합물 **Y**(C_6H_{14})가 얻어졌다. **X**와 **Y**의 구조를 그리시오.

문제 9.33   헥스-3-아인을 다음 시약과 반응시켰을 때 얻어지는 주 생성물의 구조를 그리시오(생성물이 알켄의 경우 (*E*)-인지 (*Z*)-인지를 분명히 그릴 것).

a. H_2(과량)/Pt   b. H_2(과량), 린들러 촉매   c. Na, 액체 NH_3

d. 1 mol의 HBr   e. 2 mol의 HBr   f. H_2O, H_2SO_4, $Hg(OAc)^{2+}$

〈합성〉

문제 9.34   아세틸렌으로부터 다음 화합물을 합성하려고 한다. 합성법을 제안하시오.

a. (*E*)-헥스-2-엔   b. (*Z*)-헥스-2-엔   c. 헥세인

d. 헥산-1-올   e. 헥산-2-올   f. 2-브로모헥세인

문제 9.35   3,3-다이메틸뷰트-1-엔에서 시작해서 다음 화합물을 합성하고자 한다. 어떤 시약이 어떤 순서로 필요한지를 쓰시오.

10

콘쥬게이션 불포화 화합물과 방향족 화합물

뷰타-1,3-다이엔(1,3-뷰타다이엔) 같이 p AO가 세 개 이상의 원자에 걸쳐 겹치는 화학종을 콘쥬게이션 화합물(conjugated compound)이라고 부른다. 이런 유의 화합물은 콘쥬게이션이 일어나지 않는 고립된 다이엔(isolated diene)에 비하여 열역학적으로 안정하며 특이한 반응성을 보인다.

콘쥬게이션 불포화 화합물의 예는 뷰타-1,3-다이엔, 벤젠, 알릴 양이온(음이온, 라디칼) 등이다.

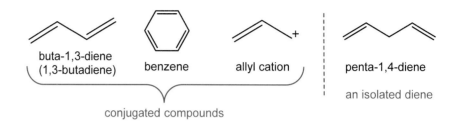

C2와 C3의 2p AO가 겹쳐지려면 두 2p AO가 나란히 놓여야 한다. 가장 안정한 형태인 *s-trans*-형태(*s*는 single)에서는 모든 원자가 한 평면에 놓이면서 2p AO 사이의 겹침이 일어난다. *s-trans*-형태는 *s-cis*-형태와 평형에 있는데, 그 변환의 전이 상태에서는 C2와 C3의 2p AO 사이의 겹침이 깨져야 한다. 따라서 이 과정은 콘쥬게이션 안정

10.1 콘쥬게이션 다이엔의 안정성

(*E*)-헥사-1,3-다이엔과 (*E*)-헥사-1,4-다이엔의 생성 엔탈피를 구해보면 다이엔의 상대적 안정성을 알 수 있는데, 콘쥬게이션 다이엔이 고립된 다이엔보다 4.7 kcal mol^{-1}만큼 안정하다. 이 에너지 차이를 콘쥬게이션 안정화 에너지라고 한다.

(*E*)-hexa-1,3-diene $\xrightarrow[\text{Pt}]{\text{H}_2}$ ΔH^o = -50.4 kcal mol^{-1}

(*E*)-hexa-1,4-diene $\xrightarrow[\text{Pt}]{\text{H}_2}$ ΔH^o = -57.6 kcal mol^{-1}

그러면 왜 콘쥬게이션 다이엔이 더 안정할까? 뷰타-1,3-다이엔을 예로 들면 C1과 C2, C3과 C4사이에서만이 아니라 C2와 C3 사이에서도 2p AO가 겹쳐지기 때문이다. 분자 전체에 걸쳐서 2p AO가 더 넓게 겹쳐지면 π 전자가 더 많은 탄소에 퍼지게 되어 계는 더 안정해진다.

뷰타-1,3-다이엔의 C2-C3 결합 (1.47 Å)은 뷰테인의 결합(1.53 Å)에 비하여 짧다.

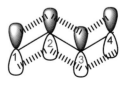

conjugated diene

화 에너지(~5 kcal mol⁻¹)에 해당하는 활성화 에너지(~6 kcal mol⁻¹)가 필요하다. 이 활성화 에너지는 그리 크지 않기 때문에 두 형태 사이의 변환은 상온에서 매우 빠르게 일어난다.

ΔH^o = ~3 kcal mol⁻¹
E_a = 6 kcal mol⁻¹

steric repulsion

s-trans
major

s-cis
less stable

문제 10.1 콘쥬게이션 다이엔의 안정성에 근거하여 다음 반응의 주 생성물을 그리시오.

a.

$\xrightarrow[\text{E1}]{H_2O}$

b.

$\xrightarrow[\text{THF}]{tert\text{-BuOK}}$

10.2 1,3-다이엔의 첨가 반응

HCl을 저온(−78°C)에서 뷰타-1,3-다이엔에 가하면 3-클로로뷰트-1-엔(**A**)(75.5%)과 *trans*-1-클로로뷰트-2-엔(**B**)(24%)이 얻어진다(*cis*-1-클로로뷰트-2-엔도 소량(0.5%) 나옴). 생성물 **A**는 HCl이 C1과 C2에 첨가하여 얻어졌기 때문에 1,2-첨가물(1,2-addition product, adduct)이라 부르고, 비슷하게 생성물 **B**는 1,4-첨가물이라 부른다.

$\xrightarrow[-78°C]{HCl}$

A
3-chlorobut-1-ene
1,2-addition
75.5%

B
trans-1-chlorobut-2-ene
1,4-addition
24%

HCl의 뷰타-1,3-다이엔에 대한 첨가 반응은 두 단계로 일어난다. 단계 1은 수소가 C1(C4)에 첨가하여 공명 안정화 알릴(allyl) 양이온이 생기는 단계이다. 중성 분자 반응물에서 불안정한 양이온(그리고 음이온)이 생기기 때문에 이 단계가 속도 결정 단계이다(수소가 만약에 C2(C3)에 첨가하면 매우 불안정한 일차 양이온이 생기므로 이러한 첨가는 일어나지 않음).

단계 1

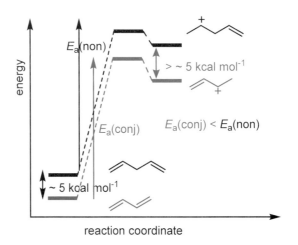

단계 2에서 공통 중간체(common intermediate)인 알릴 양이온이 염화 이온과 반응하면 두 생성물이 얻어진다.

단계 2

10.1절에서 콘쥬게이션 다이엔은 고립된 다이엔(콘쥬게이션을 이루지 않는 다이엔)보다 열역학적으로는 더 안정하다고 서술하였다. 그렇다면 콘쥬게이션 다이엔은 HBr 같은 친전자체와 더 느리게 반응할까? 답은 '그렇지 않다'이다. 뷰타-1,3-다이엔 같은 콘쥬게이션 다이엔은 펜타-1,4-다이엔 같은 고립된 다이엔보다 더 빨리 반응할 것으로 예상된다. 반응 속도는 E_a에 좌우되기 때문에 속도 결정 단계의 에너지 도표를 그려 보자.

두 출발물 사이의 에너지 차이는 ~5 kcal mol^{-1}로 추측되나(10.1절), 두 탄소 양이온의 차이는 이보다 더 클 것이다. 따라서 콘쥬게이션 다이엔의 E_a(conj)이 고립된 다이엔의 E_a(non)보다 더 작아지므로 콘쥬게이션 다이엔이 더 빨리 반응할 것이다.

10.3 첨가 반응의 열역학적 지배와 속도론적 지배

HX의 뷰타-1,3-다이엔에 대한 첨가 반응에서 생성물의 비는 온도에 크게 좌우된다. 낮은 온도에서는 1,2-첨가물이 주 생성물이지만 온도를 올리면 1,4-첨가물이 주 생성물이다. 또한 순수한 두 생성물을 평형 조건(실온이나 더 높은 온도)에 놓아두면 1,2-와 1,4-첨가물의 혼합물이 얻어지고, 그 비는 같은 온도에서의 뷰타다이엔 첨가물의 비와 같아진다.

	1,2-adduct	1,4-adduct
-80°C	80%	20%
45°C	15%	85%

5장에서 한번 언급하였지만 유기 반응에서 덜 안정하지만 더 빨리 생겨서 주 생성물이 되는 예가 종종 발견된다. 이러한 경우 생성물(이번 경우에는 1,2-첨가물)이 **속도론적 지배**(kinetic control)하에 있다고 말한다. 반면에 더 안정한 생성물이 주 생성물(이번 경우에는 1,4-첨가물)인 경우에는 생성물이 **열역학적 지배**(thermodynamic control)하에 있다고 말한다.

반응이 속도론적 지배하에 있다고 하여도 **무한한 시간이 흐르면** 반응계는 결국 평형에 도달할 것이다. 따라서 시간도 중요한 요소일 것이다.

저온에서는 정반응이 쉽게 일어날 정도로 반응계의 에너지가 알릴 양이온을 거쳐 두 첨가물이 생길 수 있을 만큼은 되지만 활성화 에너지가 더 큰 역반응이 일어나기에는 에너지가 불충분하다. 따라서 두 생성물은 상호 변환되지 않으며 주 생성물은 더 빨리 생성되는(E_a가 더 작음) 속도론적 생성물이다.

반면에 높은 온도에서는 생성물(특히 1,2-첨가물)들이 중간체인 양이온으로 되돌아가기에 충분한 에너지를 얻을 수 있기 때문에 역반응이 일어날 수 있다. 이러한 가역적 과정이 일어나면 결국에는 열역학적으로 더 안정한 생성물인 1,4-첨가물(이중치환 알켄)이 더 많이 얻어지게 될 것이다.

1,2-첨가물이 속도론적 생성물이고 1,4-첨가물이 열역학적 생성물인 사실에 부합하는 에너지 도표를 다음과 같이 그릴 수 있다.

전체 반응 속도는 첫 번째 단계가 결정하지만 두 첨가물의 비는 두 번째 단계가 결정하므로 이 단계를 **생성물 결정 단계**(product-determining step)라고 부른다. 두 첨가물의 비는 ΔE_a가 결정할 것이다.

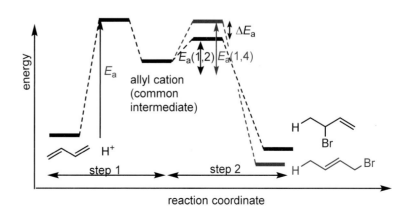

그러면 왜 뷰타-1,3-다이엔의 첨가 반응에서 1,2-첨가물이 속도론적 생성물로 얻어질까? 공통 중간체에서 이차 양이온 구조가 더 안정하므로 여기에 브로마이드 이온이 반응하면 1,2-첨가물을 줄 것이라고 생각할 수 있을 것이다.

TS for formation of
the 1,2-adduct: 2° cation-like

TS for formation of
the 1,4-adduct: 1° cation-like

이 설명이 옳다면 펜타-1,3-다이엔(1,3-펜타다이엔)과 DCl이 속도론적 지배하에서 반응하였을 때, 1,2-와 1,4-첨가물이 같은 양으로 얻어질 것이다(두 전이 상태의 안정성이 같으므로). 1979년에 이 가정을 확인하기 위해 다음과 같은 실험이 고안되었다.

penta-1,3-diene   kinetic control
(1,3-pentadiene)

	1,2-addition	1,4-addition
expected:	50%	50%
observed:	75.5%	24%

위 실험에서 생기는 양이온은 모두 이차 알릴성이다(그리고 둘 다 이치환 알켄이다). 두 양이온의 안정도가 비슷하므로 두 염화물도 비슷한 비로 얻어질 것이라 예상할 수 있다. 하지만 실제 실험에서 1,2-첨가물이 주 생성물로 얻어졌으며 생성물의 비는 두 이온의 안정성과는 관련이 없었다.

그러면 왜 1,2-생성물이 주로 얻어질까? 답은 인접 효과(proximity effect)때문이다. 처음에 DCl이 첨가할 때 용매 껍질 안에서 이온쌍이 생길 것이다. 염화 이온은 처음부터 D 원자 근처에 있기 때문에 C4보다는 C2에 더 접근이 쉬울 것이다.

Proximity effect

Cl⁻: closer to C2 than C4

따라서 1,2-생성물은 모두 속도론적 생성물이다. 하지만 1,4-생성물이 반드시 열역학적 생성물은 아니다. 다음 예를 보자.

이 예에서는 1,2-생성물이 속도론적 생성물이면서 열역학적 생성물이다.

1,2-addition product
kinetic product
thermodynamic product

1,4-addition product

화학카페

전기 전도성 유기 화합물

유기 화합물은 전기를 통하지 않는 부도체이다. 그래서 구리선을 유기 고분자 물질로 감싸서 절연시킬 수 있는 것이다. 하지만 1970년도 말에 일본 쓰쿠바대학교의 시라카와 교수는 전도성 아세틸렌 고분자를 개발하여 유기 물질도 구리선처럼 전기를 통할 수 있음을 보여 주었다(시라카와 교수 연구실에서 일하던 한국인 유학생이 단위를 잘못 읽고 촉매의 양을 천 배나 많이 넣어 실수로 은색 박막 물질을 얻었는데, 이 물질이 최초의 전도성 고분자이다).

$$H-C\equiv C-H \xrightarrow{\text{polymerization}}$$

polyacetylene

폴리아세틸렌의 전자는 전기를 잘 전도할 정도로 사슬을 따라 이동을 하지 않는다. 하지만, 도핑이라고 부르는 과정을 통하여 고분자에서 전자를 제거하거나(산화), 고분자에 전자를 가하면(환원) 전자가 사슬을 따라 자유롭게 이동할 수 있어서 구리선처럼 전기를 통할 수 있다. 아래 반응식처럼 아이오딘으로 도핑하면 전자 하나가 제거된 사슬이 생긴다. 이 사슬 구조는 도핑하기 전보다 무려 전기를 천만 배 더 잘 전도하였다.

$$\xrightarrow[\text{- 1e}^-]{\text{I}_2 \text{ doping}}$$

폴리아세틸렌은 공기 중의 산소 기체와 반응하므로 그 용도가 제한적이다. 따라서 좀 더 안정한 전도성 고분자가 개발되었으며 폴리(p-페닐렌 바이닐렌), 폴리피롤 및 폴리싸이오펜 등이 그 예이다.

poly(p-phenylene vinylene)

polypyrrole

polythiophene

현재 전도성 고분자의 중요한 용도는 평면 텔레비전이나 스마트 폰에 쓰이는 발광 다이오드(LED) 디스플레이다.

예제 10.1 2-메틸뷰타-1,3-다이엔(아이소프렌)과 HCl의 반응에서 속도론적 생성물과 열역학적 생성물을 그리시오.

풀이

양성자는 C1과 C4에 첨가될 수 있지만 더 안정한 탄소 양이온을 주는 C1 첨가가 선호된다.

문제 10.2 2-메틸사이클로헥사-1,3-다이엔에 일 당량의 HCl을 첨가시키면 두 가지 염화물이 얻어진다.

2-methylcyclohexa-1,3-diene

a. 두 구조를 각각 그리시오.

b. a.에서 그린 구조 중에서 어느 것이 속도론적 생성물인가?

문제 10.3 다음 반응의 그리고 1,4-첨가물을 그리시오. 속도론적 생성물과 열역학적 생성물은 각각 어느 것인가?

10.4 방향성과 휘켈 규칙

불포화 탄화수소인 벤젠은 콘쥬게이션 고리 구조이다. 벤젠은 다른 단순한 알켄과 다르게 첨가 반응이 일어나지 않으며, 일어난다 하더라도 벤젠의 구조가 보전되는 치환 반응이 일어난다. 그래서 유기화학자는 이러한 벤젠의 특별한 안정성에 **방향성** (aromaticity)이라는 이름을 붙였다.

**콘쥬게이션과
자외선 및
가시광선 분광학**

양자론에 의하면 한 분자가 취할 수 있는 에너지 상태는 양자화되어 있는데, 분자가 빛을 흡수하기 위해서는 광자의 에너지가 분자의 두 에너지 상태의 차이 ΔE와 같아야 한다. 분자가 특정한 파장의 빛을 흡수하면 에너지가 더 높은 상태인 들뜬 상태에 놓이게 된다. 빛의 파장에 따라 관여하는 에너지 상태가 달라지는데, 자외선 및 가시광선 분광학은 전자의 에너지 상태와 관련되어 있다.

자외선은 파장이 200~400 nm인 빛이고 가시광선은 400~800 nm인 빛이다. 분자가 자외선과 가시광선 영역의 빛을 흡수하면 에너지가 더 낮은 오비탈의 전자(π 전자 혹은 고립쌍 전자)가 에너지가 더 높은 오비탈(흔히 π^* 반결합)로 여기하게 된다. 이러한 여기를 $\pi \rightarrow \pi^*$ 전이, 그리고 $n \rightarrow \pi^*$ 전이라고 부른다.

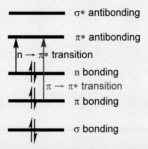

4-메틸-3-펜텐-2-온의 자외선 스펙트럼이 아래에 나와 있다. 이 스펙트럼에서 y축은 몰흡광 계수(molar absorption coefficient, molar absorptivity, ε로 표시)의 log 값이다. y축은 흔히 흡광도(Absorbance, A)로 표시하기도 한다.

흡광도 A는 $\log(I_0/I)$로 정의하며 I_0는 시료에 들어온 빛의 세기, I는 시료를 통과한 빛의 세기이다. A는 빛이 통과한 길이 l과 용액의 몰농도 c에 비례하는데, 비례상수는 몰흡광 계수 ε이다. 즉, $A = \varepsilon l$로서 이 식을 램버트-비어(Lambert-Beer) 식이라고 부른다.

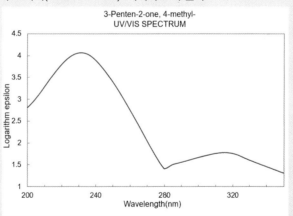

자료: NIST Chemistry WebBook(http://webbook.nist.gov/chemistry)

위 스펙트럼에서 크게 두 피크를 볼 수 있다. 228 nm 피크는 흡수가 가장 많이 일어나는 피크이므로 $\lambda_{\max}$ = 228 nm라고 말한다. 228 nm와 315 nm 피크는 각각 $\pi \rightarrow \pi^*$ 전이와 $n \rightarrow \pi^*$ 전이 때문이다. $\pi \rightarrow \pi^*$ 전이는 더 많은 에너지가 필요하므로 파장이 더 짧다. 반면에 $n \rightarrow \pi^*$ 전이는 더 긴 파장에서 일어나나 흡수가 덜 일어난다(흡광 계수가 더 작다).

전자의 전이가 일어나려면 두 오비탈이 공간적으로 겹쳐져야 한다. π MO와 π^* MO는 겹칠 수 있으나 n 비결합 오비탈과 π^* MO는 서로 수직이므로 겹쳐지지 않는다. 그러면 양자론에 의하면 전자의 전이가 허용되지 않는다. 그래도 약간의 전이가 일어날 수는 있으나 대신 흡광 계수가 매우 작아진다.

UV-Vis 스펙트럼의 특징은 좁은 파장 범위에서 날카롭게 빛을 흡수하지 않고 매우 폭이 넓은 파장 범위에서 흡수가 일어난다는 점이다. 그 이유는 두 전자의 에너지 준위에도 수많은 진동 및 회전 준위가 들어 있고, 이러한 여러 가지 준위에서 제각각 빛의 흡수가 일어나기 때문이다.

분자가 더 많이 콘쥬게이션을 이룰수록 HOMO인 π MO와 LUMO인 π^* MO의 에너지는 점점 줄어들게 되며, 흡수 파장이 가시광선 영역에 들어오면 색을 띠게 된다(우리가 보는 색은 흡수하는 색의 보색이다. 예를 들어, 보라색 영역을 흡수하면 노란색을 보는 것이다).

1931년에 독일의 이론화학자인 휘켈(Hückel)은 분자 오비탈 계산에 근거하여 방향성에 대한 기준(휘켈 규칙, $4n + 2$ 규칙)을 다음과 같이 제시하였다.

1. 분자 혹은 이온은 평면 고리 구조이면서 고리에 있는 모든 원자는 p 오비탈이 있어야 하고 p 오비탈은 연속적으로 겹쳐야 한다

2. 방향성 화합물은 π 전자의 수가 $4n + 2(n = 0, 1, 2, 3, \cdots)$이어야 한다. π 전자의 수가 $4n(n = 1, 2, 3, \cdots)$이면 반방향성(antiaromaticity)이다.

벤젠은 이 기준을 만족하기 때문에 방향성이다. 여섯은 흔한 휘켈 수이므로 이 수를 흔히 방향성 육전자계(aromatic sextet)라고 부른다.

또한 방향성 화합물은 π 전자 수가 같고 콘쥬게이션을 이루나 비고리형인 화합물에 비하여 더 안정하며, 반방향성 화합물은 더 불안정하다. 두 구조의 안정성이 비슷하면 비방향성(nonaromatic)이다.

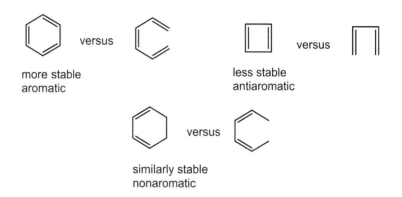

직사각형 구조의 반방향성 사이클로뷰타-1,3-다이엔은 너무 불안정하므로 상온에서는 분리할 수 없고, 대신 극저온에서 그 존재를 관찰할 수 있을 뿐이다. 비방향성 사이클로옥타-1,3,5,7-테트라엔은 평면이라면 반방향성이나 분자의 형태가 약간 구부러지면서 반방향성을 피할 수 있다.

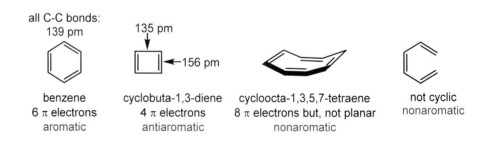

예제 10.2 **다음 분자가 방향성, 반방향성 혹은 비방향성인지를 결정하시오. 단, 모든 구조는 평면이라고 가정한다.**

a.

b.

> **풀이**
> a. 방향성 　　　　　　　　　　 b. 반방향성(B 원자에 비어 있는 2p AO가 있음)

문제 10.4 다음 분자가 방향성, 반방향성 혹은 비방향성인지를 결정하시오. 단, 모든 구조는 평면이라고 가정한다.

a. 　　　　　　　　　 b.

10.4.1 방향성 이온

음전하 혹은 양전하를 띤 이온도 휘켈 규칙의 기준을 만족하면 방향성이다. 그러한 예는 사이클로프로펜일 양이온, 사이클로펜타다이엔일 음이온, 트로필륨 양이온이다.

화학카페
내접 다각형법과 휘켈 규칙

휘켈 규칙을 이해하려면 분자 오비탈의 에너지를 구해야 하지만, 이는 시간이 걸리는 작업이다(온라인상에서 분자 오비탈의 에너지를 구할 수도 있다. 다음 사이트를 참조 바람. https://www.ucalgary.ca/rauk/shmo). 하지만, 미국 화학자 프로스트(Frost)가 1953년에 고안한 **내접 다각형법**을 이용하면 쉽게 분자 오비탈의 상대적 에너지를 알 수 있다. 먼저 원을 그린 후, 원 안에 고리의 한 모서리가 아래로 향하면서 내접하도록 그리면, 원과 모서리가 만나는 위치가 생길 것이다(이러한 원을 **프로스트 원**(Frost circle)이라고 한다). 이 위치가 각 MO의 에너지 준위이다(원의 반지름은 2β이나 β의 의미는 이 교재에서는 다루지 않는다). 방향성인 벤젠의 경우에는 6개의 π 전자가 짝을 이루면서 모두 결합성 MO에 배치된다. 프로스트 원을 보면 휘켈 규칙에서 숫자 '2'가 왜 나왔는지를 알 수 있을 것이다.

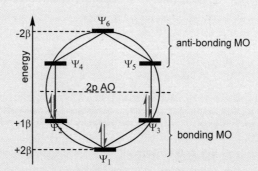

반면에 사이클로뷰타다이엔는 두 전자가 짝을 이루지 못 하면서 비결합성 AO에 배치하게 된다. 이러한 경우가 반방향성이다.

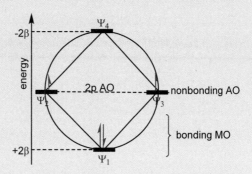

cyclopropenyl cation
2 π electrons
aromatic

cyclopentadienyl cation
6 π electrons
aromatic

tropylium ion
6 π electrons
aromatic

사이클로펜타-1,3-다이엔의 CH_2 수소는 탄소에 붙어 있음에도 불구하고 에탄올의 OH보다 더 센산이다! 반면에 사이클로헵타-1,3,5-트라이엔의 수소는 훨씬 덜 산성이다.

cyclopenta-1,3-diene
(1,3-cyclopentadiene)
pKa = 15

cyclohepta-1,3-diene
(1,3-cycloheptadiene)
pKa = 39

예제 10.3　다음 이온이 방향성, 반방향성 혹은 비방향성인지를 휘켈 규칙을 이용하여 결정하시오. 단, 모든 구조는 평면이라고 가정한다.

a. 　　b. 　　c. 　　d.

풀이

a. 비방향성　　b. 반방향성　　c. 반방향성　　d. 반방향성

문제 10.5　다음 이온이 방향성, 반방향성 혹은 비방향성인지를 휘켈 규칙을 이용하여 결정하시오. 단, 모든 구조는 평면이라고 가정한다.

a. 　　b. 　　c.

10.4.2 아눌렌

단일 결합과 이중 결합이 교대로 있는 단일고리 탄화수소를 아눌렌(annulene)이라고 부르며, 꺾쇠 괄호 [ ] 안에 탄소 수를 표시한다. 예로서 벤젠은 [6]-아눌렌이다. [14]- 및 [18]-아눌렌은 휘켈 규칙을 따르기 때문에 방향성이다. 하지만 [10]-아눌렌은 두 수소 사이의 반발을 피하려고 평면이 아닌 구조를 취하므로 비방향성이다.

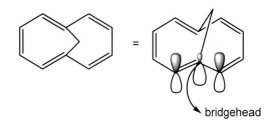

[14]-annulene   [18]-annulene   [10]-annulene
                                               10 π electrons
                                               not planar, nonaromatic

하지만 [10]-아눌렌에서 두 수소를 없애면 어떨까? 두 수소를 메틸렌기(CH₂)로 치환시킨 화합물이 합성되었으며, 실험 결과 다리목 탄소에서의 겹침은 감소하지만 그래도 방향성임이 증명되었다.

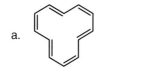 =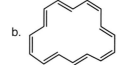

bridgehead

문제 10.7   다음 아눌렌이 방향성인지를 판별하시오.

a.

b.

10.4.3 여러 고리 방향족 탄화수소

여러 고리 방향족 탄화수소(polycyclic aromatic hydrocarbon, **PAH**)는 벤젠 고리가 두 개 이상 접합된(fused) 화합물로서 방향성이다. 간단한 예는 나프탈렌, 안트라센, 페난트렌이다.

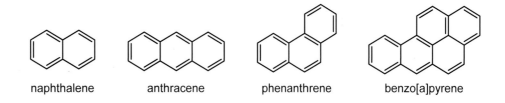

naphthalene   anthracene   phenanthrene   benzo[a]pyrene

원래 휘켈 규칙은 단일 고리 화합물에만 적용된다. 따라서 휘켈 규칙을 PAH에 적용할 때는 특별한 주의가 필요하다. 아래 예를 보자. 파이렌(pyrene)의 왼쪽 구조를 보면, π 전자의 수가 4의 배수이므로 반방향성이라고 판단할 수 있다. 하지만 오른쪽 공명 구조에서는 **가장 자리**에 이중 결합의 수가 더 많도록 그렸다. 이 가장 자리에 있는 π 전자의 수를 세면 14개이므로 파이렌은 방향성이다. 컬러로 표시한 이중 결합의 π 전자는 방향성에 기여하지 않는다. 이 위치에 이중 결합이 없는 다이하이드로파이렌도 방향성이다.

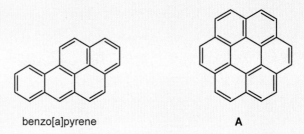

pyrene
16 π electrons
antiaromatic ?

14 π electrons
aromatic

dihydropyrene
14 π electrons
aromatic

예제 10.4 벤조[*a*]파이렌과 아래 구조 **A**가 방향성인지를 판단하시오. 판단에 사용한 π 전자의 수는 얼마인가?

benzo[a]pyrene

A

풀이

여러 고리 방향족 탄화수소의 방향성을 따질 때에는 가장 자리에서 콘쥬게이션이 이루어지도록 다음과 같이 그려야 한다. 그러면 가장 자리에 놓인 π 전자 수가 18개이므로 방향성이다.

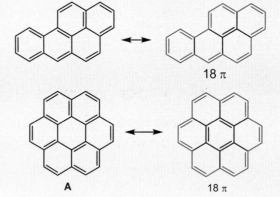

18 π

A

18 π

문제 10.7 다음 구조가 방향성, 반방향성 혹은 비방향성인지를 휘켈 규칙을 이용하여 결정하시오. 단, 모든 구조는 평면이라고 가정한다.

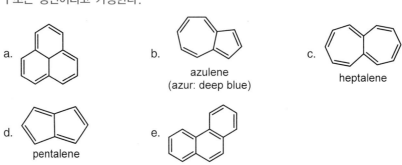

a.

b.

azulene
(azur: deep blue)

c.

heptalene

d.

pentalene

e.

10.4.4 방향족 헤테로 고리 화합물

방향성 헤테로 고리 화합물은 구조가 매우 다양하며 유기 화합물의 70~80% 정도가 헤테로 고리일 것으로 추정된다.

헤테로 고리는 탄소 원자 대신에 헤테로 원자(O, N, S 등)가 들어 있는 고리이다. 벤젠의 한 탄소를 질소로 바꾸면 피리딘이라는 방향성 헤테로 고리 화합물이 얻어진다.

피리딘의 질소 고립쌍은 sp² 혼성 AO에 있으며 여섯 개의 π 전자가 고리에 퍼져 있으므로 방향성이다. 반면에, 피롤의 경우에는 질소의 고립쌍이 2p AO에 있어야 '방향성 육전자계'를 이룰 수 있다. 이 고립쌍이 염기로서 반응하면 더 이상 방향성 육전자계를 이룰 수 없기 때문에 피리딘에 비하여 질소의 염기도는 훨씬 떨어진다. 이미다졸의 경우에도 N-H의 질소는 피롤처럼 그 고립쌍이 고리에 비편화되어야 방향성이다. 따라서 이 질소는 다른 질소보다 덜 염기성이다.

피롤과의 반응에서 양성자는 질소 원자가 아니라 이중 결합의 탄소 원자에 첨가한다.

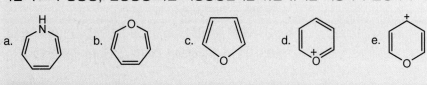

<table>
<tr><td>pyridine</td><td>pKa = 5.2</td></tr>
<tr><td>pyrrole
lone pair: part of
aromatic sextet</td><td>pKa = 0.4</td></tr>
<tr><td>imidazole</td><td>pKa = 6.9</td></tr>
</table>

예제 10.5 다음 구조가 방향성, 반방향성 혹은 비방향성인지를 휘켈 규칙을 이용하여 결정하시오.

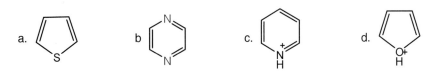

풀이

a. 반방향성 b. 반방향성 c. 방향성 d. 방향성 e. 방향성

문제 10.8 다음 구조가 방향성, 반방향성 혹은 비방향성인지를 휘켈 규칙을 이용하여 결정하시오.

추가 문제

〈에너지 도표〉

문제 10.9   뷰타-1,3-다이엔이 HBr과 −80℃에서 반응하면 3-브로모-뷰트-1-엔(80%)과 1-브로모-뷰트-2-엔(20%)이 얻어진다. 한편 45℃에서는 3-브로모-뷰트-1-엔과 1-브로모뷰트-2-엔이 15:85의 비로 얻어진다. 또한 순수한 3-브로모-뷰트-1-엔 혹은 1-브로모-뷰트-1-엔을 고온에서 가열하면 이 두 브로마이드의 평형 혼합물이 얻어진다.

a. 어느 브로마이드가 1,2-첨가물인가? 그 구조를 그리시오.

b. 어느 브로마이드가 1,4-첨가물인가? 그 구조를 그리시오.

c. 3-브로모-뷰트-1-엔이 저온에서 더 많이 얻어지고, 1-브로모-뷰트-2-엔이 고온에서 더 많이 얻어지는 이유를 에너지 도표를 이용하여 설명하시오.

d. 어느 브로마이드가 열역학적으로 더 안정한 생성물인가? 그 이유는 무엇인가?

e. 어느 브로마이드가 속도론적 생성물인가?

〈메커니즘〉

문제 10.10   (*E*)-1-페닐프로프-1-엔과 3-페닐프로프-1-엔은 둘 다 HCl과 반응하여 같은 염화물을 준다. 이 염화물의 구조를 그리고, 왜 같은 생성물을 주는지 메커니즘을 그려 설명하시오.

문제 10.11   미국의 Case Western Reserve 대학교의 노랜더(Norlander)는 1979년에 다음과 같은 실험을 수행하였다(두 생성물의 비는 뷰타-1,3-다이엔의 경우와 매우 비슷하였다).

a. 노랜더가 이 실험을 한 이유는 무엇을 알아보기 위해서인가? 필요하면 반응 중간체의 공명 구조를 그려 서술하시오.

b. 1,2-첨가물이 주 생성물인 이유를 노랜더는 어떠한 용어로 설명하였는가?

c. 왜 중수소가 C2, C3 혹은 C4 대신에 C1에 첨가되는가? 각 경우에 얻어지는 양이온의 안정성을 근거로 설명하시오.

d. 이 실험을 여러분이 수행하였다고 하자. 이 반응이 속도론적 조절하에서 일어났다고 다른 화학자에게 주장하려면 어떠한 실험이 더 필요할까?

문제 10.12   뷰타-1,3-다이엔이 Br₂와 반응하면 두 가지 이브로민화 화합물(dibromide) A와 B가 생성된다.

1,4-첨가물인 화합물 **B**가 생기는 메커니즘을 제안하시오.

〈방향성〉

문제 10.13   아래의 화합물 1~10 중에서 다음 조건에 맞는 화합물을 고르시오.

1	2	3	4	5
6	7	8	9	10

a. 중성, 4 π 전자계, 반방향성 화합물.

b. 10 π 전자계, 방향성 화합물.

c. 콘쥬게이션 6 π 전자계, 비방향성 화합물.

d. 콘쥬게이션이 아닌 탄화수소.

e. 중성인 경우 비방향성이지만, 수소 하나를 제거하면 방향성 음이온이 되는 화합물.

f. 그려진 구조는 비방향성이지만, 공명 구조가 방향성인 화합물.

g. 방향성 헤테로 고리 화합물(두 개)

문제 10.14   다음은 히스타민(histamine)의 구조이다.

a. N_a와 N_b의 혼성 오비탈은 각각 무엇인가?

b. 질소 N_a와 N_b의 고립쌍 전자가 들어 있는 오비탈의 종류는 각각 무엇인가?

c. 두 질소 N_a와 N_b 중에서 더 염기성인 것은 어떤 것인가? 그 이유는 무엇인가?

d. 히스타민은 방향성인가, 반방향성인가? 그 이유를 쓰시오.

문제 10.15   브로민화 트로필륨은 유기 용매에는 녹지 않으나 물에는 잘 녹는다. 이 사실을 설명하시오.

tropylium bromide

〈반응〉

문제 10.16   다음 1,3-다이엔 화합물이 에터 용액에서 염화 수소와 반응하였더니 가능한 네 구조 이성질체 중에서 두 구조가 얻어졌다. 이 두 구조를 그리고, 어느 것이 속도론적 생성물이고 어느 것이 열역학적 생성물인지를 밝히시오.

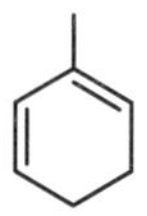

문제 10.17   진지버린은 생강 냄새 성분이다. 일 당량의 HBr과의 속도론적 반응에서 생기는 생성물을 그리시오.

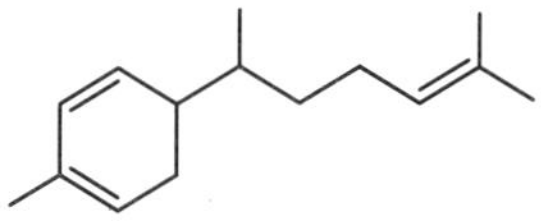

zingiberene

문제 10.18   1-클로로뷰트-2-엔은 염화 크로틸(crotyl chloride)로도 알려져 있다. 순수한 염화 크로틸을 구입할 수 있는지 시그마알드리치 같은 시약회사의 홈페이지(www.sigmaaldrich.com)에 접속하여 알아보시오. 순수한 시약을 살 수 없다면 나머지 불순물은 무엇인가?

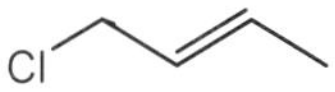

1-chlorobut-2-ene

11

방향족 화합물: 구조 및 친전자성 방향족 치환 반응

벤젠은 발암성 물질이다.

'벤젠(benzene)'의 어원은 어떤 식물에서 구할 수 있는 방향성 수지인 '검 벤조인 (gum benzoin)'에서 유래하였다. 패러데이(Faraday)가 최초로 벤젠을 분리하였으며, 독일의 화학자 미체를리히(Mitscherlich)는 1834년에 검 벤조인을 가열하여 얻은 벤 조산을 산화 칼슘과 가열하여 분자식 C_6H_6인 어떤 액체를 얻었는데, 이를 벤젠이라고 불렀다. 1845년에 만스필드(Mansfield)는 석탄 타르에서 대량으로 벤젠을 얻었고, 1855년에 호프만(Hofmann)은 벤젠과 그 유도체(벤조산, 벤질 알코올, 벤즈알데하이 드, 톨루엔 등)에는 지방족 탄화수소와는 다른 독특한 향이 있으므로 '방향성'이라는 단어를 사용하여 이들 부류의 화합물을 방향족이라고 불렀다. 하지만 방향성의 현대적 정의는 향이 있는 성질이 아니라는 점을 10장에서 배운 바 있다. 이 장에서는 방향족 화합물이 수행하는 중요한 반응인 친전자성 방향족 치환 반응을 주로 다루고자 한다.

11.1 명명법

단일치환 벤젠은 치환기의 이름 뒤에 벤젠을 붙여 명명한다.

몇 가지 단일치환 벤젠은 상용명을 흔히 쓴다.

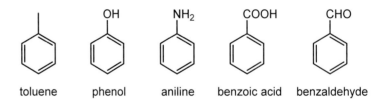

이중치환 벤젠에서 두 기의 상대적 위치는 *ortho-*, *meta-*, *para-*(*o-*, *m-*, *p-*로 약칭)를 쓰거나 숫자 1,2-, 1,3-, 1,4-를 써서 나타낸다.

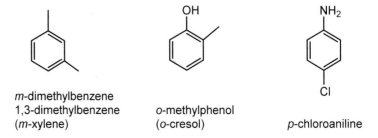

벤젠에서 수소 하나를 제거한 기를 페닐(phenyl)이라고 부르고 Ph로 약칭한다. 벤질 (benzyl)기는 $PhCH_2$-기를, 벤조일(benzoyl)기는 PhCO-기를 말한다.

11.2 벤젠의 구조 및 결합

옆 그림에서는 이중 결합과 단일 결합의 길이를 같게 그렸지만 케쿨레는 원래 이중 결합과 단일 결합이 번갈아 있는 구조(사이클로헥사-1,3,5-트라이엔)를 제안하였다 (아래 케쿨레의 논문 그림 참조).

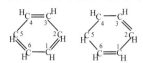

분자식인 C_6H_6인 화합물의 수는 218개로 계산된다. 이 중에서 드와(Dewar) 벤젠과 프리스메인(prismane) 처럼 벤젠보다 훨씬 불안정한 화합물도 합성된 바 있다.

Dewar benzene (1963)　　prismane (1973)

벤젠의 구조를 다음과 같이 그리기도 하지만, 이 책에서는 사용하지 않는다.

벤젠의 분자식 C_6H_6를 보면 벤젠은 불포화도가 매우 큰 화합물임을 알 수 있다. 1865년에 독일의 케쿨레(Kekulé)는 벤젠의 구조로서 세 이중 결합이 번갈아 있는 두 개의 고리 화합물(사이클로헥사-1,3,5-트라이엔)이 빠르게 평형을 이루고 있는 혼합물이라고 제안하였다.

실험에 의하면 벤젠은 평면 구조로서 모든 탄소-탄소 결합 길이는 같고, 그 길이는 에테인(1.53 Å)과 에텐(1.34 Å)의 C-C 결합의 중간(1.39 Å)이다. 벤젠은 π 결합이 세 개 있으므로 π 전자의 수는 여섯이며, 이 수는 방향족 화합물에서 특별한 의미가 있다 (10.4절 휘겔 규칙 참조).

벤젠의 모든 탄소-탄소 결합이 같다는 점을 나타내기 위하여 두 루이스 구조(케쿨러 구조라고 함)의 공명 혼성으로서 실제 벤젠의 구조를 표현한다. 혼성 구조에서 점선은 이중과 단일 결합의 중간을 나타낸다.

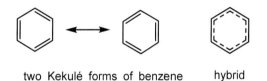

two Kekulé forms of benzene　　hybrid

11.3 벤젠의 열역학적 안정성

벤젠은 불포화 화합물이지만 알켄과 비슷하게 브로민의 첨가 반응이 쉽게 일어나지 않는다. 대신 $FeBr_3$ 같은 루이스 산이 있으면 벤젠의 고리 구조가 보존되는 치환 반응이 일어난다. 이러한 사실은 벤젠 고리의 특별한 안정성을 의미한다.

벤젠은 두 공명 구조의 혼성체로 나타낼 수 있으며 이러한 공명으로 벤젠 분자가 안정해지는 정도를 벤젠의 **공명 안정화 에너지**(resonance stabilization energy) 또는 비편재화 에너지(delocalization energy)라고 부른다. 이 값은 사이클로헥센과 벤젠의 수소 첨가 반응열로부터 알 수 있다. 사이클로헥센을 사이클로헥세인으로 환원하면 29

kcal mol^{-1}의 열이 방출된다. 그렇다면 벤젠을 완전히 사이클로헥세인까지 환원한다면, 이 값의 세 배인 87 kcal mol^{-1}의 열이 방출될 것이라고 예상할 수 있다. 하지만 실제로 방출되는 열은 49.1 kcal mol^{-1}밖에 되지 않는다. 따라서 벤젠은 가상적 구조인 사이클로헥사트라이엔보다 38 kcal mol^{-1} 만큼 안정하다고 할 수 있다.

가상적 구조인 사이클로헥사트라이엔의 콘쥬게이션 공명 에너지를 고려하여 이 구조의 수소화열을 79 kcal mol^{-1}로 예측하기도 한다. 그러면 벤젠의 공명 에너지는 30 kcal mol^{-1}일 것이다.

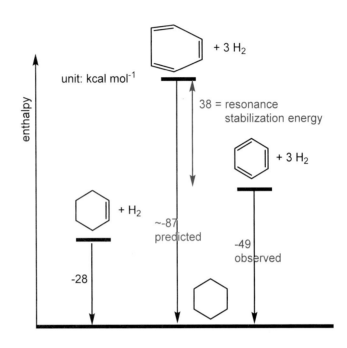

11.4 친전자성 방향족 치환 반응

벤젠은 알켄의 특이한 첨가 반응이 쉽게 일어나지 않으며 대신 친전자체와의 반응에서는 치환 반응이 일어난다.

DBr(D는 중수소)이 벤젠과 반응한다고 하자. 친전자체인 D$^+$가 반응하면 먼저 아레늄 이온(사이클로헥사다이엔일 양이온(arenium ion))이 중간체로 생긴다. 이 이온은 친전자체가 도입된 탄소의 *ortho*와 *para*-위치에 부분 양전하를 띤다.

다음 단계에서는 브로민화 이온이 염기로 작용하여 양성자를 제거하면 첨가 대신에 수소가 중수소로 치환된 생성물만 생성된다. 이러한 종류의 반응을 친전자성 방향족 치환 반응(electrophilic aromatic substitution)이라고 부른다.

그러면 왜 첨가물은 생기지 않을까? 첨가물이 생기면 벤젠의 방향성이 사라지면서 38 kcal mol^{-1}에 해당하는 공명 안정화 에너지의 손실이 있기 때문이다.

과량의 중수와 D_2SO_4 산 촉매 조건에서 위와 같은 치환 반응이 순차적으로 일어나면 모든 벤젠의 수소가 중수소로 치환된 생성물을 얻을 수 있다.

벤젠은 양성자(중양성자) 이외에도 다양한 친전자체와 반응할 수 있으며, 이러한 반응을 통하여 몇 가지 원자를 벤젠 고리에 직접 도입할 수 있다. 표 11.1에 친전자체의 종류와 친전자체의 역할을 실제 반응에서 수행하는 시약을 수록하였다. 이 표를 살펴보면 NH$_2$, OH, COOH 같은 기는 대응하는 친전자체가 없는데, 이런 벤젠 유도체는 벤젠에서 직접 친전자성 방향족 치환 반응을 통하여 얻을 수 없다.

표 11.1 친전자성 방향족 치환 반응에 사용되는 친전자체와 그 실제 시약

도입하는 원자	벤젠에 도입하는 기	친전자체	실제 시약	반응 이름
할로젠	Br, Cl(할로기)	Br$^+$, Cl$^+$	X$_2$, FeX$_3$ (혹은 Fe) (촉매)	할로젠화 반응
N	NO$_2$(나이트로기)	NO$_2{}^+$	HONO$_2$, H$_2SO_4$	나이트로화 반응
S	SO$_2$OH(설폰산기)	SO$_3$ 혹은 $^+$SO$_2$OH	H$_2SO_4$, SO$_3$	설폰화 반응
C	R(알킬기)	R$^+$ (알킬 양이온)	RX, AlCl$_3$ (촉매)	프리델-크래프츠 알킬화 반응
C	RCO(아실기)	RCO$^+$ (R = 알킬, 아릴)	RCOCl, AlCl$_3$ (1당량)	프리델-크래프츠 아실화 반응

11.5 할로젠화 반응

Br_2 및 Cl_2은 벤젠과 반응하기에는 친전자성이 충분히 크지 않기 때문에 반응이 일어나지 않는다. 반응이 일어나려면 $FeBr_3$나 $FeCl_3$ 같은 루이스 산 촉매가 있어야 한다 (금속 철을 넣어도 됨). 루이스 산 FeX_3가 루이스 염기인 X_2과 반응하여 착물 X-$\underline{X}$-FeX_3이 형성되면 밑줄 친 할로젠 원자 X가 부분 양전하를 띠게 된다. 그러면 알켄보다 친핵성도가 작은 벤젠이 반응할 수 있을 정도로 이웃 X 원자의 친전자성이 증가한다. 이 착물이 벤젠과 반응하면 좋은 이탈기인 FeX_4^- 이온이 떨어지면서 아레늄 이온이 생긴다. 마지막으로 FeX_4^- 이온의 X-Fe 결합이 루이스 염기로 작용하여 양성자를 제거하면 할로벤젠 생성물이 얻어지고, 사용했던 FeX_3 촉매가 다시 나온다.

$$X—X + FeX_3 \longrightarrow X—\overset{+}{X}—\overset{-}{F}eX_3$$

halobenzene

11.6 나이트로화 반응

나이트로화 반응(nitration)은 나이트로기(NO_2)를 벤젠에 도입하는 반응이다. 진한 질산과 진한 황산을 혼합하면 더 센 산인 황산의 양성자를 받은 질산에서 물이 떨어지면서 나이트로늄 이온(nitronium ion)이 생긴다. 이 친전자성 이온이 벤젠과 반응하면 나이트벤젠이 얻어진다. 나이트로벤젠은 아몬드 향이 나는 매우 유독한 액체로서 아닐린의 합성에 사용된다.

nitric acid　　sulfuric acid　　　　nitronium ion

nitrobenzene

11.7 설폰화 반응

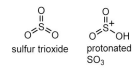

sulfur trioxide　protonated SO_3

벤젠은 진한 황산과 상온에서는 반응하지 않지만, 가열하거나 진한 황산에 삼산화 황(SO_3)을 포화시킨 발연 황산(fuming sulfuric acid, oleum)으로 처리하면 벤젠설폰산이 얻어지는데, 이 반응을 설폰화 반응(sulfonation)이라고 부른다. 이 반응의 친전자체는 반응 조건에 따라 SO_3 혹은 SO_3H^+ 이온이다.

반응 메커니즘의 모든 단계는 가역적이다. 진한 황산에서는 설폰산의 생성이 유리하지만 묽은 황산 용액에서 가열하면 역반응이 일어난다.

benzenesulfonic acid

세탁용 세제로 사용되는 도데실설폰산 소듐은 알킬벤젠의 설폰화 반응으로 제조한다.

sodium dodecylbenzenesulfonate

11.8 프리델–크래프츠 알킬화 반응과 아실화 반응

프리델–크래프츠 알킬화 반응(Friedel-Crafts alkylation)과 프리델–크래프츠 아실화 반응(Friedel-Crafts acylation)은 벤젠 고리에 알킬기와 아실기를 각각 도입할 수 있는 유용한 반응이다.

벤젠에 염화 알킬(RCl)과 촉매량의 AlCl₃을 가하면 알킬벤젠이 얻어지는데, 이러한 반응을 프리델-크래프츠 알킬화 반응이라고 부른다.

프리델-크래프츠 알킬화 반응에 참여하는 할라이드는 메틸, 일차, 이차 및 삼차 염화물과 브로민화물이다. AlCl₃ 촉매가 없으면 반응이 일어나지 않는다. 그렇다면 AlCl₃의 역할은 무엇일까? 할로젠화 반응에서 루이스 산인 FeBr₃가 Br₂과 착물을 만드는 것처럼, 루이스 산인 AlCl₃는 할라이드의 할로젠 원자와 착물을 형성한다.

이 착물이 이차 혹은 삼차 탄소 양이온으로 해리하면, 벤젠이 이 친전자체와 반응하여 아레늄 이온이 생기고, 염기인 AlCl₄⁻가 수소를 제거하면 결국 알킬벤젠 생성물이 얻어진다.

알킬화 반응의 중간체는 이차, 삼차 탄소 양이온이므로 탄소 양이온을 주는 반응 조건이면 알킬 할라이드가 아니더라도 반응에 참여할 수 있다.

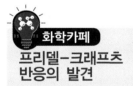

문제 11.1   바이닐 할라이드(RCH=CHX)나 아릴 할라이드 ArX가 프리델-크래프츠 반응에 참여하지 않는 이유는 무엇인가?

acyl group

프리델-크래프츠 아실화 반응(Friedel-Crafts acylation)은 벤젠을 염화 아실과 $AlCl_3$(일당량 필요)으로 반응시켜 아실벤젠을 얻는 반응이다.

염화 아실 RCOCl(R = 알킬, 아릴)은 루이스 산 $AlCl_3$과 반응하여 두 가지의 착물을 형성하는데, 염화 아실 분자에는 루이스 염기성 원자가 두 개 있기 때문이다. 이 착물 사이에는 평형이 이루어진다.

화학카페
프리델-크래프츠 반응의 발견

프리델-크래프츠 알킬화 반응과 아실화 반응은 프랑스의 프리델과 그의 실험실에서 일했던 미국의 크래프츠가 1877년에 우연히 발견한 반응이다.
1855년에 독일의 뷔르츠(Wurtz)는 현재 '뷔르츠 짝지음'이라고 불리는 반응을 연구하였다.

$$EtI + BuI + 2\ Na \rightarrow Et\text{-}Bu + 2\ NaI$$

이 반응은 매우 수율이 낮았기 때문에 프리델과 크래프츠는 Al을 사용하는 반응을 시도하였다.

$$6\ RCl + 3\ Al \rightarrow 3\ R\text{-}R + 3\ AlCl_3$$

그들은 용매로서 벤젠을 사용하였는데, 실험을 수행한 결과 HCl이 주로 생기며 원하는 화합물 대신에 소량의 Ph-R과 $AlCl_3$이 생기는 사실을 발견하였다. 1877년에 Al 대신에 촉매량의 $AlCl_3$을 사용하여 당시 알려져 있지 않았던 두 가지 화합물을 얻을 수 있었다. 이 반응이 현재 프리델-크래프츠 알킬화 반응으로 알려진 반응이다. 헥사메틸벤젠을 차가운 $KMnO_4$로 산화시켜 알려져 있었던 멜리트산(mellitic acid)을 얻음으로써 프리델과 크래프츠는 헥사메틸벤젠의 구조를 확인할 수 있었다. 프리델-크래프츠 아실화 반응도 동시에 발견되었다.

excess MeCl
$AlCl_3$, 80°C
several days

cold $KMnO_4$
2 months

unknown
in 1877

mellitic acid
known since 1799

두 가지 착물에서 염소가 떨어지면 공명 안정화 아실륨 이온이 얻어지고, 이 이온이 친전자체로서 벤젠과 반응하면 아레늄 이온 중간체가 생긴다. 이 중간체에서 염기인 $AlCl_4^-$ 이온이 수소를 제거하면 케톤 생성물이 생긴다. 이 생성물에는 아직도 루이스 염기성 산소가 있기 때문에 루이스 산인 $AlCl_3$과 1:1 착물을 형성한다. 따라서 아실화 반응에서는 염화 아실에 비하여 일 당량 이상의 $AlCl_3$을 사용하여야 하고, 반응 후에는 물을 가하여 착물을 분해한 후 케톤을 분리하여야 한다.

알킬화 반응은 두 번 이상 일어날 수 있으나 아실화 반응은 한 번만 일어난다. 따라서 적당한 시약으로 아실기의 카보닐기를 메틸렌기(CH_2)로 바꾸면 곧은 사슬의 모노알 킬벤젠을 얻을 수 있다(11.9.3절).

프리델-크래프츠 알킬화 반응의 제약

일차 할라이드의 $AlCl_3$ 착물은 1,2-수소화물 옮김 반응으로 더 안정한 이차 양이온으로 변환될 수 있다. 따라서 이차 알킬벤젠도 생성물로 생긴다.

실제 예를 보이면 다음과 같다.

따라서 일차 할라이드의 반응에서는 자리 옮김이 항상 일어나기 때문에 곧은 사슬 알 킬벤젠만을 얻기는 어렵다.

다음 두 반응은 1,2-알킬 옮김과 1,2-수소화물 옮김이 각각 일어나서 더 안전한 삼차 탄소 양이온이 중간체로 반응하는 예이다(8.6.4절).

문제 11.2   다음 할라이드 중에서 자리 옮김 없이 프리델−크래프츠 반응이 일어나는 것을 고르시오.
EtBr, *n*-BuCl, *tert*-BuCl, 클로로사이클로헥세인, Me₃CCH₂Br, Me₂CHBr

프리델-크래프츠 알킬화 또는 아실화 반응은 앞에서 기술한 알킬기의 자리 옮김 외에 도 다음과 같이 몇 가지 제약이 또 있다.

a) 알킬화 반응의 경우 모노알킬화 반응만 일어나지 않는다. 11.10절에서 곧 다루겠지 만 알킬기는 활성화기이므로 다치환 알킬벤젠의 혼합물이 항상 얻어진다.

b) 벤젠 고리에 -NO₂, -N⁺Me₃, -CO₂H, -COR, -CF₃, -SO₃H 같은 전자 끄는 기가 있 으면 프리델-크래프츠 알킬화 및 아실화 반응이 일어나지 않는다. 알킬 양이온이나 아실륨 이온은 이러한 기로 치환된 벤젠 유도체와 반응하기에는 친전자성이 충분 히 크지 않기 때문이다.

c) 루이스산인 AlCl₃은 -NH₂, -NHR, -NR₂ 같은 염기성 치환기와 반응하기 때문에
이러한 기가 있는 벤젠 유도체는 프리델-크래프츠 반응이 일어나지 않는다.

unreactive

11.9   치환기의 변환

벤젠에서 아닐린이나 벤조산, 페놀, 스타이렌을 한 단계로 얻으려면 NH_2^+, $COOH^+$,
HO^+, $CH_2=CH^+$ 같은 친전자체가 필요하나, 이러한 친전자체의 역할을 하는 시약은
아직 알려져 있지 않다. 따라서 벤젠에서 이러한 화합물을 얻으려면 한 단계로 얻은
화합물을 변환하거나 색다른 반응을 이용하여야 한다.

11.9.1   나이트로기의 환원: 아닐린의 합성

1865년에 창립된 독일의 BASF (Badische Anilin und Soda Fabrik)는 2014년도 판매액 기준으로 세계에서 가장 큰 화학회사이다. 이 회사의 이름에 들어 있는 A는 아닐린에서 온 말이다.

나이트로벤젠을 수소 기체(Pd 촉매 필요)나 주석, 아연 같은 금속으로 환원하면 아닐
린을 얻을 수 있다. 아닐린은 의약품이나 합성 염료의 중요한 출발물이다.

aniline

11.9.2   알킬기의 산화: 벤조산의 합성

벤젠의 알킬기를 과망가니즈 포타슘($KMnO_4$)의 뜨거운 염기성 용액이나 다이크로뮴
산 소듐의 황산 용액으로 산화시키면 벤조산을 구할 수 있다. 이 반응은 벤질성 탄소
에 수소 원자가 적어도 하나가 있어야 일어난다. 따라서 삼차 알킬기에서는 일어나지
않는다.

R = Me, CH₂R', CHR'₂   benzoic acid

11.9.3   카보닐기의 환원

아실 벤젠을 염산 용액에서 아연 아말감(Zn(Hg))과 같이 가열하면(클레멘젠 환원,
Clemmensen reduction) 카보닐기가 메틸렌기(CH_2)로 환원되어, 프리델-크래프츠 알
킬화 반응으로 얻을 수 없었던 곧은 사슬 알킬기로 치환된 벤젠을 얻을 수 있다.

이 반응은 주로 아릴 케톤의 환원에 이용되며 수은은 아연의 활성도를 낮추는 역할을 한다.

11.10 치환기 효과

벤젠 고리에 이미 치환된 기는 다음 친전자체가 반응할 때 두 가지로 영향을 미친다. 하나는 반응성에 관한 것으로서 벤젠에 비하여 치환의 반응 속도를 빠르게(활성화기) 하거나 느리게(비활성화기) 한다. 예로서 나이트로화 반응에서 몇 가지 벤젠 유도체의 상대 반응 속도는 다음과 같은데, 치환기가 반응 속도에 미치는 영향이 매우 크다는 사실을 알 수 있다.

$$NHPh(10^6) > OH(1000) > Me(25) > H(1) > Cl(0.033) > NO_2(6 \times 10^{-8}) > NMe_3^+(1 \times 10^{-8})$$

다른 하나는 다음 치환기가 도입되는 배향성(orientation, 위치 선택성)에 관한 것으로서 기존의 치환기에 대하여 *ortho*, *para*-위치에 놓이게 하거나(*ortho*, *para*-지향기) *meta*-위치에 놓이게 한다(*meta*-지향기).

ortho-, *meta*-와 *para*-위치에서의 반응 속도 상수가 모두 같다면, *ortho*-, *meta*-와 *para*-생성물은 2 : 2 : 1의 비로 얻어질 것이다. 만약에 세 가지 생성물의 비가 위의 비와 다르다면, 이는 기존 치환기가 배향성에 영향을 준 것으로 해석할 수 있다.

대부분의 친전자성 방향족 치환 반응은 속도론적 반응이므로 세 가지 이성질성 생성물의 상대적 비는 속도 결정 단계의 활성화 에너지에 의존한다. 즉, 전이 상태가 더 안정할수록 생성물의 비가 증가할 것이다.

11.10.1 활성화기와 비활성화기

단일치환 벤젠 유도체(PhY)와 벤젠의 반응성(반응 속도 상수로 표현)을 비교할 때, 벤젠은 치환될 수 있는 수소 원자의 수가 6개이나, PhY의 경우 *ortho*-수소는 두 개, *meta*-수소는 두 개, *para*-수소는 한 개라는 점을 고려하여야 한다. 이러한 경우에 부분 속도 인수(partial rate factor, PRF)를 이용하면 친전자성 치환 반응에서 치환기의 두 가지 효과(반응성과 배향성)를 정량적으로 기술할 수 있다. 한 가지 예로, 염화벤젠의 나이트로화 반응(HNO₃, H₂SO₄)을 들자. 실험에 의하면 염화벤젠은 벤젠에 비하여 30배 정도 느리게 반응하며 *ortho*-, *meta*- 및 *para*-생성물의 비는 30 : 1 : 69이라고 한다.

이 자료로부터 벤젠의 한 위치(탄소)에 비교하여 염화벤젠의 특정 위치에서의 부분 속도 인수를 다음과 같이 구할 수 있다.

$$PRF(ortho) = (k_{Cl}/2)/(k_B/6) \times 0.30 = 3(k_{Cl})/(k_B) \times 0.30 = 3 \times 0.033 \times 0.30 = 0.03$$
$$PRF(meta) = (k_{Cl}/2)/(k_B/6) \times 0.01 = 3(k_{Cl})/(k_B) \times 0.01 = 3 \times 0.033 \times 0.01 = 0.001$$
$$PRF(para) = (k_{Cl}/1)/(k_B/6) \times 0.69 = 6(k_{Cl})/(k_B) \times 0.69 = 6 \times 0.033 \times 0.69 = 0.14$$

이 PRF는 구조식에 다음과 같이 나타낼 수 있다.

비슷하게 나이트로화 반응에서 톨루엔은 벤젠보다 24배 빠르게 반응하고 *ortho-*, *meta-* 및 *para-*생성물의 비는 58 : 4 : 37이므로 PRF는 다음과 같이 구할 수 있다.

마지막 예로서 나이트로벤젠의 나이트로화 반응과 아니솔의 중수소화 반응(D_2SO_4)에 대한 PRF는 다음과 같이 나타낼 수 있다.

아니솔처럼 한 위치에서의 PRF가 1보다 크다면 이는 이 위치에서 벤젠의 한 위치에서보다 반응이 더 빨리 일어난다는 것을 의미하며, 그러한 치환기를 **활성화기**(activating group)라고 부른다. 반면에 나이트로벤젠처럼 PRF가 1보다 작은 경우에 나이트로기를 비활성화기(deactivating group)라고 부른다. 나이트로벤젠과 아니솔을 비교하여 보면 PRF가 엄청나게 차이가 남을 알 수 있다.

11.10.2 *ortho*, *para*-지향기와 *meta*-지향기

앞 절에서 소개한 PRF 자료를 보면 톨루엔, 염화벤젠이나 아니솔은 주로 *ortho*, *para*-생성물을 주는 것을 알 수 있다. 이러한 치환기를 *ortho*, *para*-지향기라고 한다. 반면에 나이트로기는 *meta*-지향기이다.

염소 치환기를 제외하면 모든 활성화기는 *ortho*, *para*-지향기이며 비활성화기는 모두 *meta*-지향기이다(할로젠 치환기의 특이한 예외는 다음 절에서 다룬다). 사실, 반응성과 배향성은 서로 밀접하게 관련되어 있으며 이 두 가지 치환기 효과는 아레늄 중간체의 상대적 안정성(전이 상태의 에너지)으로 설명할 수 있다. 이러한 점에서 아니솔과 나이트로벤젠에서 유래하는 아레늄 이온의 안정성을 살펴 보자.

11.10.3 아레늄 중간체에 미치는 치환기 효과

아니솔은 산소 원자가 공명 효과로 전자 밀도를 벤젠 고리에 줄 수 있기 때문에 활성화기이다. 공명 구조를 그려보면 음의 형식 전하가 *ortho*-와 *para*-위치에 생겨났음을 알 수 있다.

아니솔이 친전자체, E$^+$와 반응하면, 세 가지 이성질성 아레늄 중간체가 생길 것이다.

ortho- 치환

meta-치환

para-치환

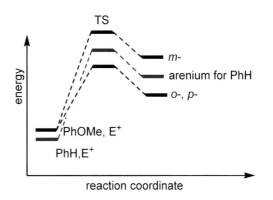

most stable

세 아레늄 이온은 모두 양전하가 고리에 비편재화된 세 개의 공명 구조로 표현할 수 있다. 하지만 *ortho*-와 *para*-치환일 경우에만 양전하가 산소 원자에 놓이면서 팔전자 규칙을 만족하는 더 안정한 공명 구조(컬러로 표시)를 그릴 수 있다. 따라서 이 공명 구조가 주 기여체인 아레늄 중간체가 *meta*-치환의 경우에 생기는 이온보다 더 안정하므로 *ortho*-와 *para*-치환 반응이 속도론적으로 더 빨리 진행된다. 결국, MeO기는 활성화기이면서 *ortho*, *para*-지향기인 셈이다.

한편, 아니솔의 중수소화 반응(D_2SO_4)의 PRF 자료를 보면 *meta*-위치에서의 PRF가 1보다 작다는 사실을 알 수 있다. 즉, *meta*-치환이 벤젠에 비하여 더 느리게 일어난다. 그 이유는 *meta*-위치의 산소 원자는 공명 효과 대신에 유발 효과에 의한 **전자 끌기 효과**를 보이기 때문이다. 이러한 PRF에 부합하는, 아레늄 이온이 생기는 단계(속도 결정 단계)의 에너지 도표를 다음과 같이 그릴 수 있을 것이다(아니솔은 친핵성이 벤젠보다 더 크므로 에너지를 더 높게 그렸다).

비슷하게, 나이트로기는 공명 효과와 유발 효과로 강력하게 전자를 끈다. 따라서 벤젠 고리의 전자 밀도가 크게 감소하므로 벤젠에 비하여 친핵성도가 떨어진다. 또한 중간체인 아레늄 이온이 벤젠의 경우에서보다 더 불안정해진다. 그러면 벤젠이 E^+와 반응하였을 때 생기는 세 가지 아레늄 중간체의 공명 구조를 그려보자.

ortho-치환

para-치환

meta-치환

세 아레늄 이온은 모두 양전하가 고리에 비편재화된 세 개의 공명 구조로 표현할 수 있다. 하지만 *ortho*-와 *para*-치환일 경우에만 양전하가 나이트로기가 치환된 탄소 원자(*ipso*-위치)에 놓이게 된다. 이렇게 두 양전하가 바로 이웃한 원자에 놓인 공명 구조는 매우 불안정하므로 실제 구조에 거의 기여하지 않을 것이다. 따라서 *meta*-치환으로 생기는 아레늄 중간체가 더 안정할 것이고 그러면 *meta*-생성물이 주로 얻어질 것이다. 또한 나이트로기는 비활성화기이므로 벤젠에 비해서는 반응성이 현저하게 떨어진다.

이 반응의 속도 결정 단계의 에너지 도표는 다음과 같이 그릴 수 있다.

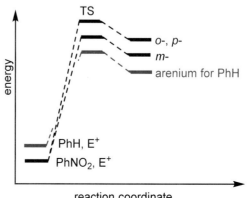

11.10.4 치환기의 분류

치환기는 반응성과 배향의 선호에 따라 크게 세 부류로 구별할 수 있다.

a) 활성화기이면서 *ortho, para*-지향기: NH_2, NHR, NR_2, NHAc, OH, OAc, OR, Ph, 알킬

벤젠에 직접 연결된 질소와 산소 원자는 수소보다 전기 음성이므로 유발 효과로 벤젠으로부터 전자를 당길 수 있다. 하지만 유발 효과보다 고립쌍(2p AO)이 벤젠의 탄소(2p AO)와 콘쥬게이션을 이루면서 벤젠 고리에 전자를 주는 공명 효과가 훨씬 더 크다(앞 절에서 아니솔의 예를 들었지만, 공명 효과에 의한 전자 주는 효과는 *ortho*-와 *para*-위치에서만 유효하다. *meta*-위치는 도리어 산소 원자의 전자 끌기 유발 효과가 작용하므로 반응성이 벤젠보다 더 작아진다). 비슷하게 페닐기의 π 전자도 벤젠과 콘쥬게이션 계를 이룰 수 있으므로 벤젠이 더 친핵성이 된다.

NHAc나 OAc기는 NH_2나 OH기보다는 활성화 효과가 약간 작다. 그 이유는 아래 공명 구조에서처럼 고립쌍이 아세틸기의 카보닐 산소 원자로 비편재화되기 때문이다.

알킬기는 유발 효과만으로 전자를 벤젠 고리에 주므로 활성화 효과가 약하다. 그래도 *ortho, para*-치환일 경우에만 양전하를 알킬기가 효과적으로 분산시킬 수 있으므로 *ortho, para*-치환이 주로 이루어진다.

톨루엔의 예가 아래에 나와 있다.

b) 비활성화기이면서 *ortho, para*-지향기: F, Cl, Br, I

ortho-와 *para*-치환인 경우에만 할로겐 원자는 고립쌍이 MeO기처럼 고리와 콘쥬게이션을 이룰 수 있기 때문에(컬러로 표시한 구조) *ortho*-와 *para*-지향기이다.

most stable

하지만 할로젠 원자는 MeO기에서 볼 수 없는 두 가지 특징을 보인다. 첫 번째는 전자를 끄는 유발 효과가 공명 효과로 전자를 주는 효과보다 더 크다는 점이다. 그래서 할로젠 원자가 비활성화기인 것이다. 이 효과는 주기율표에서 할로젠 족을 따라 아래로 내려갈수록 감소할 것이다. 다른 특징은 공명 효과에 관한 것이다. 공명 효과로 전자를 주려면 탄소의 2p AO와 X의 np AO가 겹쳐야 한다. F는 탄소와 같이 2주기 원소이므로 두 AO 사이의 에너지 차이가 다른 할로젠 원자에 비하여 훨씬 작을 것이다. 따라서 이러한 공명 효과는 F에서 I로 갈수록 감소할 것이고, 그러면 반응성이 감소할 것이다. 이 두 가지 특징은 할로젠 족에서 서로 반대 방향으로 반응성에 영향을 준다.

이러한 점은 나이트로화 반응에서의 할로벤젠의 반응성 순서에서 알 수 있다(괄호 안은 벤젠에 대한 상대 속도이다).

PhF (0.15) ~ PhI (0.18) > PhCl (0.03) ~ PhBr (0.03).

PhF는 공명 효과가 다른 할로벤젠보다 더 크기 때문에 반응성이 큰 것이라고 추론할 수 있다. 반면에 PhI의 경우에는 I의 전기 음성도가 가장 작기 때문에 반응성이 큰 것으로 해석할 수 있다.

c) 비활성화기이면서 *meta*-지향기: NO$_2$, C=O, CN, SO$_3$H, CF$_3$, NR$_3^+$

이러한 기의 한 가지 유형은 벤젠에 연결된 원자가 양의 부분 전하를 띠면서 전기 음성 원소(O, N)와 다중 결합을 이룬 경우이다. 그러면 공명 효과 및 유발 효과로 벤젠 고리로부터 전자 밀도를 끌어당길 수 있다 (이러한 기는 전자를 끄는 정도가 할로젠보다는 크지만 더 센 비활성화기인 나이트로기보다는 약하다).

para-치환이나 *ortho*-치환의 경우에는 아레늄 중간체의 공명 구조 중의 하나(컬러 표시)가 가장 불안정해진다. 따라서 아레늄 중간체에 이러한 양전하 사이의 반발이 없는 *meta*-치환이 선호된다.

para-치환

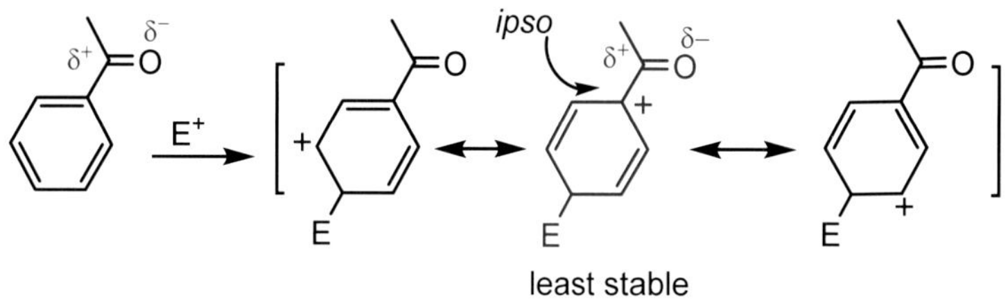

least stable

meta-치환

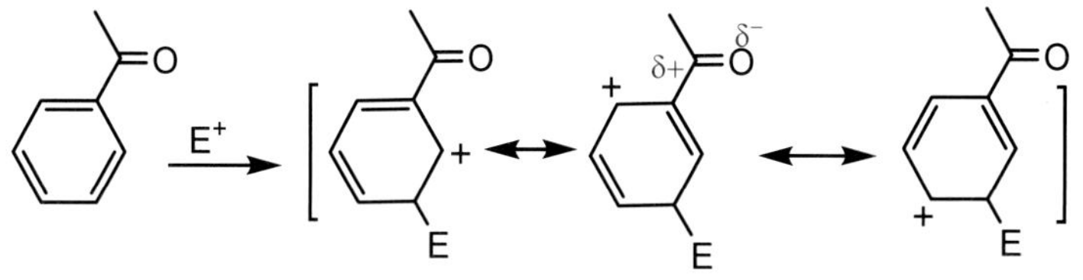

다른 유형의 치환기는 나이트로기, CX_3기, 그리고 N^+R_3 치환기로서 매우 강력한 비활성화기이다. 나이트로기는 공명 효과와 유발 효과로 전자를 세게 당기며 다른 두 기는 유발 효과로 전자를 세게 끌 수 있다.

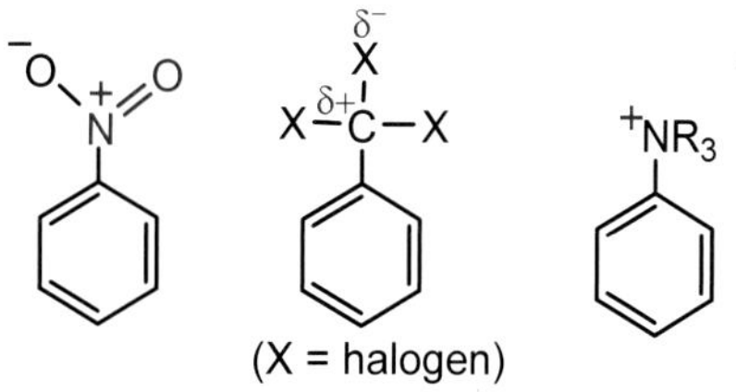

(X = halogen)

아래 표에 치환기를 세 가지 유형으로 다시 정리하였다.

표 11.2 치환기의 분류

	활성화 기			비활성화 기		
	강함	중간	약함	강함	중간	약함
ortho, para-지향기	NH_2, NHR, NR_2 OH, O^-	NHAc, OR, OAc	알킬 Ph	없음	없음	할로젠
meta-지향기	없음			NO_2, NR_3^+, CF_3, CCl_3	CN, COOH, COR, CHO, CO_2R, SO_3H	없음

−아닐린의 반응

아닐린의 아미노기는 페놀의 OH기보다 더 강력한 활성화기이다. 아닐린은 루이스 산 촉매가 없어도 세 당량의 Br_2과 빠르게 반응하여 브로민 원자가 *ortho*-와 *para*-위치에 모두 도입된 생성물이 정량적으로 얻어진다.

100%

이 반응의 흥미로운 점은 무엇일까? 치환이 일어나면 같이 나오는 HBr이 아미노기와 반응하여 강력한 비활성화기인 −NH₃⁺을 줄 것이다. 그러면 *meta*-생성물이 주로 얻어질 것이나, 실제로는 모든 *ortho*-와 *para* 위치에 브로민이 치환된 생성물이 정량적으로 얻어진다는 점이다. 그 이유는 산-염기 반응의 K 값이 매우 크나 용액에 아닐린이 소량이나마 존재하면 이것이 아닐린의 짝산인 아닐리늄 이온보다 엄청나게 빨리 반응하기 때문일 것으로 추측된다.

anilinium ion

pKa = 4.58

not formed

아닐린은 프리델-크래프츠 반응이 일어나지 않기 때문에 먼저 아미노기를 아마이드기로 변환하여야 한다. 아마이드인 아세트아닐라이드(acetanilide)는 아세트산 무수물을 가하면 쉽게 구할 수 있다(16.4절). 아세트아닐라이드의 질소의 고립쌍 전자는 카보닐 산소로 비편재화되기 때문에 질소 원자가 더 이상 염기성이 아니다. 따라서 AlCl₃와 산-염기 반응을 하지 않으므로 프리델-크래프츠 반응이 일어난다. 반응이 끝난 후에 아세틸 보호기는 염기(혹은 산)와 함께 가수 분해하면 제거할 수 있다.

acetanilide

아닐린의 아미노기는 질산 같은 산화제에 의하여 산화될 수 있으므로 나이트로화 반응을 수행할 때에도 아미노기를 보호하여야 한다.

para-:~80%

아닐린에 브로민 원자 하나만 도입할 경우에는 아세트아닐라이드를 이용하여야 한다.

-페놀의 반응

페놀은 아닐린보다는 방향족 치환 반응에서 반응성이 작지만, 그래도 루이스 산 촉매가 없어도 브로민과 온화한 조건에서 반응한다.

물 같은 극성 용매에서는 브로민 세 원자가 도입된 생성물이 정량적으로 얻어진다(문제 11.17을 풀어 볼 것).

페놀의 짝염기인 페녹사이드 이온은 페놀보다 더 활성화되어 있기 때문에 이산화탄소 같은 친전자성이 약한 친전자체와도 반응할 수 있다.

salicylate

문제 11.3 염화벤젠의 나이트로화 반응에서 생기는 세 가지 가능한 아레늄 이온 중간체의 공명 구조를 모두 그리고, 왜 염소 치환기는 *ortho*, *para*-지향기인지를 설명하시오.

예제 11.1 다음 반응의 주 생성물을 그리시오. *ortho*-와 *para*-생성물이 둘 다 생기는 경우에는 *para*-생성물만 그리시오.

풀이

NO_2기와 Me기는 각각 *meta*- 그리고 *ortho*-, *para*-지향기이다.

a.   b.

문제 11.4 다음 반응의 주 생성물을 그리시오. *ortho*-와 *para*-생성물이 둘 다 생기는 경우에는 *para*-생성물만 그리시오.

a.

1. $Cl{-}$, $AlCl_3$
2. $KMnO_4$, HO^-, Δ
3. H_3O^+

b.

1. HNO_3, H_2SO_4
2. H_2, Pd-C

예제 11.2 친전자성 방향족 치환 반응에서 다음 세 화합물을 반응성이 증가하는 순서로 배열하시오.

a.

b.

풀이

반응성은 치환기가 벤젠 고리에 주는 전자 밀도에 달려 있다. 즉, 유발 효과나 공명 효과로 전자를 더 많이 벤젠 고리에 주는 기가 더 센 활성화기이며 벤젠 고리의 친전자체와의 반응성이 증가한다.

a. 같은 산소 원자가 치환되어 있지만 음전하를 띤 산소가 벤젠에 공명 효과로 가장 더 잘 전자를 줄 수 있다. 따라서 음이온 구조가 가장 반응성이 크다. OAc기의 아세틸기는 전자 끌기 공명 효과로 산소 원자의 전자를 당기므로 반응성이 가장 작을 것이다.

b.

문제 11.5 친전자성 방향족 치환 반응에서 다음 세 화합물을 반응성이 증가하는 순서로 배열하시오..

a.

b.

11.11 이치환 벤젠 유도체의 치환 반응

벤젠 고리에 치환기가 둘 있는 경우 세 번째 치환기는 어느 위치에 들어갈까? 치환의
위치 선택성에는 몇 가지 원칙이 있다.

a) 두 치환기 중에서 하나가 다른 것보다 더 강력한 활성화 기이면 더 강력한 기의
   지향성을 따른다.

b) 입체 효과도 중요하다. *meta*-위치인 두 치환기 사이에는 반응이 잘 일어나지 않으
   며 친전자체는 입체 장애가 적은 위치를 택한다.

c) NHAc기는 MeO기보다 더 강력한 활성화 기다.

예제 11.3 다음 반응의 주 생성물의 구조를 그리시오

풀이

벤젠에 이미 치환되어 있는 두 기 중에서 활성화기가 다음에 도입될 친전자체의 지향을 결정한다.
NHAc기와 Me기는 CO_2Me기보다 활성화 기이므로 친전자체는 NHAc기와 Me기의 *ortho*- 혹은
para-위치에 도입될 것이다.

문제 11.6   다음 반응의 주 생성물의 구조를 그리시오.

11.12 벤젠 유도체의 합성

벤젠이나 톨루엔 출발물에서 시작하는 이치환 벤젠 유도체의 합성 계획에서 중요한 점은 두 기의 상대적 위치와 활성기인지 아닌지의 구별이다. 일반적 원칙은 비활성화 기가 존재하면 그 다음 치환기의 도입이 느려지므로 비활성화 기(특히 나이트로기 등)는 합성의 마지막 단계에서 도입해야 한다. 또한 한 단계로 치환기를 벤젠 고리에 도입할 수 없는 경우에는 11.9절에서 소개한 작용기의 변화(환원, 산화 등) 혹은 다이 아조늄 화학(18장)을 이용하여야 한다. 어떠한 경우에는 치환기의 활성도가 너무 커서(예: 아미노기) 활성도를 감소시켜야 한다.

몇 가지 예를 들어 이러한 점을 설명하여 보자.

p-브로모나이트로벤젠에서 치환기의 지향기 성향을 분석하면 다음과 같다. 원하는 두 치환기는 *para*-위치이므로 Br을 먼저 도입하여야 한다. 그렇게 하면 저절로 비활성화 기인 나이트로기를 나중에 도입하게 된다.

목표 화합물의 합성을 역합성 분석으로 풀어보면 다음과 같이 합성을 설계할 수 있다.

실제 합성은 역합성 분석의 역순이다.

다음 목표 화합물은 *p*-와 *m*-나이트로벤조산이다. 두 치환기는 *m*-지향기이므로 *p*-치환 생성물을 줄 수 없다. 또한 한 단계로 카복실산을 도입할 수는 없으므로 FGI (functional group interconversion)를 이용하여야 한다. 카복실산은 알킬기를 산화시키면 얻을 수 있다고 배웠으므로 알킬기로 FGI하면 그 다음 목표 화합물은 *p*-나이트로톨루엔이고, 이를 역합성 분석하면 톨루엔이 최종 출발물이 된다.

역합성 분석

실제 합성

m-나이트로벤조산의 두 기는 *meta*-지향기이면서 서로 *meta*-위치이므로 벤조산 혹은 나이트로벤젠으로 역합성 분석할 수 있다. 하지만 나이트로기는 나중에 도입하여야 하므로 벤조산으로 역합성 분석할 수 있는데, 이 화합물은 톨루엔의 메틸기를 산화하여 구한다.

역합성 분석

실제 합성

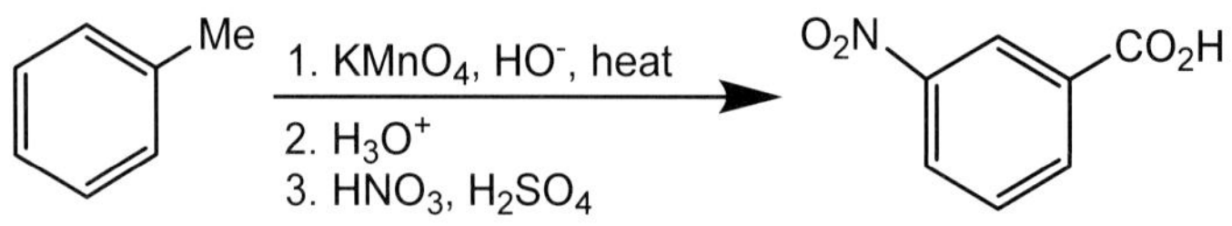

다음 벤젠 유도체의 합성을 고안하시오. 출발물은 벤젠 또는 톨루엔이다.

a.

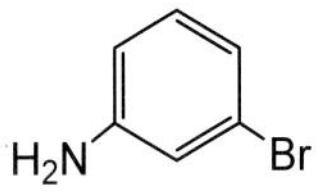

b.

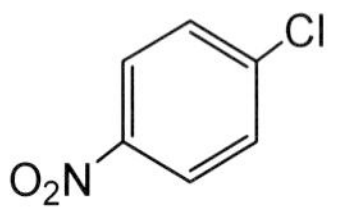

c.

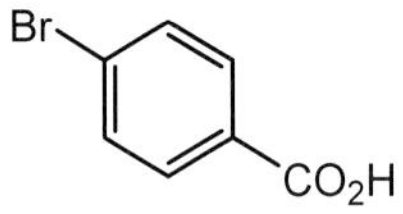

d.

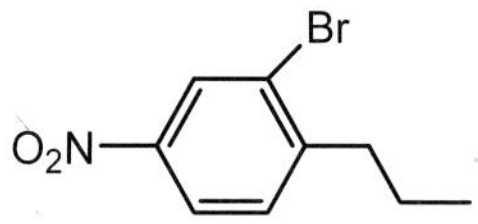

11.13 친핵성 방향족 치환 반응

클로로벤젠과 1-클로로-3-나이트로벤젠은 NaOMe와 반응하지 않지만 1-클로로-2,4-다이나이트로벤젠은 같은 반응조건에서 치환 반응이 쉽게 일어난다.

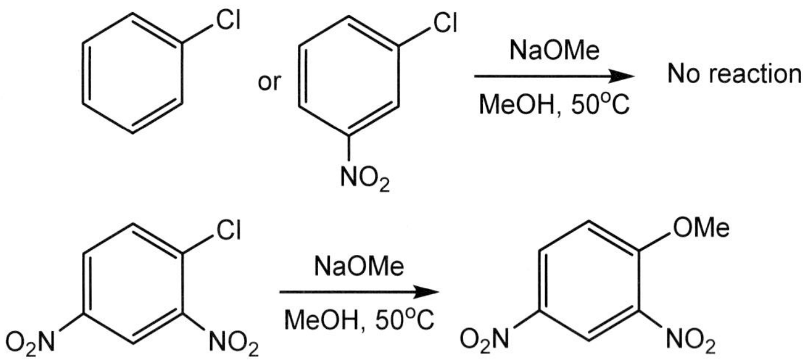

몇 가지 클로로나이트로벤젠 유도체의 상대적 반응 속도를 조사하였더니 다음 결과를 얻을 수 있었다.

상대적 반응 속도

$Ar-Cl \xrightarrow[\text{MeOH,50}^\circ\text{C}]{\text{NaOMe}} Ar-OMe$			
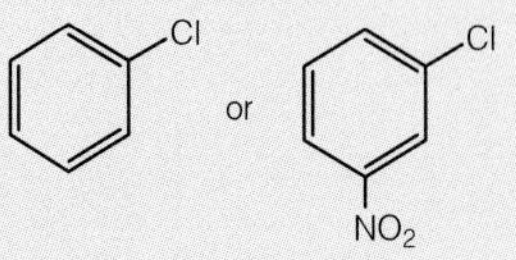	0	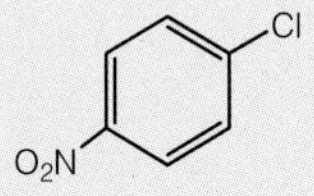	3.4
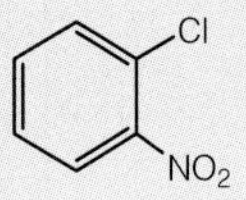	1	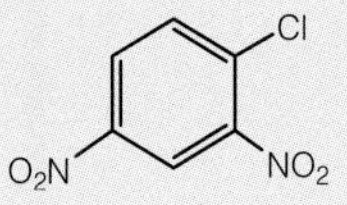	115,000

반응이 일어나려면 나이트로기가 염소 원자의 *ortho*-나 *para*-위치에 적어도 하나가 있어야 한다는 점을 알 수 있다. 두 나이트로기가 *ortho*-나 *para*-위치에 다 있다면 반응은 엄청나게 빨라진다.

이러한 종류의 반응을 친핵성 방향족 치환 반응(nucleophilic aromatic substitution)이라고 한다. 클로로벤젠은 S$_N$1이나 S$_N$2 반응이 불가능하다. 그러면 이 반응은 어떠한 메커니즘으로 일어날까?

제안된 메커니즘에 의하면 속도 결정 단계에서 메톡사이드 이온이 벤젠 고리에 첨가되면 공명 안정화 음이온 중간체(마이젠하이머 착물(Meisenheimer complex)이라고 부름)가 생긴다. 나이트로기가 공명에 의하여 음이온을 분산시키려면 염소 원자에 대하여 반드시 *ortho*-나 *para*-위치에 놓여야 하며, *meta*-위치에 있으면 효과가 없으므로 *meta*-화합물은 반응이 일어나지 않는다.

Meisenheimer complex

문제 11.8 *m*-클로로나이트로벤젠의 염소가 치환된 탄소 원자에 NaOMe가 첨가하였을 때 생기는 음이온의 공명 구조를 모두 그린 후 음전하가 나이트로기에 의하여 비편재화되는지를 판단하시오.

마이젠하이머 착물에서 MeO$^-$ 이온보다 더 좋은 이탈기인 염소 이온이 떨어지면 방향성을 회복한 생성물이 얻어진다.

meta-화합물의 경우에는 음이온이 나이트로기에 의하여 공명 안정화되지 않기 때문에 더 불안정하다.

1-플루오로-2,4-다이나이트로벤젠(생거 시약, Sanger's reagent)이 펩타이드의 아미노기와 반응하면 친핵성 방향족 치환 반응으로 F 원자 대신에 N 원자가 치환된 생성물이 얻어진다.

생거 시약은 펩타이드의 *N*-말단을 결정하는 데 사용하는 시약이다. 생거는 이 시약을 이용하여 1955년에 인슐린의 서열을 결정하였으며, 1958년에 노벨 화학상을 수상하였다(또한 DNA 서열 분석에 대한 업적으로 1980년도 노벨화학상을 수상하기도 하였다! 같은 사람이 노벨상을 한 분야에서 두 번 수상한 경우는 물리학에서 한 번, 그리고 화학에서 한 번뿐이다).

Sanger's reagent
1-fluoro-2,4-dinitrobenzene

생거가 염화물 대신에 플루오라이드를 사용한 이유는 무엇일까? 플루오라이드가 염화물보다 친핵성 방향족 치환 반응이 더 잘 일어나는 점을 알았기 때문이라고 추측된다. 사실, 친핵성 방향족 치환의 속도는

상대 속도: Ar-F > Ar-Cl > Ar-Br > Ar-I

로서, 아릴 할라이드의 반응성은 알킬 할라이드가 S_N2나 S_N1 반응에서 보이는 반응성의 반대 순서이다. 플루오린은 가장 전기 음성인 원소이므로 플루오라이드의 마이젠하이머 착물이 가장 안정할 것이다. 따라서 속도 결정 단계의 활성화 에너지가 가장 작아 반응 속도가 가장 클 것이다.

염소가 치환되는 또 다른 이유는 피리딘의 전기 음성적 질소 때문이다.

친핵성 방향족 치환 반응을 이용하는 대표적 의약품이 퀴놀론계 항생제이다. 퀴놀론계 항생제인 제미플록사신은 우리나라가 개발한 신약 중 최초로 미국 FDA의 승인을 받은 의약품이다. 합성의 중요한 단계는 친핵성 방향족 치환 반응으로서 피리딘의 두 할로젠 원자 중 카보닐기의 *para*-위치에 있는 염소만 치환된다.

gemifloxacin (Factive)
LG Chem

예제 11.4 다음 반응의 생성물을 그리시오.

풀이

친핵성 방향족 치환 반응에서는 전자 끄는 기의 *ortho*- 혹은/그리고 *para*-위치에 있는 할로젠 원자가 친핵체로 치환된다. 반응성은 순서는 F > Cl > Br > I의 순이므로 b.에서는 F 원자가 더 빨리 치환될 것이다.

a. 구조식 (F, NHEt, O₂N, NO₂ 치환 벤젠)
b. 구조식 (PhO, I, NO₂ 치환 벤젠)

문제 11.9 다음 반응의 생성물을 그리시오.

a. 구조식 (F, F, O₂N 치환 벤젠) + Et₂NH →
b. 구조식 (NO₂, O₂N, F, F 치환 벤젠) + Et₂NH →

11.14 벤자인 메커니즘

클로로벤젠은 진한 NaOH 수용액에서 가열한다고 반응하지 않지만 매우 높은 온도 (340°C)에서 녹은 NaOH(NaOH의 mp는 318°C)와 함께 반응시킨 후 산성화하면 페놀이 얻어진다. 매우 센 염기인 액체 암모니아 용매에서 소듐 아마이드를 사용하면 저온에서도 클로로벤젠을 아닐린으로 변환시킬 수 있다.

클로로벤젠 → 1. NaOH, 340°C / 2. H_3O^+ → 페놀 (OH)

클로로벤젠 → $NaNH_2$, liq. NH_3 → 아닐린 (NH_2)

p-브로모토루엔을 액체 암모니아 용매에서 $NaNH_2$로 처리하면 두 아닐린 생성물이 약 1 : 1의 비로 얻어진다.

(구조식) → $NaNH_2$ / liq. NH_3 → (p-위치 NH₂, 50%) + (m-위치 NH₂, 50%)

이러한 실험 결과를 설명하려면 메틸기의 *meta*-와 *ortho*-위치에서 친핵체와 같은 비로 반응할 수 있는 어떤 친전자성 중간체의 존재를 가정하여야 한다. 벤자인(benzyne)이라고 부르는 이 중간체는 E2 메커니즘으로 센염기인 아마이드 이온이 브로민 원자의 *ortho* 위치의 수소를 제거하면서 브로민 원자가 떨어지면 생긴다고 추측된다. 이 중간체에 친핵성 아마이드 이온이 두 위치에서 각각 첨가되면 관찰되는 두 생성물이 얻어질 것이다. 이렇게 두 단계, 즉 제거와 첨가를 거쳐서 벤젠 고리의 브로모 원자가 다른 친핵체로 치환되는 메커니즘을 제거–첨가 메커니즘 혹은 벤자인 메커니즘이라고 한다.

a benzyne intermediate

nucleophilic addition

염화벤젠의 경우에는 HCl가 제거되는 방식이 브로모벤젠과 약간 다르다. 즉, 염화벤젠에서는 먼저 H 원자가 제거된 후에 염화 이온이 떨어지는 메커니즘으로 벤자인이 생성된다(이러한 제거 방식을 E1cB메커니즘(17.8.2절, 18.8절)이라고 부른다).

benzyne

+ m-isomer

two products

벤자인의 삼중 결합이 알카인의 삼중 결합과 흡사하다면 sp 혼성의 180° 결합각을 수용하여야 하므로 각무리가 클 것이다. 따라서 벤자인의 두 π 전자는 sp^2 혼성 오비탈에 들어 있으면서 방향성 안정화가 유지될 것이라고 볼 수 있다. 이 두 오비탈 사이의 겹침은 어렵기 때문에 그 사이의 결합은 매우 약할 것이다. 따라서 벤자인은 친핵체의 공격을 쉽게 받는다.

다우(Dow) 페놀 공정에서는 클로로벤젠을 고온과 고압에서 6% NaOH으로 처리하여 페놀을 얻는데, 이 반응은 벤자인 중간체를 거쳐 일어난다.

sp² orbital

6% NaOH
360°C, 200 bar

예제 11.5 *o*-브로모아니솔을 액체 암모니아 용매에서 소듐 아마이드로 처리하면, 가능한 두 구조 이성질체 중에서 *m*-메톡시아닐린이 전적으로 얻어진다. 그 이유를 설명하시오.

풀이

벤자인 중간체에서 아마이드 이온이 첨가될 때 두 경로가 가능하다. 이때 음전하가 두 헤테로 원자 사이에 놓인 벤젠 음이온이 더 안정하므로 (산소와 질소 원자가 유발 효과로 전자를 끌기 때문에) *meta*-생성물이 얻어진다.

문제 11.10　다음 반응의 주 생성물을 그리시오.

추가 문제

〈메커니즘〉

문제 11.11 벤젠설폰산을 황산의 수용액에서 가열하면 설폰산기(SO_3H)가 떨어져서 벤젠이 얻어진다. 이 반응의 메커니즘을 제안하시오.

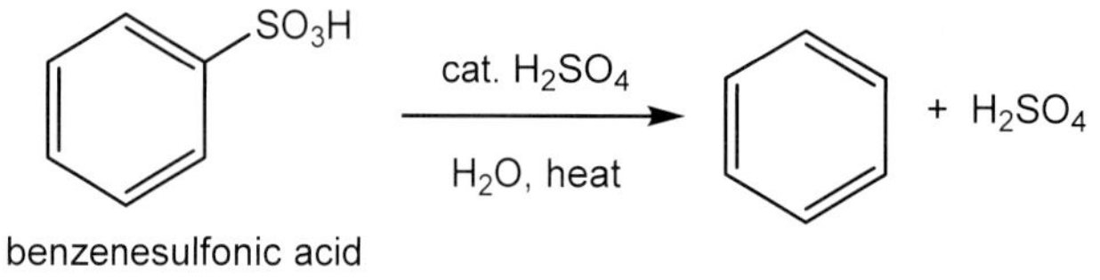

benzenesulfonic acid

문제 11.12 나프탈렌은 친전자체와 C2 위치 대신에 C1 위치에서 반응한다. 그 이유를 중간체인 탄소 양이온의 공명 구조의 안정성과 비교하여 설명하시오.

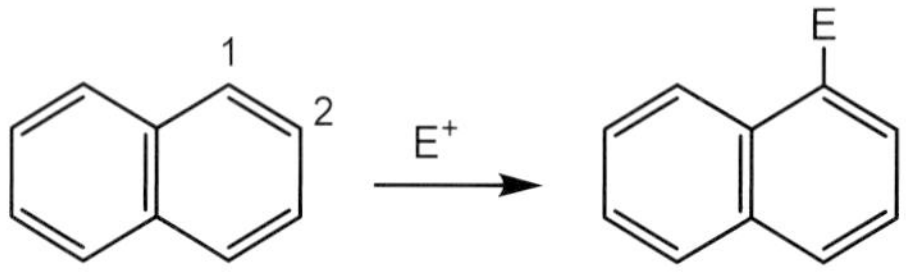

문제 11.13 아닐린을 아세트산에서 과량의 Br_2와 반응시키면 다음 삼브로민화 화합물이 얻어진다.

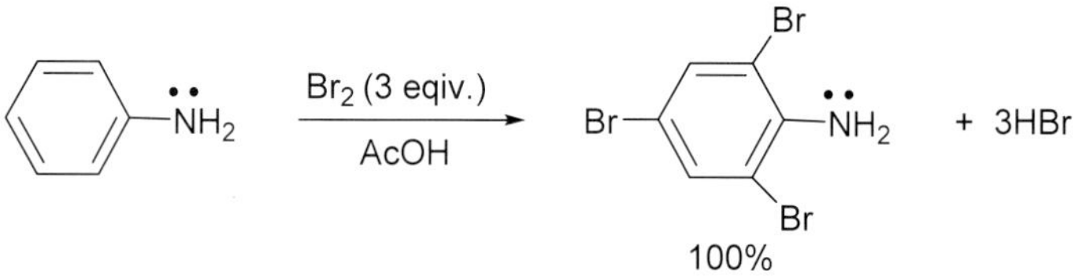

반면에 진한 황산 및 진한 질산 조건에서의 나이트로화 반응에서는 *meta*-생성물이 주로 얻어지고. *N*, *N*-다이메틸아닐린(아닐린보다 더 염기성)의 경우에는 전적으로 *meta*-생성물이 얻어진다. 나이트로화 반응에서 *meta*-생성물이 주로 얻어지는 이유는 무엇일까?

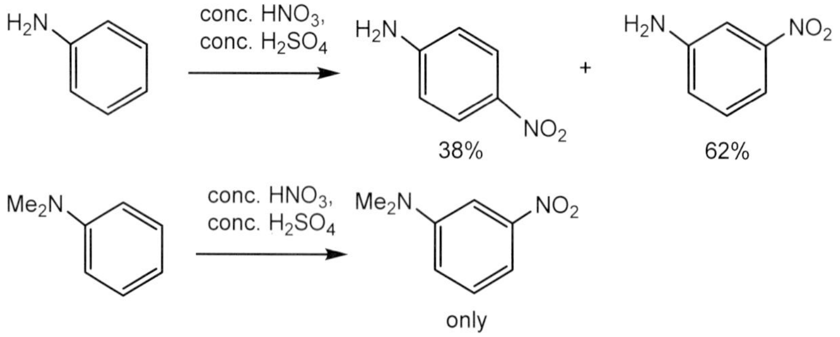

문제 11.14 퓨란 같은 오원자 헤테로 고리 화합물도 방향족이며 벤젠과 비슷하게 친전자체와 치환 반응을 수행한다. 이 반응에서는 C3 위치 대신에 주로 C2 위치에서 치환이 일어난다. 왜 그런지 설명하시오.

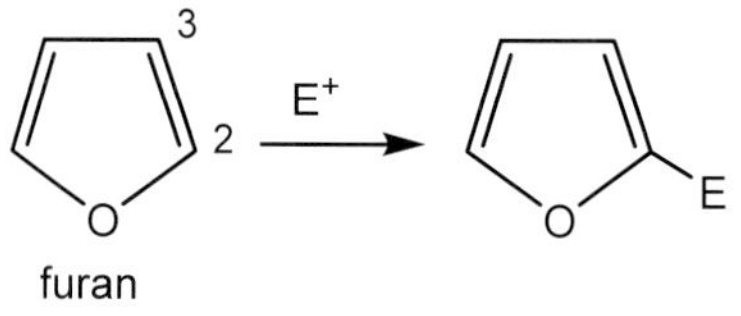

furan

문제 11.15 프리델-크래프츠 알킬화 반응은 가역적이다. 예컨대 다음 화합물을 황산 촉매 조건에서 가열하면 알킬기가 떨어지는 반응이 일어난다. 메커니즘을 제안하시오.

문제 11.16 수용액에서 일어나는 페놀의 브로민화 반응에서는 다음 구조의 화합물 A가 중간체로 얻어졌다. 이 중간체의 생성 메커니즘과 중간체 A에서 브로모페놀 B가 얻어지는 메커니즘을 그리시오.

문제 11.17 수용액에서 일어나는 페놀의 브로민화 반응에서는 브로민 원자가 세 개 치환된 생성물이 얻어진다. 왜 이 반응은 모노브로민화 반응에서 멈추지 않고 계속 진행할까?(힌트: 브로민 원자는 전자 끄는 기이다).

문제 11.18 소듐 페녹사이드가 이산화탄소 같은 친전자성이 작은 시약과 고온, 고압에서 반응하면 주로 *ortho*-하이드록시벤조에이트(살리실레이트)이 얻어진다. 이 반응의 메커니즘을 그리시오.

문제 11.19 벤젠을 진한 염산과 폼알데하이드($HCHO$)의 혼합물과 같이 반응시키면 중간체 A를 거쳐서 염화 벤질(benzyl chloride)이 얻어진다. 중간체 A의 구조를 그리고 이 반응의 메커니즘을 제안하시오.

〈반응〉

문제 11.20 다음 화합물을 아세트산에서 일 당량의 Br_2로 처리하였다. 주 생성물을 그리시오.

문제 11.21   다음 반응 조건을 이용하여 친전자성 혹은 친핵성 방향족 치환 반응을 수행하려고 한다. 실제로 일어나기 어려운 반응을 모두 고르고, 각 반응이 일어나지 않는 이유를 쓰시오. 반응이 일어나는 경우에는 주 생성물을 그리시오.

〈합성〉

문제 11.22   다음 화합물을 톨루엔으로부터 합성하려고 한다. 모든 중간체와 알맞은 시약을 순서대로 적으시오.

a. *m*-아미노벤조산   b. *p*-브로모벤조산

c. *p-tert*-뷰틸벤조산

문제 11.23   다음 화합물을 벤젠으로부터 합성하려고 한다. 모든 중간체와 알맞은 시약을 순서대로 적으시오 (아세토페논=PhCOMe).

a. *p*-클로로아닐린   b. *n*-뷰틸벤젠

c. *p-tert*-뷰틸아세토페논   d. *p*-브로모아세토페논

e. *m*-브로모아세토페논

문제 11.24   다음 화합물을 주어진 출발물로부터 합성하려고 한다. 합성법을 제안하시오.

c.

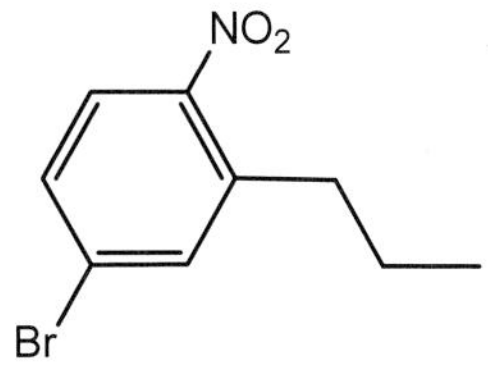

from benzene

d.

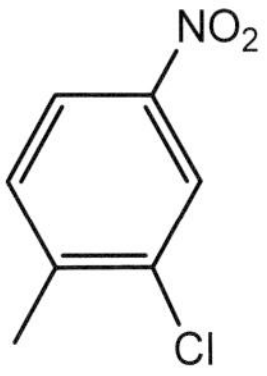

from toluene

e.

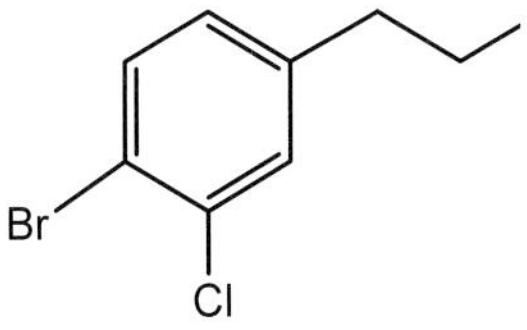

from benzene

f.

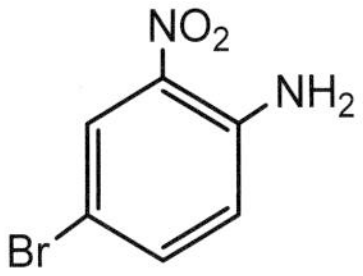

from aniline

12

라디칼 반응

라디칼 반응은 공유 결합이 균일하게 분해되어 생기는 라디칼이 중간체이거나, 라디칼이 반응물 혹은 생성물인 반응이다. 지금까지 주로 다룬 반응을 극성 반응이라고 한다면 라디칼 반응은 비극성 반응이다.

12.1 라디칼의 중요성

라디칼(radical)은 메틸 라디칼 $\cdot CH_3$ 같이 짝짓지 않은 전자가 있는 구조이다. 라디칼은 생물, 의학 및 석유 산업 등에서 매우 중요한 역할을 담당하고 있다. 사실, 우리가 호흡하는 산소 기체도 다이라디칼($\cdot O\text{-}O\cdot$)이므로 연소 반응도 일종의 라디칼 반응이다. 세포의 대사 작용에서도 끊임없이 라디칼이 만들어지고 있다. 산화질소($\cdot N=O$)는 불안정하고 독성이 있는 기체이지만 인체에서는 혈압 조절, 혈액 응고, 신경 신호 전달 등에 관여하고 있으며, NO가 중요한 신호 전달 분자임을 규명한 과학자는 1998년에 노벨상을 수상하였다. 초과 산화물(superoxide)은 세포에 존재하는 라디칼로서 산소 분자가 전자 하나를 받으면 만들어진다. 초과산화물은 병균을 죽이는 역할도 하지만 노화에 관여한다고 알려져 있다. 불균등화 효소(dismutase)는 초과산화물을 과산화수소와 산소로 변환하는 역할을 하나, 이 과정에서 생기는 과산화수소는 하이드록실 라디칼(HO$\cdot$)로 되기 때문에 역시 해롭다. 폴리에틸렌, 폴리스타이렌 같은 고분자는 라디칼이 개입하는 반응을 통하여 만들어지며 열적 크래킹(thermal cracking)을 이용하여 고분자량의 석유 성분을 저분자량의 휘발유로 변환시키는 반응이며 라디칼이 중간체로 개입한다.

초과산화물은 화학식이 O_2^-인 산소 라디칼이며 루이스 구조식은 다음과 같다.

$$:\ddot{O}\text{-}\ddot{O}:^-$$

12.2 라디칼의 생성

과산화물이나 아조 화합물 같이 쉽게 라디칼을 주는 화합물을 **라디칼 개시제**(radical initiator)라고 부른다.

흔히 라디칼은 σ 공유 결합의 균일 분해로 얻어지며 이 과정에는 열이나 빛 에너지가 필요하다. 과산화물이나 아조 화합물 혹은 할로젠 원소(Cl_2, Br_2)는 결합이 약하기 때문에 빛을 쪼이거나 열을 가하면 균일 분해가 일어난다. 이러한 경우 전자 하나의 이동을 나타내기 위해서 미늘이 하나인 굽은 화살표를 이용한다.

$$Me_3CO\text{---}OCMe_3 \xrightarrow{\Delta} 2\ CMe_3O\cdot \quad E_a = 37\ kcal/mol^{-1}$$

peroxide

$$Me_3C\text{-}\overset{O}{\overset{\|}{C}}O\text{---}O\overset{O}{\overset{\|}{C}}\text{-}CMe_3 \xrightarrow{\Delta} 2\ \cdot O\overset{O}{\overset{\|}{C}}\text{-}CMe_3 \longrightarrow 2\ \cdot CHMe_3 + 2\ CO_2$$

acyl peroxide

$$X\text{---}X \xrightarrow[h\nu]{\Delta\ or} 2\ X\cdot$$

$$RN=NR \longrightarrow 2\ R\cdot + N_2$$

azo compound

아실 과산화물(acyl peroxide)과 아조 화합물의 균일 분해에서는 기체인 CO_2와 N_2가 나오므로 반응은 비가역적이며 탄소 라디칼이 생긴다.

12.3 라디칼의 구조와 안정성

실험과 이론적 연구에 의하면 메틸 라디칼은 평면 구조로서 탄소의 혼성은 sp^2이고 홀전자는 2p 오비탈에 분포한다.

탄소 양이온처럼 탄소 라디칼도 더 많이 알킬기로 치환되어 있을수록 더 안정해진다.

이러한 점은 몇 가지 탄화수소의 C-H 결합 엔탈피(표 12.1)에서 알 수 있다(출발물의 구조가 다르므로 C-H 결합이 깨지는 데 입체적 영향을 줄 수 있으나, 이 효과는 작을 것이라고 추측된다).

표 12.1
몇 가지 탄화수소의 C-H 결합
엔탈피

탄화수소	라디칼	결합 엔탈피(kcal mol^{-1})
H-CH$_3$	•CH$_3$	105
H-CH$_2$CH$_3$	•CH$_2$CH$_3$	101
H-CHMe$_2$	•CHMe$_2$	99
H-CMe$_3$	•CMe$_3$	97
H-CH$_2$-CH=CH$_2$	•CH$_2$CH=CH$_2$	89
H-CH$_2$Ph	•CH$_2$Ph	90

그러면 왜 라디칼의 안정성이 메틸 < 일차 < 이차 < 삼차의 순서로 더 안정해질까? 그 이유는 탄소 양이온의 안정성 순서를 결정하는 요인과 비슷하다. 라디칼은 전자가 부족하므로 탄소 양이온처럼 주위의 원자로부터 전자를 얻기를 원한다고 볼 수 있다. 알킬기는 수소 원자보다 편극성이 더 커서 자신의 전자 구름을 라디칼에 더 잘 줄 수 있다. 따라서 알킬기로 더 많이 치환된 라디칼이 더 안정해질 것이다.

문제 12.1 다음 라디칼을 안정성이 증가하는 순서로 나열하시오.

$$CH_3CH_2\overset{\overset{\displaystyle CH_3}{|}}{\underset{\textbf{.}}{C}}CH_3 \qquad CH_3\overset{\textbf{.}}{C}H_2 \qquad \overset{\textbf{.}}{C}H_3 \qquad CH_3\overset{\textbf{.}}{C}HCH_3$$

12.4 메테인의 염소화 반응

알케인의 다른 이름인 파라핀(paraffin)은 친화성(affinity)이 부족하다는 의미이다

메테인 같은 알케인은 극성 반응은 일어나지 않지만 라디칼과의 반응은 잘 일어난다. 메테인의 라디칼 반응의 좋은 예는 염소화 반응이다. 메테인(CH_4)과 염소 기체의 혼합물은 빛이 없으면 상온에서 반응이 일어나지 않는다. 하지만 자외선을 쪼이거나 빛이 없어도 100°C 이상으로 온도를 올리면 **라디칼 연쇄 반응**(radical chain reaction)이 일어나 염화 메테인이 얻어진다.

$$CH_4 + Cl_2 \xrightarrow{h\nu \text{ or } \Delta} CH_3Cl + HCl$$

연쇄 반응을 다음과 같이 그릴 수도 있다. 원에서 도는 화학종은 라디칼 중간체이고, 원으로 들어오는 화학종(RH와 Cl_2)은 출발물이고, 원에서 나가는 화학종(RCl과 HCl)은 생성물이다.

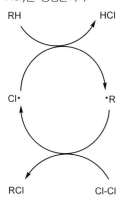

라디칼 연쇄 반응은 세 단계 즉, **개시**(initiation), **전파**(propagation) 및 **종결**(termination) 단계로 이루어져 있다. 개시 단계에서는 라디칼이 생성되고 전파 단계에서는 라디칼의 수는 변화되지 않은 채 다양한 반응이 일어나며, 종결 단계에서 라디칼이 파괴되면서 연쇄 반응이 멈춘다.

개시 단계

먼저 개시 단계에서 염소가 빛을 충분히 흡수하면 Cl-Cl 결합의 균일 분해가 일어나 염소 원자가 생성된다.

$$Cl_2 \xrightarrow[\text{or heat}]{\text{light}} 2\ Cl\textbf{·}$$

전파 단계

메테인의 수소가 라디칼인 염소 원자로 치환되는 이러한 반응을 라디칼 치환 반응이라고 부른다.

두 단계로 일어나는 전파 단계에서는 연쇄 반응이 전파된다. 전파 단계의 첫 단계인 반응 (1)에서 염소 원자가 CH_4에서 수소를 떼어내면 메틸 라디칼이 생기며, 두 번째 단계인 반응 (2)에서 이 메틸 라디칼이 염소 분자와 반응하면 생성물인 염화 메테인과 염소 원자가 생긴다. 이 염소 원자는 다시 전파 단계의 반응 (1)에 참여하므로 연쇄 반응이 일어난다. 연쇄 반응은 수천 번 일어날 수 있으며 이 횟수를 **사슬 길이**(chain length)라고 부른다.

$$Cl\textbf{·} + CH_4 \xrightarrow[\text{abstraction}]{\text{hydrogen}} \textbf{·}CH_3 + HCl \qquad (1)$$

$$\textbf{·}CH_3 + Cl_2 \longrightarrow CH_3\text{-}Cl + Cl\textbf{·} \qquad (2)$$

두 전파 단계를 합하면 실제 반응식이 얻어진다.

$$CH_3-H \quad + \quad Cl_2 \quad \longrightarrow \quad CH_3-Cl \quad + \quad HCl$$

종결 단계

종결 단계는 라디칼이 소멸되어 연쇄 반응이 멈추게 되는 반응이다. 예로서 두 메틸 라디칼이 서로 만나 에테인이 생성되면 메틸 라디칼이 사라진다.

$$2 \ Cl\cdot \quad \longrightarrow \quad Cl_2$$

$$2 \cdot CH_3 \quad \longrightarrow \quad H_3C-CH_3$$

$$Cl\cdot \ + \ \cdot CH_3 \quad \longrightarrow \quad Cl\text{-}CH_3$$

과량의 염소 기체가 존재한다면 염소화 반응이 계속 일어날 수 있다:

$$CH_3Cl \xrightarrow[-HCl]{Cl_2} CH_2Cl_2 \xrightarrow[-HCl]{Cl_2} CHCl_3 \xrightarrow[-HCl]{Cl_2} CCl_4$$

chloromethane (methyl chloride)   dichloromethane (methylene chloride)   trichloromethane (chloroform)   tetrachloromethane (carbon tetrachloride)

12.5 알케인의 할로젠화 반응: 염소화 반응과 브로민화 반응의 위치 선택성 차이

메테인보다 상위 동족체도 비슷하게 라디칼 염소화 반응과 브로민화 반응이 일어난다. 이 경우에는 C-H 결합의 종류가 다르므로 첫 번째 전파 단계에서 어느 수소 원자가 떼어지는지에 따라서 몇 가지 구조 이성질체가 생길 수 있다.

프로페인의 모노염소화 반응(25°)에서는 1-클로로-와 2-클로로프로페인이 45 : 55의 비로 얻어진다. 1-클로로프로페인은 여섯 개의 수소에서, 2-클로로 화합물은 두 개의 수소에서 유래하므로 속도론적 반응이라면 이차 수소와 일차 수소의 반응성의 비는 3.7 : 1의 비가 된다. 즉 이차 수소가 일차 수소보다 반응성이 약 네 배 큼을 알 수 있다. 비슷하게 2-메틸프로페인의 경우에는 삼차와 일차 수소의 반응성의 비가 5 : 1 임을 알 수 있다. 종합하면 염소화 반응에서 삼차, 이차, 일차 수소의 반응성의 비는 5 : 4 : 1 정도임을 알 수 있다.

$2^\circ : 1^\circ = 3.7 : 1$

45%
6H
7.5/H

55%
2H
27.5/H

$3^\circ : 1^\circ = 5.2 : 1$

64%
9H
7.1/H

37%
1H
37/H

(예제 12.1) 다음 알케인의 염소화 반응에서 얻어지는 가능한 모든 염화물의 구조를 그리고, 상대적 비를 구하시오.

(풀이)

삼차, 이차, 일차 수소의 반응성의 비는 5 : 4 : 1이므로 이 비에 각 차수에 해당하는 수소 원자의 수를 곱하면 각 구조 이성질체의 상대적 비를 구할 수 있다.

(문제 12.2) 다음 알케인의 염소화 반응에서 얻어지는 가능한 모든 염화물의 구조를 그리고, 상대적 비를 구하시오.

브로민화 반응의 경우 비슷한 실험을 종합하면 150°C에서 삼차, 이차, 일차 수소의 반응성의 비를 1700 : 80 : 1이라고 정할 수 있다. 즉, 브로민화 반응은 염소화 반응보다 훨씬 더 위치 선택적임을 알 수 있다.

왜 브로민화 반응이 염소화 반응보다 위치 선택성이 훨씬 클까? 이 점을 이해하려면 2-메틸프로페인의 할로젠화 반응에서 속도 결정 단계인 전파 단계의 첫 단계의 반응 엔탈피를 고려하여야 한다.

염소화 반응

$Me_2CHCH_2\text{-}H$ + $\cdot Cl$ → $Me_2CCH_2\cdot$ + H-Cl ΔH^o (kcal mol^{-1})
101   일차 라디칼   103   −2

$Me_3C\text{-}H$ + $\cdot Cl$ → $Me_3C\cdot$ + H-Cl
97   삼차 라디칼   103   −6

브로민화 반응

$Me_2CHCH_2\text{-}H$ + $\cdot Cl$ → $Me_2CCH_2\cdot$ + H-Cl ΔH^o (kcal mol^{-1})
101   일차 라디칼   88   +13

$Me_3C\text{-}H$ + $\cdot Cl$ → $Me_3C\cdot$ + H-Cl
97   삼차 라디칼   88   +9

브로민화 반응의 위치 선택성이 더 우수한 것은 다음 에너지 도표로 설명할 수 있다.

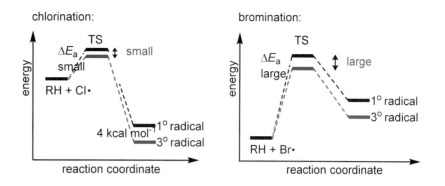

염소화 반응은 약간 발열 반응이므로 하몬드 가설에 의하면 전이 상태는 생성물인 라디칼보다는 출발물인 알케인과 염소 라디칼에 더 가까울 것이다. 따라서 두 전이 상태의 에너지 차이, 즉 ΔE_a는 두 라디칼의 에너지 차이인 4 kcal mol^{-1}보다 훨씬 작으므로 위치 선택성이 낮을 것이다. 반면에 브로민화 반응은 흡열 반응이므로 전이 상태는 늦게 도달하며 그 구조는 생성물인 라디칼에 더 가까울 것이다. 따라서 두 전이 상태의 에너지 차이, ΔE_a는 두 라디칼의 에너지 차이인 4 kcal mol^{-1}에 흡사하고 반응은 활성화 에너지가 더 작은 경로를 주로 택하므로 위치 선택성이 매우 클 것이다.

12.6　브로민화 수소의 *anti*-마르코우니코프 첨가

반응 용액에 유기 과산화물(ROOR)이나 수소과산화물(ROOH)이 있으면(흔히 에터 용매에는 소량의 과산화물이 있기 때문에 불순한(!) 에터 용매를 쓰기도 한다), HBr은 알켄에 *anti*-마르코우니코프 방식으로 첨가된다(과산화물 효과, peroxide effect). 이 반응은 미국 화학자 카라쉬(Kharasch)가 1933년에 발견하였다. 그 전에는 HBr 첨가 반응의 위치 선택성을 종잡을 수 없어 화학자들을 혼란에 빠뜨리곤 했었다(매우 정제가 된 출발물과 용매를 사용하면 마르코우니코프 첨가가 일어남). 과산화물 효과는 할로젠화 수소산 중에서 HBr의 경우에만 관찰된다(그 이유에 관한 문제가 문제 12.15이다).

$$\diagup\!\!\!\!= \quad \xrightarrow[\text{ether(impure)}]{\text{HBr}} \quad \diagup\!\!\diagdown\!\!\diagup\text{Br}$$

이 반응은 다음과 같은 연쇄 반응으로 일어난다.

개시 단계

ROOR → 2 RO• 　　　　　　$\Delta H^o = +39$ kcal mol^{-1}

RO• + H-Br → ROH + Br• 　　$\Delta H^o = -17$ kcal mol^{-1}

전파 단계

Br• + MeCH=CH$_2$ → Br-CH$_2$-CH•-CH$_3$(2° 라디칼) 　　$\Delta H^o = -5$ kcal mol^{-1}

Br-CH$_2$-CH•-CH$_3$ + H-Br → Br-CH$_2$-CH$_2$-CH$_3$ + Br• 　　$\Delta H^o = -11.5$ kcal mol^{-1}

HBr이 존재하여도 친전자성 첨가 반응이 일어나지 않는 이유는 알켄이 H⁺보다도 브로민 라디칼과 훨씬 더 빨리 반응하기 때문일 것이다.

전파 단계의 첫 단계에서 더 안정한 이차 라디칼이 일차 라디칼보다 더 빠르게 생기며 이 단계가 반응의 위치 선택성을 결정한다.

2° radical:
more stable

문제 12.3 프로펜(CH₂=CHMe)과 브로민 라디칼의 반응에서 이차와 일차 라디칼이 생기는 단계를 각각 굽은 화살표로 그리시오.

문제 12.4 다음 반응의 주 생성물을 그리시오.

a. Ph $\xrightarrow[\text{peroxide}]{\text{HBr}}$

b. Ph $\xrightarrow[\text{peroxide}]{\text{HCl}}$

c. $\xrightarrow[\text{peroxide}]{\text{HBr}}$ (two products)

12.7 알릴 자리와 벤질 자리 탄소의 할로젠화 반응

앞 절에서 살펴본 할로젠화 반응은 브로민화 반응만 위치 선택성이 크다. 하지만 이 반응은 느리고 고온의 반응 조건(저분자량의 알켄이라면 고압 용기)이 필요하고 단일 치환 반응만이 아니라 다중 치환된 생성물도 생길 수 있다.

하지만 알릴 혹은 벤질 위치에 브로민을 도입하는 반응은 위치 선택성이 매우 큰 반응이므로 유기 합성에서 유용하다.

표 12.1의 결합 엔탈피에서 알 수 있듯이 알릴 자리와 벤질 자리 라디칼은 삼차 알킬 라디칼보다도 더 안정하다. 그 이유는 다음과 같은 공명 구조가 가능하기 때문이다.

allyl radical

benzyl radical

따라서 알릴 자리와 벤질 자리 라디칼은 알킬 라디칼보다 반응 중간체로 더 쉽게 얻을 수 있다.

사이클로헥센 같은 화합물은 Br_2과 첨가 반응을 빠르게 수행한다(9.8절) 그렇다면 첨가 반응 대신 알릴 자리 브로민화 반응이 더 잘 일어나게 하려면 어떤 반응 조건이 필요할까? 하나는 비극성 용매의 사용이다. 첨가 반응은 극성 반응이므로 비극성 용매에서는 반응이 느려진다(실제로는 비극성 용매인 CCl_4나 CH_2Cl_2를 많이 사용한다. 이 경우에는 Br^- 이온이 Br_2 분자와 반응하여 Br_3^- 이온(트라이브로마이드 이온)을 만든다. 그러면 첨가 반응이 Br_2에 대하여 이차가 된다). 다른 조건은 바로 브로민의 농도이다. 농도가 진하면 첨가 반응이 일어나지만 농도가 매우 묽으면 알릴 자리 브로민화 반응이 일어난다. 앞에서 언급하였듯이 첨가 반응은 Br_2에 대하여 이차이므로 농도가 묽을수록 알릴 자리 브로민화 반응이 선호된다(낮은 농도의 Br_2의 CCl_4 용액을 알켄의 CCl_4 용액에 천천히 가하여야 한다). 하지만 실제적으로 낮은 농도의 Br_2를 유지하는 것이 어렵기 때문에 Br_2 대신에 N-브로모석신이미드(N-bromosuccinimide, NBS)를 이용한다. 이때 용매로서 NBS가 거의 녹지 않는 CCl_4(< 0.005M)를 사용하는 것이 매우 중요하다.

NBS를 이용하는 알릴 자리 브로민화 반응은 과산화물 같은 개시제를 사용하는 경우와 사용하지 않는 경우로 나누어 고려할 수 있다. 먼저 개시제를 사용하는 경우부터 보자.

NBS는 CCl_4 용매보다 밀도가 커서 가라 앉으나 생성물인 석신이미드는 위에 뜨기 때문에 반응의 진행을 쉽게 알 수 있다

개시제가 있는 경우

소량의 라디칼 개시제의 균일 분해로 생기는 산소 라디칼 RO•이 NBS와 반응하면 브로민 원자가 생성된다. 이 브로민 원자가 알릴 자리 탄소 원자에서 수소 원자를 제거하면 알릴 자리 라디칼과 HBr이 생긴다. 그러면 CCl_4용매에서 HBr과 NBS가 반응하여 낮은 농도의 Br_2를 생성하고 Br_2가 알릴 자리 라디칼과 반응하면 알릴 자리 브로마이드 생성물이 얻어진다.

개시 단계:

전파 단계:

전파 단계를 다 합하면 알짜 전체 반응식이 얻어진다.

개시제가 없는 경우

개시제가 없는 경우에는 NBS와 소량의 불순물로 존재하는 HBr 사이의 반응에서 소량의 Br$_2$가 얻어진다. 그 다음에 Br$_2$가 빛이나 열에 의하여 브로민 원자로 분해하면 반응이 개시된다.

개시 단계:

전파 단계는 앞의 경우와 동일하게 일어난다.

문제 12.5 NBS와 HBr의 반응에서 브로민이 생기는 반응의 메커니즘을 제안하시오(힌트: 첫 단계는 양성자가 C=O 결합의 산소에 첨가되는 반응이다).

예제 12.2 다음 화합물이 NBS(일 당량)와 과산화물의 존재하에서 반응하였다. 구조 이성질체 생성물의 구조를 모두 그리시오.

a.

b.

풀이

알릴 자리 라디칼 중간체는 공명 혼성체로 존재하므로 두 구조 이성질성 생성물이 얻어진다.

b. 이 경우에는 두 가지의 알릴 자리 라디칼에서 각각 두 생성물이 가능하므로 모두 네 개의 생성물이 얻어질 수 있다.

문제 12.6 다음 화합물이 NBS(일 당량)와 과산화물의 존재하에서 반응하였다. 얻어지는 생성물의 구조를 모두 그리시오.

a.

b. CHMe$_2$

c. Me

12.8 알켄의 라디칼 중합 반응

라디칼 중합 반응에 쓰이는 단량체($H_2C=CH-R$)의 R기는 다음과 같다 (괄호 안은 이름이다). 특이한 점은 R기는 전자 끄는 기일 수도 있고 전자 주는 기일 수도 있다는 점이다. 중간체인 라디칼은 아무 기에 의해서도 안정화되기 때문이다.
-Ph(스타이렌), -Cl(염화 바이닐),
-OCOMe(바이닐 아세테이트),
-CN(아크릴로나이트릴),
-CO₂Me(메틸 아크릴레이트)
-CH=CH₂(뷰타-1,3-다이엔)

고분자는 단량체라고 부르는 단위체가 반복적으로 결합하여 이루어진 거대 분자이다. 폴리에틸렌(polyethylene, PE) 같은 고분자의 합성법 중의 하나가 라디칼 중합이며, 에틸렌 기체를 촉매량의 유기 과산화물 개시제와 함께 고압에서 가열하여 만든다.

$$H_2C=\!=CH_2 \quad \xrightarrow[\substack{1000\sim4000\ atm \\ radical\ initiator}]{100\sim350^oC} \quad PE$$

PE 이외에도 폴리스타이렌(polystyrene), 폴리염화 바이닐(polyvinyl chloride), 테트라플루오로에텐(tetrafluoroethene) 등의 고분자가 라디칼 중합 반응으로 합성된다.

단량체를 소량의 과산화물 같은 라디칼 개시제와 같이 가열하면 라디칼 연쇄 메커니즘으로 라디칼 중합 반응이 진행된다.

개시 단계

전파 단계

종결 단계

불균등화 반응은 두 라디칼 사이에서 수소 원자가 이동하면서 알켄과 알케인이 생기는 반응이다.

종결 단계는 라디칼의 결합 반응(combination)이나 불균등화 반응(disproportionation)으로 일어나며, 이러한 반응이 얼마나 자주 일어나는지에 따라 고분자의 분자량이 결정된다.

라디칼이 같은 사슬 내부에서 수소를 떼어내는 반응의 하나는 1,5-수소 이동(hydrogen transfer)이다. 이 반응이 일어나면 뷰틸 가지가 생긴다.

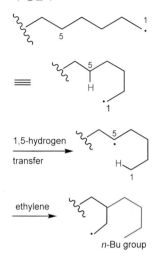

사슬의 가지 달기

PE의 성장 과정에서 한 탄소 사슬의 끝에 있는 홀전자가 다른 사슬 혹은 같은 사슬 내부의 수소를 떼어내면 사슬에 라디칼이 생기고, 여기에서 새롭게 중합이 이루어지면 가지 달린 고분자가 얻어진다. 라디칼 중합 과정으로 만드는 폴리에틸렌은 사슬에 가지가 많이 생기기 때문에 110℃에서 부드러워진다. 이러한 폴리에틸렌을 저밀도 폴리에틸렌(low density polyethylene, LDPE, 밀도 0.92~0.93 g mL⁻¹)이라고 한다. 반면에 지글러–나타 촉매(Ziegler-Natta catalyst)를 사용하면 라디칼이 개입하지 않기 때문에 가지가 없는 폴리에틸렌이 얻어진다. 이러한 고분자를 고밀도 폴리에틸렌(high density polyethylene, HDPE, 밀도 0.93~0.97g mL⁻¹)이라고 하는데, 이 고분자는 녹는점이 더 높고 더 강하다.

문제 12.7

a. 벤조일 과산화물 (PhCOO)₂를 개시제로 사용하는 프로펜(CH₂=CHMe)의 라디칼 중합 반응의 메커니즘을 개시, 전파, 종결의 3단계로 나눠 그리시오.

b. 중합 반응의 생성물은 다음과 같은 구조이다. 왜 메틸기가 규칙적으로 배치된 구조로 얻어지는지 설명하시오.

12.9 자체 산화

기름이나 지방은 지방산의 에스터 화합물이며(21.2절) 식물성 기름에는 (Z)-배열의 다중불포화 지방산 성분이 들어 있다. 이러한 지방산의 한 예가 리놀레산(linoleic acid)이다. 리놀레산의 두 알릴성 수소는 라디칼에 의하여 쉽게 떨어진다. 그 이유는 생성되는 알릴성 라디칼이 공명 안정화되어 있기 때문이다.

Me(H₂C)₄ $\overset{}{\underset{H\ \ H}{}}$ (CH₂)₇CO₂H

linoleic acid

기름의 자체 산화로 튀김 집에서 쓰다 버린 기름 묻은 헝겊에 저절로 불이 붙어 화재가 나기도 한다.

리놀레산 성분이 있는 기름이 라디칼(산소 등)과 반응하면 수소과산화물이 생기고 이 화합물이 알데하이드나 카복실산으로 변하면서 고약한 냄새가 나는데, 이러한 과정을 산패(酸敗)라고 한다.

자체 산화(autoxidation)는 어떠한 물질이 산소와 반응하여 수소과산화물이나 과산화물이 생기는 반응을 말한다.

자체 산화 반응의 메커니즘은 다음과 같이 개시, 전파 및 종결 단계를 따른다.

개시 단계

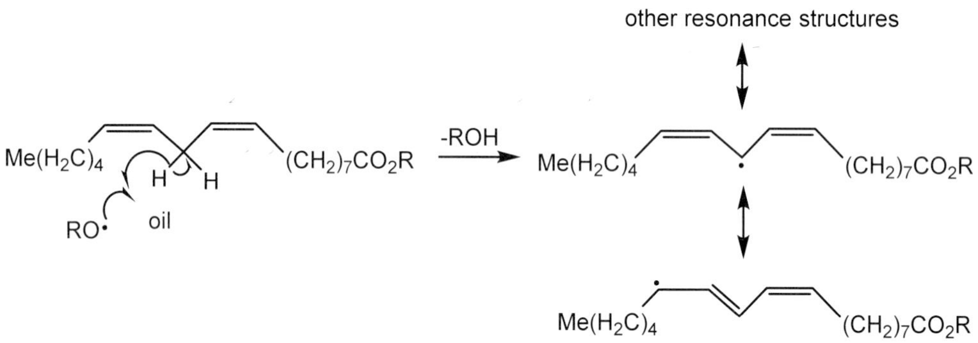

전파 단계

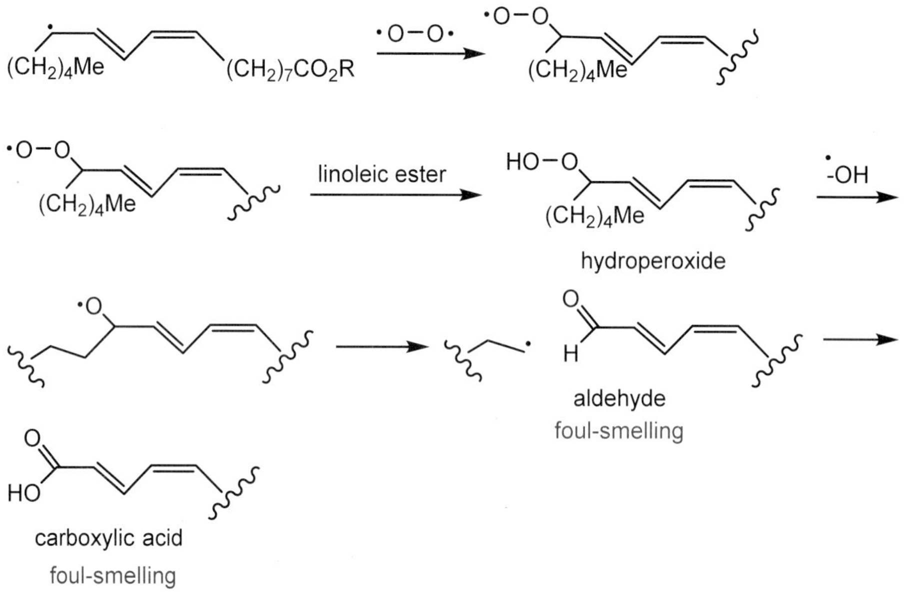

hydroperoxide

aldehyde
foul-smelling

carboxylic acid
foul-smelling

유기 용매인 다이에틸 에터나 THF도 쉽게 자체 산화가 일어나므로 에터 용액을 마를 때까지 가열하면 과산화물이 폭발할 수도 있어 위험하다.

diethyl ether → O₂ → hydroperoxide

tetrahydrofuran (THF) → O₂ → hydroperoxide

문제 12.8 다이에틸 에터가 산소 분자와 반응하여 과산화물이 생기는 과정의 메커니즘을 제안하시오. 산소 분자는 다이라디칼(•O−O•)이다.

12.10 산화 방지제

산화 방지제(antioxidant)는 반응성이 큰 초과산화물이나 산소 라디칼(RO•)과 반응하여 이러한 라디칼을 제거하는 물질이다. 산화 방지제의 예로는 비타민 C, 비타민 E, BHT(butylated hydroxytoluene, 식품 첨가제) 등이 있다. 이들 분자의 공통점은 벤젠 고리나 콘쥬게이션 계에 연결된 OH기가 있다는 점이다.

vitamin E   vitamin C   BHT

라디칼 ROO•가 산화 방지제인 BHT(ArOH로 표시)와 반응하면 ROOH와 ArO•가 생기는데, 이 산소 라디칼은 벤젠 고리와의 공명으로 공명 안정화되어 있으며, 또한 덩치가 큰 두 *tert*-뷰틸기 사이에 있기 때문에 반응성이 극히 작다.

ROO• + (BHT) → ROOH + (stable radical nonreactive)

비타민 C인 아스코브산도 비슷한 방법으로 라디칼을 제거한다. 아스코브산의 pK_a는 4.1이므로 생리적 pH에서는 주로 아스코브산 음이온으로 존재한다. 이 음이온이 하이드록실 라디칼(HO•)을 만나면 음전하를 띤 산소 원자에서 전자 하나가 HO•로 이동한다. 그러면 하이드록실 라디칼은 HO⁻ 이온으로 변하고, 아스코브산 음이온은 아스코

빌 라디칼로 변한다. 이 라디칼이 다시 염기의 존재하에서 하이드록실 라디칼과 반응하면 HO^- 이온과 데하이드로아스코브산이 생성된다. 결국 아스코브산 한 분자가 두 하이드록실 라디칼을 제거하는 셈이다.

ascorbate ion → ascorbyl radical

dehydroascorbic acid

문제 12.9 하이드로퀴논은 두 알킬 라디칼과 반응하여 퀴논과 알케인(RH)으로 변하기 때문에 좋은 라디칼 억제제이다. 이 반응의 메커니즘을 그리시오.

hydroquinone   quinone

문제 12.10 레스베라트롤(resveratrol)은 포도주에 들어 있는 '폴리페놀' 산화 방지제이다. 홀전자가 탄소에 놓인 레스베라트롤 라디칼의 공명 구조를 하나 그리시오.

resveratrol

12.11 오존층 파괴

성층권의 오존층(ozone layer)은 산소 분자가 산소 원자와 만나 생성되며 이 과정에서 열이 방출된다. 이렇게 해서 생긴 오존은 햇빛의 자외선에 의하여 다시 산소 분자와 산소 원자로 분해된다. 결과적으로 이 두 반응에 의하여 자외선이 성층권에서 열로 전환되면서 피부암을 일으키거나 식물이나 바다의 플랑크톤에 유해한 자외선이 지구 표면에 도달하지 않게 된다.

하지만 냉각기의 냉매, 용매나 에어로솔 추진체(aerosol propellant)로 사용되는 염화 플루오로탄소(chlorofluorocarbon, CFC) 계열의 화합물이 오존층의 파괴에 기여한다는 사실이 알려지면서 1987년에 많은 국가가 서명한 몬트리올 의정서에 따라 **CFC**의 사용이 점차적으로 중지되고 있다.

프레온 11에서 첫 번째 숫자는 탄소의 수, 두 번째 숫자는 플루오린의 수이다.

CFC의 대표적인 화합물은 프레온(Freon) 11로 알려진 삼염화플루오로메테인(trichlorofluoromethane, $CFCl_3$)이다. 그러면 어떻게 CFC가 성층권의 오존층을 파괴할까? 지표면에서 사용된 CFC 분자는 몇 달 혹은 몇 년에 걸쳐서 성층권(지표면에서 10~20 km 높이)에 도달하게 된다. 성층권에서 CFC 분자 하나는 연쇄 반응에 의하여 수많은 오존 분자를 파괴할 수 있기 때문에 성층권에 도달하는 CFC 화합물은 양이 적더라도 엄청나게 많은 오존을 파괴할 수 있는 것이다.

연쇄 반응의 개시 단계는 성층권의 강력한 자외선에 의하여 C-Cl 결합이 깨지는 단계이다.

$$F_2ClC\!-\!Cl \xrightarrow{\;h\nu\;} \cdot CClF_2 + \cdot Cl$$

두 전파 단계를 거치면 결국 오존이 파괴된다.

$$
\begin{array}{rcl}
Cl\cdot + O\!-\!O\!=\!O & \longrightarrow & Cl\!-\!O\cdot + O_2 \\
Cl\!-\!O\cdot + O & \longrightarrow & Cl\cdot + O_2 \\
\hline
O + O\!-\!O\!=\!O & \longrightarrow & 2\,O_2
\end{array}
$$

CFC를 대체할 화합물로서 C-H 결합이 있는 수소화염화플루오로탄소(hydrochlorofluorocarbon, HCFC)가 개발되었다. 이러한 물질의 예가 HFC-134a로 알려진 CF_3CFH_2이다. 대기권에 소량으로 존재하는 하이드록실 라디칼($HO\cdot$)이 다음과 같이 HCFC에서 수소 하나를 떼어내면(C-H 결합은 C-F 결합보다 약함) 탄소 라디칼이 생긴다. 이 라디칼은 성층권에 도달하기 전에 다른 생성물로 분해되므로 오존층의 파괴에 기여하지 않는다.

HFC-134a

추가 문제

〈에너지 도표〉

문제 12.11   알케인의 라디칼 브로민화 반응은 염소화 반응보다 더 위치 선택적이다.

a. 위 서술에서 '위치 선택적'이라는 말의 의미는 무엇인가? 프로페인을 예를 들어 설명하시오.

b. 프로페인의 라디칼 브로민화 반응에서 주 생성물을 주는 전파 단계(두 단계)의 반응식을 쓰시오.

c. 주 생성물을 주는 전파 단계(두 단계)의 에너지 도표를 그리고, E_a를 표시하시오(반응열 자료는 아래 d항 참조). 어느 단계가 속도 결정 단계인가?

d. 프로페인의 이차 탄소에서의 염소화 반응과 브로민화 반응에서 두 전파 단계의 반응열 (kcal mol^{-1})은 다음과 같다.

	step 1	step 2
염소화 반응	−5	−30
브로민화 반응	+12	−26

브로민화 반응이 더 위치 선택적인 이유를 보여주는 에너지 도표를 그리시오. 또한 염소화 반응과 브로민화 반응의 전이 상태가 어떻게 다른 점에 대하여 전이 상태의 구조를 그려 언급하시오(결합 길이를 반드시 포함).

〈메커니즘〉

문제 12.12   HBr은 과산화물(ROOR)이나 빛이 있을 때 소위 *anti*-마르코우니코프 방식으로 알켄에 첨가된다. 이 반응은 브로민 라디칼이 관여하는 사슬 반응으로서 이 반응의 개시 단계는 다음과 같다.

$$RO\!-\!OR \xrightarrow{h\nu} 2\,RO\text{·}$$

$$RO\text{·} + HBr \longrightarrow ROH + Br\text{·}$$

a. 알켄 $RCH=CH_2$에 대하여 전파 단계(두 단계)를 순서대로 쓰시오.

b. HBr이 겉으로 보기에는 *anti*-마르코우니코프 방식으로 알켄에 첨가되는 이유를 라디칼의 안정성을 근거로 설명하시오.

c. 과산화물이 있으면 왜 HBr은 보통의 마르코우니코프 방식으로 첨가하지 않을까?

문제 12.13   뷰트-1-엔이 과산화물 ROOR의 존재하에서 NBS와 반응하면 다음과 같은 두 화합물의 혼합물이 얻어진다. 혼합물이 생기는 이유를 메커니즘으로 설명하시오.

문제 12.14   사이클로헥센의 CCl$_4$ 용액에 Br$_2$을 가하면 알릴 자리 브로민화 반응 대신에 브로민 첨가 반응이 일어난다. 하지만 NBS를 이용한 반응에서는 브로민이 첨가되지 않고 알릴 자리 브로민화 반응이 일어난다. 설명하시오(힌트: 반응 속도론).

문제 12.15 소위 과산화물 효과는 HCl, HI의 첨가 반응에서는 관찰되지 않는다. 그 이유를 아래의 결합 해리 엔탈피(kcal mol^{-1})를 사용하여 설명하시오. 단, RCH=CH$_2$ 대신에 CH$_2$=CH$_2$를 사용한다(힌트: 두 전파 단계의 엔탈피 변화를 구한다).

X	π 결합	X-CH$_2$CH$_2$ · 에서의 X-C	H-X	H-CH$_2$CH$_2$X에서의 H-C
Cl	66	85	103	98
Br	66	72	87	98
I	66	57	71	98

〈반응〉

문제 12.16 어떠한 온도에서 일차, 이차, 삼차 수소의 라디칼 염소화 반응과 브로민화 반응에서의 반응성(반응 속도)이 다음과 같다고 하자.

염소화 반응; 일차 : 이차 : 삼차 = 1 : 4 : 5

브로민화 반응; 일차 : 이차 : 삼차 = 1 : 80 : 1700

메틸사이클로펜테인의 단일 염소화 반응과 단일 브로민화 반응의 생성물(구조 이성질체들)의 구조를 모두 그리고, 위 자료를 이용하여 각 생성물들의 예상되는 % 수율을 계산하시오.

문제 12.17 다음의 알켄과 NBS의 혼합물에 빛을 쪼였더니 단일브로마이드 생성물이 얻어졌다. 얻어진 구조 이성질체의 구조를 모두 그리시오.

〈합성〉

문제 12.18 다음 화합물을 주어진 출발물로부터 얻고자 한다. 합성법을 제안하시오.

13

알코올, 에터, 에폭사이드 및 황 화합물

알코올, 에터와 에폭사이드는 극성 C-O 결합이 있는 화합물이다. 따라서 앞에서 다룬 알킬 할라이드처럼 C-O 결합의 탄소는 친전자성이므로 다양한 친핵체와 반응할 수 있다. 할라이드와 다른 점은 이탈기인 OH기와 RO기가 염기성이 크므로 친핵성 치환 반응이 일어나려면 이러한 기가 더 좋은 이탈기로 변환되어야 한다는 것이다(6.7.4 절). 반면에 각무리가 있는 에폭사이드는 산성이나 염기성 조건에서 친핵체와 잘 반응한다. 이러한 점을 제외하면 알코올이나 에터에게 일어나는 치환 반응이나 제거 반응은 알킬 할라이드의 경우와 크게 다르지 않다.

알코올은 하이드록실기(hydroxyl group)가 포화 탄소에 연결된 화합물로서 할라이드처럼 일차, 이차, 삼차 알코올로 분류한다.

하이드록실기가 벤젠 고리에 연결된 화합물을 페놀이라고 부른다.

phenol

에터는 산소 원자에 두 알킬기가 결합한 구조이고 에폭사이드는 삼원자 고리에 산소 하나가 있는 고리형 에터이다.

싸이올(thiol)과 싸이오에터(thioether, 혹은 설파이드(sulfide))는 각각 알코올과 에터의 황 유사체이다.

13.1 구조

알코올, 에터와 에폭사이드의 산소의 혼성은 모두 sp³이며 MeOH와 MeOMe에서 C-O-H와 C-O-C 결합각은 각각 109°와 111°이다. 반면에 에폭사이드는 C-O-C 결합각이 60°이어야 하므로 상당히 큰 각무리가 있다. 따라서 에폭사이드는 친핵체와 반응성이 훨씬 크다.

$$H_3C-O-H \qquad H_3C-O-CH_3 \qquad$$

109°   111°   60°

13.2 명명법

13.2.1 알코올

알코올은 탄소 수가 같은 알케인의 이름 '-ane'을 '-ol'로 바꿔 명명한다. 상용명은 메틸 알코올처럼 알킬 알코올로서 명명한다.

하이드록실기는 명명법에서 이중이나 삼중 결합보다 우선순위가 높기 때문에 이중(삼중) 결합이 있어도 알켄(알카인)이 아니라 알코올로서 명명한다.

ethanol
(ethyl alcohol)

propan-2-ol
(isopropyl alcohol)

2-methylpropan-2-ol
(*tert*-butyl alcohol)

prop-2-en-1-ol
(allyl alcohol)

hept-6-en-2-ol

benzyl alchol

13.2.2 페놀

벤젠 고리에 OH기와 다른 치환기가 있는 구조는 페놀 유도체로서 명명하며 OH기의 탄소를 1번으로 간주한다.

4-methylphenol
(*p*-cresol)

3-nitrophenol

2,4,6-trinitrophenol
(picric acid)

13.2.3 에터

에터는 산소 원자 하나에 두 탄소 원자가 결합된 화합물이다. 탄화수소 부분은 알킬, 알켄일, 알카인일, 아릴일 수 있다. 에터의 상용명은 두 알킬기의 이름을 알파벳 순으로 나열한 후 에터를 붙여 만든다.

ethyl methyl ether   diethyl ether   methyl phenyl ether (anisole)

IUPAC 체계에서는 RO기를 알콕시 치환기로서 간주하여 알콕시알케인(알켄, 아렌)처럼 명명한다.

methoxyethane   3-methoxyhexane

13.2.4 에폭사이드

에폭사이드(옥시레인)의 IUPAC 이름은 옥시레인의 유도체로 명명하고 산소의 위치 번호를 1번으로 한다. 또한 허용되는 IUPAC 이름은 '에폭시-' 접두사를 사용하는 것이다. 에폭사이드는 알켄에서 만들 수 있기 때문에 알켄의 이름에 옥사이드를 붙인 상용명을 사용하기도 한다.

trans-2,3-dimethyloxirane (trans-but-2-ene oxide)   2-phenyloxirane (styrene oxide)   1,2-epoxycyclohexane

13.2.5 황 화합물

싸이올은 탄화수소 어미 구조의 이름에 '-thiol'을 붙여 명명한다.

propane-1-thiol   cyclopentanethiol

싸이오에터는 에터와 비슷하게 명명한다. 즉, 황 원자에 연결된 두 기를 명명한 후 'sulfide'를 붙인다.

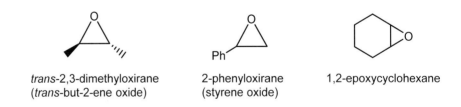

dipropyl sulfide   cyclopentyl methyl sulfide

13.3 물리적 성질

13.3.1 끓는점과 녹는점

알코올은 분자량이 비슷한 에터나 탄화수소에 비하여 끓는점이 높은데(특히 저분자량 알코올), 이는 알코올에서만 분자간 수소 결합이 존재하기 때문이다. 반면에 에터나 탄화수소는 끓는점이 비슷하다. *tert*-뷰틸 알코올은 다른 뷰탄올에 비하여 분자간 수소 결합이 약하므로 끓는점이 더 낮다. 하지만 분자의 대칭성으로 결정 구조가 더 조밀하므로 녹는점은 훨씬 높다.

- 에탄올(MW=46): bp 78℃, 프로페인(MW=44): bp −42℃, 다이메틸 에터: bp −24℃, 다이에틸 에터(MW = 74): bp 35℃, 펜테인(MW = 74): bp 36℃
- 뷰탄-1-올(MW = 74): bp 118℃ mp −89℃, 뷰탄-2-올(MW = 74): bp 100℃ mp −115℃
- *tert*-뷰틸 알코올(MW = 74): bp 82℃ mp +26℃

13.3.2 용해도

옥탄올(옥틸 알코올)은 상온에서 물 100mL에 0.05g 정도 녹으며 의약품의 연구에서 지질 층의 대용으로 사용된다. 두 용매에서의 한 용질의 농도의 비를 **분배 계수** *P*(partition coefficient)라고 부르는데, 두 용매가 옥탄올과 물이면 다음과 같이 쓸 수 있다.

$P_{옥탄올/물}$ = [용질]$_{옥탄올}$/[용질]$_물$ 약이 경구용이기 위한 조건을 서술하는, 경험적 규칙인 리핀스키 규칙(Lipinski's rule)에 의하면 경구용 약은 log *P*가 5이하이어야 한다.

알코올은 물과 수소 결합을 할 수 있으므로 물에 녹을 수 있다. 탄소 수가 세 개인 알코올은 모두 물과 섞인다. 탄소 수가 증가할수록 물에서의 용해도는 감소한다.

- 뷰탄-1-올: 8.3g/100mL H$_2$O, 아이소뷰틸 알코올: 10.0, *sec*-뷰틸 알코올: 26.0
- *tert*-뷰틸 알코올: 물과 섞임, 펜탄-1-올: 2.4, 옥탄-1-올: 0.05

에터는 물과 수소 결합을 할 수 있으므로 분자량이 비슷한 탄화수소보다는 물에 잘 녹으며 알코올과 용해도가 비슷하다(다이에틸 에터와 뷰탄-1-올: 8g/100mL H$_2$O).

13.3.3 산성도

알코올은 산성도가 물과 비슷하며 pK_a는 대략 15이다. 또한 산소에는 고립쌍이 있으므로 산소 원자는 브뢴스테드 염기이기도 하다.

산성도: MeOH(pK_a = 15.2) > EtOH(15.9) > Me$_2$CHOH(16.5) > Me$_3$COH(18)

삼차 알코올인 Me$_3$COH의 산성도가 일차나 이차 알코올보다 낮은 이유는 용매 효과 때문이다(2.2.6절).

페놀(pK_a = ~10)이 알코올보다 산성도가 더 큰 이유는 페놀의 짝염기의 음전하가 벤젠 고리로 비편재화할 수 있기 때문이다(2.2.2절).

싸이올(pK_a = ~10)은 알코올보다 더 센 산으로 알콕사이드와 반응하면 머캅타이드(mercaptide) 혹은 싸이올산 음이온(thiolate)이 정량적으로 얻어진다.

Me—SH + NaOEt $\rightleftharpoons$ MeSNa + EtOH

pK_a = ~10   mercaptide   pK_a = ~15

thiol   thiolate

13.4 중요한 알코올, 페놀, 에터, 에폭사이드 및 황 화합물

메탄올

메탄올(MeOH)은 목재를 공기 없이 고온에서 가열하여 분해시킨 후 증류하여 얻었기 때문에 목정(木精)이라고 불렀다. 지금은 일산화탄소를 고온과 고압에서 촉매 환원하여 얻는다. 메탄올 자체는 독성이 없으나 체내로 들어온 메탄올은 간에 존재하는 알코올 탈수소화 효소에 의하여 독성이 매우 큰 폼알데하이드, 그리고 폼산으로 산화된다. 따라서 메탄올은 매우 독성이 크며, 조금만(~10 mL) 마셔도 눈이 멀거나 심하면(~20 mL) 생명을 잃을 수도 있다. 메탄올을 섭취한 경우 에탄올을 마시면 간에서 두 알코올이 경쟁적으로 산화되므로(경쟁적 억제) 메탄올이 독성이 큰 대사물질로 산화되지 않고 그냥 콩팥에서 배출되어 목숨을 구할 수 있다.

에탄올

과일이나 곡물에 효모를 가한 후 발효시키면 알코올 음료에 쓰이는 에탄올(EtOH, 주정, 곡정)을 얻을 수 있다. 에탄올이 너무 진하면 효모의 활동이 멈추기 때문에 최대로 얻을 수 있는 농도는 12~15%이다. 소주, 위스키, 보드카, 고량주 등 알코올 함량이 더 높은 주류를 얻기 위해서는 수용액을 증류하여야 한다. 수용성 에탄올 용액을 증류하면 에탄올의 끓는점(bp 78.3℃)보다 약간 낮은 온도(bp 78.15℃)에서 증류액이 나오는데, 이 액체는 에탄올 농도가 95%인 불변 끓음 혼합물(azeotrope)이다. 따라서 수용성 에탄올 용액을 증류하여 순수한 에탄올을 얻을 수는 없다. 흔히 주류의 알코올 함량을 '프루프(proof)'로 표시하는데, 프루프는 퍼센트 농도의 두 배이다.

프로판-2-올

프로판-2-올(Me_2CHOH)은 아이소프로필 알코올이라고도 부르는 이차 알코올이다. 부피 비로 70%인 프로판-2-올이나 에탄올의 용액을 소독용 알코올(rubbing alcohol)이라고 부르며 주사를 놓기 전에 피부를 소독하는 데 쓰인다.

에틸렌 글라이콜

에틸렌 글라이콜($HOCH_2CH_2OH$)은 수소 결합에 참여하는 하이드록실기가 둘인 이가 알코올이므로 끓는점이 높고 물과도 완전히 섞인다. 자동차에 사용되는 부동액은 이런 성질을 이용하는 것이다. 에틸렌 글라이콜은 맛은 달지만 간에서 독성 물질인 옥살산(HO_2CCO_2H)으로 산화되기 때문에 매우 독성이 크다. 치사량은 성인 기준 약 10 mL이다.

글리세롤

글리세롤($HOCH_2CH(OH)CH_2OH$)은 삼가 알코올로 비누화 반응에서처럼 기름이나 지방을 가수 분해하면 얻을 수 있다(16.5.1절). 점성이 높고 단 맛이 나며 화장품의 원료(보습제 등)나 전자 담배에 쓰인다.

다이에틸 에터와 THF

다이에틸 에터(EtOEt)는 끓는점이 낮아서 휘발성이 매우 크고 불이 잘 붙는 액체이다. α-탄소에 수소가 있는 에터 계열의 화합물은 공기 중의 산소 기체와 반응하여 폭발성인 과산화물로 변한다. 따라서 에터를 증류하는 경우에 용기가 마를 때까지 증류하는 일은 위험할 수 있다(12.9절). 다이에틸 에터는 1842년에 마취제로 사용된 최초의 화합물이다. 종종 소설이나 영화에서도 에터의 이러한 효과가 나오기도 한다.

THF(tetrahydrofuran)는 유기 반응에 자주 쓰이는 유기 용매이다. THF와 탄소 수가 같은 다이에틸 에터는 물에 조금밖에 녹지 않지만 THF는 물과 완전히 섞인다(왜 그럴까?). THF는 에터보다 더 극성이고 Li 염 같은 무기염을 더 잘 녹인다(왜 그럴까?).

메테인싸이올, 에테인싸이올, 다이메틸 설파이드

저분자량의 싸이올이나 설파이드는 황화 수소와 비슷하게 불쾌한 냄새를 풍긴다. 따라서 LPG나 천연 가스에 소량 첨가하여 냄새로써 가스의 누출을 알려준다.

13.5 알코올의 합성

알코올은 다양한 방법으로 얻을 수 있다.

13.5.1 알킬 할라이드 및 에폭사이드의 친핵성 치환 반응

일차 알킬 할라이드가 HO^-과 반응하면 S_N2 반응으로 일차 알코올이 얻어진다.

에폭사이드가 유기금속 시약과 반응하면 알코올이 얻어진다(13.10.2절).

13.5.2 알켄의 친전자성 첨가 반응

알켄의 수화 반응(9.7절) 또는 수소화붕소 첨가-산화 반응(9.10절)으로 알코올을 얻을 수 있다.

13.5.3 카보닐 화합물의 환원 반응 및 유기금속 시약 첨가 반응

알데하이드, 케톤(14.8절)이나 카복실산 유도체(16.9절)를 적당한 환원제로 환원시키면 알코올을 얻을 수 있다.

또는 이러한 카보닐기 함유 화합물에 유기금속 시약을 첨가하면 다양한 구조의 알코올을 구할 수 있다(14.9절).

13.6 알코올의 반응

13.6.1 알코올의 탈수 반응

알코올을 산성 촉매 조건에서 가열하면 물 분자가 떨어지면서 알켄이 생성된다.

흔히 쓰는 산은 그 짝염기의 친핵성도가 떨어지는 황산, 인산 같은 브뢴스테드 산이며 기체상 공업적 탈수 반응에서는 알루미나 같은 루이스 산이 쓰이기도 한다.

반응 온도와 산의 농도는 알코올의 차수에 따라 다르다. 반응 조건은 삼차 < 이차 < 일차의 순으로 더 격렬해진다. 따라서 탈수 반응에서의 알코올의 반응성은 삼차 > 이차 > 일차의 순으로 감소함을 알 수 있다.

> 알코올의 산 촉매 조건에서의 탈수 반응의 속도: 삼차 > 이차 > 일차

문제 13.1 왜 알코올의 탈수 반응은 염기 촉매가 아니라 산 촉매가 필요할까?

알코올의 반응성 차이는 메커니즘을 보면 이해할 수 있을 것이다. 알코올의 탈수는 차수에 따라 조금 다르게 일어난다.

이차와 삼차 알코올의 탈수는 E1 메커니즘을 따라 다음의 세 단계로 일어난다.

단계 1

양성자 이동 단계이다. 산이 알코올의 산소 원자에 양성자를 전달한다.

단계 2

탄소 양이온이 중간체로 나오는 단계로서 결합만 깨지기 때문에 가장 느린 단계이다.

단계 3

브뢴스테드 염기(A⁻ 이온, 알코올 혹은 물)가 β-수소를 제거하면서 이중 결합이 생기는 단계이며 산이 다시 생성된다.

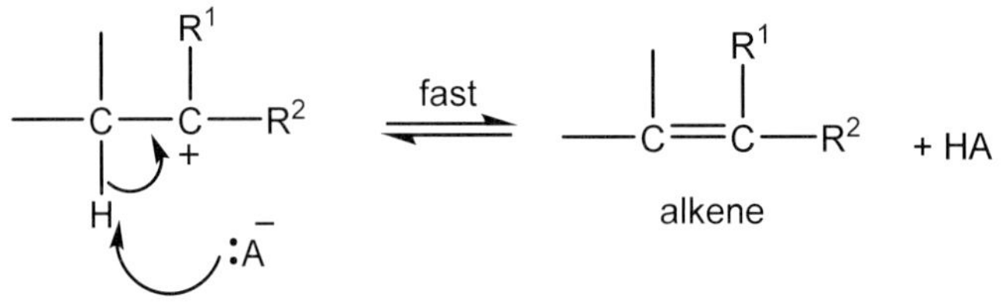

일차 알코올에서 유래하는 일차 탄소 양이온은 너무 불안정하기 때문에 수용액에서는 존재할 수 없다. 따라서 일차 알코올은 E2 메커니즘으로 탈수된다. 첫 단계는 앞의 경우처럼 양성자 이동 단계이다.

단계 1

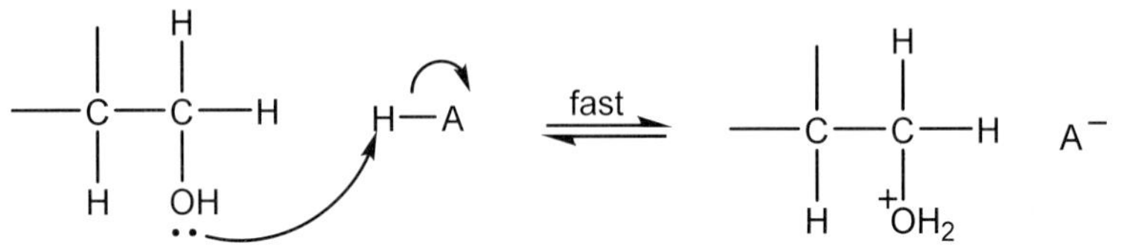

단계 2

브뢴스테드 염기(A⁻ 이온 혹은 물)가 β-수소를 제거하면서 이중 결합이 생기면서 산이 다시 나온다.

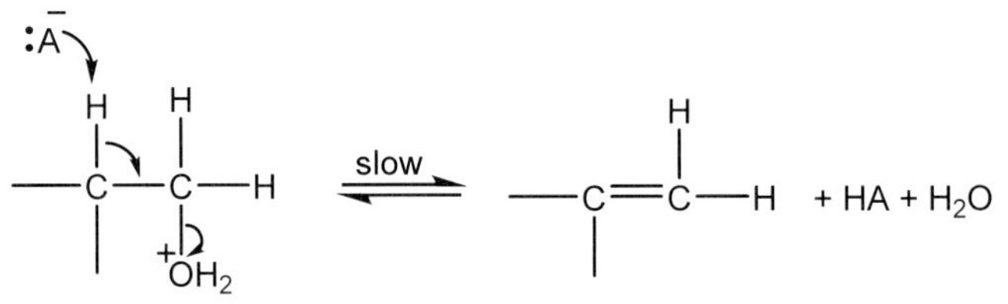

알코올의 탈수 반응이 모두 E1 메커니즘으로 일어난다면 중간체 탄소 양이온이 안정할수록 활성화 에너지가 내려가 삼차 알코올이 가장 빠르게 반응할 것이다. 하지만 일차 알코올의 탈수 반응은 E2 메커니즘으로 일어난다. 일차 알코올의 탈수 반응 조건은 삼차보다 더 격렬한데, 이는 E2 반응의 TS(아래 오른쪽 구조)가 E1 반응의 TS보다 에너지가 더 높다는 의미이다. 오른쪽 그림은 E2 반응의 TS에서 일차 탄소(컬러 표시 부분)에 부분 양전하가 있음을 묘사한 것이다. 부분 양전하가 일차 탄소에 있기 때문에 이 TS는 왼쪽 구조의 TS보다 더 불안정하고 따라서 활성화 에너지도 더 클 것이다(또한 하몬드 가설에 따르면 E1 메커니즘에서 TS는 더 탄소 양이온의 구조와 흡사할 것이다. 그러면 컬러 표시된 탄소가 E2 메커니즘의 TS에서보다 더 많이 양전하를 띠고 있을 것이다).

dehydration of 3° alcohols

dehydration of 1° alcohols

$$\left[\begin{array}{c} & R^1 \\ | & | \\ -C - C \cdots R^2 \\ | & {}^{\delta+} \\ H & {}^{\delta+}OH_2 \end{array} \right]^{\ddagger}$$

TS of 3° cation formation
by E1 mechanism

$$\left[\begin{array}{c} H \\ | \\ -C = C - H \\ | \quad {}^{\delta+} \\ H \quad {}^{\delta+}OH_2 \\ \vdots \\ {}^{\delta-}X: \end{array} \right]^{\ddagger}$$

TS of E2 mechanism

(예제 **13.1**) **다음 알코올을 산 촉매화 탈수 반응에서의 반응성이 감소하는 순서로 배열하시오.**

(풀이)

반응성은 일차, 이차, 삼차 알코올의 순서로 증가한다. 문제에 주어진 알코올의 차수는 각각 이차, 삼차, 일차이므로 반응이 감소하는 순서는 다음과 같다.

reactivity:

(문제 **13.2**) 다음 알코올 중에서 산 촉매화 탈수 반응에서의 반응성이 가장 큰 것을 고르시오.

일차 및 이차 알코올의 자리 옮김

삼차 탄소 양이온은 안정하기 때문에 구태여 자리 옮김을 할 필요가 없지만 일차 및 이차 알코올의 탄소 양이온은 더 안정한 양이온으로 자리를 옮기기도 한다(9.6절). 다음 예는 이차 알코올의 자리 옮김 반응이다.

3,3-dimethylbutan-2-ol   64%   33%   3%

예제 13.2 위 반응(산 촉매 존재하에서 일어나는 3,3-다이메틸뷰탄-2-올의 자리 옮김 반응)의 메커니즘을 그리시오.

풀이

이차 양이온은 알킬기의 이동을 거쳐 더 안정한 삼차 양이온으로 변한다. 두 양이온에서 E1 반응으로 양성자가 제거되면 알켄이 얻어진다.

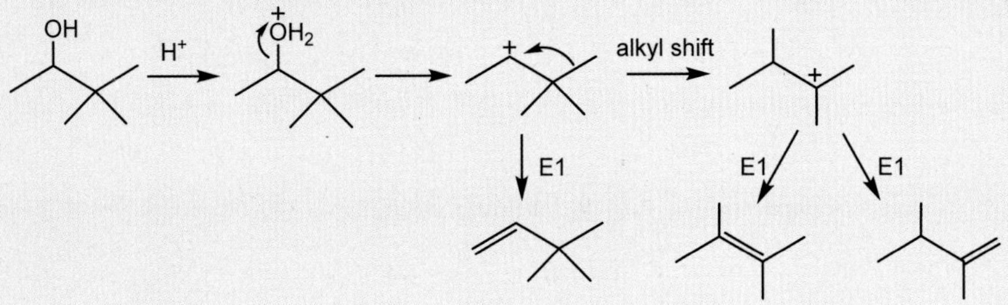

문제 13.3 다음 반응의 메커니즘을 그리시오.

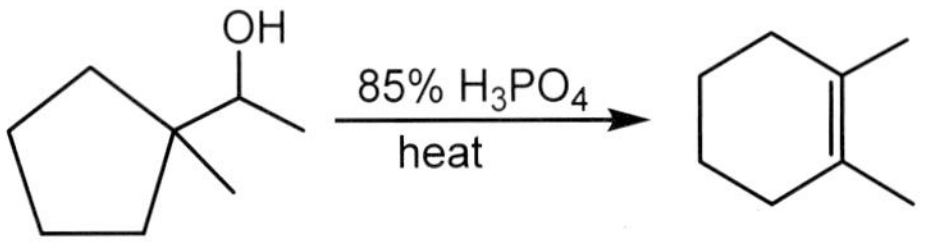

문제 13.4 다음 알코올을 황산과 같이 가열하였다. 얻어지는 알켄 주 생성물을 그리시오(힌트: 탄소 양이온의 자리 옮김이 가능한 경우 자리 옮김으로 얻어지는 생성물을 주 생성물로 간주한다).

알코올의 탈수 반응의 위치 선택성과 입체 선택성

뷰탄-1-올의 탈수 반응에서는 세 가지 알켄이 다음과 같이 얻어진다. (E)-와 (Z)-알켄은 중간체는 같으나(그래서 생성 속도는 동일) 더 안정한 (E)-알켄이 주 생성물이다.

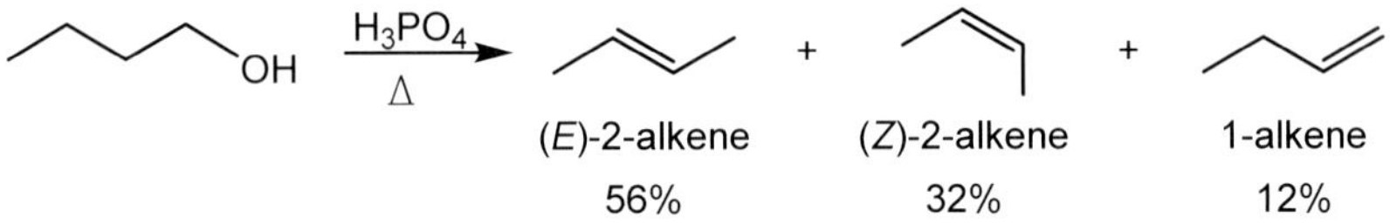

이차 양이온은 1,2-수소화물 이동으로 생긴 것이다.

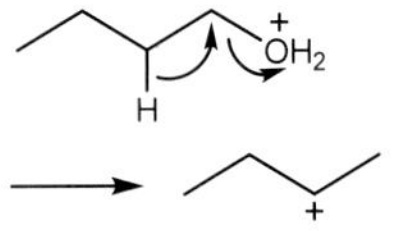

아래 그림은 뷰탄-1-올에서 1,2-수소화물 이동으로 얻어진 이차 양이온에서 (E)-와 (Z)-알켄의 생기는 과정의 전이 상태를 그린 것이다. 깨지는 β-C-H 결합과 비어 있는 2p AO가 평행하여야 π 결합이 생긴다. (Z)-알켄을 주는 전이 상태에서는 두 메틸기(컬러 표시)가 서로 같은 방향이므로 반데르 발스 반발이 생겨 전이 상태가 더 불안정해진다.

(E)-2-alkene   less stable TS   (Z)-2-alkene

이차 알코올의 탈수 반응에서도 더 안정한 (E)-알켄이 주 생성물이다.

(E)-2-alkene   (Z)-2-alkene
75%   25%

POCl₃/피리딘을 이용하는 탈수 반응

황산 촉매를 이용하는 탈수 반응은 반응 조건이 센 산성이며 높은 온도가 필요하다. 또한 탄소 양이온의 자리 옮김 반응이 일어날 수도 있다. 더 온화한 조건(중성, 상온 이하의 온도)에서 자리 옮김 없이 탈수 반응을 일으킬 때 쓰는 시약이 삼염화 산화인 (POCl₃)/피리딘이다. POCl₃의 역할은 OH기를 좋은 이탈기인 O-POCl₂기로 변환시키는 것이다. 그 다음에 피리딘 염기가 E2 메커니즘으로 β-수소를 제거하면 알켄이 얻어진다.

phosphorus oxychloride

good LG

E2
rds

문제 13.5 알코올의 POCl₃/피리딘을 이용하는 탈수 반응에서 삼차, 이차, 일차 알코올의 반응 순서는 다음과 같다. 그 이유를 추론하시오(힌트: TS의 구조).

삼차 > 이차 > 일차

13.6.2 알킬 할라이드로의 변환

알코올은 다양한 방법으로 할라이드로 변환될 수 있다.

HX를 이용하는 방법

삼차나 이차 알코올을 진한 산으로 처리하면 S_N1 메커니즘으로 삼차 혹은 이차 할라이드가 얻어진다. 반면에 일차 알코올은 S_N2 메커니즘으로 일차 할라이드로 변한다. HX의 반응성은 HI > HBr > HCl의 순서로 감소한다. 탄소 양이온이 중간체로 생기기 때문에 이차 알코올은 자리 옮김 생성물을 줄 수 있다.

일차 알코올과 진한 염산으로부터 일차 알킬 클로라이드를 얻는 반응은 매우 느리므로 거의 쓰이지 않는다.

tert-뷰틸 알코올은 삼차 탄소 양이온을 거쳐 일어나는데, 이 단계가 속도 결정 단계이다.

반면에 일차 알코올은 S_N2 메커니즘을 따른다.

tert-뷰틸 알코올 같은 삼차 알코올은 상온에서 진한 염산과 2~3분 내에 반응하나 일차 알코올은 거의 반응이 일어나지 않는다. 삼차 알코올의 반응이 더 빠르다는 것은 무엇을 의미할까? 양성자 첨가된 삼차 알코올에서 물이 떨어지는 S_N1 반응이 양성자 첨가된 일차 알코올과 염화 이온과의 S_N2 반응보다 더 빠르다는 것을 의미한다. S_N1 반응이 더 빠른 이유는 아마도 (용매 껍질에 갇힌)분자 내에서 매우 안정한 삼차 양이온이 더 빨리 생기기 때문일 것이다.

염화 아연과 염산과의 착물을 루카스 시약(Lucas reagent)이라고 한다. 루카스 시약을 이용하여 물에 녹는 알코올(탄소 수 5개 미만)의 차수를 결정하는 방법을 루카스 시험이라고 한다. 삼차 알코올과 이차 알코올은 상온에서 각각 몇 분 그리고 10분 이내에 용액이 흐려지면서 물에 녹지 않는 염화물의 층이 생긴다. 이차 알코올은 10분 이내에 염화물의 층이 생긴다. 반면에 일차 알코올은 상온에서는 이 시간 동안 반응이 거의 일어나지 않는다.

HO기가 결합한 탄소를 카비놀(carbinol) 탄소라고 부른다.

염화 이온은 브로민화 이온이나 아이오딘화 이온보다 더 약한 친핵체이므로 일차 알코올은 염화 아연 같은 루이스 산을 넣어야 염산과 더 빨리 반응한다.

PBr₃을 이용하는 방법

일차 및 이차 알코올을 삼브로민화 인(PBr₃)으로 처리하면 알킬 브로마이드를 얻을 수 있다. 이 반응에서는 탄소 양이온이 생기지 않기 때문에 자리 옮김이 일어나지 않는다. HOPBr₂는 좋은 이탈기이며 알코올과 두 번 더 반응할 수 있다. S_N2 메커니즘으로 일어나기 때문에 카비놀 탄소의 배열의 반전이 일어난다.

염화 싸이오닐을 이용하는 방법

일차 혹은 이차 알코올을 염화 싸이오닐(thionyl chloride)로 처리하면 염화물을 쉽게 구할 수 있다. 이때 유기 염기(피리딘)의 존재 여부에 따라 염화물의 입체 화학이 달라진다. 피리딘이 존재할 때는 S_N2 메커니즘에 따라 배열이 반전한 염화물이 얻어진다. 반면에 염기가 없으면 알코올의 배열이 보존된 염화물이 얻어진다.

이 반응의 중간체인 클로로설파이트(chlorosulfite)는 피리딘과 반응하여 피리디늄 설파이트 A로 변하고, 염화 이온의 후면 공격으로 반전된 염화물이 얻어진다.

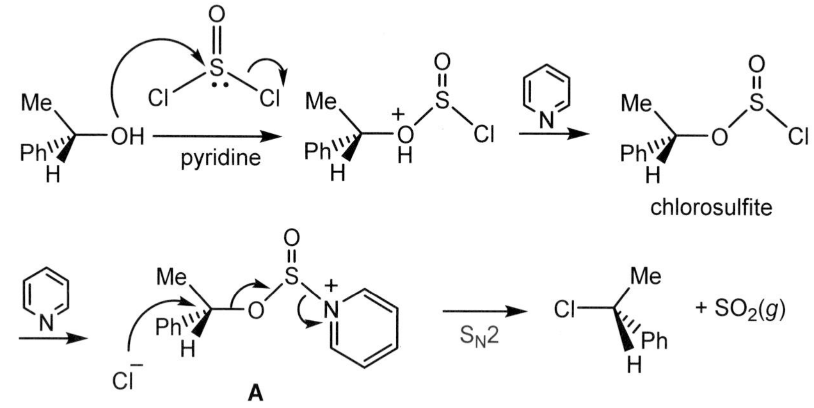

chlorosulfite

A

반면에 피리딘이 없으면 클로로설파이트는 용매 껍질 안에서 분해하여 인접 이온쌍 (intimate ion pair)을 생성하고, 염화 이온이 OSOCl기가 떨어진 방향에서 탄소 양이 온과 반응하면 배열이 보존된 염화물이 얻어진다(이러한 친핵성 치환 반응을 $S_Ni(i = internal)$이라고 부른다).

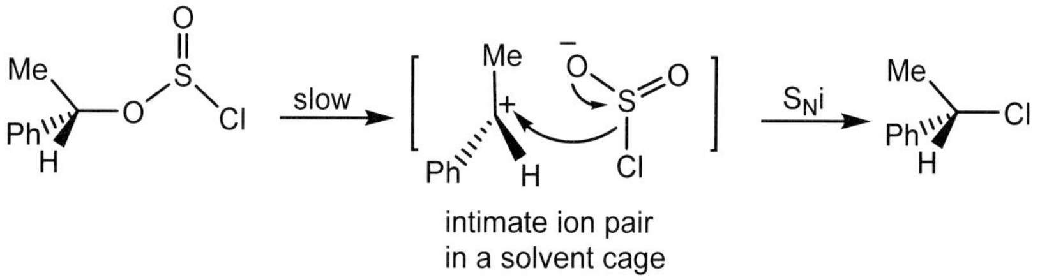

intimate ion pair
in a solvent cage

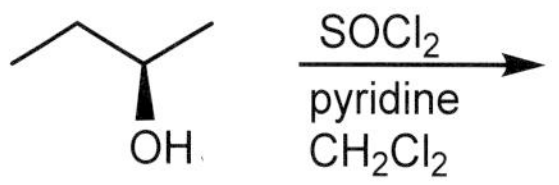

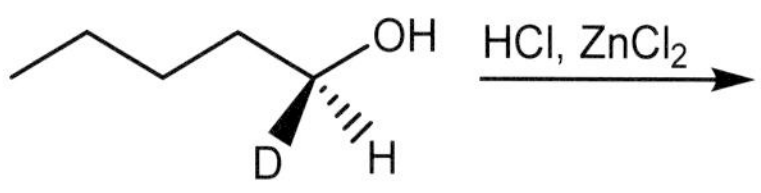

문제 13.6   다음 반응의 생성물을 그리시오.

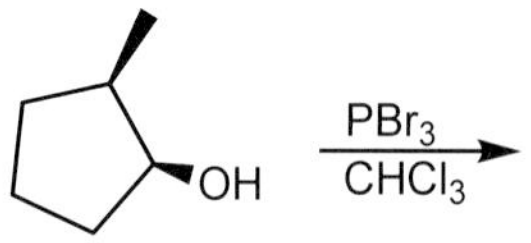

13.6.3   알코올의 설포네이트

HO^- 이온은 센염기이므로 알코올은 S_N2 반응이 일어나지 않지만(6.7.4절), 알코올의 유도체인 설포네이트(sulfonate)는 S_N2 반응이 빠르게 일어난다. 토실레이트(tosylate) 이온은 자주 쓰이는 설포네이트로서 매우 센산인 p-톨루엔설폰산의 짝염기이므로 염 기도가 매우 낮고 따라서 좋은 이탈기이다.

Ms와 Ts는 mesyl(methanesulfonyl)과 tosyl(toluenesulfonyl)의 약자로서 유기화학에서 자주 쓰이는 기호이다.

설포네이트를 얻는 방법은 알코올을 적절한 염기 존재하에서 염화 설폰일과 반응시키는 것이다. 이 반응에서는 O-H 결합만 깨지기 때문에 알코올의 배열은 변하지 않는다. 흔히 사용하는 염화 설폰일은 염화 메테인설폰일(methanesulfonyl chloride, MsCl)과 염화 *p*-톨루엔설폰일(*p*-toluenesulfonyl chloride, TsCl)이다.

일차와 이차 알코올은 산성 조건에서는 자리 옮김 반응이 일어날 수도 있으나(13.6.1절), 이러한 알코올의 설포네이트 유도체는 거의 중성 조건에서 얻어지고, 곧이은 S_N2 반응도 중성이나 염기성 조건이므로 알코올의 반응에서 자리 옮김 반응은 일어나지 않는다.

(예제 13.3) 다음 화합물의 합성에 필요한 시약과 적절한 용매를 순차적으로 적으시오.

풀이

a와 b에서는 각각 카비놀 탄소의 배열이 보존과 반전이 일어났다. 이런 유의 합성은 S_N2 반응을 이용한 것이며 배열이 보존 혹은 반전되는 경우에는 S_N2 반응이 두 번 혹은 한 번 일어난 것으로 볼 수 있다. 따라서 a의 경우 알코올의 배열을 $SOCl_2$, 피리딘이나 PBr_3 법으로 반전시켜 할라이드를 얻은 후 다시 NaCN으로 배열을 반전시킨다. b의 경우에는 설포네이트를 이용하면 된다.

a. 1. PBr_3, $CHCl_3$ 2. NaCN, DMF
b. 1. TsCl, pyridine 2. NaBr, DMF

문제 13.7 다음 화합물의 합성에 필요한 시약과 적절한 용매를 순차적으로 적으시오.

13.7 에터의 합성과 반응

13.7.1 에터의 합성

에터의 대표적 합성법은 윌리엄슨 에터 합성(Williamson ether synthesis)이다. 이 합성법은 센염기인 알콕사이드 이온을 친핵체로 이용하는 S_N2 반응이므로 알킬 할라이드나 설포네이트는 메틸이나 일차인 것이 가장 좋다. 삼차 할라이드를 이용하면 주로 E2 반응이 일어날 것이다.

알콕사이드 이온은 THF 용매에서 알코올을 NaH 같은 센염기로 처리하여 얻는다.

예제 13.4 비대칭 구조의 에터, ROR'의 윌리엄슨 에터 합성은 두 가지 방법이 가능하다. 다음 에터를 (알켄의 생성이 최소화되어)좋은 수율로 주는 알킬 할라이드와 알콕사이드의 조합을 제안하시오.

풀이

이 에터는 다음 두 가지 경로로 합성할 수 있지만 이차 할라이드는 E2 반응을 선호하므로 일차 할라이드와 알콕사이드의 조합이 더 좋다.

문제 13.8 다음 에터를 좋은 수율로 주는 알킬 할라이드와 알콕사이드의 조합을 제안하시오.

a. 　　　　　b.

다른 방법은 두 알코올의 탈수 반응이다.

$$2\ EtOH \xrightarrow[\Delta]{H_2SO_4} EtOEt\ +\ H_2O$$

이 반응은 일차 알코올의 경우에만 일어나며 이차나 삼차 알코올의 경우에는 제거 반응이 주로 일어난다.

에탄올을 140℃에서 황산과 같이 가열하면 다이에틸 에터가 생성된다. 온도가 더 높으면(180℃) 에텐이 얻어진다.

문제 13.9 황산의 존재하에서 에탄올에서 다이에틸 에터가 생기는 반응의 메커니즘을 그리시오.

일차 알코올을 황산 용액에 녹인 후 아이소뷰틸렌을 가하면 *tert*-뷰틸 에터를 얻을 수 있다.

$$RCH_2OH \quad + \quad \diagup\!\!\!\diagdown \quad \xrightarrow{H_2SO_4} \quad \diagup\!\!\!\diagdown O\diagup R$$

2-methylpropene
isobutylene

tert-butyl ether

문제 13.10 위 반응의 메커니즘을 그리시오.

13.7.2 에터의 반응

에터는 알코올처럼 O-H 결합이 없으므로 센염기와 반응하지 않는다. 대신 산소 원자가 양이온을 용매화시킬 수 있으므로 많은 유기 반응에서 용매로 사용된다.

하지만 에터의 산소 원자는 고립쌍이 있으므로 센산과 산-염기 반응에 참여할 수 있고 그러면 C-O 결합이 깨질 수 있다. 이 목적으로 사용되는 산은 HBr과 HI의 진한 수용액이다. 양성자 첨가된 에터가 어떤 경로로 C-O 결합이 깨질지는 알킬기의 구조에 달려 있다. ROH가 떨어지면서 삼차 탄소 양이온처럼 매우 안정한 탄소 양이온이 생긴다면 S_N1 반응이 일어난다고 볼 수 있다(그러면 왜 S_N2 반응이 더 빠르게 일어나지 않을까? 그 이유는 삼차 알코올이 일차 알코올보다 염산과 더 빨리 반응하는 이유와 비슷할 것이다. 즉, 이차 반응보다 일차 반응인 분자 내 반응이 더 빨리 일어나기 때문일 것이다).

tert-뷰틸 에터를 CF_3COOH 같은 약한 산으로 처리하면 알코올 RCH_2OH을 얻을 수 있다. 따라서 *tert*-뷰틸기는 알코올의 보호기 (protective group)로 사용된다.

$$R\diagup O\diagup\!\!\diagdown \quad \xrightarrow[0°C]{CF_3CO_2H}$$

$$R\diagup \overset{+}{\underset{H}{O}}\diagup\!\!\diagdown \quad \xrightarrow{S_N1}$$

$$R\diagup \underset{H}{O} \quad + \quad \diagup\!\!\!\diagdown \quad \xrightarrow{E1}$$

$$\diagdown\!\!\diagup$$

$$\text{├}OCH_2R \quad \underset{heat}{\overset{aq.\ HI}{\rightleftharpoons}} \quad \text{├}\overset{+}{\underset{H}{O}}CH_2R \quad \xrightarrow[fast]{S_N1} \quad \text{├}^+ \quad + \quad HOCH_2R \quad \xrightarrow[2.\ I]{1.\ H^+} \quad ICH_2R + H_2O$$

$$slow \downarrow \overset{S_N2}{\underset{I^-}{}} \qquad\qquad \downarrow I^-$$

$$\text{├}OH + RCH_2I \qquad\qquad \text{├}I$$

진한 염산은 Cl^-이온이 더 약한 친핵체이므로 *tert*-뷰틸 이외의 에터에는 쓰이지 않는다.

반면에 알코올이 떨어질 때, 메틸, 아릴, 일차 혹은 이차 탄소 양이온 같이 삼차 탄소 양이온보다 훨씬 더 불안정한 양이온이 얻어진다면 이 알코올은 이탈기로서 떨어질 수 없다. 이 경우에는 S_N2 반응으로 C-O 결합이 깨질 것이다. 예로서 페닐 에터는 페닐 양이온이 매우 불안정하므로 I^- 이온이 에틸기를 공격하는 S_N2 반응으로 C-O 결합이 깨질 것이다.

$$PhOH + EtI$$

$$I^- \uparrow S_N2$$

$$PhOEt \rightleftharpoons \overset{+}{\underset{H}{PhOEt}} \xrightarrow{X} Ph^+ + HOEt$$
$$\text{very unstable}$$

반면에 아래 메틸 에터는 S_N2 반응으로 먼저 Me-O 결합이 깨지는 반응이 일어날 것이다.

$$MeOCH_2R \xrightarrow{HI} Me-\overset{+}{\underset{H}{O}}CH_2R \xrightarrow{S_N2} MeI + HOCH_2R \xrightarrow{HI} ICH_2R$$
$$I^-$$

화학카페

크라운 에터

이온 운반체(ionophore)는 금속 이온을 생체막을 통하여 수송하는 능력이 있는 물질이다. 생체막은 소수성이기 때문에 친수성인 금속 이온이 통과할 수 없다. 금속 이온을 막을 통하여 운반하는 물질을 이온운반체라고 부른다. 이온운반체는 안쪽으로는 금속 이온(루이스 산)과 결합할 수 있는 산소 원자(루이스 염기)가 몇 개 있고 바깥에는 소수성 기가 있는 고리 혹은 비고리 구조이다. 모네신(monesin)이나 발리노마이신(valinomycin)같은 천연 이온 운반체는 항생제로 쓰인다.

크라운 에터(crown ether)는 고리형 인공 이온 운반체이며 몇 가지 예는 12-크라운-4, 15-크라운-5, 18-크라운-6이다(이 이름에서 앞의 숫자는 고리 원자의 수, 뒤의 숫자는 고리에 있는 산소 원자의 수이다). 고리 안의 빈 공간의 크기에 따라 다른 금속 이온이 결합한다. 예로서, 빈 공간의 자름이 1.7 ~ 2.2 Å인 15-크라운-5는 알칼리 금속 이온 중에서 특히 이온 지름이 1.8 Å인 Na^+ 이온과 결합한다. 비슷하게 12-크라운-4와 18-크라운-6은 각각 Li^+, K^+와 착물을 이룬다.

무기 산화제인 $KMnO_4$는 벤젠 같은 유기 용매에는 녹지 않는다. 하지만 일 당량의 18-크라운-6이 있으면 18-크라운-6/K^+ 착물을 만들어서 벤젠에 녹게 된다(이 용액을 퍼플 벤젠(purple benzene)이라고 부른다). 크라운 에터는 1967년에 듀퐁의 화학자인 페더슨(Pedersen, MIT 석사)이 우연히 발견한 고리형 폴리에터이다(페더슨은 사망하기 2년 전인 여든세 살에 노벨상을 받았다. 흥미로운 점은 페더슨의 출생지가 부산이라는 점이다).

유기 반응은 주로 물에 녹지 않는 유기 용매에서 일어난다. 하지만 무기 시약은 이러한 용매에 녹지 않기 때문에 반응이 일어나지 않는다. 이러한 문제를 해결할 수 있는 방법 중의 하나가 크라운 에터를 사용하는 것이다(다른 방법은 이 교재에서는 소개하지 않는 **상 이동 촉매(phase-transfer catalyst)**를 사용하는 것이다). 예로서 일차 알킬 할라이드를 NaCN과 반응시킨다고 하자. 이때 Na^+ 이온과 결합할 수 있는 15-크라운-5를 사용하면 NaCN 시약이 유기 용매에 녹게 되므로 S_N2 반응이 일어난다. 또한 ^-CN 이온은 용매화되지 않기 때문에 친핵성도가 증가하게 된다.

15-crown-5 + NaCN $\xrightarrow{\text{acetonitrile}}$ 15-crown-5/Na^+ complex soluble in organic solvents ^-CN

15-crown-5

15-crown-5/Na^+ complex
soluble in organic solvents

$$R\diagdown Br \xrightarrow[\text{acetonitrile}]{\text{15-crown-5, NaCN}} R\diagdown CN$$

문제 13.11 다음 에터를 과량의 HI로 처리하였을 때 생기는 생성물의 구조와 반응 메커니즘을 그리시오.

a.

b.

13.8 알코올의 산화 반응

일차와 이차 알코올은 산화 크로뮴(VI)이나 과망가니즈산 염 같은 다양한 산화제에 의하여 산화될 수 있다. 전에 많이 사용되었던 크로뮴(VI)은 독성이 큰 중금속이므로 현재에는 많이 사용하지는 않으며 환경 친화적인 산화제가 많이 개발되어 있다.

산화제는 종류가 매우 다양하나, Cr, Mn, Ru, Cl, I 혹은 S 원소가 산소에 결합되어 있어서 산화수가 크다는 공통점이 있다. 알코올을 산화시키려면 다음과 같이 두 수소를 제거하여야 하는데, 산화제와 알코올이 반응하면 O-X(X는 위에 나온 원소들)이 생기고 그 다음에 E2 반응에 의하여 탄소의 수소가 제거되는 반응이 일어난다.

산화제 중에서 크로뮴산(chromic acid)에 의한 알코올의 산화를 주로 다루기로 하자. 크로뮴산은 다이크로뮴산 소듐($Na_2Cr_2O_7$)이나 삼산화 크로뮴(CrO_3)을 묽은 황산 수용액에 녹여 얻는다.

Cr(VI) 산화 반응의 첫 단계는 먼저 알코올이 크로뮴산과 반응하여 크로뮴산 에스터가 생기는 산 촉매화 반응이다. 그 다음에 크로뮴산 에스터가 물 같은 염기와 E2 반응하면 크로뮴(IV)과 알데하이드가 얻어진다. 산화 반응이 진행되면서 주황색 Cr(VI)은 복잡한 과정을 거쳐 녹색 Cr(III) 염으로 변한다.

존스(Jones) 시약은 CrO₃와 황산을 2 : 3의 몰 비로 섞은 용액으로서(크로뮴 산화는 황산이 소모되는 반응임) 반응 조건이 거의 중성이므로 산에 예민한 기(아세탈기)가 있어도 사용할 수 있는 장점이 있다.

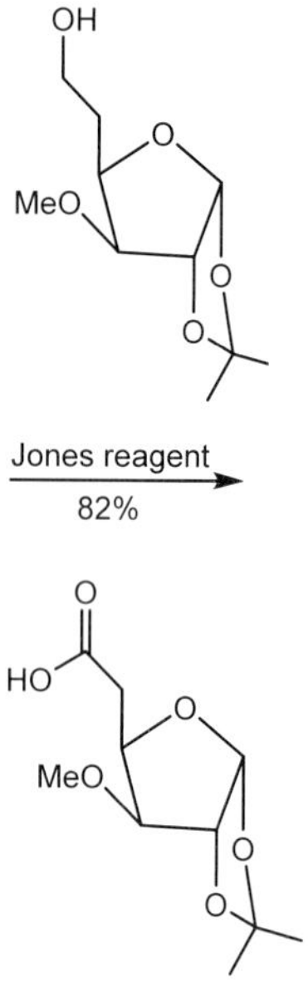

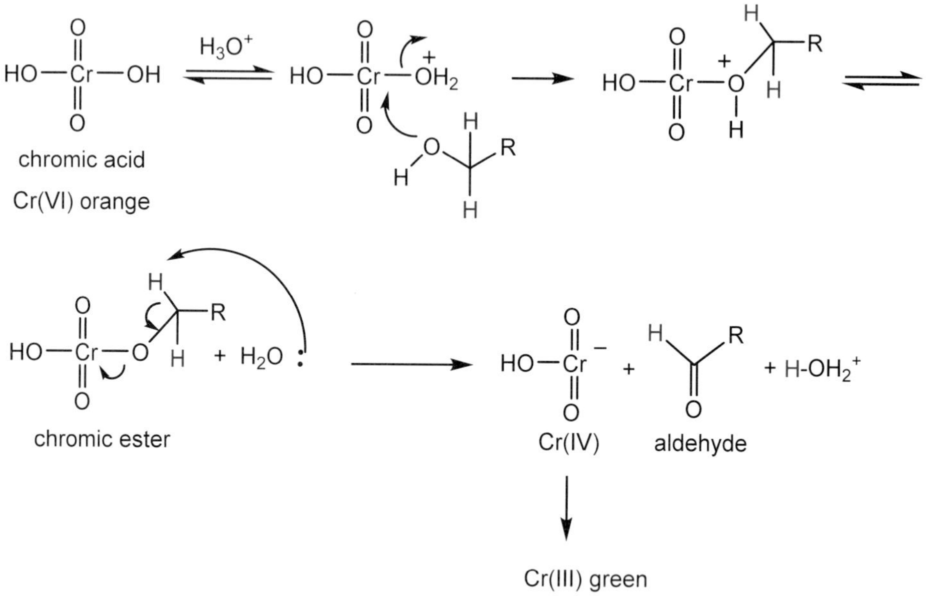

Jones reagent
82%

이 반응은 물에서 일어나기 때문에 알데하이드는 물이 첨가하여 생기는 수화물(hydrate)과 평형을 이룬다(14.10.1절). 이 수화물이 다시 크로뮴산과 반응하면 최종적으로 카복실산이 생긴다.

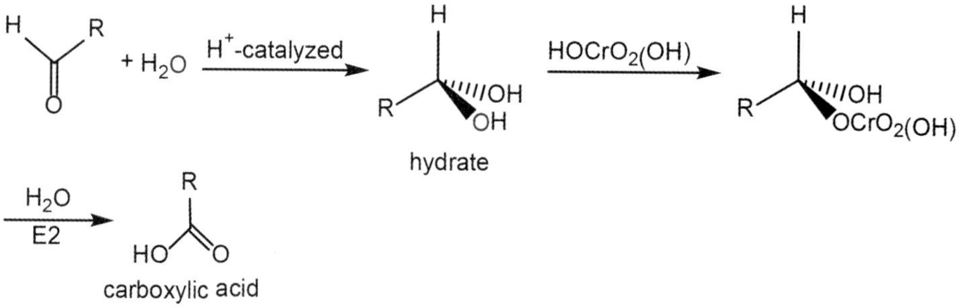

따라서 산화 반응이 알데하이드 단계에서 멈추려면 무수 조건(CH₂Cl₂ 같은 유기 용매)을 이용하여야 한다. 크로뮴산은 CH₂Cl₂에 녹지 않기 때문에 이 용매에 약간 녹는 PCC(pyridinium chlorochromate) 같은 Cr(VI)의 피리딘 착물을 대신 사용한다.

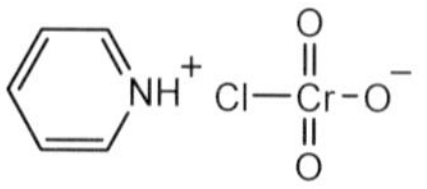

pyridium chlorochromate(PCC)

$$RCH_2OH \xrightarrow[CH_2Cl_2]{PCC} RCHO$$

육가 크로뮴 염은 발암 물질로 알려져 있으므로 다른 산화제가 많이 개발되었다. 한 가지 예는 하이포염소산(HOCl)을 이용하는 방법이다. 하이포염소산은 NaOCl 용액(상품명: 클로락스)을 아세트산 용매에 가하여 만든다. 이 산화제는 일차 알코올을 알데하이드까지만 산화시킨다.

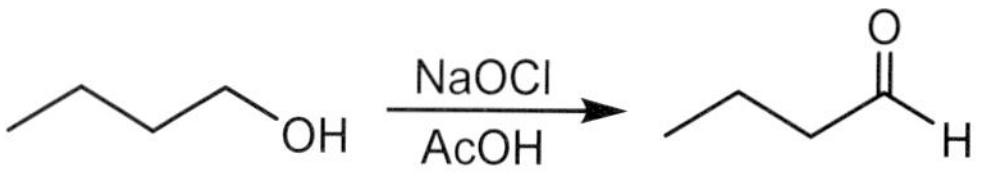

문제 13.12   다음 산화 반응의 생성물을 그리시오.

a. $\xrightarrow[\text{H}_2\text{O, H}_2\text{SO}_4]{\text{CrO}_3}$

b. $\xrightarrow[\text{H}_2\text{O, H}_2\text{SO}_4]{\text{CrO}_3}$

c. $\xrightarrow[\text{CH}_2\text{Cl}_2]{\text{PCC}}$

d. $\xrightarrow[\text{CH}_2\text{Cl}_2]{\text{PCC}}$

e. $\xrightarrow[\text{AcOH}]{\text{NaOCl}}$

13.9 페놀의 산화 반응

페놀의 유도체인 하이드로퀴논(hydroquinone)이 산소 원자의 고립쌍 전자를 산화제 (Ag$_2$O, CrO$_3$, O$_2$)에 하나 내주면 공명 안정화 산소 라디칼이 생긴다. 다른 산소 원자 가 홀전자를 또 내주면 결국에는 *p*-벤조퀴논(benzoquinone)으로 산화된다.

생물계에서 이러한 홀전자 이동(single-electron transfer)에 관여하는 하이드로퀴논 구 조의 하나가 유비퀴논(ubiquinone, 보조 효소 Q)이다.

하이드로퀴논은 라디칼 억제제(radical scavenger)로 작용한다. 하이드로퀴논이 라디 칼 R• 과 반응하면 세미퀴논이 생긴다. 이 산소 라디칼은 공명 안정화되어 있으므로 라디칼 R• 보다는 반응성이 작을 것이다. 세미퀴논이 다시 한 번 라디칼과 반응하면 퀴논으로 변한다. 결국, 하이드로퀴논은 두 당량의 라디칼을 제거하는 셈이다. 산소 분자나 과산화 라디칼 ROO• 을 제거할 수 있기 때문에 하이드로퀴논 혹은 페놀 계열 의 화합물(예: 비타민 E)은 산화 방지제(항산화제)로 식품 등에 사용된다(12.10절).

semiquinone

13.10 에폭사이드의 합성과 반응

13.10.1 에폭사이드의 합성

에폭사이드를 얻는 흔한 방법은 알켄을 과산화산(peroxy acid)으로 처리하는 에폭시화 반응으로, 9.11.1절에서 다루었다.

에폭사이드를 얻는 다른 방법은 할로하이드린을 염기로 처리하는 것이다.

2-할로사이클로헥산올의 경우에는 할로젠과 HO기가 반드시 *trans*-이수직 방향이어야 후면 공격이 가능하다.

trans-diaxial

13.10.2 에폭사이드의 반응

에폭사이드는 에터의 일종이지만 삼원자 고리의 각무리로 반응성이 훨씬 커 산성 혹은 염기성 조건에서 고리가 깨지는 친핵성 치환 반응이 쉽게 일어난다.

염기성 조건에서의 반응

에폭사이드의 에탄올 용액에 촉매량의 NaOEt(소듐 에톡사이드)를 가하면 에폭사이드 고리가 친핵체에 의하여 열리는 반응이 일어난다. 이 반응은 S_N2 메커니즘으로 일어나며 에톡사이드 이온은 덜 치환된 탄소 원자를 공격한다.

그리냐르 시약과 유기리튬 시약의 제조는 14.9절에서 다룬다. RMgX 와 RLi 시약에서 R기는 탄소 음이온 역할을 하는 친핵체이다. LiAlH₄ 의 H 원자는 친핵성 수소화 이온 (H:⁻)의 역할을 한다.

알콕사이드 이온(RO^-) 이외에도 그리냐르 시약(RMgX)이나 유기리튬 시약(RLi), 아세틸라이드 같은 탄소 친핵체 및 LiAlH₄ 같은 환원제, RS^- 이온이나 CN^- 이온은 모두 센 친핵체로서 에폭사이드의 덜 치환된 탄소 원자를 S_N2 공격하여 고리가 열리는 반응이 일어난다.

산성 조건에서의 반응

알코올이나 물 같이 약한 친핵체는 에폭사이드와 중성 조건에서는 반응하지 않는다. 하지만, 산 촉매 존재하에서는 고리가 열리는 반응이 일어난다. 다음과 같은 구조의 비대칭 에폭사이드의 에탄올 용액에 촉매량의 황산을 가하면 에탄올 친핵체가 더 많이 치환된 탄소 원자를 공격하는 반응이 일어난다.

이 반응의 위치 선택성은 알켄에서 유래하는 브로모늄 이온이 물과의 반응에서 보이는 것과 매우 비슷하며(9.8절) 다음과 같은 전이 상태에서 삼차 탄소에 부분 양전하가 놓인 구조의 안정성으로 설명할 수 있다.

문제 13.13 다음 반응의 주 생성물을 그리시오.

a. Ph에폭사이드 $\xrightarrow[\text{EtOH}]{\text{NaSEt}}$

b. 에폭사이드 $\xrightarrow{\text{aq. HBr}}$

에폭사이드를 이용하는 유기 합성

에폭사이드가 친핵체와 반응하면 친핵성 원자와 OH기가 두 탄소 원자만큼 떨어진 위치에 놓인 생성물이 얻어진다.

그리냐르 시약이 반응한다면 다음과 같은 알코올이 얻어질 것이다.

그리냐르 시약은 할라이드 RX에서 얻어졌기 때문에 이러한 반응을 이용하면 RX를 R-C-C-OH로 변환시킬 수 있다. 이 점은 다음과 같은 역합성 분석으로 다시 한 번 확인할 수 있다.

실제 합성은 다음과 같다.

1,2-에폭시사이클로헥세인의 고리 열림 반응의 입체 화학

일부 유기화학 교재에 의하면 에폭시사이클로헥세인의 고리 열림 반응을 다음과 같이 설명하고 있다.

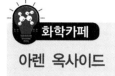

1,2-epoxycyclohexane

enantiomers

아렌 옥사이드

벤젠 같은 방향족 탄화수소가 우리 몸에 들어오면 사이토크롬(cytochrome) P$_{450}$ 효소가 이 물질을 에폭사이드로 변환시킨다. 이 에폭사이드가 가수 분해되면 물에 더 잘 녹는 페놀로 변환되어 몸에서 배출된다.

an arene oxide

phenol

하지만 에폭사이드가 DNA 등의 친핵성 아미노기와 반응하면 DNA의 구조가 변형되어 이중 나선 구조를 이룰 수 없게 된다. 그러면 올바른 DNA 복제가 이루어지지 않고 돌연변이가 생겨 암으로 이어지게 된다.

DNA

arene oxide

modified DNA

벤조[a]피렌 같은 여러 고리 방향족 탄화수소(PAH)는 특히 발암성이 큰 화합물이다. 이 물질은 유기 물질의 불완전 연소 과정에서 생성되며 담배 연기, 자동차 배기 가스, 고기 굽는 연기에서 발견된다. 벤조[a]피렌의 발암성이 특히 위험한 이유는 벤조[a]피렌 옥사이드가 다이올로 몸에서 배출되기 전에 DNA의 염기(친핵성 아미노기)와 반응하여 구조가 변경된 DNA가 생기기 때문이다.

benzo[a]pyrene

benzo[a]pyrene oxide

mutated DNA

다음과 같은 에폭사이드의 구조도 가능하다.

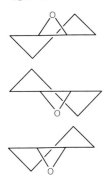

과연 그럴까? 먼저 위 그림에서 고리를 평면으로 그렸는데, 실제로 에폭사이드는 평면 구조가 아니다. 실제와 흡사한 형태는 다음과 같이 **꼬인 보트**이다.

이 형태에서 고리가 열릴 때 친핵체는 축 방향에서 접근하여야 생성물이 더 안정한 형태인 의자 형태를 취하게 된다(9.8절에서 다룬 사이클로헥센의 브로모늄 이온의 고리 열림 반응과 비슷).

다른 방향에서 접근하면 꼬인 보트 형태가 얻어지는데, 이 형태는 의자 형태보다 5 kcal mol^{-1}만큼 불안정하다. 따라서 에폭사이드의 고리 열림은 전적으로 *trans*-이수직 방향 의자 형태를 주는 방향으로 일어난다.

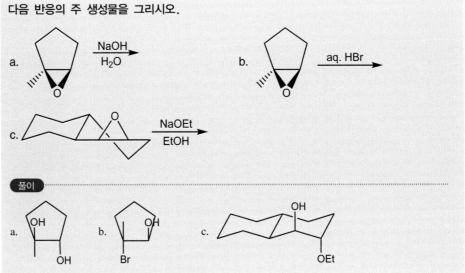

문제 13.14 다음 반응의 생성물을 그리시오.

a.

$$\xrightarrow[\text{H}_2\text{O}]{\text{cat. H}_2\text{SO}_4}$$

b.

$$\xrightarrow[\text{H}_2\text{O}]{\text{PhSNa}}$$

c.

$$\xrightarrow[\text{THF}]{\text{PhCH}_2\text{NH}_2}$$

d.

$$\xrightarrow[\text{EtOH}]{\text{NaOEt}}$$

13.11 싸이올의 합성과 반응

일차 혹은 이차 싸이올은 알킬 할라이드를 적당한 황 함유 친핵체와 반응시켜 얻을 수 있다. 간단한 황 친핵체인 NaSH를 사용하면 반응의 생성물이 다시 할라이드와 반응하여 설파이드로 변하기 때문에 사용할 수 없다.

$$\text{RCH}_2\text{X} + \text{NaSH} \xrightarrow[\text{EtOH}]{\text{S}_\text{N}2} \text{RCH}_2\text{SH}$$

$$\text{RCH}_2\text{SH} + \text{NaSH} \rightleftharpoons \text{H}_2\text{S} + \text{RCH}_2\text{SNa} \xrightarrow{\text{RCH}_2\text{Cl}} (\text{RCH}_2)\text{S}$$

sulfide

이러한 문제를 해결하려면 한 번만 반응하는 황 친핵체를 사용하여야 하는데, 한 가지 예가 싸이오유레아이다.

$$\text{RCH}_2\text{X} + \underset{\text{thiourea}}{\text{H}_2\text{N}-\overset{\text{S}}{\text{C}}-\text{NH}_2} \longrightarrow \cdots \xrightarrow[\text{2. H}_3\text{O}^+]{\text{1. NaOH, H}_2\text{O}} \text{R}-\text{SH} + \text{H}_2\text{N}-\overset{\text{O}}{\text{C}}-\text{NH}_2$$

싸이올의 중요한 반응은 산화 반응이다. 싸이올의 산화는 알코올과 비슷한 방식으로 산화가 일어나지 않고 황 원자에서 일어난다. 황은 3주기 원소이므로 팔전자계보다 더 많은 전자를 수용할 수 있다. 과망가니즈산 포타슘이나 질산 같이 강력한 산화제를 사용하면 싸이올이 황 원자의 산화 상태가 가장 높은 설폰산까지 산화된다.

$$\text{RCH}_2\text{SH} \xrightarrow{\text{KMnO}_4 \text{ or HNO}_3} \text{RCH}_2-\overset{\text{O}}{\underset{\text{O}}{\overset{\|}{\underset{\|}{\text{S}}}}}-\text{OH}$$

sulfonic acid

반면에 약한 산화제인 공기 중의 산소나 I_2에 의해서는 **이황화물**(disulfide)이 얻어진다. S-S 결합을 **이황화 결합**(disulfide bond)이라고 부른다. 아미노산인 시스테인 잔기 사이에서 생성되는 이황화 결합은 단백질의 삼차원적 구조의 형성에 매우 중요하다. 싸이올과 이황화물 사이의 변환은 산화-환원 반응이다.

$$RCH_2SH \xrightarrow[\substack{or \\ I_2, NaOH}]{O_2} RCH_2-S-S-CH_2R$$
$$\text{disulfide}$$

문제 13.15   싸이올과 I_2가 HO^- 존재하에서 이황화물로 변하는 반응의 메커니즘을 제안하시오.

생화학적 반응

싸이올기가 들어 있는 보조 효소인 글루타티온(glutathione)은 싸이올-이황화물 변환에 관여한다. 글루타티온의 환원된 구조는 GSH로 나타내고 두 분자가 이황화 결합으로 연결된 산화된 구조는 GSSG로 나타낸다.

glutathione (GSH)
reduced state

disulfide of glutathione (GSSG)
oxidized state

단백질이나 글루타티온의 이황화 결합과 싸이올기는 이황화 교환 반응(disulfide exchange reaction)을 통하여 서로 교환된다.

이 반응은 S_N2 반응과 비슷한 반응이 두 번 일어난다. 이 과정에서 황 원자는 친핵체, 친전자체 및 이탈기의 역할을 다 수행한다.

이황화물과 싸이올 사이의 변환(산화-환원 반응)은 플라빈에 의해서도 촉매화되며 전체 반응은 다음과 같이 쓸 수 있다.

$$RS\text{-}SR + FADH_2 \rightleftharpoons 2\ RSH + FAD$$

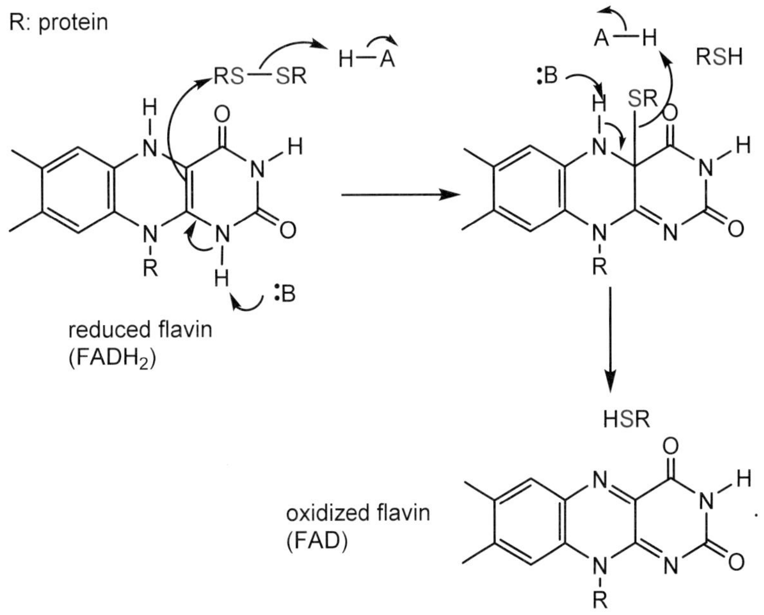

R: protein

reduced flavin (FADH$_2$)

oxidized flavin (FAD)

생화학 실험에서 단백질을 싸이올 상태로 유지하기 위해서 과량의 β-머캅토에탄올이나 다이싸이오쓰레이톨을 포함하고 있는 완충 용액에서 단백질을 보관한다.

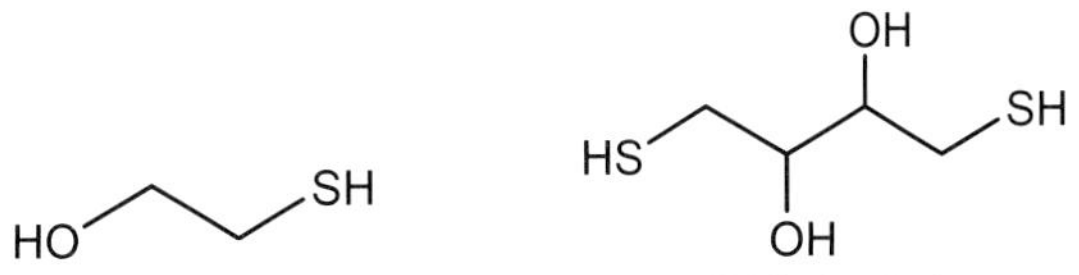

β−mercaptoethanol

dithiothreitol

화학카페

마늘 냄새의 성분

마늘 자체는 냄새가 나지 않으나 마늘 쪽을 자르면 냄새가 심하게 난다. 마늘이 상처를 입으면 알리네이스(allinase)라는 효소가 활성화되어 황 함유 아미노산인 알리인(alliin)이 알릴설펜산(allylsulfenic acid)으로 변환된다. 이 설펜산 두 분자가 결합하면서 탈수 반응이 일어나면 알리신(allicin)이 얻어지는데, 이 화합물이 마늘의 독특한 냄새의 주범이다. 생마늘을 먹으면 알리신이 혈액에 3~4일 가량 남아 있기 때문에 마늘을 먹은 후에도 마늘 냄새가 허파를 통하여 숨으로 계속 나오게 된다.

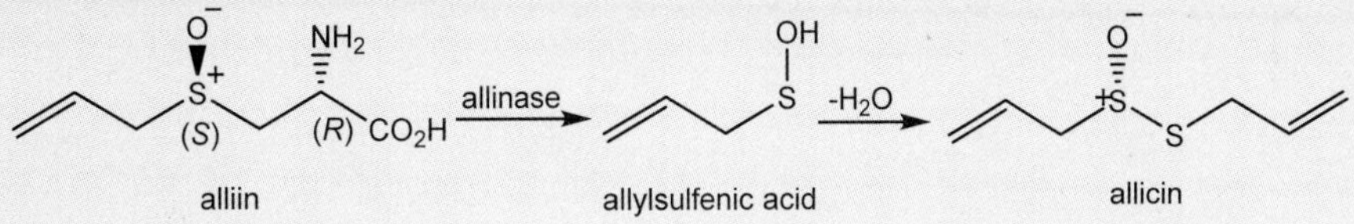

alliin   allinase   allylsulfenic acid   -H$_2$O   allicin

CH$_2$=CH-CH$_2$기를 알릴(allyl)기라고 부르는데, '알릴'은 마늘이나 양파가 속한 속명 *Allium*에서 유래한 말이다.

추가 문제

⟨에너지 도표⟩

문제 13.16   Me₃COH 같은 삼차 알코올은 MeCH₂CH₂CH₂OH 같은 일차 알코올보다 진한 염산에서의 반응이 훨씬 빠르다. 중간체와 생성물의 구조를 포함하여 이 사실에 부합하는 에너지 도표를 그리시오 (두 알코올의 에너지는 같다고 간주한다).

문제 13.17   다음 두 반응 중에서 어느 것이 더 빠른가? 모든 전이 상태와 중간체의 구조가 포함된 에너지 도표를 이용하여 설명하시오.

⟨메커니즘⟩

문제 13.18   *tert*-뷰틸 알코올 같은 삼차 알코올이 염산과 반응하면 삼차 염화물이 얻어진다.

a. 이 반응의 메커니즘을 그리시오.

b. 이 반응 속도는 알코올의 농도와 H₃O⁺의 농도의 곱에 비례한다. 왜 그런지 설명하시오.

문제 13.19   다음 반응에서 각 생성물이 나오는 메커니즘을 그리시오.

a.

b.

문제 13.20   다음 두 반응에서 주 생성물이 서로 다르게 나오는 이유를 메커니즘을 이용하여 설명하시오.

문제 13.21 1,2-다이올(1,2-diol)은 센산 촉매와 같이 가열하면 빠르게 케톤으로 변하며 이러한 변환을 피나콜-피나콜론 자리 옮김 반응(pinacol-pinacolone rearrangement)이라고 부른다. 이 반응의 메커니즘을 제안하시오.

pinacol   pinacolone

문제 13.22 다음 설포네이트가 분자 내 혹은 분자 간 S_N2 반응을 하는지를 알아보기 위하여 다음과 같은 실험이 실시되었다. 실험 결과 이 반응은 분자 간 S_N2 반응으로 밝혀졌다. 다음과 같이 굽은 화살표로 그린 분자내 반응은 왜 일어나지 않을까?(힌트: 6.7.2절).

문제 13.23 다음 반응의 메커니즘을 굽은 화살표를 사용하여 그리시오.

a.

b.

c.

문제 13.24 다음 반응은 모두 탄소 양이온의 자리 옮김이 일어나는 반응들이다. 처음 생긴 탄소 양이온의 구조를 그린 후 이 양이온이 자리를 옮긴 후에 생기는 양이온을 그리시오. 왜 탄소 양이온이 자리를 옮기는지를 설명하시오. 또한 자리 옮김의 메커니즘을 굽은 화살표로 나타내시오 (어떤 경우에는 두 번 이상 일어날 수 있다).

a.

b.

c.

문제 13.25   어떤 조건에서는 알켄 생성물이 다시 양성자 첨가되어 탄소 양이온으로 변한 후 열역학적으로 더 안정한 알켄이 생기기도 한다.

A: 95%   **B**: 5%

$+ \quad H^+ \ \overset{-}{BF_3}(OH)$

생성물 중의 하나인 $HOBF_3^-$ H^+는 처음 생긴 알켄 생성물을 이성질화시켜 결국에는 두 알켄이 평형 조건에서 얻어진다. 두 알켄의 안정성 차이(1.58 kcal mol^{-1})로부터 상온에서의 A와 B의 비를 구하시오. 이 비는 실제 실험 결과와 잘 부합하는가?

문제 13.26   다음 이차 알코올을 1,4−다이옥세인 용매에서 $SOCl_2$로 처리하였더니 배열이 보존된 염화물이 얻어졌다. 배열이 보존된 이유를 제안하시오(힌트: 다이옥세인 분자의 산소 원자는 친핵성이다).

1,4-dioxane

문제 13.27   머스터드 가스는 일차 세계대전에서 사용된 독가스이다. 머스터드 가스가 피부나 폐의 물 같은 친핵체와 반응하면 빠른 속도로 염화수소(염산)가 생성되어 수포가 생기고 결국에는 죽음을 가져온다. 머스터드 가스가 단순한 일차 염화물보다 친전자성이 더 큰 이유는 무엇인가? 또한 물과의 반응 메커니즘을 제안하시오(힌트: 황 원자는 친핵성이다).

〈반응〉

문제 13.28   다음 반응의 생성물을 그리시오.

g.

    $\xrightarrow[\text{H}_2\text{O}]{\text{cat. H}_2\text{SO}_4}$

h. $\xrightarrow{\text{O}_2}$

i. $\xrightarrow[\text{2. NaSMe}]{\text{1. TsCl, pyridine}}$

j. PhCH_2Cl $\xrightarrow[\text{3. H}_3\text{O}^+]{\substack{\text{1. thiourea} \\ \text{2. NaOH, H}_2\text{0}}}$

문제 13.29 다음 할로하이드린을 염기 NaH로 처리하여 에폭사이드를 얻고자 한다. 이 반응은 성공적일까? 그렇지 않다면 그 이유를 설명하시오.

문제 13.30 다음 알코올 A가 과량의 진한 HBr 용액에서 반응하였을 때 생길 수 있는 모든 유기 화합물의 구조를 그리고 그 생성 메커니즘을 제안하시오.

A

문제 13.31 다음 알코올을 촉매량의 황산과 같이 가열하였다. 모든 생성물의 구조를 그리시오,

a. $\xrightarrow[\text{heat}]{\text{H}_2\text{SO}_4}$

b. $\xrightarrow[\text{heat}]{\text{H}_2\text{SO}_4}$

c. $\xrightarrow[\text{heat}]{\text{H}_2\text{SO}_4}$

문제 13.32 POCl$_3$/피리딘은 알코올의 탈수에 흔히 쓰이는 시약이며 이 반응은 E2 메커니즘을 따른다. *trans*-2-메틸사이클로헥산올을 POCl$_3$/피리딘으로 처리하였을 때 생기는 생성물의 구조를 그리시오(평면 구조를 그리면 됨).

문제 13.33 다음 산화 반응의 메커니즘을 제안하시오.

〈합성〉

문제 13.34   다음 화합물을 주어진 출발물로부터 얻고자 한다. 합성법을 제안하시오.

a. [구조식: 사이클로헥세인 고리에 OH(쐐기)와 SEt(점선)] from [사이클로헥산올]

b. Ph–CH(CH₃)–CH₂Br from [PhC(CH₃)₂OH]

c. [구조식: Ph, SEt 치환 사슬] from [구조식: Ph, OH 치환 사슬]

d. Ph–CH(OH)–CH₂–Ph using PhMgBr

14

알데하이드와 케톤: 친핵성 카보닐 첨가 반응

탄소-산소 이중 결합인 카보닐기(carbonyl group)는 알데하이드, 케톤 및 카복실산과 그 유도체(에스터, 아마이드 등) 같이 다양한 부류의 화합물에 존재하기 때문에 유기 화학에서 가장 중요한 작용기라고 할 수 있다.

carbonyl group

카보닐기의 탄소 원자를 카보닐 탄소라고 부르는데, 이 탄소에 연결된 원자에 따라 카보닐기 함유 화합물을 크게 두 부류, 즉 알데하이드와 케톤 부류와 카복실산 및 그 유도체의 부류로 나눌 수 있다.

알데하이드(aldehyde, RCHO)와 케톤(ketone, RCOR')은 카보닐 탄소에 탄소와 수소 혹은 두 탄소 원자가 결합되어 있다.

aldehyde   ketone

카복실산(carboxylic acid, RCO₂H)과 그 유도체(RCOZ)는 카보닐 탄소에 할로젠, 산소, 질소, 황 같은 전기음성 원자 Z가 하나 붙어 있는 화합물이다. 염화 아실 혹은 산 염화물(acid chloride, RCOCl), 에스터(ester, RCO₂R′), 산 무수물(acid anhydride, (RCO)₂O), 아마이드(amide, RCONR′R″), 싸이오에스터(thioester, RCOSR′) 등이 그 예이다. 이들 유도체는 카복실산에서 구할 수 있다. 또한 카복실산으로 변환시킬 수 있기 때문에 카복실산 유도체(carboxylic acid derivative)라고 부른다. 또한 아실기 (RCO-)를 포함하므로 아실 유도체(acyl derivative)라고도 부른다.

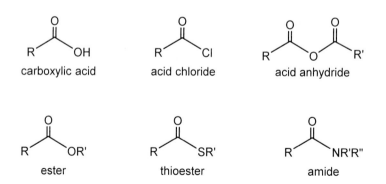

carboxylic acid   acid chloride   acid anhydride

ester   thioester   amide

카보닐 탄소는 양의 부분 전하를 띠므로 친핵체와 반응할 수 있다. 앞에서 다룬 두 부류의 화합물은 친핵체와의 반응에서 다른 방식의 반응을 보여 준다. 알데하이드 혹은 케톤이 친핵체와 반응하면 양성자 첨가 반응 후 첨가물인 알코올이 얻어진다. 이러한 유형의 반응을 친핵성 첨가 반응(nucleophilic addition)이라고 부르며 이 장에서 다룰 주제이다.

반면에 카복실산 유도체(RCOZ)가 친핵체와 반응하면 좋은 이탈기인 Z가 친핵체로 치환되는 반응이 일어난다. 이러한 반응을 친핵성 아실 치환 반응(nucleophilic acyl substitution)이라고 부르는데, 16장에서 다룰 것이다.

14.1 명명법

IUPAC 체계명

사슬형 알킬기에 알데하이드기 -CHO가 결합된 경우에는 카보닐기를 포함하는 가장 긴 사슬에 해당하는 탄화수소 이름의 '-e' 대신 '-al'을 붙여 명명한다. 알코올이나 알켄 같은 다른 작용기가 같이 있는 경우에도 카보닐기의 탄소가 항상 1번을 취한다. 알데하이드의 일반명은 알칸알(alkanal)이다.

고리계 탄소 원자에 알데하이드가 결합된 경우에는 고리의 탄화수소 이름에 '-carbaldehyde(카브알데하이드)'를 붙여 명명한다. CHO기 외에 다른 치환기가 있는 경우에는 CHO에 연결된 탄소의 위치 번호를 1로 정한다(하지만 숫자 1은 표시하지 않음).

케톤은 알케인의 이름의 '-e' 대신 '-one'을 붙여서 명명한다. 카보닐기의 위치 번호는 더 작은 번호를 취한다. 케톤의 일반명은 알칸온(alkanone)이다.

pentan-2-one   pent-3-en-2-one   2-chlorocyclohexanone

상용명

알데하이드의 상용명은 카복실산의 상용명에서 쓰이는 어미 이름에 '-aldehyde'를 붙여 만든다.

HCHO   MeCHO   CHO   CHO

formaldehyde   acetaldehyde   butyraldehyde   benzaldehyde

상용명에서는 치환기의 위치를 숫자 대신에 카보닐기 바로 옆의 탄소부터 시작하여 α, β, γ, δ 등의 그리스 문자로 나타내기도 한다.

β-methylvaleraldehyde   α-hydroxybutyraldehyde

케톤의 상용명은 카보닐 탄소에 결합된 두 알킬기를 알파벳 순서로 명명한 후 'ketone'을 붙여 만든다. 하지만 아세톤, 아세토페논 및 벤조페논은 이 방법으로 명명하지 않는 상용명이다.

ethyl methyl ketone   methyl vinyl ketone   acetone   acetophenone   benzophenone

몇 가지 아실(acyl)기 RCO-는 흔히 쓰이는 치환기 이름이 있다. R = H, Me, Ph이면 각각 폼일(formyl), 아세틸(acetyl), 벤조일(benzoyl)기라고 부른다. 특히 아세틸기는 종종 Ac라는 기호로 나타낸다.

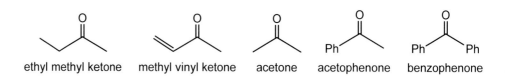

formyl group   acetyl group   benzoyl group
                          Ac

14.2 알데하이드 및 케톤의 합성

알데하이드와 케톤은 다양한 방법으로 합성할 수 있다. 알데하이드와 케톤은 산화 수준이 알코올과 카복실산의 중간이므로 알코올의 산화 반응이나 카복실산 유도체의 환원 반응으로 얻을 수 있다. 다른 방법은 알켄의 가오존분해 반응(9.11.3절), 알카인의 수화 반응(9.12.3절) 등이다.

알데하이드와 케톤은 각각 일차 알코올과 이차 알코올을 CH_2Cl_2 용매에서 PCC로 산화하여 얻는다(13.8절). 케톤은 이차 알코올을 Cr(VI) 시약으로 산화시켜 얻을 수도 있다.

$$RCH_2OH \xrightarrow[CH_2Cl_2]{PCC} RCHO$$

알데하이드는 카복실산 유도체를 알데하이드까지만 부분적으로 환원시키면 얻을 수 있다. 예로서, 에스터와 염화 아실을 저온에서 각각 dibal과 $LiAlH(O\text{-}Bu\text{-}t)_3$같은 환원제로 처리하면 알데하이드를 구할 수 있다(16.9절).

산화 수준

무기화학에서는 금속의 산화수의 증가 혹은 감소로 산화나 환원 반응을 정의한다. 하지만 유기화학에서는 탄소의 산화수를 구하기가 불편하므로 산화수 대신 **산화 수준**(oxidation level)을 구하여 산화-환원 반응을 정의할 수 있다. 산화 수준은 한 탄소와 결합하고 있는 O, S, N, 할로젠 같은 헤테로 원자의 수이며 이 수가 클수록 그 탄소가 더 높은 산화 수준에 있다고 볼 수 있다. 따라서 산화 수준이 증가하는 반응은 산화이므로 산화제를 이용하여야 하며 반면에 산화 수준이 감소하는 반응은 환원이므로 환원제를 이용하여야 한다. 산화 수준이 같으면 산화제나 환원제가 아닌 물 같은 분자가 첨가(가수 분해)되거나 제거(탈수)되는 반응 등이 일어난다. 따라서 알켄과 알코올, 알카인과 케톤은 산화 수준이 같은 셈이다.

표 14.1
헤테로 원자의 수에 따른 산화
수준

헤테로 원자의 수				
0	1	2	3	4
CH_4	RCl	RCHO, RCOR	RCO_2H, RCO_2R'	CO_2
	ROH, RSH	RCH=NR	RCOCl, $RCONH_2$	CCl_4
	RNH_2	$RCH(OR')_2$, $RCHCl_2$	RCN, $RC(OR')_3$, $RCCl_3$	$EtOCO_2Et$, $ClCO_2Et$

14.3 카보닐기: 구조와 반응성

카보닐기는 탄소-산소 이중 결합으로 이루어져 있다. 카보닐 탄소는 sp^2 혼성이므로 탄소에 붙어 있는 세 기는 같은 평면에 놓이며 그 사이의 결합각은 약 120°이다. 산소는 탄소보다 전기 음성도가 크므로 부분 음전하를 띠며 탄소는 부분 양전하를 띤다. 즉, 카보닐기는 극성 공유 결합이다. 이때 산소와 탄소는 각각 친핵체와 친전자체의 역할을 할 수 있다. 탄소-산소 단일 결합도 극성 결합이지만, 카보닐기의 π 결합은 σ 결합보다 약하므로 반응성이 더 크다. 또한 카보닐기는 극성 불포화 결합이므로 친핵체가 카보닐 탄소에 첨가되는 반응이 쉽게 일어나며, 이러한 반응은 단순한 알켄 같은 구조에서는 일어나지 않는다. 이러한 점이 카보닐기의 화학을 이해하는 데 가장 중요하다.

C: electrophile   O: nucleophile

impossible!

14.4 친핵성 첨가의 메커니즘

카보닐기가 수행하는 가장 중요한 반응은 친핵성 첨가 반응이다. 카보닐기의 탄소 원자는 친전자체이므로 다양한 종류의 친핵체의 공격을 받기 쉽다(더군다나, 카보닐 탄소는 sp^2 혼성이므로 친핵체의 접근이 쉽게 일어난다). 친핵체가 탄소를 공격하면 친핵체와 탄소 사이에 σ 결합이 생기면서 산소는 음전하를 띠게 된다. 이 과정에서 탄소의 혼성은 sp^2에서 sp^3로 변하는데, 이 중간체를 사면체 중간체(tetrahedral intermediate, TI)라고 부른다. 흔히 원하는 생성물은 이온 화합물이 아니라 공유 화합물이므로 TI에 양성자가 첨가되면 알코올이 얻어진다. 양성자의 원천은 반응의 종류에 따라 다르며 양성자는 양성자성 용매(물, 에탄올 등)에서 올 수도 있고, 반응이 끝난 후 가하는 산이나 물에서 올 수도 있다. 이러한 과정을 거치면 친핵체는 카보닐기의 탄소에, 양성자는 산소에 첨가하게 된다. 이러한 첨가를 친핵성 1,2-첨가 (nucleophilic 1,2-addition)라고 한다.

14.5 친핵체 공격의 입체 화학

이론적 계산과 실험 결과에 의하면 친핵체는 카보닐 탄소 원자에 특정한 각도에서 접근한다. 이 각도는 직각보다 약간 큰 107°이며, 이 각도를 뷔르기-두니츠 각도(Bürgi-Dunitz angle)라고 부른다.

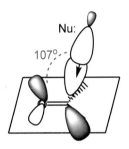

Burgi-Dunitz angle

위 MO 그림은 카보닐기의 반결합성 π^* MO(LUMO)에 친핵체의 sp^3 AO(HOMO)가 접근하는 모양을 묘사한 것이다. 같은 위상의 오비탈끼리는 최대로 겹치고 위상이 반대인 오비탈 사이에서는 겹침이 최소화하는 방향으로 친핵체가 카보닐 탄소에 접근해야 하므로 접근 각도는 직각보다 더 클 것이다. 실제로는 ~107°에서 접근이 이루어진다.

14.6 알데하이드와 케톤의 친핵체에 대한 반응성 비교

알데하이드는 케톤보다 친핵체와 더 빠르게 반응한다. 또한 HCHO는 알데하이드 RCHO보다 반응성이 훨씬 더 크다.

친핵체에 대한 반응성: HCHO >> RCHO > RCOR

카보닐 화합물의 친전자성은 카보닐 탄소의 양전하 밀도와 관련이 있다. 즉, 양전하 밀도가 클수록 친핵체와 더 빨리 반응할 것이다. 이러한 관점에서 케톤과 알데하이드를 비교하여 보자. 케톤은 카보닐 탄소의 양전하가 두 알킬기의 전자 주는 유발 효과에 의하여 더 비편재화되어 있다. 따라서 알킬기가 하나인 알데하이드의 친전자성이 더 클 것이다.

electronic effect

more stable
less reactive to Nu:⁻

다른 이유는 입체 효과이다. 친핵체가 케톤의 카보닐 탄소에 접근할 때 두 알킬기의 방해를 받으므로 알데하이드의 경우보다 전이 상태의 에너지가 올라갈 것이다(TS의 구조는 TI에 흡사할 것이다. 즉, 탄소의 혼성이 sp³에 더 가까우므로 출발물에 비하여 두 알킬기와 친핵체 사이의 입체적 장애가 더 클 것이다).

steric effect

TS: less stable

이런 이유로 알킬 케톤 중에서는 아세톤의 반응성이 가장 크다.

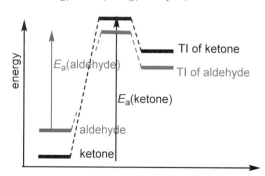

반응성 :

두 효과를 고려하면 TI가 생성되는 과정의 에너지 도표를 다음과 같이 그릴 수 있을 것이다. 즉, 케톤의 활성화 에너지가 알데하이드의 값보다 더 크므로 케톤이 알데하이드보다 친핵체와의 반응성이 더 낮다.

E_a(ketone) > E_a(aldehyde)

energy

E_a(aldehyde)

E_a(ketone)

TI of ketone

TI of aldehyde

aldehyde

ketone

문제 14.1 벤즈알데하이드 같은 아릴 알데하이드는 알킬 알데하이드보다 친핵체와의 반응성이 더 작다. 그 이유를 설명하시오.

(예제 14.1) **다음 두 카보닐 화합물 중에서 친핵체에 대한 반응성이 더 큰 것을 고르시오.**

a.

b.

(풀이) -

알데하이드가 케톤보다 더 반응성이 크며 케톤의 경우에는 알킬기의 덩치가 작은 케톤이 더 반응성이 크다.

a. MeCHO   b. MeCOMe

(문제 14.2) 다음 두 카보닐 화합물 중에서 친핵체에 대한 반응성이 더 큰 것을 고르시오.

a.

b.

14.7 친핵체의 종류

카보닐기를 공격할 수 있는 친핵성 원자는 H, C, O, S, N 등이다. 표 14.1은 친핵성 원자 및 그 시약을 정리한 것이다.

표 14.2
카보닐기에 첨가하는 친핵성
원자와 그 시약

친핵성 원자	시약	친핵성 원자	시약
H	NaBH$_4$, LiAlH$_4$ 등 (14.8절)	O, S	H$_2$O, ROH, RSH (14.10절)
C	RMgX, RLi, RC≡CLi, CN$^-$, Ph$_3$PCHR (14.9절) 엔올 음이온(17장)	N	NH$_3$, RNH$_2$, R$_2$NH, NH$_2$OH, RNHNH$_2$ (14.11절)

14.8 수소 친핵체

친핵체가 수소 원자이면 카보닐기가 환원되어 알코올이 얻어진다.

카보닐 화합물을 알코올로 환원시키는 일은 유기화학에서 매우 중요한 변환이므로 카보닐기의 환원에 대하여 잠깐 공부하기로 하자.

환원에는 두 당량의 수소 원자를 카보닐기에 넣어야 하는데 여기에는 세 가지 방법이 있다. 첫 번째 방법은 수소 분자(H$_2$)를 가하는 것이다. 이 반응은 반드시 금속 촉매(Pd, Pt, Ni)가 필요하며 이러한 비균일 반응은 촉매 표면에서 일어난다(9.9절에서 다룬 알켄의 수소 첨가 반응과 비슷하다. 또한 이 교재에서는 다루지 않지만 균일 금속 촉매도 쓰인다). 이 반응은 마치 수소 원자 두 개를 첨가하는 것으로 간주할 수 있다.

다른 방법은 용해 금속 환원(dissolving metal reduction)이라는 방법이다. 이 방법에서는 소듐이나 리튬 같은 알칼리 금속 환원제와 2-프로판올이나 암모니아 같은 양성자 원천을 이용한다. 알칼리 금속은 두 개의 전자, 그리고 알코올이나 암모니아는 두 개의 양성자를 제공하는 역할을 한다. 결국 이 반응에서는 두 H 원자를 $2\,e^- + 2\,H^+$로 간주하는 셈이다.

$$2\,Na \longrightarrow 2\,Na^+ + 2\,e^-$$

마지막 방법은 카보닐기의 탄소에는 H^- 이온, 그리고 산소 원자에는 H^+를 첨가하는 것이다. H^- 이온이면 수소화 소듐(NaH)을 쓰면 좋을 듯하지만 불행히도 NaH의 수소화 이온은 센염기이지만 친핵성이 없기 때문에 카보닐기에 첨가하지 않는다. 대신 사용하는 시약이 $NaBH_4$, $LiAlH_4$ 같은 착금속 수소화물(complex metal hydride)이다.

착금속 수소화물은 제2차 세계대전 중에 개발된 시약으로 종전 후에 널리 사용되었다. 그 전에는 카보닐기의 환원에 수소 기체나 소듐 금속 등을 이용하였다.

많은 착금속 수소화물 중에서 가장 잘 알려진 두 종류는 수소화알루미늄 리튬($LiAlH_4$)과 수소화붕소 소듐($NaBH_4$)이다.

이 시약에서 수소(전기 음성도 2.2)는 Al(전기 음성도 1.6)과 B(전기 음성도 2.0)보다 전기 음성이므로 Al-H 혹은 B-H 결합(공유성)의 전자쌍이 H^- 음이온의 역할을 수행한다.

수소화알루미늄 리튬(lithium aluminum hydride, $LiAlH_4$, LAH)은 매우 강력한 환원제로서 카보닐 화합물을 비롯하여, 카복실산 및 그 유도체, 나이트릴과도 반응한다. $LiAlH_4$은 물이나 알코올 같은 양성자성 용매와 격렬하게 반응하기 때문에 무수 조건이 필요하며, 다이에틸 에터, THF 같은 에터 계열의 용매를 써야 한다. 반면에 수소화 붕소 소듐(sodium borohydride, $NaBH_4$)은 케톤과 알데하이드만 환원시킨다. $NaBH_4$ 환원은 물 혹은 에탄올이나 아이소프로필 알코올 같은 양성자성 용매가 필요하며 에터 계열의 용매에서는 반응이 일어나지 않는다.

아래는 $NaBH_4$ 환원에서 알코올의 역할을 보여주는 그림이다. 양성자성 용매인 알코올은 그 수소 원자가 카보닐기의 산소 원자와 수소 결합하여($LiAlH_4$의 경우 Li 이온이 비슷한 역할을 한다) 카보닐 탄소 원자의 친전자성을 증가시킨다.

그러면서 B-H 결합의 수소 원자가 결합 전자쌍과 함께 탄소 원자로 이동한다(H_3B^- OEt는 아직도 B-H 결합이 세 개 있기 때문에 이론적으로는 3몰의 카보닐기와 반응을 더 할 수 있음).

$LiAlH_4$의 경우에는 Li 이온이 카보닐 산소와 착물을 이루면 카보닐 탄소의 친전자성이 증가할 것이다. 동시에 Al-H 결합의 수소 원자가 결합 전자쌍과 함께 탄소 원자로 전달되면 카보닐기의 환원이 이루어진다.

예제 14.2 **에탄올 용액에서 다음 카보닐 화합물을 $NaBH_4$로 처리하였을 때 생기는 주 생성물을 그리시오.**

풀이

$NaBH_4$는 양성자성 용매에서 알데하이드와 케톤만 알코올로 환원시킨다.

문제 14.3 예제 14.2의 카보닐 화합물을 THF 용액에서 LiAlH₄로 처리하였을 때 생기는 생성물을 그리시오.

거울상 이성질 선택성 환원 반응

아세토페논을 NaBH₄ 혹은 LiAlH₄로 환원하면 두 거울상 이성질체의 라셈 혼합물이 얻어진다. NaBH₄ 혹은 LiAlH 같은 비카이랄 환원제는 카보닐기의 두 면(si면과 re면)을 같은 속도로 공격하기 때문이다 (3.18절).

re face attack

si face attack

NaBH₄ / EtOH

from re face attack
(S)-alcohol: 50%

+

from si face attack
(R)-alcohol: 50%

따라서 한 가지 거울상 이성질체를 주 생성물로 얻으려면 반응 환경이 카이랄하여야 한다. 한 가지 예는 CBS 촉매(Corey-Bakshi-Shibata catalyst)라고 알려진 카이랄 환원 촉매이다. 아미노산인 프롤린에서 유래하는 이 촉매는 일 당량의 비카이랄 환원제인 BH₃의 존재하에서 아세토페논의 한 면에서만 수소화 이온을 전달하므로 높은 ee의 알코올이 얻어진다.

(cat.) (S)-CBS reagent

BH₃-THF

(R)-alcohol 97% ee
from si face attack
of hydride

이 반응이 특이한 점은 비카이랄 환원제인 BH₃도 케톤을 알코올로 환원시킬 수 있다는 점이다. 높은 ee로 한 가지 거울상 이성질체를 얻을 수 있다는 점은 카이랄 CBS 촉매 반응이 BH₃ 환원 반응보다 매우 빠르다는 점을 암시한다.

BH₃-THF
slow

racemic mixture

(S)-CBS reagent
BH₃-THF
very fast

그러면 왜 CBS 촉매 반응이 더 빠를까? CBS 시약의 구조를 잘 보면, 고리에 루이스 염기인 질소 원자가 있음을 알 수 있다. 이 질소 원자는 루이스 산인 BH₃와 착물을 만들 것이다. 그러면 B 원자가 음전하를 띠므로 H 원자의 친핵성이 크게 증가한다. 따라서 반응 속도가 크게 증가하는 것이다(이러한 효과를 리간드 가속화(ligand acceleration) 효과라고 부른다). 그 다음에 케톤의 작은 기인 Me기가 CBS 시약의 Me기와 같은 방향으로 놓인 형태에서 B 원자(루이스 산)가 카보닐 산소 원자(루이스 염기)와 착물을 이루게 된다. 이 형태에서 B-H의 수소 원자가 카보닐기의 si면에 전달되면 (R)-알코올이 얻어지게 된다.

complex

Me (small)
Ph (large)
si face attack

(R)-alcohol

화학카페

생화학적 산화 환원 반응

생화학적으로 일어나는 산화 환원 반응은 수소화 이온을 전달하는 특별한 종류의 보조 효소를 매개로 이루어진다. 이 중에서 가장 중요한 것이 **니코틴아마이드 아데닌 다이뉴클레오타이드**(nicotinamide adenine dinucleotide, NAD)이다. 산화제 역할을 하는 NAD⁺(혹은 NADP⁺)의 구조가 아래에 나와 있다. 반응에 참여하는 부분(니코틴아마이드 기)은 컬러로 표시하였다.

NAD⁺와 NADP⁺는 수소 받개, 즉 산화제로 작용한다. 각각 NADH와 NADPH로 표시하는, 이 보조 효소의 환원된 구조는 수소 주개, 즉 환원제로 작용한다.

NAD(P)H는 다음과 같은 메커니즘으로 4번 탄소의 수소 원자를 수소화 이온으로서 카보닐기에 첨가하여 카보닐기를 환원시킨다.

위의 예에서 효모의 NADH에 의하여 아세트알데하이드가 환원되면 에탄올이 얻어지며 이 과정이 글루코스가 에탄올로 변환되는 마지막 반응이다.
이 반응의 역반응은 알코올의 산화 반응이다.

NAD(P)H는 싸이오에스터를 알데하이드로 환원시킬 수 있다.

NAD(P)H 환원과 NAD(P)⁺ 산화 반응의 입체특이성
알코올 탈수소 효소는 에탄올의 pro-*R* 수소 (H$_a$)만 제거한다.

환원 반응의 경우에도 NADH의 두 수소 중에서 하나만 반응에 참여한다(pro-*R* 혹은 pro-*S* 수소 중에서 어느 수소가 전달되는지는 효소의 종류에 따라 다르다).

14.9   탄소 친핵체

탄소 친핵체는 흔히 탄소에 부분 음전하가 있는 시약으로 그리냐르 시약(Grignard reagent, RMgX), 유기리튬(organolithium, RLi), 유기구리 시약(예 : R$_2$CuLi), 아세틸라이드 이온(R-C≡C:⁻), 엔올 음이온(17장에서 다룸), 그리고 사이아나이드 이온(⁻CN) 등이 그 예이다.

유기리튬이나 그리냐르 시약은 물과 격렬하게 반응하며 용액이 공기 중에 노출되면 발화할 수 있다.

유기금속 화합물의 대표적 예인 유기리튬과 그리냐르 시약은 금속이 탄소와 결합하고 있다. 리튬과 마그네슘은 탄소보다 전기 양성이므로 금속은 부분 양전하, 그리고 탄소는 부분 음전하를 띤다(C-Na나 C-K 결합은 이온성이고 C-Cu 등의 결합은 공유성이나 C-Li와 C-Mg 결합은 그 중간이다). 탄소-금속 결합은 이온성이 클수록 친핵성이 크다.

$$-\overset{|}{\underset{|}{C}}{:}^- \ M^+ \qquad -\overset{|}{\underset{|}{\overset{\delta-}{C}}}{:} \ \overset{\delta+}{M} \qquad -\overset{|}{\underset{|}{C}}-M$$

$$M = Na, K \qquad\qquad M = Li, MgX \qquad\qquad M = Sn, Pd$$

14.9.1 유기리튬과 그리냐르 시약

유기리튬과 그리냐르 시약의 제법

유기리튬과 그리냐르 시약은 할라이드와 금속을 에터 계열의 용매(다이에틸 에터, THF)에서 반응시켜 만든다.

R: alkyl, aryl, vinyl

$$R-X \ + \ 2Li \ \xrightarrow{\text{ether}} \ R-Li \ + \ LiX$$

$$R-X \ + \ Mg \ \xrightarrow{\text{ether}} \ R-MgX$$

R기는 알킬(일차, 이차, 삼차), 아릴, 바이닐기일 수 있고 할라이드의 반응성은 RI > RBr > RCl이다. 이들 시약은 매우 센 염기이면서 강력한 친핵체이다. 친핵성은 유기리튬 시약이 더 크다.

이 반응의 중요한 특징은 RX에서 친전자체 역할(특히 알킬 할라이드에서)을 하던 탄소가 유기리튬이나 그리냐르 시약에서는 친핵체의 역할을 하게 된다는 점이다. 그러면서 금속은 산화수가 0에서 +1, +2로 각각 증가된다. 즉 산화된다.

유기리튬은 천천히 다이에틸 에터나 THF와 반응하기 때문에 만든 후 즉시 사용하여야 한다. 시중에 판매하고 있는 유기리튬 시약은 헥세인 같은 탄화수소 용매에 녹인 것이다.

$$\overset{\delta+}{R}-\overset{\delta-}{Br} \ + \ 2Li \ \xrightarrow{\text{ether}} \ \overset{\delta-}{R}-\overset{\delta+}{Li} + LiBr$$

$$\underset{E^+}{\uparrow} \qquad\qquad\qquad \underset{Nu:}{\uparrow}$$

그리냐르 시약(Grignard reagent)은 1900년에 이 시약을 발견한 프랑스 화학자인 그리냐르의 이름에서 따온 시약이다. 흔히 그리냐르 시약을 RMgX로 나타내나 에터 용매에서는 다음과 같은 루이스 산-염기 착물로 존재한다.

유기리튬 시약과 그리냐르 시약의 반응

염기로서의 반응

두 시약은 매우 센 염기이므로 O, S, N에 붙은 양성자를 쉽게 떼어낸다. 즉, 물, 에탄올, 카복실산, 아민 같은 물질과는 산-염기 반응이 즉시 일어난다.

$$\overset{\delta-}{R:} \quad \overset{\delta+}{Li(\text{or MgX})} \quad + \text{ H-OR'} \quad \xrightarrow{K \sim 10^{30}} \quad \text{R-H} \quad + \quad \overline{O}R'$$

$$pK_a = \sim 17 \qquad\qquad pK_a = \sim 50$$

따라서 이들 시약을 친핵체로 사용하려면 용매나 기질이 건조하여야 한다.

비슷하게 1-알카인에서도 양성자를 제거할 수 있으며, 이때 얻어진 아세틸라이드 (acetylide) 이온은 매우 좋은 탄소 친핵체이다.

$$\overset{\delta-}{R:} \quad \overset{\delta+}{Li(\text{or MgX})} \quad + \quad H \overset{}{=\!\!=\!\!=} R' \quad \xrightarrow{K \sim 10^{25}} \quad \text{R-H} \quad + \quad \overset{..}{:}\overset{}{=\!\!=\!\!=} R'$$

$$pK_a = \sim 25 \qquad\qquad\qquad \text{acetylide ion}$$

친핵체로서의 반응

유기리튬 혹은 그리냐르 시약이 알데하이드나 케톤과 반응하면 일차, 이차 및 삼차 알코올이 얻어진다.

유기리튬 혹은 그리냐르 시약의 에터 용액에 알데하이드나 케톤을 가한 후 중화하면 일차, 이차 및 삼차 알코올이 얻어진다.

알킬리튬과 그리냐르 시약의 반응 메커니즘은 리튬 이온 혹은 마그네슘 이온이 카보닐 산소 원자와 착물을 이루면서 반응하는 식으로 그릴 수 있다.

또한 유기리튬 혹은 그리냐르 시약은 에폭사이드 및 이산화탄소와 반응할 수 있다. 에폭사이드는 고리 무리가 심하기 때문에 유기금속 시약 같은 센 친핵체와 고리가 깨지는 반응이 쉽게 일어나서 알코올을 준다. 이 반응은 S_N2 메커니즘으로 일어나므로 유기금속 시약은 덜 치환된 탄소와 반응한다.

알코올의 역합성 분석

앞에서 유기리튬이나 그리냐르 시약이 알데하이드나 케톤에 첨가하면 알코올이 생긴다고 언급하였다. 그렇다면 주어진 알코올을 얻기 위해서는 유기금속 시약과 카보닐 화합물이 필요할 것이다. 그렇다면 두 출발물을 어떻게 알 수 있을까? 이러한 경우에는 반응을 역순으로 분석하는 역합성 분석법이 도움이 될 것이다(6.11절 참조)

예로서 삼차 알코올 PhCMe$_2$(OH)은 다음과 같이 두 가지 방식으로 역합성 분석할 수 있다.

결합 a를 절단하면 두 가지 합성 단위체가 나오며 산소 원자를 포함하는 단위체에 해당하는 시약인 카보닐 화합물은 양성자를 제거하면 얻을 수 있다. 한편 탄소 음이온 합성 단위체의 역할을 수행하는 시약은 바로 유기리튬 혹은 그리냐르 시약이다.

합성 과정은 역합성 분석의 역순이다.

문제 14.4 다음 화합물을 PhMgBr과 반응시킨 후 산으로 처리(중화)하였을 때 생기는 유기 생성물을 그리시오.

a. b. c.

d. (두 생성물) e. D$_2$O (D = 중수소)

예제 14.3 다음 이차 알코올을 그리냐르 시약으로부터 얻고자 한다. 역합성 분석법을 이용하여 가능한 두 가지 합성법을 제안하시오.

> **풀이** ....
>
> 이 알코올을 얻기 위해서는 적절한 카보닐 화합물과 그리냐르 시약이 필요할 것이다. 어떤 시약이 필요할지는 다음과 같이 역합성 분석법으로 알 수 있다.
>
>
> 즉, PhCHO와 MeMgBr 혹은 MeCHO와 PhMgBr이 필요하므로 다음과 같은 합성법을 제안할 수 있다.
>

문제 14.5 다음 알코올의 합성을 역합성 분석을 이용하여 제안하시오.

14.9.2 아세틸라이드 이온

1-알카인($pK_a = 25$)을 그리냐르 시약이나 알킬리튬 시약으로 처리하면 아세틸라이드 음이온을 정량적으로 얻을 수 있다. 매우 강력한 탄소 친핵체인 이 음이온이 카보닐 화합물에 첨가되면 알코올이 얻어진다.

14.9.3 비티히 시약

일라이드는 인접한 두 원자가 팔 전자계를 이루면서 형식 전하가 반대인 구조를 말한다.

비티히 반응(Wittig reaction)은 알데하이드나 케톤 같은 카보닐 화합물과 비티히 시약으로 부르는 **트라이페닐포스포늄 일라이드**(triphenylphosphonium ylide) 사이의 반응으로서 카보닐 화합물을 알켄으로 변환시키는 유용한 반응이다.

인 일라이드 Ph_3PCHR(R = 알킬, 아릴 등) 합성의 출발물은 트라이페닐포스핀과 알킬 할라이드이다. 포스핀의 친핵성 인 원자가 할라이드를 S_N2 방식으로 공격하면 포스포늄 염이 얻어진다. 이 염을 센 염기인 *n*-BuLi으로 처리하면 수소가 제거되면서 인 일라이드가 얻어진다.

일라이드의 친핵성 탄소가 친전자성 카보닐 탄소와 반응하면 옥사포스페테인 (oxaphosphetane) 중간체를 거쳐서 알켄과 산화 포스핀($Ph_3P=O$)이 얻어진다. 산화 포스핀의 P=O 결합은 매우 강하므로(결합 해리 에너지 ~130 kcal mol⁻¹) 반응은 엔탈피적으로 유리하다.

Ph₃PCHPh은 알데하이드와의 반응에서 주로 (*E*)-알켄을 준다.

일라이드의 R기가 알킬기인 일라이드를 비안정화 일라이드(unstabilized ylide)라고 부르는데, 이러한 일라이드를 사용하면 알데하이드에서 주로 (*Z*)-알켄이 얻어진다. 반면에 R기가 CO_2R, COR인 일라이드는 안정화 일라이드(stabilized ylide)라고 하며 주로 (*E*)-알켄이 얻어진다(이 경우 포스포늄 염에서 수소를 제거할 때 NaOH 같은 염기를 사용할 수 있다).

문제 14.6　다음 비티히 반응의 생성물을 그리시오.

알켄은 알코올의 탈수 반응으로 만들 수도 있다. 하지만 탈수 반응은 경우에 따라 두 가지 이상의 알켄을 주기도 한다. 예로서 다음과 같은 삼차 알코올의 탈수 반응에서는 더 안정한 알켄이 주 생성물로 얻어진다. 따라서 부 생성물인 알켄을 원하는 경우에 이 탈수 반응은 유용하지 않다.

이 알켄은 비티히 반응을 이용하면 쉽게 구할 수 있다.

비티히 생성물의 역합성 분석

알켄은 두 가지 경로로 역합성 분석을 할 수 있다. 그러면 두 경로 중에서 어느 것이 더 좋을까? 케톤이 알데하이드보다 친핵체와의 반응성은 더 좋지만 더 중요한 면이 비티히 시약의 합성의 용이성이다. 비티히 시약의 합성은 할라이드와 트라이페닐포스 핀 사이의 S_N2 반응에서부터 시작한다. S_N2 반응이므로 할라이드의 차수가 매우 중요 하다. 즉, 메틸 할라이드가 이차 할라이드보다 반응을 더 빨리 하므로 메틸 할라이드 를 거치는 경로가 선호된다.

예제 14.4 다음 알켄을 비티히 반응으로 합성하고자 한다. 두 가지 합성법을 제안하고 그중에서 어느 것이 더 좋은지를 설명하시오.

풀이

알켄은 두 가지 방식으로 역합성 분석할 수 있다.

출발물은 사이클로헥산온, 에틸 브로마이드 혹은 아세트알데하이드, 사이클로헥실 브로마이드이 다. 둘 중에서 할라이드와 포스핀 사이의 반응은 S_N2 반응이므로 일차 할라이드를 사용하는 방법 이 선호된다.

문제 14.7   다음 알켄을 비티히 반응으로 합성하고자 한다. 두 가지 합성법을 제안하고 그 중에서 어느 것이 더 좋은지를 설명하시오.

14.9.4   사이안화 이온 친핵체

사이안화 소듐의 수용액에 알데하이드나 케톤을 가하면 사이안화 이온이 카보닐 탄소를 공격하여 사면체 중간체 TI가 생성된다. 이 중간체는 빠르게 ⁻CN 이온을 잃어버리고 원래의 출발물로 되돌아갈 수 있다. 따라서 반응 용액에 양성자를 줄 수 있는 산(HCN)이 있어야만 사이아노하이드린(cyanohydrin)이 생성된다. 실제 반응에서는 NaCN과 염산의 혼합 용액을 이용한다. 또한 약산인 HCN(pK_a = ~9)만을 사용하면 ⁻CN 이온의 농도가 너무 작기 때문에 반응이 느릴 것이다.

사이아노하이드린의 사이노기를 산성 조건에서 가수 분해하면 α-하이드록시 카복실산을 얻을 수 있다(15.6.4절).

문제 14.8   사이아노하이드린은 염기성 조건에서는 원래의 카보닐 화합물로 되돌아간다. HO⁻ 촉매에 의한 분해 과정의 메커니즘을 그리시오.

사과 씨를 씹으면 향기로운 냄새가 나는 것을 경험해 보았을 것이다. 사과 씨를 비롯하여 자두, 살구나 복숭아의 씨에는 아미그달린(amygdalin)이라고 부르는 사이아노하이드린 유도체가 들어 있다. 이러한 씨를 씹으면 사이아노하이드린이 가수 분해되어 특이한 향기가 나는 벤즈알데하이드가 생긴다. 또한 HCN이 나오므로 한 번에 많은 양(몇 컵 분량)의 씨앗을 먹으면 위험할 수도 있다.

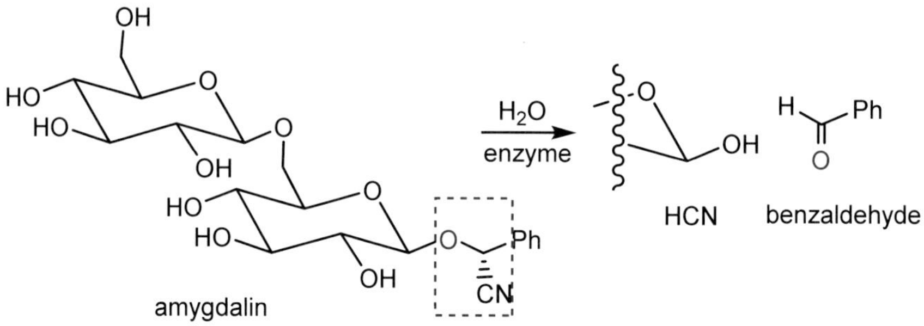

amygdalin

HCN   benzaldehyde

아미그달린과 비슷한 화합물이 동남아시아, 남미나 아프리카에서 주식으로 먹는 카사바 뿌리에 들어 있는 리나마린(linamarin)이다. 리나마린을 그냥 먹으면 위험하므로 원주민은 카사바 뿌리를 발효시킨 후 물로 충분히 씻어낸 후 먹는다고 한다.

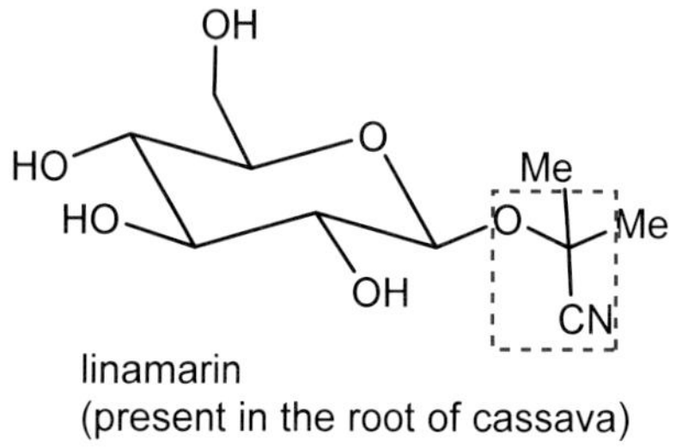

linamarin
(present in the root of cassava)

14.10 산소 친핵체

14.10.1 물

물 분자가 알데하이드 및 케톤에 첨가되면 수화물(hydrate)이 생기는 평형 반응이 일어난다. 물은 친핵성이 크지 않으므로 수화 반응은 산이나 염기 촉매가 필요하다.

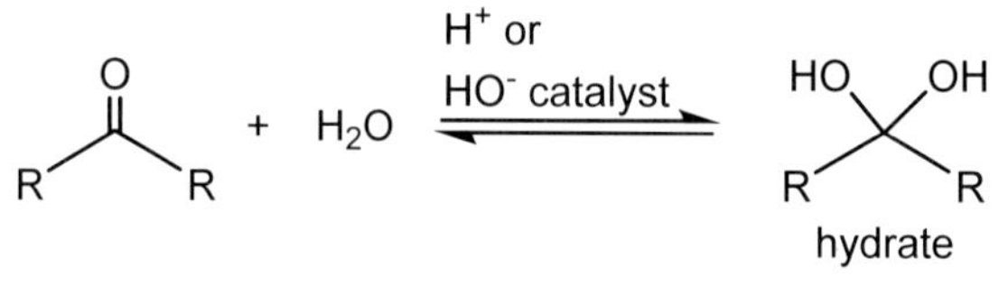

hydrate

수화 반응의 평형 상수 K = [수화물]/[카보닐 화합물]이다.

폼알데하이드와 물과의 반응은 평형 상수 K가 매우 크나(2.3×10^3) 케톤인 아세톤의 경우에는 매우 작고(2×10^{-3}) 알데하이드인 아세트알데하이드의 경우에는 1 정도이다. 이렇게 수화 반응의 평형 상수가 크게 차이 나는 이유는 반응물과 생성물의 열역학적 안정성의 차이 때문이다. 즉, 카보닐 화합물은 HCHO, MeCHO, MeCOMe의 순서로 안정하며 그 수화물인 $CH_2(OH)_2$, $MeCH(OH)_2$, $Me_2C(OH)_2$는 입체 효과로 인하여 이 순서대로 불안정해진다(14.3절). 수화 반응의 깁스 에너지 변화를 다음과 같이 나타낼 수 있다.

G
HCHO
HO OH
H H
MeCHO
HO OH
Me H
acetone
HO OH
Me Me

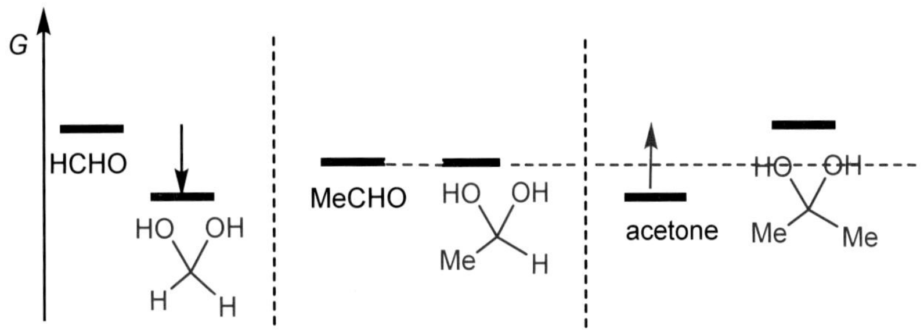

예제 14.5 **아세트알데하이드의 수화 반응의 평형 상수는 상온에서 1.06이나 벤즈알데하이드의 경우 평형 상수는 0.008이다. 벤즈알데하이드의 평형 상수가 작은 이유를 제안하시오.**

풀이

PhCHO의 수화 반응의 평형 상수가 작은 이유는 PhCHO는 MeCHO에 비하여 카보닐기가 공명 안정화되어 더 안정하기 때문이다. 수화가 일어나면 이러한 공명 안정화가 사라질 것이다.

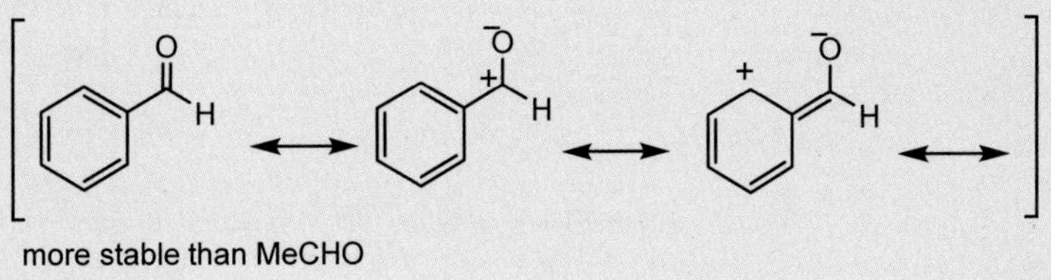

more stable than MeCHO

문제 14.9 Cl_3CCHO는 물에서 클로랄(chloral)이라고 부르는 수화물로 존재한다($K = \sim 10^4$). 그 이유를 제안하시오(힌트: 염소는 전기 음성도가 크다).

산 촉매화 수화 반응

카보닐기에 양성자가 첨가되면 카보닐 탄소의 친전자성이 크게 증가하게 되어 매우 약한 친핵체인 물 분자의 첨가가 가능해진다.

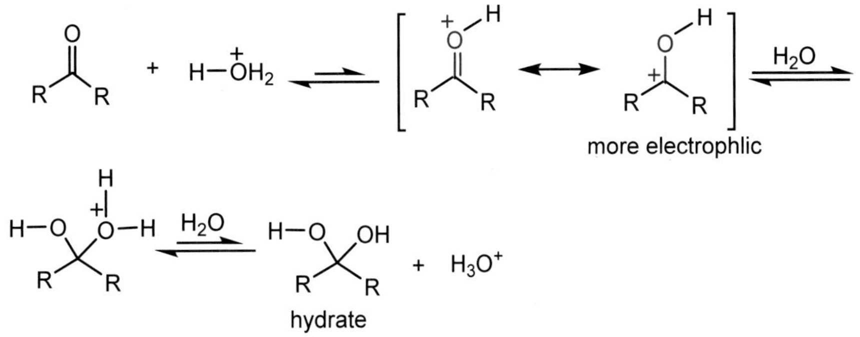

more electrophlic
H2O
hydrate
+ H3O+

염기 촉매화 수화 반응

물보다 HO^-가 더 친핵성이므로 HO^-의 첨가는 물보다 더 빠르게 일어난다. 첨가 후에 생기는 사면체 중간체에 물 분자가 양성자를 주면 HO^-가 재생되면서 수화물이 얻어진다.

14.10.2 알코올

물과 비슷하게 일 당량의 알코올이 H⁺ 혹은 HO⁻ 촉매 존재하에서 카보닐기에 첨가되면 헤미아세탈(hemiacetal)이라고 부르는 생성물이 가역적으로 생긴다.

산 촉매화 헤미아세탈 생성 반응의 메커니즘

염기 촉매화 헤미아세탈 생성 반응의 메커니즘

> **문제 14.10** 다음 카보닐 화합물과 알코올에서 얻어지는 헤미아세탈의 구조를 그리시오.
>
> a. PhCHO + MeOH   b. EtCHO + EtOH
>
> c. 사이클로헥산온 + MeOH

> **문제 14.11** 헤미아세탈의 염기 촉매화 분해 반응의 메커니즘을 그리시오.
>

비사슬형 헤미아세탈은 카보닐 화합물보다 불안정하기 때문에 분리가 힘들다. 하지만 γ- 혹은 δ-하이드록시 알데하이드의 분자 내 반응으로 생기는 고리형 헤미아세탈은 안정하기 때문에 분리할 수 있다. 사실, 하이드록시 알데하이드는 자발적으로 락톨 (lactol)이라고 부르는 고리형 헤미아세탈로 변한다.

TsOH는 *p*-톨루엔설폰산 (toluenesulfonic acid, *p*-MeC$_6$H$_4$SO$_2$OH)의 약자로서 흔히 쓰이는 고체상 센산이다.

산성 조건에서 과량의 알코올이 존재하는 경우에는 헤미아세탈이 다시 한 번 알코올 과 반응하여 아세탈(acetal)로 변한다. 이 반응은 가역적이므로 아세탈을 좋은 수율로 얻으려면 알코올을 용매로서 과량으로 사용하거나 부산물로 생기는 물을 제거하여야 한다. 에틸렌 글라이콜을 사용하면 고리형 아세탈이 얻어진다.

헤미아세탈에서 물이 떨어지는 단 계를 공명 안정화 양이온을 거치지 않고 마치 S$_N$2 메커니즘처럼 다음 과 같이 그리면 틀리다.

아세탈 생성 시 산 촉매의 역할은 하이드록실기를 더 좋은 이탈기인 물로 변환시키는 것이다. 양성자 첨가된 헤미아세탈에서 물이 떨어지면 공명 안정화 탄소 양이온이 생 기고 여기에 친핵성 알코올이 S$_N$1 공격을 하면 아세탈이 결국 얻어진다.

문제 14.12 산 촉매 존재하에서 사이클로헥산온을 에틸렌 글라이콜로 처리하면 사이클로헥산온 에틸렌 아세탈이 생긴다. 이 반응의 메커니즘을 그리시오(이 반응의 부산물인 물은 톨루엔 용매와 불변 끓음 혼합물을 만들기 때문에 쉽게 제거할 수 있다).

아세탈의 생성은 반드시 산 촉매가 필요하다. 염기성 조건에서는 헤미아세탈의 하이드록실기가 떨어지지 않기 때문에 다음과 같은 반응은 일어날 수 없다.

hemiacetal

예제 14.6 **다음 아세탈을 주는 카보닐 화합물과 알코올의 구조를 그리시오.**

a.

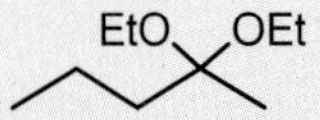

b.

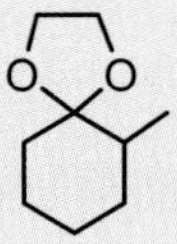

풀이

산소 두 개가 결합하고 있는 탄소가 카보닐 탄소이며 OR기는 알코올 ROH에서 유래한다.

a.

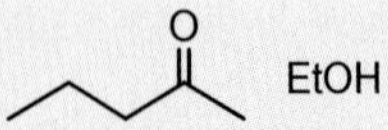

EtOH

b.

HO   OH

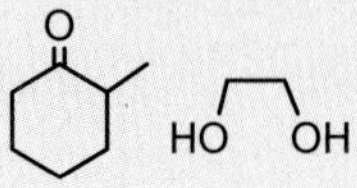

문제 14.13 다음 아세탈을 주는 카보닐 화합물과 알코올의 구조를 그리시오.

a.

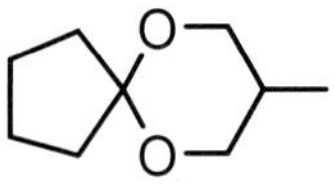

b.

OMe

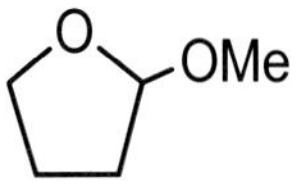

문제 14.14 다음 반응의 생성물인 아세탈의 구조를 그리시오.

a.

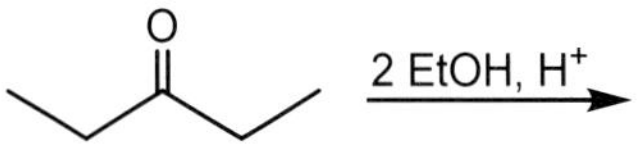

2 EtOH, H$^+$

b.

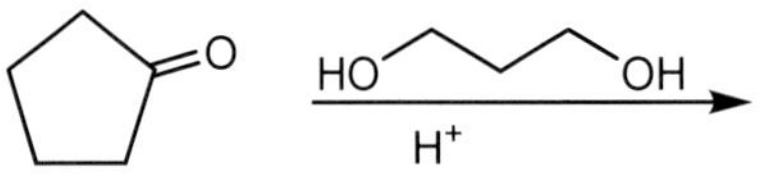

HO   OH

H$^+$

c. 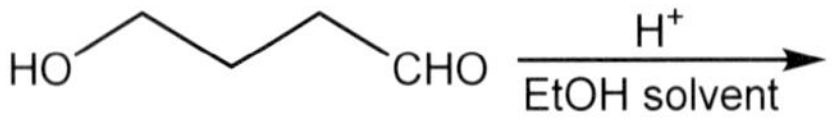 HO

CHO

H$^+$

EtOH solvent

d. 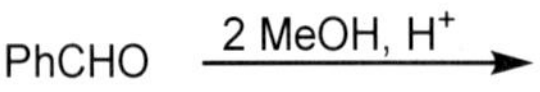 PhCHO

2 MeOH, H$^+$

아세탈의 역합성 분석

아세탈은 역합성 분석을 하지 않더라도 직관적으로(?) 합성에 필요한 카보닐 화합물과 알코올을 알아낼 수 있지만 다음과 같은 역합성 분석을 하면 좀더 체계적으로 출발물이 무엇인지를 알 수 있을 것이다.

문제 14.15 다음 아세탈을 역합성 분석하여 합성에 필요한 카보닐 화합물과 알코올을 확인하시오.

아세탈의 산 촉매화 가수 분해

아세탈은 과량의 물이 존재하는 산성 조건에서는 원래의 카보닐 화합물로 가수 분해된다.

문제 14.16 산성 조건에서 사이클로헥산온 에틸렌 아세탈을 과량의 물과 함께 가열하면 다음과 같은 가수 분해 반응이 일어난다. 이 반응의 메커니즘을 그리시오.

문제 14.17 각 아세탈의 산 촉매화 가수 분해 반응의 생성물을 그리시오.

아세탈 보호기

작용기 A와 B가 둘 다 있는 화합물이 어떤 시약과 모두 반응할 수 있지만, 작용기 A에서만 반응이 일어나고 다른 작용기 B에서는 반응이 일어나지 않기를 원한다고 하자. 이러한 경우에는 작용기 B를 이 시약과 반응이 일어나지 않는 다른 작용기로 변환시켜야 하는데, 이러한 작용기를 보호기(protecting group)라고 한다.

좋은 보호기는 높은 수율로 얻을 수 있고 보호기로서의 역할이 끝나면 쉽게 제거되어야 한다. 아세탈은 강한 염기성 조건이나 친핵체(RMgX, RLi 등)와 반응하지 않고, 산성 조건에서 쉽게 가수 분해되기 때문에 알데하이드와 케톤의 보호기로 널리 이용된다. 또한 알코올의 보호기로 쓰인다.

다음 반응은 아세탈 보호기의 역할을 보여주고 있다. 강력한 환원제인 LiAlH₄는 케톤과 에스터를 모두 알코올로 환원시키기 때문에 에스터만 선택적으로 환원시킬 수는 없다(에스터보다 케톤이 더 친전자성이다. 16.1절). 따라서 할 수 없이 케톤을 아세탈로 보호한 후 에스터를 환원시켜야 한다.

문제 14.18 알코올의 보호기 중에서 아세탈의 한 예는 THP 에터이다. THP 에터의 생성 메커니즘을 그리시오.

tetrahydropyranyl(THP) ether

14.11 질소 친핵체

14.11.1 암모니아 및 일차 아민

알코올보다 친핵성이 더 큰 암모니아 및 아민은 알데하이드와 케톤에 쉽게 첨가된다. 아민의 첨가 반응은 산에 의하여 촉매화된다.

암모니아 혹은 일차 아민(질소 원자에 탄소가 하나만 결합한 아민)이 카보닐 화합물과 반응하면 이민(imine)이라고 부르는 생성물이 얻어진다. 이 반응의 첫 단계는 암모니아, 혹은 일차 아민의 질소가 카보닐기에 첨가되는 반응이다. 카비놀아민 중간체에 양성자가 첨가된 후 물이 떨어지면 이민이 가역적으로 생성된다.

이민을 쉬프(Schiff) 염기라고도 부른다.

이민 생성의 첫 단계를 알코올 첨가에서처럼, 양성자첨가된 카보닐기에 아민이 첨가하는 식으로 그리기도 한다.

암모니아에서 유래하는 이민은 매우 불안정하므로 분리가 어렵다. 일차 아민의 이민도 산성 조건에서 쉽게 가수 분해된다. 방향족 아민과 방향족 카보닐 화합물의 이민 유도체는 좀더 안정하다

이민 유도체의 생성은 pH 4~5에서 가장 빠르다. 왜 그럴까? 만약 pH가 너무 낮으면, 대부분의 아민이 비친핵성 암모늄 염으로 변할 것이다. 반면에 pH가 높다면 카비놀아민에 양성자 첨가가 느리게 일어나서 물의 제거가 느려질 것이다. 따라서 최적의 pH는 4~5 정도이다.

아세탈이 산성 조건에서 쉽게 가수 분해되는 것처럼 이민 화합물도 산성 수용액에서 쉽게 가수 분해된다. 아세탈 가수 분해와의 차이점은 이민의 가수 분해에는 일 당량의 산이 필요하다는 점이다.

문제 14.19　이민의 가수 분해 반응의 메커니즘을 그리시오.

예제 14.7　다음 카보닐 화합물을 산 촉매 조건에서 에틸아민($EtNH_2$)으로 처리하였을 때 얻어지는 생성물을 그리시오.

a. 　　b.

풀이

일차 아민인 에틸아민을 카보닐 화합물과 반응시키면 카보닐 화합물의 C=O기가 C=NR로 변환된 이민 생성물이 얻어진다.

a. 　　b.

문제 14.20　다음 카보닐 화합물과 일차 아민 사이의 생성물을 그리시오.

생화학적 반응

트랜스이민화 반응(transamination)은 이미늄 염과 아민 사이의 교환 반응으로 다음과 같이 일어난다.

피리독살 포스페이트(pyridoxal phosphate(PLP), 비타민 B_6)는 생화학에서 중요한 보조 효소로서 트랜스이민화 반응을 포함하여 다양한 반응에 참여한다.

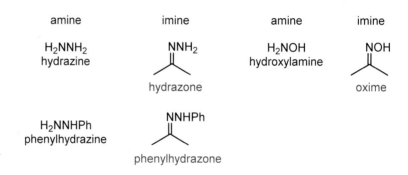

14.11.2 NH₂–Z (Z = O, N)

NH_2-Z(Z = O, N)의 이민 유도체는 산성 조건에서도 매우 안정한 결정성 고체이다. 분석 기기가 발달하기 전에는 이러한 이민 유도체의 녹는점을 측정하여 미지 카보닐 화합물을 확인하기도 하였다. 하이드라존과 하이드록실아민에서 유래하는 이민 유도체를 각각 하이드라존(hydrazone)과 옥심(oxime)이라고 부른다. 이러한 이민 유도체는 알킬아민에서 유래한 유도체에 비하여 산에 매우 안정하다(문제 14.29를 풀어 볼 것).

amine	imine	amine	imine
H_2NNH_2 hydrazine	NNH₂ hydrazone	H_2NOH hydroxylamine	NOH oxime
H_2NNHPh phenylhydrazine	NNHPh phenylhydrazone		

문제 14.21 다음 반응의 생성물을 그리시오.

a. PhCHO $\xrightarrow{\text{PhNH}_2, \text{H}^+}$

b. $\xrightarrow{\text{NH}_2\text{OH, H}^+}$

c. ⌒⌒CHO $\xrightarrow{\text{NH}_2\text{NHPh, H}^+}$

d. $\xrightarrow{\text{NH}_2\text{NHPh, H}^+}$

14.11.3 이차 아민

엔아민(enamine)이란 용어는 al-kene의 'ene'과 'amine'을 합성한 단어이다(eneamine → enamine).

이차 아민(질소에 탄소가 두 개 결합한 아민)이 카보닐 화합물과 반응하면 엔아민 (enamine)이라고 부르는 생성물이 얻어진다. 중간체인 카비놀아민의 OH기에 양성자가 첨가된 후 물 분자가 떨어지면 이미늄 이온(iminium ion)이 생성된다. 이 이온의 질소 원자에는 양성자가 없으므로 대신 α-탄소의 양성자가 떨어져서 탄소-탄소 이중 결합이 있는 엔아민이 생긴다.

문제 14.22 일차 아민의 반응에서도 엔아민이 주 생성물로 생길 수 있지만 실제로는 이민이 주 생성물이다. 그 이유를 설명하시오(이민과 엔아민은 토토머의 관계이다).

문제 14.23 엔아민도 이민처럼 일 당량의 산성 수용액에서 카보닐 화합물로 가수 분해된다. 다음 엔아민의 가수 분해 반응의 메커니즘을 쓰시오(힌트: 첫 단계는 양성자가 이중 결합에 첨가하는 반응이다).

예제 14.8 **다음 카보닐 화합물과 이차 아민 사이의 생성물을 그리시오.**

풀이

이차 아민과 카보닐 화합물 사이의 반응에서는 엔아민이 얻어진다.

문제 14.24　다음 카보닐 화합물과 이차 아민 사이의 생성물을 그리시오.

이민과 엔아민의 역합성 분석

이민과 엔아민은 다음과 같이 역합성 분석하면 합성에 필요한 카보닐 화합물과 아민을 알 수 있다.

추가 문제

〈메커니즘〉

문제 14.25　입체적으로 장애가 있는 그리냐르 시약이나 케톤이 반응하는 경우 케톤이 환원되는 반응이 주로 생길 수 있다.

환원 반응의 메커니즘을 제안하시오(힌트: 그리냐르 시약은 프로펜으로 변한다).

문제 14.26　아세트알데하이드의 수화물이 산 촉매, 그리고 염기 촉매 존재하에서 카보닐 화합물로 변환되는 과정의 메커니즘을 굽은 화살표로 그리시오.

문제 14.27 다음 케토 에스터에서 에스터기는 아세탈을 형성하지 않는다. 그 이유를 에스터의 공명 구조와 카보닐 탄소의 친전자성을 사용하여 설명하시오.

문제 14.28 세미카바자이드는 카보닐 화합물과 반응하여 세미카바존이라는 이민 유도체를 형성한다. 세미카바자이드의 두 아미노기(NH$_2$) 중 하나만 반응하는 이유는 무엇인가? 공명 구조로 설명하시오.

문제 14.29 알킬아민에서 유래하는 이민은 산성 조건에서 쉽게 가수 분해되나 옥심이나 하이드라존은 산성 조건에서 매우 안정하기 때문에 특별한 조건을 이용하여 카보닐기로 분해하여야 한다. 이민 유도체의 산성 조건에서의 속도론적 안정성의 순서는 다음과 같다. 옥심은 하이드라존보다 1,000배 느리게 가수 분해된다.

옥심이나 하이드라존이 산성 조건에서 느리게 가수 분해되는 이유를 제안하시오.

문제 14.30 알데하이드를 동위원소 O-18로 표지된 물과 반응시키면 O-18 원자가 알데하이드의 카보닐 산소에도 존재하게 된다. 이 평형 반응은 촉매량의 산 혹은 염기에 의하여 촉매화된다. 산, 그리고 염기가 존재할 때 일어나는 반응의 메커니즘을 그리시오.

문제 14.31 싸이오아세탈은 아세탈의 산소 대신에 황 원자가 포함된 구조이다. 아세탈과 비슷하게 싸이오아세탈도 산 촉매화 가수 분해에 의하여 카보닐 화합물로 변환될 수 있을 것이다. 하지만 아세탈과 비교하여 이 반응은 거의 일어나지 않는다. 왜 그럴까?

문제 14.32   뉴클레오타이드인 아데노신이 가수 분해되면 이노신이 얻어진다. 이 변환의 메커니즘을 제안하시오.

〈반응〉

문제 14.33   다음 반응의 생성물을 그리시오. 반응이 일어나지 않는 경우에는 NR이라고 쓰시오.

문제 14.34   다음 카보닐 화합물과 아민 사이의 생성물을 그리시오.

문제 14.35   아미노산의 검출에 사용되는 닌히드린(ninhydrin)은 다음 구조의 일수화물(monohydrate)로서 존재한다. 닌히드린의 구조를 그리고, 왜 이 구조가 다른 이성질체에 비하여 선호되는지를 밝히시오.

문제 14.36   비타민 C인 아스코브산이 항산화제로서의 임무를 마치면 데하이드로아스코브산으로 변환된다 (12.10절). 흔히 이 화합물의 구조를 트라이카보닐 구조로 그리지만 카보닐기 하나는 수화물로, 다른 하나는 헤미아세탈로 존재한다는 실험 결과가 있다. 이 사실과 부합하는 구조를 그리시오.

tricarbonyl form of
dehydroascorbic acid

〈합성〉

문제 **14.37**   다음 화합물을 주어진 출발물로부터 얻고자 한다. 합성법을 제안하시오.

a. from

b. from

c. from

d. from

15

카복실산

카복실산의 상용명은 그 산이 분리된 원천에서 유래되었다. 'formic acid'를 개미산이라고도 부르는데 개미(라틴 학명 *formica*)를 증류하여 얻었기 때문이다. 'acetic acid'는 식초(라틴명 *acetum*), 'butyric acid'는 버터(라틴명 *butyrum*), 'capric acid'는 염소(라틴명 *caper*)에서 각각 유래하였다. 저분자량 카복실산은 불쾌한 냄새가 난다. 카프르산은 더러운 양말이나 은행 열매의 냄새 성분이기도 하다.

카복실산은 카복시기(carboxy group) 혹은 카복실기(carboxyl group)라고 부르는 작용기 -COOH가 있는 유기산으로서 일반명은 알칸산(alkanoic acid)이다. 이름이 말하듯이 카복실산은 약산(pK_a = ~5)이지만 카보닐기의 산소와 하이드록실기의 산소는 고립쌍이 있기 때문에 브뢴스테드 염기이기도 하다. 특히 카보닐 산소가 더 염기성이므로(왜 그럴까?) 카보닐 산소가 카복실산의 화학에서 매우 중요한 역할을 수행한다.

14장에서 언급하였듯이 카보닐기에 헤테로 원자가 결합된 부류를 카복실산 및 유도체라고 부르는데, 알데하이드나 케톤 부류와는 친핵체와의 반응이 다르다.

이 장에서는 카복실산의 산성도와 카복실산과 유도체의 종류 및 명명법을 주로 다룰 것이다.

15.1 카복실산의 명명법

비고리형 카복실산의 IUPAC 이름은 탄소 수가 같은 알케인의 이름의 말미 '-e' 대신에 '-oic acid'를 붙여 명명한다. 우리말 이름으로는 메탄산, 에탄산 등으로 쓴다. 하지만 단순한 카복실산은 상용명으로도 흔히 명명한다. 사이클로알케인에 카복시기가 연결된 카복실산은 사이클로알케인의 이름 말미에 '-carboxylic acid'를 붙여 명명한다.

몇 가지 카복실산의 구조, 체계명과 상용명을 표 15.1에 수록하였다.

표 15.1 몇 가지 카복실산의 구조, 체계명과 상용명

구조	IUPAC 체계명	상용명	구조	IUPAC 체계명	상용명
HCOOH	메탄산 (methanoic acid)	폼산 (formic acid)	HOOC-COOH	에테인이산	옥살산(oxalic acid)
MeCOOH	에탄산 (ethanoic acid)	아세트산 (acetic acid)	HOOC-CH$_2$-COOH	프로페인이산	말론산(malonic acid)
EtCOOH	프로판산 (propanoic acid)	프로피온산 (propionic acid)	HOOC-(CH$_2$)$_2$-COOH	뷰테인이산	석신산(succinic acid)
Me(CH$_2$)$_2$COOH	뷰탄산 (butanoic acid)	뷰티르산 (butyric acid)	HOOC-(CH$_2$)$_3$-COOH	펜테인이산	글루타르산(glutaric acid)
Me(CH$_2$)$_3$COOH	펜탄산 (pentanoic acid)	발레르산 (valeric acid)	HOOC-(CH$_2$)$_4$-COOH	헥세인이산	아디프산(adipic acid)
Me(CH$_2$)$_4$COOH	헥산산 (hexanoic acid)	카프르산 (capric acid)	*cis*-HOOC-CH =CH-COOH	*cis*-뷰텐이산	말레산(maleic acid)
H$_2$C=CHCOOH	프로펜산	아크릴산	*trans*-HOOC-CH =CH-COOH	*trans*-뷰텐이산	퓨마르산(fumaric acid)
⬡-COOH	사이클로헥세인 카복실산 (cyclohexanecarb oxylic acid)		PhCOOH	벤젠카복실산	벤조산(benzoic acid)

벤젠 고리에 카복시기가 두 개 치환된 화합물은 세 가지가 가능하며 IUPAC 이름은 벤젠다이카복실산이다. 하지만 상용명이 더 널리 사용된다.

1,2-benzenedicarboxylic acid
phthalic acid

1,3-benzenedicarboxylic acid
isophthalic acid

1,4-benzenedicarboxylic acid
terephthalic acid

아실기는 RCO-기를 말한다. 아실기의 이름도 IUPAC 이름과 상용명이 있다. 둘 다 카복실산의 이름에서 '-ic acid'를 '-oyl'로 바꿔 만든다(표 15.2).

표 15.2 아실기 RCO-의 구조, 체계명과 상용명

구조	IUPAC 체계명	상용명	구조	IUPAC 체계명	상용명
R = Me	메탄오일(methanoyl)	포밀(formyl)	R = Hexyl	헥산오일(hexanoyl)	카프로일(caproyl)
R = Et	에탄오일(ethanoyl)	아세틸(acetyl)	R = Ph		벤조일(benzoyl)
R = Pr	프로판오일(propanoyl)	프로피온일(propionyl)	$-COCO-$	에테인다이오일	옥살일(oxalyl)
R = Bu	뷰탄오일(butanoyl)	뷰티릴(butyryl)	$-COCH_2CO-$	프로페인다이오일	말론일(malonyl)
R = Pentyl	펜탄오일(pentanoyl)	발레릴(valeryl)	$-CO(CH_2)_2CO-$	뷰테인다이오일	석신일(succinyl)

15.2 카복실산 유도체의 종류와 명명법

카복실산에서 유래하는 유도체는 염화 아실, 에스터, 싸이오에스터, 산무수물, 아마이드, 케텐 등이 있으며 나이트릴은 카복시기가 없지만 카복실산 유도체와 가수 분해 등의 반응으로 상호 변환되므로 유도체로 간주할 수 있다.

펩타이드에서 아미노산을 연결해 주는 '펩타이드' 결합은 일종의 아마이드이다.

peptide

카복실산과 그 유도체는 카보닐 탄소의 산화 수준(14.2절)이 모두 같다. 따라서 이들 사이의 변환은 산화-환원 반응이 아니고 단순한 탈수 반응이나 가용매 분해 반응(solvolysis) 혹은 가수 분해 반응이다.

카복실산 유도체	구조	카복실산 유도체	구조
카복실산	RCO_2H	에스터	RCO_2R
염화 아실(산 염화물)	$RCOCl$	아마이드	$RCONH_2$
산 무수물	$(RCO)_2O$	나이트릴	RCN
싸이오에스터	$RCOSR$		

생화학에서 다루는 중요한 유도체는 싸이오에스터(thioester)와 아실 인산염(acyl phosphate)이다.

싸이오에스터기가 있는 생분자의 예는 탄소 2개씩의 공급원인 아세틸 보조 효소(acetyl coenzyme A)이다.

thioester   acetyl CoA

acyl phosphate   acyl-AMP

15.2.1 할로젠화 아실

R이 비고리형 할로젠화 아실 RCOX(acid halide 혹은 acyl halide)는 RCO기의 이름에 할라이드의 이름을 붙여 명명한다. COX기가 고리에 붙어 있으면, 고리 이름에 '-carbonyl halide'를 붙인다. 뒤에 나오는 이름이 상용명이다.

- MeCOCl: 염화 에탄오일(ethanoyl chloride), 염화 아세틸(acetyl chloride)
- PhCOCl: 염화 벤젠카보닐(benzenecarbonyl chloride), 염화 벤조일(benzoyl chloride)

15.2.2 산 무수물

산 무수물(acid anhydride)은 두 카복시기에서 물이 제거되어 생긴 화합물이다. 같은 카복실산에서 얻어진 무수물을 대칭 무수물, 다른 산에서 얻어진 무수물을 혼성 무수물이라 부른다. 대칭 무수물은 카복실산의 이름에서 'acid' 대신에 'anhydride'를 붙여 명명한다. 혼성 화합물은 카복실산의 이름에서 'acid'를 뺀 이름을 알파벳 순서로 배열한 후 'anhydride'를 붙여 명명한다. 뒤에 나오는 이름이 상용명이다.

- MeCO₂COMe: 에탄산 무수물(ethanoic anhydride), 아세트산 무수물(acetic anhydride)
- MeCO₂COPh: 벤조산 에탄산 무수물(benzoic ethanoic anhydride), 아세트산 벤조산 무수물(acetic benzoic anhydride)

고리형 무수물은 석신산 무수물, 프탈산 무수물 같은 상용명을 더 자주 쓴다.

succinic anhydride   phthalic anhydride

15.2.3 에스터, 카복실산의 염 및 락톤

에스터는 카복실산의 OH기가 OR로 바뀐 구조이다. 에스터의 이름은 R기 이름 다음에 카복실산 이름의 '-ic acid'를 '-ate'로 바꿔 명명한다. 뒤에 나오는 이름이 상용명이다.

- $MeCO_2Et$: 에탄산 에틸(ethyl ethanoate), 아세트산 에틸(ethyl acetate)
- $PhCO_2Et$: 벤조산 에틸(ethyl benzoate) [상용명]

카복실산의 염은 양이온의 이름 뒤에 카복실산 이름의 '-ic acid'를 '-ate'로 바꿔 명명한다. 뒤에 나오는 이름이 상용명이다.

- $MeCO_2Na$: 에탄산 소듐(sodium ethanoate), 아세트산 소듐(sodium acetate)
- $PhCO_2Na$: 벤조산 소듐(sodium benzoate)[상용명]

고리형 에스터인 락톤(lactone)은 상용명을 더 자주 사용하며 카복실산의 상용명 '-ic acid'를 '-olactone'으로 바꿔 명명한다.

γ-butyrolactone   δ-valerolactone

15.2.4 아마이드 및 락탐

아마이드는 카복실산의 OH기가 NH_2, NHR 혹은 NR_2로 바뀐 구조이다. 아마이드는 카복실산 이름의 '-oic acid'나 '-ic acid'를 '-amide'로 바꿔 명명한다. 카복실산의 이름이 'carboxylic acid'로 끝나는 경우에는 이 단어를 'carboxamide'로 바꿔 명명한다. 뒤에 나오는 이름이 상용명이다.

- $MeCONH_2$: 에탄아마이드(ethanamide), 아세트아마이드(acetamide)
- ⬡-$CONH_2$: 사이클로헥세인카복스아마이드(cyclohexanecarboxamide)
- $PhCONH_2$: 벤젠카복스아마이드(benzenecarboxamide), 벤즈아마이드(benzamide)

구조가 $RCONH_2$, RCONHR′, RCONR″$_2$인 아마이드를 각각 일차, 이차, 삼차 아마이드라고 부른다. 이차, 삼차 아마이드는 질소 원자에 붙은 알킬기의 이름을 'N-알킬'로 가장 앞에 쓴 후, 일차 아마이드의 이름을 붙여 명명한다. 질소 원자에 같은 알킬기가 있으면, 'N,N-다이알킬'로 명명한다. 질소 원자에 붙은 두 알킬기가 다르면, 'N-알킬-N-알킬'로 명명하고 두 알킬기는 알파벳 순서로 나열한다.

- $HCONMe_2$: N,N-다이메틸메탄아마이드(N,N-dimethylmethanamide), N,N-다이메틸폼아마이드(N,N-dimethylformamide)
- PhCONHMe: N-메틸벤젠카복스아마이드(N-methylbenzenecarboxamide), N-메틸벤즈아마이드(N-methylbenzamide)

고리형 아마이드를 락탐(lactam)이라고 하는데, 흔히 상용명을 이용한다.

β-propiolactam   γ-*N*-methylbutyrolactam

15.2.5 나이트릴

CN기가 고리에 붙어 있는 나이트릴은 CN기가 포함된 가장 긴 사슬의 알케인 이름에 'nitrile'을 붙여 명명한다. CN기가 고리에 있으면 '-carbonitrile(카보나이트릴)'을 붙인다. 상용명은 탄소 수가 같은 카복실산의 이름의 '-ic acid'를 '-onitrile'로 바꿔 명명한다. CN기보다 명명에서 우선순위가 더 높은 기(예: COOH기)가 있을 경우에는 CN기를 치환기로 간주하여 'cyano'로서 명명한다.

- MeCN: 에테인나이트릴(ethanenitrile), 아세토나이트릴(acetonitrile)
- PhCN: 벤젠카보나이트릴(benzenecarbonitrile), 벤조나이트릴(benzonitrile)
- $NC-(CH_2)_2-CO_2H$: 3-사이아노프로판산(3-cyanopropanoic acid), 3-사이아노프로피온산(3-cyanopropionic acid)

15.3 카복실산의 구조

카복실산의 구조는 RCO_2H 혹은 $RCOOH$로 표시하며, 루이스 구조식은 다음과 같이 그릴 수 있다. 카보닐 탄소(카복시 탄소)의 혼성은 sp^2이므로 결합각은 약 120°로 예측되는데, 실제 아세트산의 경우 C-C-O 결합각은 119°이다.

카보닐 탄소와 산소 사이의 결합은 약간의 이중 결합 성격이 있기 때문에 알코올의 C-O 결합보다는 약간 짧다.

15.4 물리적 성질

간단한 카복실산은 기체상에서 두 개의 분자간 수소 결합을 통하여 이합체로 존재한다. 각 수소 결합의 세기는 7 kcal mol^{-1}이므로 이합체로 존재하는 경향이 강하다. 따라서 분자량이 비슷한 알데하이드나 알코올에 비하여 끓는점이 높다(EtCHO:

48°C, n-PrOH: 60°C, MeCO$_2$H: 118°C).

카복실산의 염인 벤조산 소듐 (sodium benzoate, PhCO$_2$Na)이나 소브산 포타슘(potassium sorbate, MeCH=CH-CH=CH-CO$_2$K)은 식품의 방부제로 쓰인다.

카복실산은 대부분의 유기 용매에 잘 녹는다. 탄소 수가 5개 이하인 카복실산은 물에 녹지만, 지방산처럼 탄소 수가 큰 카복실산은 녹지 않는다. 벤조산도 물에 잘 녹지 않는다.

15.5 카복실산의 산성도

카복실산은 pK_a가 5 정도인 약산이다. 알코올에 비하여 카복실산이 더 센 산인 이유는 2.2.2절에서 논의한 바 있다. 표 15.3에 몇 가지 카복실산의 pK_a 값을 수록하였다.

카복실산의 알킬 수소를 할로젠 원자나 나이트로기 같은 전자 끄는 기로 치환하면 유발 효과로 인하여 산성도가 더 증가하며 뷰티르산의 유도체에서 볼 수 있듯이 전자 끄는 기가 카복시기에서 멀어질수록 그 효과는 감소한다(2.25절). 이 경우 산성도가 증가하는 이유는 카복실산 음이온의 음전하가 C-X 쌍극자의 C의 부분 양전하와 상호작용하여 더 안정해지기 때문이다.

표 15.3
카복실산의 pK_a 값

산	pK_a	산	pK_a	산	pK_a
MeCOOH	4.76	F$_3$CCOOH	−0.25	MeCH$_2$CH$_2$COOH	4.81
ClCH$_2$COOH	2.86	HCOOH	3.77	CH$_3$CH$_2$CH(Cl)COOH	2.86
Cl$_2$CHCOOH	1.29	Me$_3$CCOOH	5.1	CH$_3$CH(Cl)CH$_2$COOH	4.05
Cl$_3$CCOOH	0.65	BrCH$_2$COOH	2.86	ClCH$_2$CH$_2$CH$_2$COOH	4.52
FCH$_2$COOH	2.66	ICH$_2$COOH	3.12		
F$_2$CHCOOH	1.24	NO$_2$CH$_2$COOH	1.68		

문제 15.1 다음 카복실산을 산성도가 증가하는 순서로 배열하시오.

a. EtCO$_2$H, HOCH$_2$CO$_2$H, HSCH$_2$CO$_2$H   b. Br$_2$CHCO$_2$H, BrCH$_2$CO$_2$H, Br$_3$CCO$_2$H

방향족 산인 벤조산은 지방족 산보다 약간 더 센 산이다. 그 이유는 혼성 효과로 설명할 수 있다. 벤젠 탄소는 sp^2 혼성이므로 sp^3 혼성 탄소에 비하여 전자를 더 잘 당겨 카복실산 음이온을 더 안정화시킬 것이다.

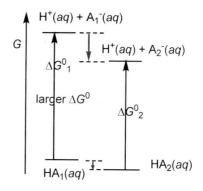

문제 15.2 벤조산과 사이클로헥세인카복실산의 산성도를 아래 에너지 도표로 설명할 수 있다. 이 그림에서 HA$_1$과 HA$_2$는 카복실산을 나타낸다. HA$_1$은 어떠한 산인가? 또한 컬러 표시된 화살표의 크기와 방향에 대하여 논하시오.

p-위치에 전자 *끄는* 치환기(벤젠의 친전자성 치환 반응에서의 활성화기. 예: CHO, CO$_2$R, CN, NO$_2$)가 있으면 벤조산의 산성도(pK_a = 4.2)가 증가한다. 반면에 전자 주는 기가 있으면 산성도가 감소한다(PhNO$_2$와 PhOH의 나이트로화 반응의 상대 속도의 비는 ~10^{-10}이다. 하지만 NO$_2$기와 HO기가 *para* 위치에 치환된 벤조산의 이온화 상수의 비는 겨우 10에 불과하다! 문제 15.13을 풀어 볼 것).

pK_a = 3.44　　　pK_a = 3.55　　　pK_a = 4.36　　　pK_a = 4.47

문제 15.3 수용액에서 일어나는 산-염기 반응의 생성물의 구조를 그리고 평형 상수 *K*를 구하시오(표 2.1과 2.3 참조).

a.
b.

15.6 카복실산의 제법

카복실산은 다음 몇 가지 방법으로 얻을 수 있다.

일차 알코올과 알데하이드의 산화

일차 알코올이나 알데하이드를 적당한 산화제로 산화하면 카복실산을 얻을 수 있다(13.8절).

$$R-CH_2OH \quad \xrightarrow[\text{H}_2\text{O, acetone}]{\text{CrO}_3,\ \text{H}_2\text{SO}_4} \quad R-CO_2H$$
$$R-CHO$$

알킬 벤젠의 산화

알킬 벤젠을 뜨거운 $KMnO_4$의 염기성 용액으로 산화하면 벤조산을 얻을 수 있다 (11.9절).

$$\begin{array}{c} Ph-CH_3 \\ Ph-CH_2R \\ Ph-CHR_2 \end{array} \quad \xrightarrow[\text{2. H}_3\text{O}^+]{\text{1. KMnO}_4,\ \text{HO}^-,\ \Delta} \quad Ph-CO_2H$$

유기금속 시약과 CO₂와의 반응

유기리튬이나 그리냐르 시약을 CO_2(드라이 아이스)와 반응시킨 후 카복실산 염을 산성화하면 카복실산이 얻어진다.

$$RLi\ or\ RMgX \quad \xrightarrow[\text{ether}]{\text{CO}_2} \quad RCO_2^- \quad \xrightarrow{H^+} \quad RCO_2H$$

카복실산 유도체와 나이트릴의 가수 분해 반응

염화 아실, 산 무수물, 에스터, 아마이드를 가수 분해하면 카복실산을 얻을 수 있다. 더 자세한 반응 조건과 이들 유도체의 반응성의 순서는 16.1절에서 다룰 것이다.

나이트릴을 산 혹은 염기 용액에서 가수 분해하면 카복실산이 얻어진다(자세한 반응 메커니즘은 16.8절에서 다룬다). 알킬 나이트릴은 알킬 할라이드(혹은 설포네이트)와 $NaCN$의 S_N2 반응으로 얻을 수 있다. 아릴 나이트릴은 아닐린의 다이아조늄 염에서 얻을 수 있다(18.7절).

$$R\diagdown\diagup Br \quad \xrightarrow[\text{acetone}]{\text{NaCN}} \quad R\diagdown\diagup CN \quad \xrightarrow[\Delta]{H^+} \quad R\diagdown\diagup CO_2H \quad + \quad \overset{+}{N}H_4$$

$$Ar-NH_2 \quad \xrightarrow{\text{NaNO}_2,\ \text{HCl}} \quad Ar-\overset{+}{N}_2 \quad \xrightarrow{\text{CuCN}} \quad Ar-CN \quad \xrightarrow[\Delta]{\text{H}_3\text{O}^+} \quad Ar-CO_2H$$

추가 문제

⟨산성도⟩

문제 15.4   다음 두 카복실산 중에서 어느 것이 더 센 산이며 그 이유는 무엇인가?

a. $CH_3CH_2CO_2H$ $HO_2C{-}CH_2{-}CO_2H$

b.   (벤조산 구조)   (사이클로헥세인카복실산 구조)

c.   (뷰탄산 구조) $Et{-}C{\equiv}C{-}CO_2H$

d.   (뷰탄산 구조)   (2-클로로뷰탄산 구조, Cl)

문제 15.5   단백질의 구성 성분인 α-아미노산의 일종인 양성자 첨가된 알라닌의 카복시기는 pK_a가 2.35로서 보통의 카복실산보다 더 산성이다. 그 이유를 설명하시오.

protonated L-α-alanine

pK_a 2.35

문제 15.6   흔히 Me_3CCO_2H(pK_a = 5.1)가 $MeCO_2H$(pK_a = 4.8)보다 산성도가 작은 이유로서 Me기의 전자 주는 효과를 든다. 하지만 기체상에서는 Me_3CCO_2H가 $MeCO_2H$보다 더 산성이다. 그러면 수용액에서 Me_3CCO_2H가 더 약산인 진정한 이유는 무엇이겠는가?

문제 15.7   글루탐산은 카복시기가 둘인 아미노산이다. 두 카복시기의 pK_a는 2.10, 4.07이다. 더 산성인 수소는 H_A와 H_B 중에서 어느 것인가? 향미 증진제로 사용되는 MSG(monosodium glutamate)의 구조는 무엇인가?

L-glutamic acid

문제 15.8   아세트산과 메테인설폰산 중에서 어느 것이 더 센 산일까? 그 이유는 무엇일까?

acetic acid   methanesulfonic acid

문제 15.9 다이카복실산인 말레산과 퓨마르산은 *cis*-, *trans*-입체 이성질체이다. 다이카복실산이므로 pK_a 값이 두 가지 있다. 첫 번째 산이온화 상수와 연관된 pK_{a1} 값은 말레산이 더 작으나(더 센 산) pK_{a2} 값은 말레산이 더 크다(더 약한 산). 왜 그러한지 설명하시오.

maleic acid
pK_{a1} = 1.9
pK_{a2} = 6.1

fumaric acid
pK_{a1} = 3.0
pK_{a2} = 4.4

〈반응〉

문제 15.10 다음 반응의 생성물을 그리시오.

a. $\xrightarrow[\text{H}_2\text{O, acetone}]{\text{Na}_2\text{Cr}_2\text{O}_7, \text{H}_2\text{SO}_4}$

b. $\xrightarrow{\begin{array}{l}\text{1. Mg, ether}\\\text{2. CO}_2\\\text{3. H}_3\text{O}^+\end{array}}$

c. $\xrightarrow{\begin{array}{l}\text{1. NaCN, DMF}\\\text{2. H}_3\text{O}^+, \Delta\end{array}}$

d. $\xrightarrow{\begin{array}{l}\text{1. KMnO}_4, \text{HO}^-, \Delta\\\text{2. H}_3\text{O}^+\end{array}}$

〈합성〉

문제 15.11 주어진 출발물에서 시작하여 다음 카복실산을 합성하시오.

a. from

b. from

c. from

d. from

〈기타〉

문제 15.12 아세트산은 118℃에서 끓지만 그 메틸 에스터는 분자량이 더 큼에도 불구하고 57℃에서 끓는다. 그 이유를 설명하시오.

문제 15.13 벤젠 치환기 중에서 NO$_2$기와 OH기는 각각 대표적인 전자 끄는 기와 전자 주는 기이다. 따라서 방향족 친전자성 치환 반응에서 PhOH의 나이트로화 반응은 PhNO$_2$보다 무려 10^{10}배 빠르다. 하지만 *p*-나이트로벤조산(pK_a = 3.44)은 *p*-하이드록시벤조산(pK_a = 4.54)보다 겨우 ~10배 더 센 산이다. 왜 이렇게 큰 차이가 나는지를 추론하시오.

16

카복실산 유도체:
친핵성 아실 치환 반응

카복실산 유도체(RCOZ)는 카보닐기만 있는 알데하이드나 케톤과는 다르게 카보닐 탄소에 할로젠(X), 산소, 황, 질소 같은 헤테로 원자가 결합되어 있다. 이러한 카복실산 유도체의 카보닐기에 친핵체가 첨가되면 사면체 중간체(TI)가 생긴 후 헤테로 원자가 이탈기로서 떨어질 수 있다. 그러면 헤테로 원자가 다른 친핵체로 치환된 생성물이 얻어진다. 이런 유형의 두 단계 반응을 친핵성 아실 치환 반응(nucleophilic acyl substitution)이라고 부른다. 이 반응에 흔히 쓰이는 친핵체는 헤테로 원자 친핵체, 수소 및 탄소 친핵체 등이다(표 16.1).

$$Z = X, O, S, N \qquad TI$$

표 16.1
친핵성 아실 치환 반응에 쓰이는 친핵체

친핵체	시약	반응 예	생성물
산소 친핵체	H_2O, $R'OH$, HO^-, $R'O^-$, RCO_2^-	$RCO_2H \xrightarrow[H^+ (cat.)]{EtOH} RCO_2Et$	RCO_2H, RCO_2R
질소 친핵체	NH_3, NH_2R 등	$RCOCl \xrightarrow{EtNH_2} RCONHEt$	$RCONH_2$, $RCONHR'$
수소 친핵체	$LiAlH_4$, $LiAlH(OMe)_3$ 등	$RCOCl \xrightarrow[THF]{LiAlH(OMe)_3} RCHO$	RCH_2OH, $RCHO$ 또는 RCH_2NH_2
탄소 친핵체	$R'Li$, $R'MgX$, R'_2CuLi	$RCO_2Me \xrightarrow[THF]{2 \times PhLi} RCPh_2OH$ $RCOCl \xrightarrow[ether]{Me_2CuLi} RCOMe$	RR'_2COH, $RCOR'$

이 반응의 생성물은 경우에 따라서 친핵체와 더 반응할 수도 있다. 그러면 친핵성 첨가 반응이 계속 일어나 알코올 생성물이 얻어지게 된다.

16.1 카복실산 유도체의 반응성

카복실산 유도체는 친핵체와 다음과 같은 순서로 반응성이 감소한다.

친핵체와의 반응성:
염화 아실 > 산 무수물 > 싸이오에스터 > 에스터 ~ 카복실산 > 아마이드 > 카복실산 음이온

왜 카복실산 유도체의 반응성은 이러한 순서일까? 반응 속도는 활성화 에너지에 달려 있기 때문에 우선 출발물의 안정성을 비교하여야 한다. 염화 아실, 에스터와 아마이드의 세 가지 유도체의 공명 구조를 비교하여 보자.

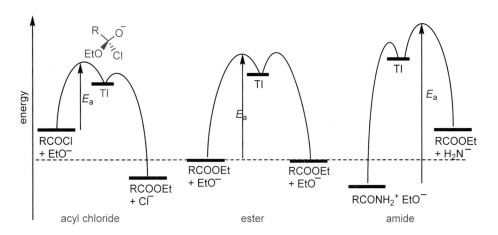

전기 음성도는 N, O, Cl의 순서로 증가하므로 염화 아실의 공명 구조 A는 실제 구조에 대한 기여도가 다른 유도체의 경우에 비하여 훨씬 작을 것이다(또한 Cl는 3주기 원소이므로 Cl의 3p 고립쌍(HOMO)과 C=O π* MO의 에너지 차이가 커서 오비탈 겹침이 훨씬 작다). 반면에 질소는 가장 덜 전기 음성이므로 질소에 양전하가 놓인 구조 C는 아마이드의 실제 구조에 더 많이 기여를 할 것이다. 즉, 가장 공명 안정화되어 있는 아마이드가 가장 안정하고 그렇지 않은 염화 아실이 가장 불안정할 것이다.

따라서 열역학적 안정성의 순서는 다음과 같다.

열역학적 안정성: 염화 아실 < 에스터 < 아마이드

그 다음에는 염화 아실, 에틸 에스터와 아마이드가 각각 MeO⁻와 반응하는 경우의 에너지 도표를 그려보자. 세 개의 TI 중에서 염소 원자의 전자 끄는 효과 때문에 염화 아실에서 생기는 TI가 가장 안정할 것이다. 아실 치환 반응의 두 번째 단계에서 이탈기가 떨어질 때 가장 약한 염기인 염화 이온(HCl의 pK_a = ~-7)이 가장 좋은 이탈기이며, 반면에 아마이드 이온(NH₃의 pK_a = ~35)은 가장 나쁜 이탈기일 것이다. 결국, 활성화 에너지 E_a는 염화 아실, 에스터, 아마이드의 순서로 증가함을 알 수 있으며 따라서 반응성은 이 순서대로 감소할 것이다.

산 무수물의 경우 산소의 한 고립쌍이 두 카보닐 산소로 나누어서 비편재화되기 때문에 에스터에 비하여 공명 안정화 정도가 더 작다(카보닐기의 전자 끌기 효과로 산소 원자가 양전하를 띤 공명 구조가 불안정할 수도 있음). 또한 카복실레이트 음이온은 약산의 짝염기이므로 이탈기로서의 능력이 염화 아실과 에스터의 중간이다.

acid anhydride

싸이오에스터와 에스터의 반응성을 비교하여 보면, 싸이오에스터의 황 원자는 3주기이므로 에스터에 비하여 C-S 결합이 이중 결합 성격을 덜 띠고(탄소의 2p AO와 황의 3p AO는 에너지 간격이 더 커서 겹침에서 오는 안정화가 작다) 양전하가 더 많이 탄소에 편재화되어 친전자성이 더 크다.

less important than in the case of ester

에스터에 비하여 덜 공명 안정화되어 있는 알데하이드와 케톤은 더 불안정하므로 위의 반응성 순서에 알데하이드와 케톤을 추가하면 다음과 같이 카보닐 화합물의 친핵체와의 반응성 순서를 정할 수 있다.

친핵체와의 반응성
염화 아실 > 산 무수물 > 알데하이드 > 케톤 > 싸이오에스터 > 에스터 ~ 카복실산 > 아마이드

아래 그림에서 오른쪽 화살표는 반응성이 더 큰 아실 유도체에서 아래에 놓인 아실 유도체로 적절한 친핵체를 사용하면 변환시킬 수 있음을 의미한다. 하지만 이 반응의 역반응은 일어나지 않는다.

예로서 염화 아실과 알코올을 반응시키면 에스터를 구할 수 있으나 에스터와 HCl와의 반응으로는 염화 아실이 생기지 않는다.

> 결국 카복실산 유도체의 친핵체와의 반응성 순서는 이탈기의 능력, 즉 이탈기의 짝산의 pK_a에 좌우됨을 알 수 있다. 카복실산 유도체의 반응성 = 이탈기의 능력:
> $-NH_2$(pK_a = 35) < $-OR$(15) < $-SR$(10) $-OCOR$(5) < $-Cl$(-7).

$$RCOCl + EtOH \longrightarrow RCO_2Et + HCl$$

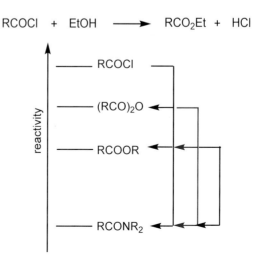

문제 16.1 다음 반응 중에서 일어나지 않을 것이라고 예측되는 반응을 모두 고르시오.

a. $RCOCl + MeOH \rightarrow RCO_2Me + HCl$

b. $RCONMe_2 + MeOH \rightarrow RCO_2Me + HNMe_2$

c. $(RCO)_2O + MeOH \rightarrow RCO_2Me + RCO_2H$

d. $RCO_2Me + Cl^- \rightarrow RCOCl + MeO^-$

e. $RCO_2Me + NH_3 \rightarrow RCONH_2 + MeOH$

문제 16.2 다음 구조의 사면체 중간체가 얻어졌다고 하자. 이들 중간체가 분해하면 어떤 생성물이 주로 얻어지겠는가?

문제 16.3 다음 화합물을 카보닐 탄소 원자의 친전자성이 감소하는 순서로 배열하시오.

$RCONH_2$, $(RCO)_2O$, $RCHO$, $RCOSR$, ketone, $RCOCl$, RCO_2Me

16.2 카복실산의 반응

16.2.1 염기와의 반응

카복실산이 HO^- 염기와 반응하면 카복실산의 양성자가 제거되어 카복실산 음이온이 생긴다.

알킬리튬(그리냐르 시약은 아님)같이 매우 센 친핵체는 카복실산 음이온의 카보닐 탄소에 첨가 반응을 할 수 있으며 사면체 중간체에 물을 가하면 수화물을 거쳐 메틸 케톤이 얻어진다. 따라서 이 반응을 이용하면 카복실산을 메틸 케톤으로 변환시킬 수 있다.

16.2.2 산과의 반응

카복실산의 두 산소 원자는 고립쌍이 있기 때문에 브뢴스테드나 루이스 염기로 작용할 수 있다. 그러면 양성자와의 반응에서 어느 산소가 염기로 작용할까?

electrostatic
repulsion - unfavorable

양성자가 첨가된 카복실산의 두 구조를 비교하면 카보닐 산소에 양성자가 첨가된 구조가 더 안정하다는 점을 알 수 있다. 따라서 우선적으로 이 산소에서 첨가가 일어날 것이다.

양성자의 카보닐 산소 첨가는 카복실산만이 아니라 에스터, 아마이드 등의 카복실산 유도체에서도 일어나며 카복실산 유도체가 수행하는 산 촉매화 반응의 첫 단계는 바로 카보닐 산소에 양성자가 첨가되는 반응이다.

16.2.3 염화 아실(산 염화물)의 생성

카복실산 유도체 중에서 염화 아실의 반응성이 가장 크므로 염화 아실에서 다양한 구조의 산 유도체를 얻을 수 있다. 이런 의미에서 염화 아실의 합성이 중요하다.

염화 아실은 흔히 카복실산을 염화 싸이오닐(SOCl$_2$), 오염화 인(PCl$_5$), 포스겐(Cl$_2$C=O) 또는 염화 옥살릴(ClCOCOCl)로 처리하여 얻는다. OH기가 Cl로 변환되는 점에서 알코올에서 염화물을 얻는 반응(13.6.2절)과 비슷하다.

SOCl$_2$와의 반응의 첫 단계는 카보닐 산소가 SOCl$_2$의 황 원자와 S$_N$2 유형의 반응을 하는 것이다(S$_N$2 반응 대신에 산소가 황에 첨가하여 황 원자를 중심으로 TI 중간체가 생기는 메커니즘을 그려도 좋다). TI 중간체에서 매우 좋은 이탈기인 −OSOCl(클로로설파이트)기가 SO$_2$ 기체와 HCl 기체로 떨어지면 염화 아실이 얻어진다.

16.2.4   산 무수물로의 전환

카복실산은 열에 의한 탈수 반응으로 무수물로 변환되기 쉽지 않지만 다이카복실산을 가열하면 고리 무수물로 쉽게 변환된다. 석신산을 녹는점(~190℃) 이상으로 가열하면 물이 빠지면서 석신산 무수물이 얻어진다.

succinic acid   succinic anhydride

16.2.5   에스터로의 전환

산 촉매화 에스터화 반응

카복실산을 산 촉매 존재하에서 과량의 알코올과 같이 가열하면 에스터가 얻어지는데, 이러한 반응을 피셔 에스터화 반응(Fischer esterification)이라고 한다.

$$PhCOOH \xrightarrow[\text{H}_2\text{SO}_4, \Delta]{\text{excess MeOH}} PhCOOMe$$

삼차 알코올은 탈수 반응이 일어나고 페놀은 평형 상수가 너무 작기 때문에 피셔 에스터화 반응을 사용할 수 없다.

이 반응은 가역적이며 일차 알코올인 경우 평형 상수는 1~4에 가깝다. 따라서 평형을 에스터가 생기는 방향으로 치우치게 하려면 알코올을 과량으로 (용매로)사용하여야 한다.

피셔 에스터화 반응의 메커니즘은 카복실산 유도체의 반응을 이해하는 데 매우 중요하다. 첫 단계는 산 촉매가 양성자를 카보닐 산소에 주는 것으로부터 시작한다. 그러면 카보닐 탄소가 알코올과 반응할 수 있을 정도의 친전자성을 띠게 된다. 알코올의 친핵성 산소 원자가 탄소에 전자쌍을 주면 사면체 중간체(TI)가 생기고, 양성자 전달 단계가 일어난 후에 TI에서 물이 떨어진 후 다시 양성자가 용매로 이동하면 에스터가 생긴다.

저분자량의 에스터는 과일의 향 성분이다.

pineapple

apple

pear

사면체가 존재한다는 사실을 어떻게 알 수 있을까? 1951년에 벤더(Bender)는 카보닐 산소가 ^{18}O로 표지된 에스터($PhCO_2R$)를 산과 염기 촉매 조건에서 물과 반응시켰다. 이때 물은 출발물이 완전히 반응하기에는 충분하지 않은 양이었다. 그는 반응이 끝난 후 남아있는 출발물에서 ^{18}O로 표지된 산소 원자의 비가 상당히 감소함을 발견하였다. 이는 출발물의 산소 원자가 ^{16}O도 포함함을 의미한다. 에스터의 RO기가 한 단계로 H_2O와 반응하여 치환되는 메커니즘은 이러한 실험 결과와 부합하지 않는다. 대신, ^{16}O와 ^{18}O가 자리를 바꿀 수 있는 중간체가 존재함을 의미하며 이러한 중간체가 바로 사면체 중간체이다.

예제 16.1　다음 에스터를 피셔 에스터화 반응으로 얻고자 한다. 필요한 카복실산과 알코올은 무엇인가?

풀이

문제 16.4　다음 피셔 에스터화 반응의 생성물을 그리시오.

락톤의 생성

GHB로 알려져 있는 γ-하이드록시뷰티르산의 소듐 염은 향정신성 의약품으로 데이트 강간 약물(date rape drug)로 악용되기도 한다. 몇 그램이 들어 있는 술을 먹으면 정신이 혼미해지고 심하면 목숨을 잃을 수도 있다.

γ-하이드록시뷰티르산이나 δ-하이드록시카프르산은 분자 내에 HO기와 COOH기가 둘 다 있어서 분자 내 피셔 에스터 반응이 일어난다. 그러면 오원자 고리 또는 육원자 고리의 락톤이 생성될 수 있다. 이 반응은 특별히 산 촉매를 가하지 않더라도 자발적으로 일어난다.

γ-hydroxybutyric acid   →spontaneous→   γ-butyrolactone + H₂O

16.2.6 알킬화 반응

카복실산은 알킬 할라이드와 반응하기에는 친핵성이 부족하므로 염기와의 반응을 통하여 카복실산 이온으로 변환하여야 한다. 이 음이온이 알킬 할라이드와 S_N2 반응을 하면 알킬 에스터가 얻어진다.

Ph-COOH →K₂CO₃, EtI / acetone→ Ph-COOEt

다이아조메테인은 bp −23℃인 노란색의 폭발성 기체이다. 실험실에서는 흔히 *N*-methyl-*N*-nitroso-*p*-toluenesulfonamide(Diazald)의 에터 용액을 NaOH로 처리한 후 발생하는 다이아조메테인을 에터와 같이 증류하여 얻는다.

Diazald →NaOH / ether→

CH₂N₂ + (diazomethane)

카복실산에서 메틸 에스터를 중성 조건에서 얻는 방법은 다이아조메테인(diazomethane) 시약을 이용하는 것이다. 질소 기체는 매우 좋은 이탈기이므로 S_N2 반응이 순간적으로 일어난다.

R-COO-H + H₂C=N≡N (diazomethane yellow gas) →ether rt→ R-COO⁻ + H₃C-N≡N →S_N2 very fast -N₂→ R-COOMe

16.2.7 아마이드 합성

카복실산과 아민의 산-염기 반응에 의하여 생성된 염을 가열하여(~250℃) 물을 제거하면 아마이드를 얻을 수 있다.

R-COOH →NH₃→ R-COO⁻ NH₄⁺ →Δ→ R-CONH₂ + H₂O

카복실산에서 아마이드를 얻는 더 온화한 방법은 *N,N′*-다이사이클로헥실카보다이이미드(DCC)를 사용하는 것이다. 카복실산과 아민의 유기용매에 DCC를 가하면 상온에서도 빠르게 아마이드가 얻어진다.

N,N-dicyclohexylcarbodiimide
DCC

N,N-dicyclohexylurea
DCU

DCC는 DMF, THF, CH$_2$Cl$_2$같은 유기 용매에 녹지만 부산물인 DCU는 대부분의 유기 용매에 녹지 않기 때문에 여과하여 제거할 수 있다.

카복실산과 아민의 짝지음 반응(coupling reaction)에서 중요한 단계는 산의 OH기를 더 좋은 이탈기로 바꾸는 단계이다. 이러한 반응을 카복시기의 활성화라고 부르며 얻어진 산 유도체를 활성 에스터(active ester)라고 부른다. DCC를 이용하면 *O*-아실아이소유레아라고 부르는 활성화 에스터가 얻어진다. *O*-아실아이소유레아는 산 무수물과 그 구조가 비슷하므로 (여백 참조) 산 무수물처럼 친핵성 아민과의 반응이 상온에서 빠르게 일어난다.

DCC에서 유래하는 활성화 에스터와 산 무수물을 비교해보면 그 구조가 비슷함을 알 수 있다.

R" = cyclohexyl

active ester
O-acylisourea

TI

amide   DCU

문제 16.5   다음 반응의 생성물을 그리시오.

DCC와 구조가 비슷한 다음과 같은 시약은 물 속에서도(!) 탈수 반응을 수행한다.

a. PhCO$_2$H $\xrightarrow[\text{CHCl}_3,\ \text{heat}]{\text{SOCl}_2}$

b. PhCO$_2$H $\xrightarrow[\text{EtOH, }\Delta]{\text{cat. H}_2\text{SO}_4}$

c. PhCO$_2$H $\xrightarrow{\text{DCC, DMF}}$

d. $\xrightarrow{\text{EtNH}_2,\ \Delta}$

16.3   염화 아실의 반응

염화 아실은 산 유도체 중에서 반응성이 크기 때문에 다양한 친핵체와 반응할 수 있다.

16.3.1   물, 알코올 및 아민과의 반응

에탄올 용액에 염화 아세틸을 가하면 염화 수소의 에탄올 용액을 구할 수 있다.

염화 아실은 친핵성이 작은 물이나 알코올과도 반응하며 특히 저분자량의 염화 아실 (예: 염화 아세틸)은 반응이 매우 격렬하다. 따라서 생체에서는 염화 아실이 존재할 수 없다.

MeCOCl $\xrightarrow[\text{explosive}]{\text{EtOH or H}_2\text{O}}$ MeCO$_2$Et   or   MeCO$_2$H + HCl
                                         ester   carboxylic acid

일차, 이차 알코올이나 페놀과의 반응에서는 같이 생성되는 염화 수소를 중화할 필요는 없으나, 삼차 알코올은 염화 수소와도 반응할 수 있으므로 피리딘 같은 삼차 아민을 가하여 염화 수소를 중화하여야 한다.

염화 아실이나 산 무수물에서 아마이드를 얻을 수 있는 다른 방법은 쇼텐-바우만(Schotten-Baumann) 방법이다. 이 방법에서는 물에 녹지 않는 용매(예: 이염화 메테인)와 무기 염기(NaOH, Na₂CO₃)를 이용한다. 염화 아실은 유기 용매에만 녹아 있기 때문에 물과는 반응하지 않는다. 아마이드 생성 반응은 유기층에서 이루어지고 무기 염기는 아민의 염을 중화하기 때문에 아민은 일 당량만 필요하다.

아민과의 반응에서는 염기인 아민이 양성자 첨가된 아마이드에서 양성자를 제거하면서 소모된다. 따라서 아민을 두 당량 사용하거나 피리딘이나 트라이에틸 아민 같은 삼차 아민을 가하여야 한다.

염화 아실이 카복실산이나 그 염과 반응하면 산 무수물이 얻어진다.

16.3.2 유기금속 시약과의 반응

염화 아실을 그리냐르 시약이나 알킬리튬과 반응시키면 케톤 중간체를 거쳐서 삼차 알코올이 얻어진다. 케톤은 유기금속과 빠르게 반응하므로 분리할 수 없다.

반면에 리튬 다이알킬구리(R₂CuLi)와의 반응에서는 케톤을 분리할 수 있다. 그리냐르 시약이나 알킬리튬에 비해서 친핵성이 작은 유기구리 시약은 케톤과는 훨씬 느리게 반응하기 때문이다.

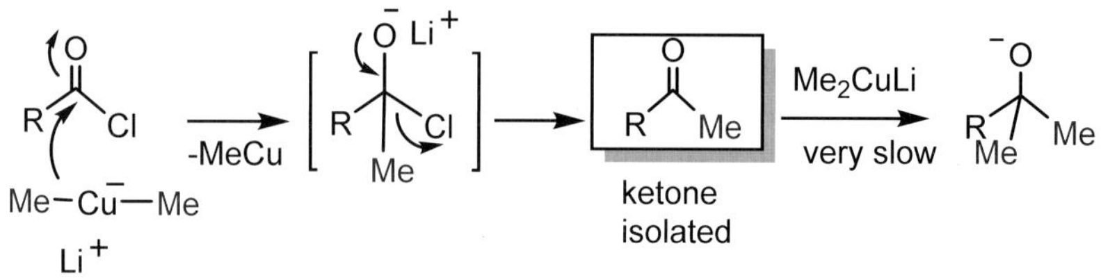

문제 16.6 염화 아실(RCOCl)과 에탄올에서 에틸 에스터가 생기는 반응의 메커니즘을 그리시오.

16.4 산 무수물의 반응

산 무수물은 염화 아실과 비슷하게 물, 알코올 및 아민과 반응한다.

염화 아실처럼 산 무수물도 물과 쉽게 반응하므로 생체에서 존재할 수 없다.

알코올의 아세틸화 반응에서 **친핵성 촉매**(nucleophilic catalyst)의 역할을 하는 4-N,N-다이메틸아미노피리딘(DMAP)을 가하면 반응 속도가 수만 배 정도 증가한다.

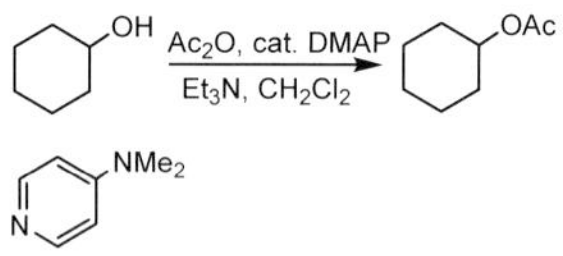

acetylsalicylic acid
(aspirin)

acetaminophen
(Tylenol)

succinic
anhydride

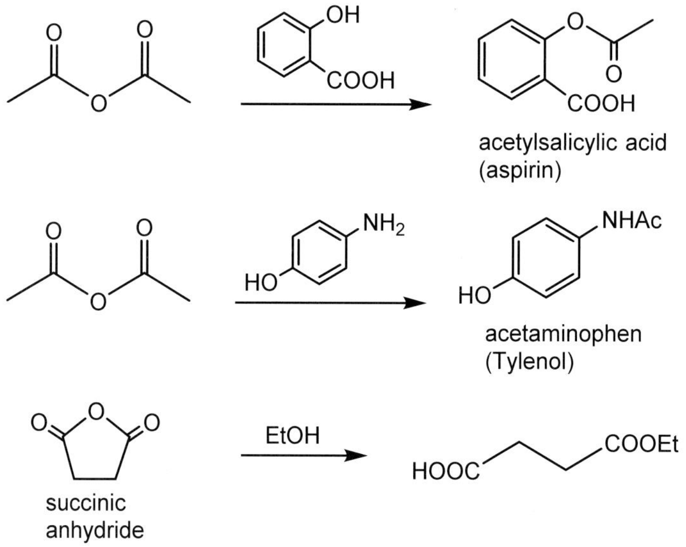

문제 16.7 살리실산을 아세트산 무수물로 처리하여 아스피린을 만들 때 몇 방울의 인산을 가하면 반응이 빨라진다. 그 이유를 설명하시오.

예제 16.2 다음 반응의 균형 반응식을 쓰시오.

a. + PhOH ⟶

b. + 2 ⟶

풀이

a. + PhOH ⟶

b. + 2 ⟶

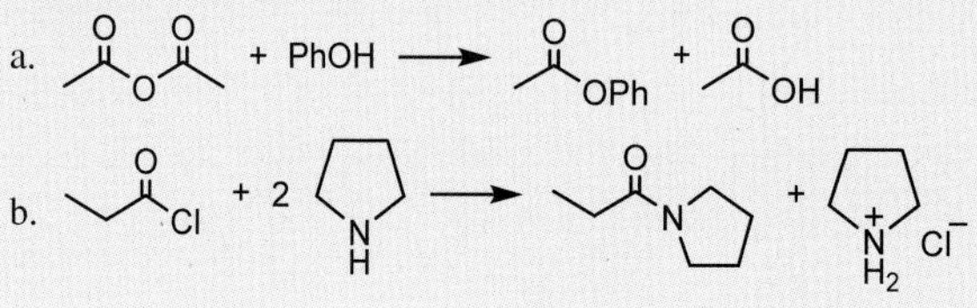

문제 16.8 다음 반응의 균형 반응식을 쓰시오.

a. Ph—C(=O)—Cl + H₂O →

b. Ph—C(=O)—Cl + EtOH →

c. (acetic anhydride) + 2 EtNH₂ →

d. (acetic anhydride) + EtOH →

16.5 에스터의 반응

16.5.1 에스터의 가수 분해

수용성 산에서의 산 촉매화 가수 분해는 피셔 에스터 반응의 역반응으로서 가역적 반응이다. 따라서 그 메커니즘도 피셔 에스터 반응의 역순이다. 이 반응은 느리며 대부분의 에스터가 잘 녹지 않는 물을 과량으로 사용하여야 한다.

$$R-C(=O)-OMe + H_2O \underset{}{\overset{H_3O^+}{\rightleftharpoons}} R-C(=O)-OH + MeOH$$

문제 16.9 벤조산 메틸(PhCO₂Me)이 산 촉매 조건에서 가수 분해되는 반응은 피셔 에스터화 반응의 역반응이다. 가수 분해 반응의 메커니즘을 그리시오.

반면에 수용성 염기 조건의 가수 분해는 더 빠르고 비가역적으로 일어나므로 에스터의 가수 분해에 더 많이 사용된다. 반응이 끝난 후에 산으로 중화하면 카복실산을 얻을 수 있다. 하지만 염기는 촉매량이 아닌 일 당량 이상을 사용하여야 하고 염기가 반응을 촉진화하므로 이러한 반응을 **염기 촉진화 반응**(base-promoted reaction)이라고 부른다.

$$Ph-C(=O)-OMe \xrightarrow[10\ min,\ H_2O]{20\%\ NaOH} Ph-C(=O)-O^- + MeOH \xrightarrow{H_3O^+} Ph-C(=O)-OH$$

수용성 염기 조건에서의 가수 분해를 **비누화 반응**(saponification)이라고 부르는데, 이 반응이 지방에서 비누를 만들 때 사용되기 때문이다. 부산물로 글리세롤이 얻어진다.

Me(H₂C)₁₆OCO—CH₂—CH(OCO(CH₂)₁₆Me)—CH₂—OCO(CH₂)₁₆Me $\xrightarrow[H_2O,\ \Delta]{3\ NaOH}$ Me(CH₂)₁₆COONa + HO—CH₂—CH(OH)—CH₂—OH

glyceryl tristearate (a fat) → sodium stearate (soap) + glycerol

비누화 반응에서 NaOH 대신에 KOH를 사용하면 물에 녹는 비누가 만들어진다.

비누화 반응의 첫 단계는 HO⁻ 이온이 카보닐 탄소를 공격하여 TI가 생기는 단계이다. TI에서 MeO⁻가 떨어져서 생긴 카복실산이 센 염기와 반응하면 평형이 비가역적으로 오른쪽으로 치우치게 된다.

예제 16.3   다음 에스터를 수용성 염기 존재하에서 가수 분해한 후 중화하였다. 카복실산과 알코올 생성물을
그리시오.

a.

b.

풀이

a.   b.

문제 16.10   다음 에스터를 수용성 염기 존재하에서 가수 분해한 후 중화하였다. 카복실산과 알코올 생성물을
그리시오.

a.

b. Ph

16.5.2 에스터 교환 반응

에스터를 산 혹은 염기 촉매 조건에서 다른 알코올과 가열하면 에스터의 알콕시기
(RO-)의 교환이 이루어진다. 이러한 반응을 에스터 교환 반응(transesterification)이라
고 한다. 이 반응은 평형 상수가 1에 가까운 반응이기 때문에 끓는점이 낮은 메탄올
같은 생성물을 제거하거나 반응물 중에서 알코올을 (용매로서)과량 사용하여야 한다.

문제 16.11   지방이나 기름을 메탄올 용매에서 촉매량의 NaOH와 같이 가열하면 에스터 교환 반응으로
지방산의 메틸 에스터가 얻어진다. 이 에스터는 디젤 연료로 쓸 수 있기 때문에 바이오디젤
(biodiesel)이라고 부른다. 이 반응의 메커니즘을 제안하시오.

16.6 싸이오에스터의 반응

16.1절에서 언급했듯이 싸이오에스터에서 황 원자의 고립쌍이 카보닐 산소 원자로 비편재화되려면 탄소의 2p AO와 황 원자의 3p AO가 겹쳐야 한다. 하지만 두 AO의 에너지 차이가 크므로 겹침이 효율적이지 않다. 또한 RS^- 이온은 RO^- 보다 더 좋은 이탈기이다. 따라서 싸이오에스터는 에스터보다 친핵체와의 반응성이 훨씬 크다.

자연은 이러한 싸이오에스터의 반응성을 잘 이용하고 있다. 좋은 예가 아세틸 보조 효소이다. 아세틸 보조 효소는 콜린과 반응하여 신경 전달 물질인 아세틸콜린을 만든다.

16.7 아마이드의 반응

16.7.1 가수 분해 반응

아마이드는 카복실산 유도체 중에서 가장 반응성이 작다. 따라서 아마이드의 가수 분해는 에스터에 비하여 가혹한 반응 조건(더 센 산 혹은 센 염기, 더 긴 가열 시간)이 필요하다.

산성 조건과 염기 조건 모두에서 산과 염기가 일 당량 소모된다. 따라서 산 혹은 염기 촉진화 반응으로 볼 수 있다.

염기 조건에서의 가수 분해 반응의 메커니즘은 다음과 같이 그릴 수 있다.

아마이드 이온은 매우 나쁜 이탈기이다. 하지만 TI에서 어쩌다가 NH_2^- 이온이 떨어지기만 하면 즉시 카복실산과 반응하여 평형이 비가역적으로 오른쪽으로 치우치게 된다.

아마이드를 과량의 산과 같이 가열하면 카복실산으로 가수 분해된다.

문제 16.12 산성 조건에서 일어나는 아마이드의 가수 분해 반응의 메커니즘을 그리시오.

문제 16.13 다음 아마이드를 염산 용액에서 가수 분해하였다. 균형 반응식을 쓰시오.

a.

b.

16.7.2 탈수 반응

일차 아마이드($RCONH_2$)에서 물을 제거하면 나이트릴(RCN)을 얻을 수 있다. 탈수제로 쓸 수 있는 시약은 오산화 이인(P_2O_5), 염화 싸이오닐($SOCl_2$)과 $POCl_3$ 등이다.

염화 싸이오닐을 이용하는 탈수 반응의 메커니즘을 다음과 같이 그릴 수 있다.

16.8 나이트릴의 반응

나이트릴은 카복실산의 유도체는 아니지만, 나이트릴을 매우 강한 산성이나 염기성 용액에서 가열하면 카복실산으로 가수 분해된다.

산성 조건에서 나이트릴이 아마이드보다 반응성이 작은 이유는 나이트릴의 sp 질소 원자가 아마이드의 카보닐 산소보다 덜 염기성이기 때문인 것으로 추측된다.

친핵성 물 분자가 양성자 첨가된 나이트릴의 탄소를 공격하면 이미드산이라고 부르는 중간체가 생긴 후 더 안정한 아마이드로 토토머화한다. 아마이드까지의 가수 분해는 산이 다시 재생되기 때문에 산 촉매화 반응이다.

**β-락탐계
항생제의
원조인 페니실린**

1928년 여름에 영국의 세균학자 플레밍은 포도상구균을 기르던 배지를 실험실 벤치 위에 방치한 채 휴가를 떠났다. 플레밍이 없는 사이 몇 가지 우연한 일들이 일어났다. 먼저, 바깥 기온이 내려가면서 실험실 온도도 내려가 박테리아가 더 이상 자라지 못 하게 되었다(**우연 1**). 또 그 사이 바로 아래 층 실험실에서 기르던 '*Penicillin notatum*'이라는 푸른곰팡이 포자가 위로 올라와서(**우연 2**) 플레밍이 열어 놓은 창문을 통하여 들어와(**우연 3**) 박테리아 배지에 내려 앉았다. 다시 기온이 올라가자 포도상구균과 곰팡이가 같이 자라기 시작하였다. 9월 초에 휴가에서 돌아온 플레밍은 배지 접시를 살균하려고 소독액에 집어 넣었는데, 며칠 후 접시를 보니 곰팡이가 포도상구균 군집을 녹인 모습을 보게 되었다(**우연 4**, 아마도 접시가 소독액이 담긴 통에 완전히 잠기지 않은 것 같음). 플레밍은 곰팡이가 박테리아를 죽일 수 있는 물질을 만든다고 생각하여 수년 동안 그 물질의 분리를 시도하였다. 플레밍은 곰팡이가 만드는 항생 성분에 페니실린(penicillin)이라는 이름을 붙였다. 하지만 페니실린을 분리하는 작업은 너무 어려워 순수한 상태로 얻지는 못하였다. 그러던 중 1939년 들어 플로리(Florey)와 체인(Chain)에 의해 활성 성분을 분리할 수 있었다(처음에는 순수한 상태라고 생각하였으나 상당히 불순한 것으로 밝혀졌다고 함). 제2차 세계대전이 발발하자 영국과 미국 과학자들은 대량 생산법을 연구하기 시작하였다. 사람에 대한 최초의 투약은 1942년에 이루어졌다. 이때 환자 한 명에게 사용한 페니실린의 투여량은 전 세계 생산량의 절반에 해당하는 양이었으며, 미반응 페니실린을 소변에서 회수할 정도로 귀하였다고 한다. 배양 기술이 급속도로 진보하여 1945년 전쟁이 끝날 때에는 수백만 명에게 투여할 양을 확보할 수 있었다. 박테리아는 사람에게는 없는 세포벽이라는 막이 세포를 둘러싸고 있다. 페니실린은 이 세포막의 생합성에 관여하는 효소의 작용을 억제하기 때문에 항균 작용이 있는 것이다. 이 효소의 CH_2OH기가 β-락탐 고리를 열면, 락탐 구조로 아실화되어 효소의 기능이 상실된다. 그러면 박테리아의 성장에 필요한 세포막의 합성이 저지되어 박테리아가 죽게 된다.

현재 수많은 페니실린 계열의 항생제가 사용되고 있다. 특히 아목시실린은 경구용 항생제로 널리 처방된다.

페니실린이 널리 쓰이면서 박테리아도 항생제에 대한 내성이 생기는 방향으로 진화하였다. 항생제 내성이 있는 박테리아는 페니실린 가수 분해 효소(penicillinase)가 있어서 β-락탐 고리를 먼저 가수 분해한다. 메티실린은 내성이 있는 박테리아에도 약효가 있는 항생제이다.

아마이드는 격렬한 반응 조건에서는 계속 가수 분해되기 때문에 분리하기가 어렵고 결국에는 카복실산까지 가수 분해된다. 하지만 온화한 조건(좀 더 낮은 온도, 촉매량 산)에서는 아마이드까지만 가수 분해될 수도 있다.

염기 조건에서의 가수 분해 반응도 아마이드보다 느리다. 그 이유는 CN 결합이 CO 결합보다 덜 극성이어서(질소는 산소보다 덜 전기 음성) 탄소의 친전자성이 더 작기 때문일 것이다. 염기 조건에서의 가수 분해도 아마이드까지는 염기 촉매화 반응이다.

문제 16.14 벤조나이트릴(PhCN)을 염산 용액과 NaOH 용액에서 완전히 가수 분해하였다. 균형 방정식을 쓰시오.

16.9 카복실산 및 유도체의 환원 반응

카복실산 및 유도체는 적절한 환원제와 반응 조건을 사용하면 알코올, 알데하이드 혹은 아민으로 환원될 수 있다.

16.9.1 카복실산

알코올까지의 환원에는 3당량의 수소화 이온이 필요하며 전체적인 반응은 다음과 같다.

$4\ RCOOH + 3\ LiAlH_4 + 2\ H_2O$
$\rightarrow 4\ RCH_2OH + 3LiAlO_2$
$+ 4\ H_2$

카복실산을 센 환원제인 $LiAlH_4$로 환원시키면 알코올이 얻어진다.

$$RCOOH \xrightarrow[\text{2. } H_3O^+]{\text{1. } LiAlH_4,\ \text{ether, } \Delta} RCH_2OH$$

$LiAlH_4$ 환원은 다음과 같이 알데하이드 중간체를 거쳐 일어난다. 알데하이드는 반응성이 카복실산보다 크기 때문에 분리는 불가하며 계속 알코올까지 환원된다.

16.9.2 염화 아실

염화 아실은 환원제의 종류에 따라 알코올이나 알데하이드로 환원될 수 있다. 강력한 환원제인 LiAlH$_4$는 염화 아실을 알데하이드를 거쳐서 알코올까지 환원시키며 두 당량의 수소화 이온이 필요하다.

알데하이드까지만 환원시키려면 환원력이 낮은 환원제를 이용하여야 한다. 이 목적으로 흔히 리튬 트라이(*tert*-뷰톡시)알루미늄 하이드라이드를 사용한다. LiAlH$_4$의 수소를 전기 음성 산소로 치환시킬수록 H의 친핵성이 감소하므로 산소 원자 세 개로 치환된 이 시약은 LiAlH$_4$보다 훨씬 환원력이 약하다. 일 당량의 시약을 저온에서 사용하면 산 유도체 중에서 가장 반응성이 큰 염화 아실이 가장 빠르게 환원되므로 알데하이드를 구할 수 있다.

문제 16.15 염화 아실 화합물은 알데하이드나 케톤보다 친핵체와의 반응성이 더 크다. 그러면 알데하이드를 쉽게 환원시키는 NaBH$_4$를 사용하여 염화 아실을 알코올까지 환원시킬 수 있을 것이라 생각할 수 있다. 하지만 이 반응은 불가능하다. 그 이유는 무엇일까?

16.9.3 에스터

강력한 환원제인 LiAlH$_4$는 에스터를 알데하이드를 거쳐서 알코올까지 환원한다(반면에 더 약한 NaBH$_4$는 에스터와 반응하지 않는다).

에스터에서 알데하이드를 얻는 방법은 친전자성 환원제인 수소화 다이아이소뷰틸알루미늄(diisobutylaluminum hydride, dibal 혹은 DIBAL−H로 약칭)을 저온에서 사용하는 것이다. 에스터의 친핵성 카보닐 산소가 먼저 dibal과 착물을 만들면 H 원자가 친핵성 수소화 이온의 성질을 띠게 된다. 이 H 원자가 카보닐기에 첨가되면 TI가 생긴다. 이 TI는 Al과 O 사이의 착물 생성으로 저온에서는 매우 안정하다. 저온에서 메탄올을 가하면 헤미아세탈을 거쳐서 알데하이드가 얻어진다.

16.9.4 아마이드

에스터와 비슷하게 아마이드도 LiAlH₄와 반응한다. 하지만 아마이드의 경우에는 카보닐기가 메틸렌기로 환원되어 아민이 생성된다.

아래 메커니즘을 보면 왜 알코올 대신에 아민이 생기는지 알 수 있다. 아미드의 예로

RCONHMe를 들어보자. 먼저 아마이드의 NH 결합은 산성이므로 센 염기인 LiAlH₄ 와 반응하면 수소 기체가 방출되면서 C=N 이중 결합이 생긴다. 그 다음에 산소 원자에 루이스 산인 AlH₃(알레인, alane)이 산소에 결합하여 착물을 만들면 일 당량의 수소화 이온이 C=N 결합에 첨가되어 TI가 얻어진다. 이 구조에서 OAlH₂기가 NLiMe 기보다 덜 염기성이므로 더 좋은 이탈기이다. 따라서 산소 이탈기가 떨어져서 이민이 얻어진 후 이민이 환원되면 결국 아민 생성물이 생긴다.

와인렙 아마이드(Weinreb amide)라고 부르는 아마이드를 이용하면 매우 안정한 TI가 얻어지기 때문에 가수 분해 후에 우수한 수율로 알데하이드를 구할 수 있다.

16.9.5 나이트릴

나이트릴을 LiAlH₄로 환원하면 일차 아민이 얻어진다.

나이트릴을 일 당량의 dibal로 저온에서 환원시키면 알데하이드를 얻을 수 있다.

$$RCN \xrightarrow[\text{2. H}_2\text{O}]{\text{1. dibal, toluene, 0}^\circ\text{C}} RCHO$$

이민의 알루미늄 염은 0℃에서도 안정하며 산성 조건에서 이민을 가수 분해하면 알데하이드를 구할 수 있다.

$$R-\equiv N \;+\; \text{dibal} \;\longrightarrow\; R-\overset{+}{\underset{\underset{\text{AlR'}_2}{H}}{\equiv N}}{}^{-} \;\longrightarrow\; \underset{H}{\overset{R}{\diagup}}\!\!=\!\!N\!-\!\text{AlR'}_2$$

stable at 0°C

$$\xrightarrow{\text{H}_3\text{O}^+}\; \underset{H}{\overset{R}{\diagup}}\!\!=\!\!N\!-\!H \;\longrightarrow\; RCHO + NH_4^+$$

imine

예제 16.4 다음 반응의 생성물을 그리시오.

a.
1. LiAlH₄, ether
2. H₂O

b.
1. LiH(O-Bu-*t*)₃, ether
2. H₂O

c.
1. dibal, toluene, -78°C
2. MeOH, -78°C

풀이

a. CH₂NHMe

b.

c.

문제 16.16 다음 반응의 생성물을 그리시오.

a.
1. LiAlH₄, ether
2. H₃O⁺

b.
1. dibal, toluene
2. H₂O

c.
1. LiAlH₄, THF
2. H₂O

16.10 카복실산 유도체의 유기금속 시약과의 반응

16.10.1 염화 아실

염화 아실이 리튬 다이알킬구리산(lithium dialkylcuprate, R_2CuLi) 시약과 반응하면 케톤이 얻어진다. R_2CuLi 시약은 알킬기가 Li나 Mg보다 전기 양성도가 작은 Cu에 결합되어 있기 때문에 그리냐르 시약이나 유기리튬 시약보다 친핵성이 작다. 따라서 이 구리 시약은 염화 아실과 알데하이드와는 반응하지만 케톤이나 에스터와는 매우 느리게 반응하므로 저온에서 반응시키면 케톤까지만 반응이 진행된다.

$$RCOCl \xrightarrow[\text{THF}]{Me_2CuLi, -78^oC} RCOMe + MeCu + LiCl$$
$$\text{unreactive}$$

16.10.2 에스터

에스터가 과량의 탄소 친핵체인 그리냐르 시약과 반응하면 삼차 알코올이 얻어진다. 유기리튬 시약도 비슷하게 반응한다.

$$PhCOOMe \xrightarrow[\text{2. } H_3O^+]{\text{1. 2 MeMgI, ether, } 0^oC} PhC(OH)Me_2 + MeOH$$

좀 더 정확한 메커니즘은 다음과 같이 2당량의 **MeMgI**가 관여하는 메커니즘이다.

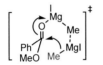

아래 메커니즘에서처럼 에스터와 일 당량의 **MeMgI**가 반응한 후 MeO기가 떨어지면 케톤이 얻어진다. 케톤은 에스터보다 친핵체와의 반응성이 크기 때문에 분리가 어렵고, 곧장 두 번째 그리냐르 시약과 반응하여 결국에는 삼차 알코올이 얻어진다.

16.10.3 나이트릴

나이트릴을 그리냐르 시약이나 유기리튬 시약으로 처리하면 반응 마무리 후에 케톤을 구할 수 있다.

$$RCN \xrightarrow[\text{2.}H_3O^+]{\substack{\text{1 MeMgI or MeLi} \\ \text{THF}}} RCOMe$$

나이트릴에 그리냐르 시약이나 유기리튬 시약이 첨가한 후에 얻어지는 이민의 염은 친전자성이 작기 때문에(N 원자는 O 원자보다 덜 전기 음성) 과량의 유기금속 시약이 있어도 더 이상 첨가 반응이 일어나지 않는다.

문제 16.17 다음 반응의 생성물을 그리시오.

a. $\xrightarrow[\text{2. Et}_2\text{CuLi, ether}]{\text{1. SOCl}_2, \text{CHCl}_3}$

b. $\xrightarrow[\text{2. H}_2\text{O}]{\text{1. MeMgBr, ether}}$

c. $\xrightarrow[\text{2. H}_3\text{O}^+]{\text{1. MeMgBr, ether}}$

16.11 합성 고분자

고분자(polymer, 거대 분자 혹은 중합체)는 분자량이 큰 분자로서 단량체(monomer)라고 부르는 작은 분자가 중합 반응(polymerization)에 의해 반복적으로 서로 결합되어 이루어진 분자를 말한다. 고분자는 크게 합성 고분자와 생고분자(천연 고분자)로 나눌 수 있다. 합성 고분자는 인공적으로 얻은 고분자이며 생고분자는 DNA나 탄수화물, 단백질처럼 살아 있는 유기체가 합성하는 고분자이다.

합성 고분자는 사슬이 자라는 방식에 따라서 연쇄 성장 고분자(chain-growth polymer)와 단계 성장 고분자(step-growth polymer)의 두 부류로 나눌 수 있다.

연쇄 성장 고분자는 알켄 단량체가 개시제와 반응하여 중간체(라디칼, 양이온, 음이온)가 생기고, 이 중간체에 알켄 단량체가 한 번에 하나씩 첨가되어 생기는 고분자이다. 따라서 사슬에는 연쇄 반응으로 사슬이 커지는 장소인 성장점(growth point)이 하나만 존재한다. 아래 예는 라디칼 개시제에 의하여 일어나는 라디칼 중합 반응으로 폴리에틸렌(R=H), 폴리스타이렌(R=phenyl), 폴리염화 바이닐(R=Cl) 등의 고분자가 이러한 반응으로 제조된다(12.8절).

반면에 단계 성장 고분자는 작용기가 두 개인 단량체 사이에서 물이나 알코올 같은 작은 분자가 제거되면서 단량체들이 단계적으로 중합하여 생기는 고분자이다. 사슬은 두 성장점에서 자랄 수 있다. 물 같은 분자가 제거되는 반응을 축합 반응이라고 부르기 때문에 이러한 방식으로 생기는 고분자를 축합 고분자(condensation polymer)라고 한다. 따라서 축합 고분자는 단계 성장 고분자이며 폴리에스터, 폴리아마이드 등이 그 예이다.

16.11.1 폴리에스터

폴리에스터(polyester)는 에스터기가 두 단량체를 반복적으로 연결한 축합 고분자이다. 예로서 다이카복실산인 테레프탈산을 다이올인 에틸렌 글라이콜과 피셔 에스터화 반응시키면 물이 제거되면서 폴리(에틸렌 테레프탈레이트)(PET)가 얻어진다. PET는 음료수 병이나 섬유에 쓰인다.

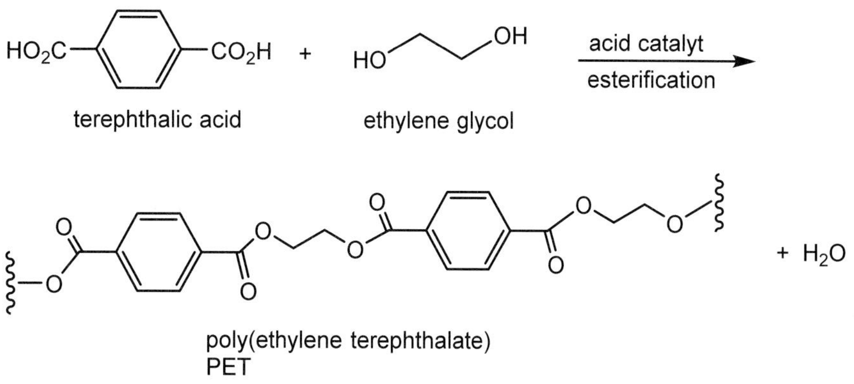

terephthalic acid + ethylene glycol → (acid catalyt esterification)

poly(ethylene terephthalate)
PET
+ H₂O

16.11.2 폴리아마이드

폴리아마이드(polyamide)는 다이카복실산과 다이아민 사이에서 물이 제거되어 생기는 아마이드 결합으로 이루어진 축합 고분자이다. 나일론 6,6(숫자 6은 두 단량체의 탄소 수를 나타낸다)이 좋은 예로 다이카복실산인 아디프산을 다이아민인 1,6-헥세인다이아민과 축합하여 얻는다.

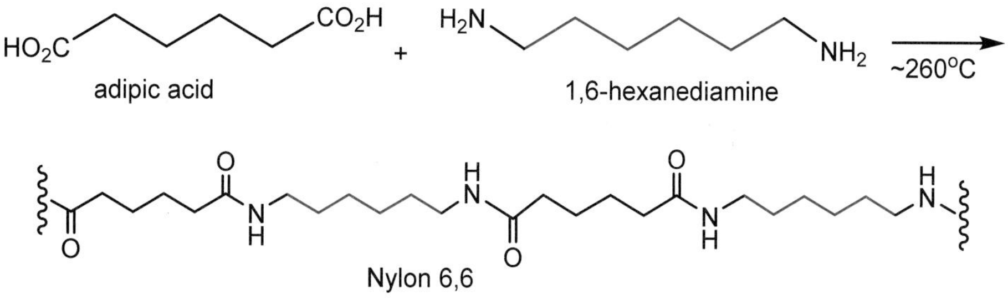

adipic acid + 1,6-hexanediamine → (~260°C)

Nylon 6,6

나일론 6은 6-아미노헥산산을 가열하여 물을 제거하여 얻는다. 상업적인 제조에서는 ε-카프로락탐을 사용한다.

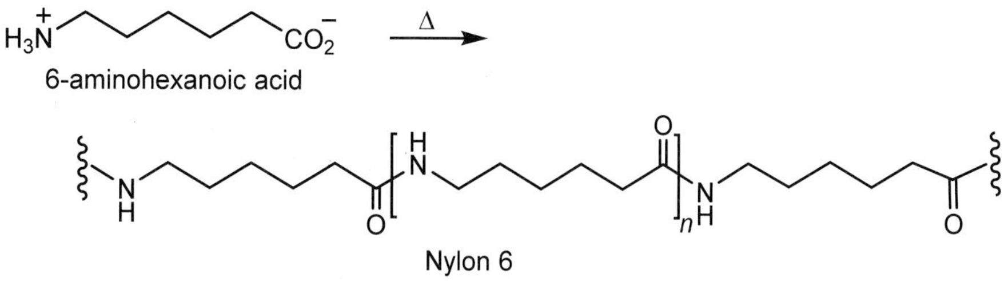

6-aminohexanoic acid → (Δ)

Nylon 6

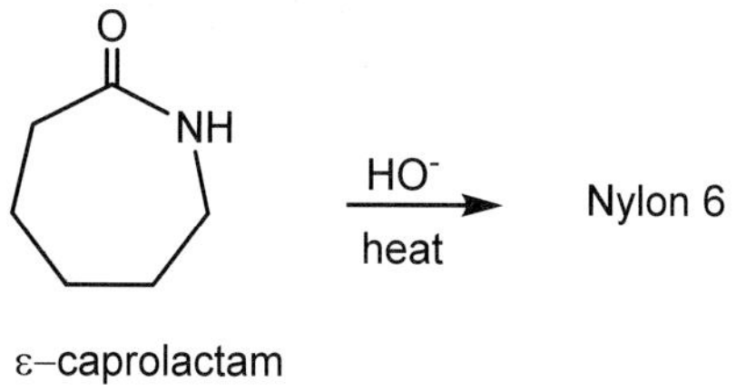

ε-caprolactam → (HO⁻, heat) → Nylon 6

케블라(Kevlar)는 방향족 폴리아마이드(아라마이드, aramide)로서 테레프탈산과 1,4-다이아미노벤젠의 고분자이다. 케블라는 사슬 간 수소 결합이 있기 때문에 막(sheet)과 비슷한 구조를 하며, 무게당 강철보다 5배 강하므로 헬멧, 방탄 조끼 등의 제조에 이용된다.

Kevlar

16.11.3 폴리카보네이트

비스페놀 A(A는 이 화합물의 출발 물인 아세톤의 A를 의미한다)에서 유래하는 고분자는 현재 유아용 물병이나 우유병 등에는 사용하지 않는다.

폴리카보네이트(polycarbonate)는 폴리에스터와 구조가 비슷하나 에스터기 대신에 카보네이트기가 반복적으로 들어 있는 고분자이다. 폴리카보네이트는 포스젠이나 탄산 다이페닐을 다이올과 반응시켜 얻으며 강도가 높고 투명하므로 신호등 렌즈, 콤팩트 디스크, 방탄 유리, 안전 모자 및 보안경의 제조에 쓰인다.

polycarbonate

16.11.4 폴리유레탄

카바메이트(carbamate)라고도 부르는 유레탄(urethane)은 카보닐 탄소에 OR기와 NHR 기가 결합된 화합물로 삼차 아민 촉매 존재하에서 아이소사이아네이트를 알코올과 반응시켜 얻는다.

isocyanate   urethane

폴리아마이드나 폴리유레탄처럼 질소 함유 고분자는 화재 시 매우 치명적(일산화탄소보다 독성이 40배임)인 사이안화 수소(HCN) 기체를 만들 수 있다.

폴리유레탄(polyurethane)은 흔히 톨루엔-2,6-다이아이소사이아네이트와 에틸렌 글라이콜을 중합하여 얻는다. 중합 과정에서 질소 기체나 이산화 기체를 불어 넣으면 폴리유레탄 폼이 얻어진다. 엄밀한 의미에서 폴리유레탄은 첨가 고분자이다.

toluene-2,6-diisocyanate

polyurethane

'Spandex'라는 단어는
'expands'에서 나온 말이다.

폴리우레탄은 소파나 의자 쿠션의 인조 가죽으로 사용된다. 라이크라(Lycra) 혹은 스판덱스(Spandex)는 신축성 섬유 소재로서 폴리우레탄과 폴리에스터의 공중합체이다.

문제 16.18　생분해성 고분자(biodegradable polymer)는 미생물이 분해할 수 있는 고분자이다. 현재 생분해성 고분자의 합성에 3-하이드록시뷰티르산, 락트산, 글라이콜산 같은 단량체가 쓰인다. 이들 단량체에서 얻어지는 각 고분자의 구조를 단량체 3분자를 포함하여 그리시오(각각의 고분자를 폴리(3-하이드록시뷰티레이트, PHB), 폴리락트산, 폴리글라이콜산이라고 부른다).

3-hydroxybutyric acid　　　lactic acid　　　glycolic acid

16.12 역합성 분석을 이용한 유기 합성

이 절에서는 친핵성 아실 치환 반응에 관련된 역합성 분석을 다루고자 한다. 각 예에서 절단의 위치 및 얻어진 합성 단위체의 극성에 유의하기 바란다.

예 1.

using Fischer esterification

피셔 에스터 반응을 이용하려면 에스터를 카보닐 탄소와 OEt 사이의 결합에서 절단하여야 한다. 그러면 카복실산과 알코올이 출발물인 점을 알 수 있다.

역합성 분석:

실제 합성:

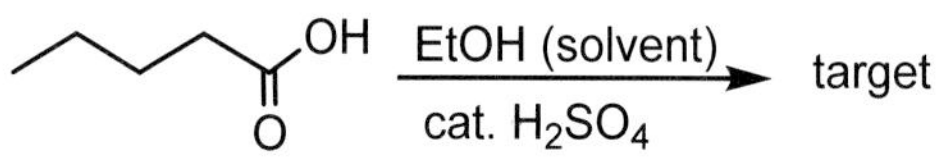

OH
O
EtOH (solvent)
cat. H_2SO_4
target

예 2. 유기구리 시약

O
from 1-bromobutane

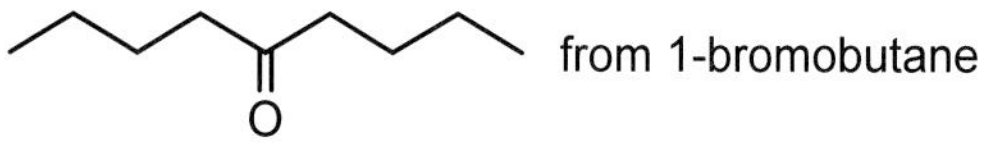

이 케톤의 두 알킬기는 탄소 네 개짜리(C4) 알킬기이다. 출발물도 C4 화합물이므로 카보닐 탄소와 α-탄소 사이의 결합을 절단하여야 한다. 탄소 음이온에 해당하는 시약은 유기구리 시약인 Bu_2CuLi이며 BuC^+=0 합성 단위체에 맞는 시약은 C5 염화아실이다. 이 염화아실은 C4인 출발물에서 $^-$CN염을 이용하는 S_N2 반응으로 얻을 수 있다.

역합성 분석:

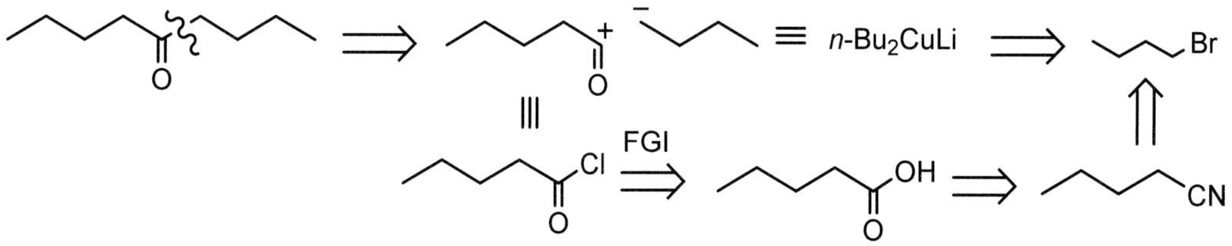

O
+
O
−
≡ n-Bu_2CuLi
Br
Cl
O
FGI
OH
O
CN

실제 합성:

Br
1. NaCN
2. H_3O^+, heat
3. $SOCl_2$
Cl
O
Li
target
Li
CuI
n-Bu_2CuLi

예 3. 아마이드의 $LiAlH_4$ 환원

N
H
from 1-bromobutane and
H_2N

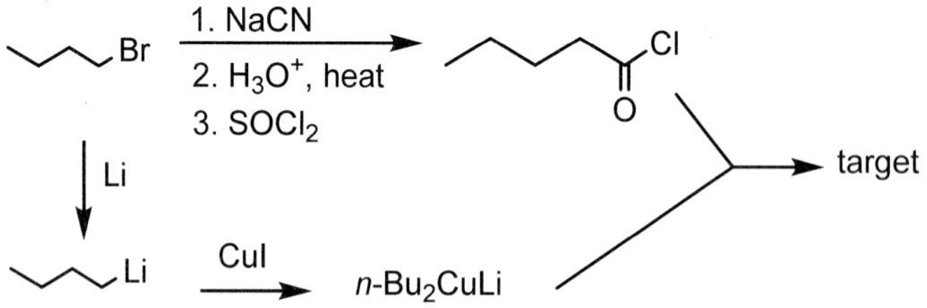

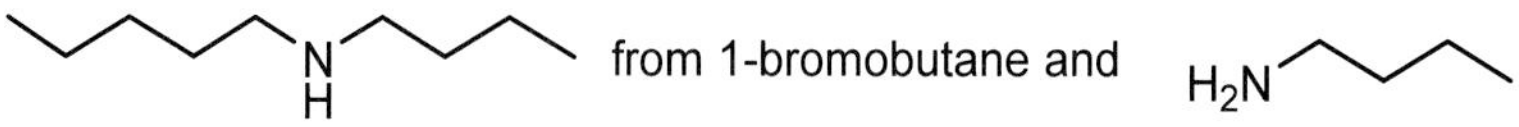

아민의 한 가지 합성법은 아마이드의 $LiAlH_4$ 환원이므로 이 아민을 다음과 같이 역합성 분석할 수 있다. 아마이드는 산과 아민에서 얻을 수 있다.

역합성 분석:

실제 합성:

예 4. 에스터의 RMgX와의 반응

삼차 알코올의 같은 두 알킬기의 **RMgX**에서 온 것이고 다른 알킬기는 에스터에서 온 것이다.

역합성 분석:

실제 합성:

추가 문제

⟨메커니즘⟩

문제 16.19   벤조산이 ^{18}O로 표지된 메탄올($Me^{18}OH$)과 피셔 에스터 반응 후 생성물인 에스터와 물 중에서 어느 분자에 ^{18}O가 있는지 조사하였다. 조사 결과 모든 동위원소는 에스터에 있음을 알았다. 이 결과의 의미를 메커니즘의 관점에서 논하시오.

문제 16.20   염화 아실 혹은 산 무수물을 이용하는 에스터화 반응이 피리딘이나 Et_3N 같은 아민에 의하여 촉진되는 이유를 설명하시오.

⟨반응⟩

문제 16.21   다음 반응의 주 생성물을 그리시오.

문제 16.22   에틸 아세테이트($MeCO_2Et$)를 다음 조건에서 반응시켰을 때 얻어지는 유기 생성물을 모두 그리시오.
a. H_2O 용매, HO^-(과량), 가열 후 H^+ b. H_2O 용매, H^+(촉매), 가열
c. $MeNH_2$(과량), 가열   d. 뷰탄-1-올 용매, H^+(촉매), 가열

문제 16.23   아세트아마이드($MeCONH_2$)를 문제 16.22의 조건에서 반응시켰다(단, b.에서 산은 일 당량 이상으로 사용). 유기 생성물의 구조를 그리시오. 반응이 일어나지 않는 경우에는 NR이라고 쓰시오.

⟨합성⟩

문제 16.24   다이페닐메탄올(Ph_2CHOH)은 세 가지 다른 카보닐 화합물로부터 합성할 수 있다. 어떤 반응을 이용하는지 쓰시오.

문제 16.25 다음 알코올을 적당한 카보닐 화합물로부터 착금속 수소화물이나 그리냐르 시약을 이용하여 합성하고자 한다. 두 방법 이상의 합성법을 제안하시오.

a. PhCH(OH)Et   b. Ph₃COH   c. PhCH₂OH   d. PhC(OH)Me₂

문제 16.26 다음 화합물을 주어진 출발물로부터 얻고자 한다. 합성법을 제안하시오.

a. 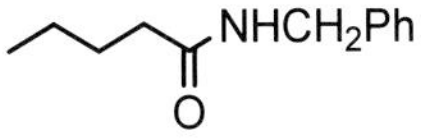 from

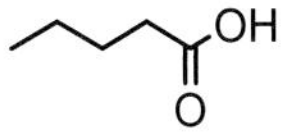

b. 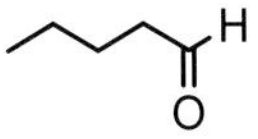 from

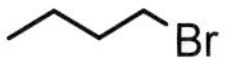

c. 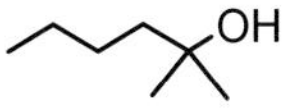 from

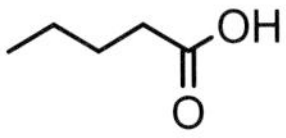

d. 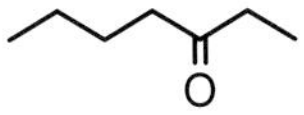 from

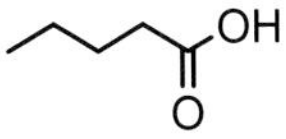

e. 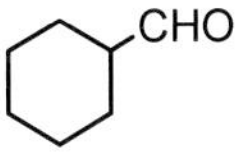 from

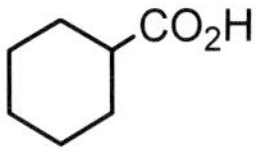

17

카보닐 알파 치환 및 축합

14장과 16장에서는 카보닐 탄소가 친전자체로 역할하는 반응을 다루었다. 이번 장에서는 카보닐 탄소 바로 옆의 탄소(α-탄소)가 친핵체로서 작용하는 반응을 다루고자 한다.

알데하이드, 케톤 및 에스터에 α-수소가 있으면, 적당한 반응 조건에서 친핵성 α-탄소가 다양한 친전자체와 반응할 수 있다.

17.1 카보닐 화합물의 친핵성 α-탄소

엔올 실릴 에터(enol silyl ether), 메탈로엔아민(metalloenamine) 혹은 메탈로이민(metalloimine) 유도체로의 변환도 있지만 이 방법은 이 교재의 수준을 벗어나므로 다루지 않는다

카보닐 화합물의 α-탄소가 친핵체로 반응하려면 카보닐 화합물이 먼저 다른 화합물로 변환되어야 하는데, 여기에는 크게 세 가지 방법이 있다.

첫 번째는 케토-엔올 토토머화를 통하여 엔올(enol)이 되는 것이다(엔올로의 토토머화는 알데하이드와 케톤에서만 일어난다). 그러면 엔올의 α-탄소는 산소 원자의 고립쌍의 도움으로 친전자체 E⁺와 반응하여 α-치환 생성물이 얻어진다. 어떠한 종류의 친전자체 E⁺가 반응하는지는 잠시 후에 살펴보기로 하자.

두 번째는 알데하이드, 케톤 및 에스터의 α-수소를 적절한 염기로 제거하여 엔올 음이온(enolate)을 얻는 방법이다. 카보닐 화합물의 α-수소는 그 짝염기가 카보닐기의 유발 효과와 공명 효과로 인하여 안정화되므로 상당히 산성을 띤다. 예를 들어 에테인의 수소의 pK_a는 50으로 추정되나 아세톤의 α-수소는 pK_a가 20 정도로 에테인에 비하면 엄청나게 센 산이다.

엔올 음이온을 얻는 방법은 두 가지 있다. 한 가지 방법은 비교적 약한 염기(예: NaOH)를 이용하여 작은 농도로 음이온을 얻는 것이다. 앞으로 다루겠지만 작은 농도로 얻은 엔올 음이온도 적절한 반응 조건에서 유용하게 사용할 수 있다.

다른 방법은 매우 센 비친핵성 염기(예: 리튬 다이아이소프로필아마이드(lithium diisopropylamide, LDA))를 사용하여 정량적으로 엔올 음이온을 얻는 것이다. 이렇게

얻은 엔올 음이온은 NaOH 같은 염기를 사용하는 방법으로는 일어나기 어려운 반응을 수행할 수 있는 장점이 있다.

표 17.1에 몇 가지 카보닐 화합물의 α-수소의 pK_a 값을 실었다. α-수소의 pK_a는 대략 20 정도이나 1,3-다이에스터처럼 CH_2기의 양쪽에 전자 끄는 기가 있는 화합물(활성 메틸렌(active methylene) 화합물이라고 한다)은 그 CH_2의 H 원자가 훨씬 더 산성이다. 이 경우에는 비교적 약한(LDA에 비하여) 염기인 EtO^- 같은 염기도 정량적으로 수소를 제거할 수 있다.

한 화합물의 탄소 원자에 결합된 수소가 산으로 작용하는 경우 그 화합물을 탄소산(carbon acid)이라고 부른다(2.3절).

표 17.1
카보닐 화합물과 나이트릴의 α-수소의 pK_a 값

유형	화합물	pK_a	유형	화합물	pK_a
케톤	$MeCH_2COCH_2Me$	19.9	알데하이드	Me_2CHCHO	15.5
케톤	$MeCOMe$	19.3	에스터	CH_3COOEt	24.5
케톤	$PhCOMe$	18.3	아마이드	CH_3CONMe_2	30
케톤	$PhCH_2COCH_3$	18.3	나이트릴	CH_3CN	24
케톤	$PhCH_2COCH_3$	15.9	1,3-다이에스터	$CH_2(COOEt)_2$	13.3
케톤	사이클로헥산온	18.1	β-케토 에스터	$MeCOCH_2COOEt$	10.7
알데하이드	$MeCHO$	16.7	β-다이케톤	$MeCOCH_2COMe$	8.84

세 번째 방법은 카보닐 화합물의 엔아민 유도체를 이용하는 것이다. 엔올의 구조와 비슷한 엔아민은 적절한 친전체와 α-탄소에서 반응이 일어난다.

요약하면, 카보닐 화합물의 α-탄소가 친핵체 역할을 하기 위해서는 엔올 음이온, 엔올이나 엔아민으로 변환되어야 한다.

이들 세 구조에서 α-탄소의 친핵성 순서는 다음과 같다.

α-탄소의 친핵성 순서: 엔올 음이온> 엔아민> 엔올

HO^- 이온이 중성 H_2O보다 더 친핵성이듯이 엔올 음이온은 엔올보다 더 친핵성이며 엔올이 반응하지 않는 친전자체(예: 알킬 할라이드)와도 쉽게 반응한다. 엔올은 친전

자성이 큰 시약인 할로젠 원소, 양성자, 양성자 첨가된 알데하이드와만 반응할 수 있다. 또한 암모니아가 물보다 친핵성이 크듯이 질소 친핵체가 산소 친핵체보다 친핵성이 크다. 표 17.2에 엔올, 엔아민 그리고 엔올 음이온이 반응할 수 있는 친전자체의 종류를 정리하였다.

표 17.2 엔올, 엔아민, 엔올 음이온 친핵체가 반응할 수 있는 친전자체의 종류

친핵체	엔올	엔아민	엔올 음이온
친전자체	양성자, 할로젠, 양성자 첨가된 알데하이드와 케톤(알킬 할라이드 및 에스터와 반응 불가)	반응성이 큰 일차 알킬 할라이드 (예: MeI, RCH₂I, PhCH₂Br, CH₂=CHCH₂Br, BrCH₂CO₂Et), RCOCl	할로젠, 알데하이드, 케톤, 에스터, 알킬 할라이드(일차)

17.2 케토-엔올 토토머화

케토-엔올 토토머화는 전에 다루었지만(2.4절) 다시 복습하기로 하자. 케토 토토머와 엔올 토토머는 산 혹은 염기 촉매 존재하에서 평형에 있으며 염기 촉매 조건에서 일어나는 토토머화 반응의 메커니즘도 다음과 같이 쓸 수 있다.

평범한 케톤이나 알데하이드이면 평형에서 케토 토토머가 주로 존재한다. 아세트알데하이드, 아세톤과 사이클로헥산온의 경우 수용액에서의 평형 상수 K는 각각 5.9×10^{-7}, 5×10^{-9}, 4.1×10^{-7}로서 엔올은 $6 \times 10^{-5}\%$, $5 \times 10^{-7}\%$, $4 \times 10^{-5}\%$로 각각 존재한다.

왜 아세톤이 아세트알데하이드보다 K가 작을까? 그 이유는 메틸기가 C=C 이중 결합보다 카보닐기 C=O를 더 많이 안정화시키기 때문이다. C=C 결합과 C=O 결합에서 두 탄소는 모두 sp²이지만 엔올에서보다 카보닐 탄소가 약간의 부분 양전하를 띠고 있는 케톤에서 알킬기의 전자 주는 효과가 더 중요하다. 이를 깁스 에너지 도표로 그리면 다음과 같다.

하지만 1,3-다이케톤인 펜테인-2,4-다이온처럼 엔올 토토머가 C=C 결합과 C=O 결합의 콘쥬게이션과 분자내 수소 결합으로 안정화되는 경우에는 엔올이 더 많이 존재할 수도 있으며 두 토토머의 비는 용매의 종류(특히 양성자성 용매인지)에 따라 다르다.

CHCl₃: 24%   76%
H₂O: 87%   13%

17.3 엔올의 반응

엔올은 중성 분자이기 때문에 엔올 음이온보다는 훨씬 친핵성도가 낮다. 따라서 엔올과 반응할 수 있는 친전자체는 상당히 친전자성이 커야 하는데, 이러한 친전자체의 대표적인 예는 H⁺, 그리고 Cl₂, Br₂, I₂ 같은 할로젠 원소이다.

17.3.1 양성자와의 반응

엔올은 친전자성이 매우 큰 양성자와 반응할 수 있다.

케톤을 중수소 용매에서 D₃O⁺ 촉매와 같이 반응시키면 모든 α-수소가 중수소로 치환된다.

이 반응은 다음과 같이 엔올을 거쳐 일어나며, α-탄소가 친핵체로 두 번 반응하면 두

α-수소가 중수소로 치환된다.

문제 17.2   위의 반응에서 반복(repeat)이라고 표시된 과정을 굽은 화살표로 나타내시오.

17.3.2 라셈화

α-수소가 있는 광학 활성 알데하이드나 케톤을 산성 조건에서 반응시키면 라셈화가 일어나며 광학 활성이 사라진다. 엔올은 비카이랄하기 때문에 이중 결합의 위와 아래 면에서 같은 확률로 H_3O^+가 반응하면 두 거울상 이성질체가 같은 비로 얻어지기 때문이다.

생화학적 반응

탄수화물인 케토스와 알도스 사이의 변환을 촉매화하는 효소는 이성질화 효소 (isomerase)의 한 예로서 이러한 이성질화 반응은 엔올 중간체를 거친다.

구체적인 예는 삼탄당 인산 이성질화 효소(triose phosphate isomerase)에 의하여 촉매 화되는 DHAP의 GAP로의 변환이다. 출발물인 DHAP는 비카이랄하지만 생성물인 GAP는 (R)-배열만 얻어진다.

dihydroxyacetone phosphate
(DHAP)

enol

(R)-glyceraldehyde phosphate
(GAP)

다른 예는 글루코스의 해당 과정(glycolysis)에서 알도스인 글루코스-6-인산(glucose-6-phosphate)이 케토스인 프럭토스-6-인산(fructose-6-phosphate)으로 변하는 반응이다.

glucose-6-phosphate

fructose-6-phosphate

17.3.3 할로젠화 반응

엔올이 반응할 수 있는 다른 종류의 친전자체는 할로젠 원소이다. 아세트산 용매(산 촉매 역할을 겸함)에서 케톤을 할로젠과 반응시키면 할로젠 원자 하나가 치환된 생성 물이 얻어진다.

HBr은 아세트산보다 더 산성이므로 할로젠과 반응이 점점 더 빨리 일어난다.

keto tautomer

α-substitution

비대칭 케톤의 경우에는 이중 결합에 알킬기가 많은 엔올이 생기고 여기에서 할로젠 화 반응이 일어난다.

(Z)- and (E)-enol

α-할로카보닐 화합물은 최루제(催 淚劑, lachrymator)일 수가 있다.

산성 조건에서의 할로젠화 반응은 한 번만 일어난다. α-모노할로 카보닐 화합물은 전 기 음성 할로젠 원자가 α-위치에 있기 때문에 카보닐 산소의 염기도가 감소한다. 또한 양성자가 첨가된 양이온에서 C-Br 결합의 탄소와 카보닐 탄소가 이웃하면서 양전하를 띠기 때문에 불안정해진다. 따라서 모노할로 카보닐 화합물은 엔올이 잘 생기지 않아 그 다음 할로젠화 반응이 일어나지 않는다.

α-브로모 카보닐 화합물을 염기(Li₂CO₃, LiBr)로 처리하면 E2 반응이 일어나서 α,β-불포화 카보닐 화합물(α,β-엔온)을 얻을 수 있다.

예제 17.1   **다음 반응의 주 생성물을 그리시오.**

풀이

케톤의 산 촉매화 할로젠화 반응은 더 안정한(더 많이 치환된) 엔올을 거쳐 한 번만 일어난다.

문제 17.3   케톤을 아세트산 용매에서 브로민으로 처리하였을 때 생기는 주 생성물을 그리시오.

문제 17.4   다음 반응의 주 생성물을 그리시오.

17.3.4 알데하이드 및 케톤과의 반응

엔올은 산성 조건에서 알데하이드나 케톤의 카보닐 탄소와 반응할 수 있다. 이러한 유형의 반응을 알돌 반응이라고 부르는데, 엔올 음이온의 알돌 반응에서 자세하게 다루기로 한다(17.8절).

17.4 엔올 음이온의 생성

카보닐 화합물(케톤, 알데하이드 및 카복실산 유도체)의 α-수소는 산성이므로 적당한 염기를 사용하여 제거하면 엔올 음이온이 얻어진다.

17.4.1 염기

α-수소가 있는 카보닐 화합물을 적절한 염기로 처리하여 엔올 음이온을 얻을 수 있다. 카보닐 화합물과 염기와의 반응은 산-염기 평형 반응이므로 염기의 세기에 따라 평형 상수가 달라진다. 표 2.3에 자주 쓰는 염기의 이름과 짝산의 pK_a 값이 나와 있다.

NaOH나 NaOEt는 염기성이 충분히 크지 않기 때문에 평형에서는 아주 작은 농도의 엔올 음이온만 존재한다. 하지만 이런 작은 농도라도 알돌 반응이나 할로폼 반응 같은 특정한 반응을 수행하는 데 사용할 수 있다.

LDA는 매우 센 비친핵성 염기로서 카보닐 화합물을 정량적으로 엔올 음이온으로 바꾼다. 덩치가 큰 두 개의 아이소프로필기가 질소에 있기 때문에 질소는 친핵성도가 떨어지고 작은 양성자만을 떼어낼 수 있다.

17.4.2 열역학적 및 속도론적 엔올 음이온

비대칭 카보닐 화합물이 염기와 반응하는 경우에는 두 엔올 음이온이 생길 수 있다.

이중 결합이 더 많이 탄소로 치환되어 있어서 더 안정한 왼쪽 음이온을 열역학적 엔올 음이온(thermodynamic enolate)이라고 부른다. 오른쪽 엔올 음이온은 염기가 입체 장애를 덜 받는 수소를 더 빨리 제거하면 생기기 때문에 속도론적 엔올 음이온(kinetic enolate)이라고 부른다.

염기, 용매 및 반응 온도 같은 반응 조건을 조절하면 두 엔올 음이온을 위치 선택적으로 얻을 수 있다(표 17.3). 열역학적 엔올 음이온은 양성자성 용매에서 NaOH나 NaOEt 같이 비교적 약한 염기를 이용하여 얻는다. 평형 조건이므로 상온 혹은 더 높은 온도가 선호된다.

반면에 속도론적 엔올 음이온은 THF 같은 비양성자성 용매에서 LDA 같은 센염기를 이용하여 얻는다. 두 엔올 음이온 사이의 평형을 방지하기 위하여 −78℃ 같은 저온 조건이 필요하다.

표 17.3 열역학적 엔올 음이온과 속도론적 엔올 음이온을 얻는 방법

	안정성	염기	용매	반응 온도	특이사항
열역학적 엔올 음이온	더 안정. 평형 조건	알콕사이드 이온(NaOEt, KOCMe₃ 등)	양성자성 용매 (EtOH 등)	상온 혹은 고온	평형에서는 소량의 엔올 음이온만 존재
속도론적 엔올 음이온	덜 안정. 더 빨리 생성	LDA	비양성자성 용매 (THF)	저온(-78℃)	약간의 과량인 LDA의 THF 용액에 카보닐 화합물의 용액을 천천히 가함

문제 17.5   속도론적 엔올 음이온을 얻을 때 카보닐 화합물의 THF 용액을 LDA 용액에 천천히 가해야 하는 이유는 무엇인가? 가하는 순서를 반대로 하면 무슨 일이 생기겠는가?(힌트: 카보닐 화합물은 산 역할을 할 수 있다).

17.5   엔올 음이온의 반응

17.5.1   양성자와의 반응

카보닐 화합물을 과량의 D_2O에서 촉매량의 염기와 같이 반응시키면 모든 α-수소가 중수소로 치환된다.

반응 용액에서 소량으로 생긴 엔올 음이온의 탄소에 친전자성 D_2O가 반응하면 α-위치에 중수소가 하나 도입된 카보닐 화합물이 얻어진다. 이러한 과정이 반복되면 결국에는 모든 α-수소가 중수소로 치환된다.

17.5.2 라셈화 반응

α-탄소가 입체 발생 중심인 광학 활성 카보닐 화합물이 엔올 음이온으로 변하면 라셈 혼합물이 얻어지면서 광학 활성을 잃게 된다. 이러한 라셈화는 엔올의 경우와 비슷하게 엔올 음이온이 비카이랄하기 때문이다.

생화학적 반응

아래 메커니즘에서 염기가 위에서 카보닐기의 α-위치의 수소를 제거하면 평면 구조의 엔올 음이온 중간체가 생기고 단계 2에서 양성자가 아래에서 첨가되면 출발물과 α-위치의 절대 배열이 뒤바뀐 구조가 얻어질 것이다. 이렇게 카보닐기나 카복시기의 α-위치의 절대 배열을 바꾸는 효소를 라셈화 효소(racemase) 혹은 에피머화 효소(epimerase)라고 부른다.

글루코스의 대사 반응에서는 에피머화 효소가 리불로스-5-인산(ribulose-5-phosphate)과 자일룰로스-5-인산(xylulose-5-phosphate) 사이의 변환을 촉매한다.

ribulose-5-phosphate　　　　　　xylulose-5-phosphate

17.5.3　할로젠화 반응

엔올 음이온은 중성인 엔올보다 친핵성도가 크므로 당연히 엔올이 수행하는 할로젠화 반응을 더 잘 수행할 것이다. 하지만 엔올과 다른 점은 다중 치환이 일어난다는 점이다.

엔올 음이온은 매우 빠르게(확산 조절 반응) 할로젠 원소와 반응하여 α-할로 카보닐 화합물을 준다. 전기 음성 할로젠이 하나 치환된 카보닐 생성물은 그 엔올 음이온이 더 안정화되므로(할로젠의 전자 끄는 유발 효과) 그 α-수소가 출발물인 카보닐 화합물보다 더 산성을 띤다. 따라서 과량의 염기는 다시 한 번 α-수소를 제거하게 되고 두 번째 할로젠화 반응이 연이어 일어난다.

more stable enolate

아세트알데하이드 혹은 메틸 케톤의 경우에는 메틸기의 세 개의 모든 수소가 할로젠 원자로 치환되어 트라이할로카보닐 화합물이 생긴다. 하지만 이 생성물을 분리할 수는 없는데, 그 이유는 이 화합물이 과량의 염기와 반응하여 **할로폼**(haloform, CHX_3)과 카복실산 음이온으로 즉시 변하기 때문이다.

아이오도폼의 생성은 메틸 케톤 이외에 아이오도폼 생성 조건에서 메틸 케톤으로 산화되는 메틸 카비놀(carbinol) CH_3-CHOH-R의 경우에도 관찰할 수 있다. 일차 알코올 중에서는 에탄올 CH_3CH_2-OH 만이 아이오도폼을 생성한다.

트라이할로카보닐 화합물이 HO^-와 반응하면 사면체 중간체가 생기고, 이 중간체에서 X_3C 음이온이 떨어지면(CH_3 음이온보다는 염기도가 훨씬 작음) 비가역적으로 할로폼과 카복실산 음이온이 생긴다. 메틸 케톤이나 아세트알데하이드에서 할로폼이 생기는 반응을 **할로폼 반응(haloform reaction)**이라고 부른다.

아이오딘(I_2)을 사용하면 노란색 고체인 **아이오도폼**(iodoform, CHI_3)이 생긴다. 따라서 아이오딘의 적갈색이 사라지고 아이오도폼의 노란색 고체가 생기는지 관찰하면 메틸 케톤의 존재를 확인할 수 있다.

(예제 17.2) 다음 케톤을 과량의 NaOH와 Br_2로 처리하였을 때 얻어지는 생성물을 그리시오.

풀이

염기성 조건에서는 할로젠화 반응이 모든 α-위치에서 일어나며 메틸 케톤의 경우 할로폼 반응이 일어나 카복실산 음이온과 할로폼이 생긴다.

(문제 17.6) 다음 케톤을 과량의 NaOH와 I_2로 처리하였을 때 얻어지는 생성물을 그리시오.

17.5.4 알킬화 반응

엔올 음이온은 음전하를 띠고 있기 때문에 엔올보다는 친핵성이 커서 엔올이 반응하지 않는 알킬 할라이드(또는 설포네이트)와 S_N2 반응을 할 수 있다. 알킬화 반응이

성공하려면 LDA 같은 센염기를 사용하여 속도론적 엔올 음이온을 정량적으로 얻은 후 친전자성이 큰 알킬 할라이드(예: MeI, 일차 아이오다이드, 알릴성이나 벤질성 브로마이드)를 가하여야 한다. 이런 유의 반응을 지향성 엔올 음이온 알킬화 반응 (directed enolate alkylation)이라고 한다.

엔올 음이온은 양쪽성 친핵체이다. 즉, 엔올 음이온은 α-탄소와 산소에 음전하가 있으므로 두 원자가 모두 친핵체의 역할을 수행할 수 있다. 엔올 음이온은 MeI 같은 알킬 할라이드와 반응하여 O-알킬화 및 C-알킬화 생성물을 줄 수 있으나 C-알킬화 생성물이 주 생성물이다(엔올 음이온의 탄소가 산소보다 더 무른 친핵체이므로 무른 친핵체인 알킬 할라이드와 더 잘 반응한다고 볼 수 있다. 이 두 생성물의 비는 이탈기의 종류, 용매 등에 따라 변할 수 있다).

2-메틸사이클로헥산온의 알킬화 반응은 속도론적 엔올 음이온을 거쳐 일어난다.

에스터의 알킬화 반응도 비슷한 방법으로 수행할 수 있다. 하지만 에스터의 지향성 알킬화 반응에서는 다음에 다루게 될 클라이젠(Claisen) 축합(17.11절)이 일어날 수 있다. 특히 에스터의 THF 용액에 LDA의 THF 용액을 가하면 저온(-78℃)에서도 에스터의 음이온과 에스터 사이의 반응, 즉 클라이젠 축합이 일어날 가능성이 크다. 이러한 반응이 일어나지 않도록 하려면 염기를 가하는 순서를 반대로 하여야 한다. 즉, LDA의 THF 용액에 에스터를 조금씩 가하면 반응 용액에 에스터가 남아 있지 않기 때문에 축합 반응의 진행을 막을 수 있다. 또한 에스터의 알킬기가 덩치가 큰 기(예: *tert*-뷰틸)이면 카보닐기에 대한 친핵성 공격을 막을 수 있다.

문제 17.7   어떤 유기화학 교재에 다음과 같은 반응이 소개되어 있다.

위 반응에서 생성물을 좋은 수율로 구할 수 있을까? 만약에 이 반응이 쓰여진 대로 일어나지 않는다면 주로 얻어지리라고 예상하는 생성물은 무엇이라고 생각하는가?

예제 17.3

다음 카보닐 화합물을 −78°C에서 약간 과량의 LDA의 THF 용액에 가한 후 얼마 후에 알릴 브로마이드(CH₂=CH−CH₂Br)로 처리하였다. 얻어지는 주 생성물을 그리시오.

a.   b.

풀이

반응 조건에 의하면 이 반응은 속도론적 엔올산 이온을 거쳐 일어나는 알킬화 반응이다. 따라서 덜 치환된 α-위치에서 알킬화 반응이 일어난다.

a.   b.

문제 17.8

다음 카보닐 화합물을 −78°C에서 약간 과량의 LDA의 THF 용액에 가하여 얼마의 시간이 지난 후 벤질 브로마이드(PhCH₂Br)로 처리하였다. 얻어지는 주 생성물을 그리시오.

a.   b.

17.5.5 알데하이드의 리튬 엔올 음이온의 알킬화 반응

알데하이드의 지향성 엔올 음이온 알킬화 반응은 잘 일어나지 않는다. 알데하이드와 LDA와의 반응으로부터 엔올 음이온을 저온에서 얻었다 해도, 이 음이온은 다음에 가할 알킬 할라이드가 올 때까지 기다리지 않고 반응 용액에서 알데하이드와 그냥 반응(알돌 반응)해버린다. 왜냐하면 알데하이드는 케톤보다 훨씬 친전자성이 크기 때문이다. 또한 엔올 음이온도 케톤의 그것에 비해 이중 결합이 덜 치환되어 있으므로 더 불안정하기 때문이다. 따라서 알데하이드의 α-알킬화 반응은 다른 방법으로 수행되어야 한다.

17.6 엔아민의 알킬화 반응

엔올은 알킬 할라이드와 반응하기에는 친핵성도가 부족하지만 더 친핵성인 엔아민은 반응성이 큰 할라이드(일차 알킬 아이오다이드, 벤질 자리 브로마이드 등)와 알킬화 반응을 수행한다. 중간체인 이미늄 이온은 산성 조건에서 가수 분해되어 α-치환 생성물을 준다. 이러한 종류의 알킬화 반응을 스토크 엔아민 알킬화 반응(Stork enamine alkylation)이라고 부른다.

2-메틸사이클로헥산온의 경우 두 가지 엔아민 유도체가 가능하나 오른쪽 엔아민은 알켄의 sp² 탄소에 치환된 원자가 같은 면에 놓이므로 입체적 반발을 겪게 된다. 따라서 왼쪽 엔아민이 주 생성물이고 이 엔아민이 MeI와 반응하면 가수 분해 후 *trans*-2,6-다이알킬사이클로헥산온이 얻어진다.

major product   less stable
                       minor product

문제 17.9   위 주 생성물 엔아민이 MeI와 반응 후 산 수용액에서 가수 분해되어 생기는 생성물의 구조를 그리시오(*trans*-화합물이 주 생성물이다).

예제 17.4   사이클로헥산온의 엔아민과 다음 할라이드의 반응 생성물을 산 수용액에서 가수 분해하였다. 각 생성물의 구조를 그리시오(아민의 염 제외. 에스터기는 보존됨).

a.

b.

풀이

스토크 엔아민 알킬화 반응은 α-위치에 알킬기가 도입되는 반응이다.

문제 17.10 다음 반응의 주 생성물을 그리시오.

17.7 말론산 에스터 합성과 아세토아세트산 에스터 합성

케톤과 에스터의 지향성 알킬화 반응을 위해서는 값이 비싼 염기인 LDA와 무수 THF 용매를 이용하여야 한다. 또한 반응 온도도 저온(-78℃)을 사용하여야 한다. 이러한 반응 조건은 소량의 생성물을 만드는 실험실적 합성에서는 쓸 수 있으나 큰 규모로 생산하여야 하는 산업적 용도에는 적합하지 않을 수 있다. 이러한 반응 조건 대신에 좀 더 저렴하게 알킬화 반응을 일으키는 방법은 케톤과 에스터 대신에 β-다이카보닐 화합물을 사용하는 것이다.

말론산 에스터의 메틸렌 수소는 pK_a가 13이므로 EtOH 용매(THF보다 저렴)에서 NaOEt 같은 염기도 정량적으로 수소를 제거할 수 있다. 이 에스터에서 얻어진 음이온이 알킬 할라이드와 S_N2 반응을 하면 알킬기가 도입된 말론산 에스터가 얻어진다.

문제 17.11 위 반응에서 에틸 말로네이트에서 양성자를 제거할 때 에탄올 용매에서 NaOEt 염기를 사용하였다. 만약에 에탄올 용매 대신 메탄올 용매를 사용하여 반응을 수행하면 어떤 구조의 생성물이 얻어지겠는가?

이 화합물을 가수 분해하여 얻은 다이카복실산을 가열하면 **탈카복실화 반응**(decarboxylation)이 일어나서 결국에는 아세트산의 α-위치에 알킬기가 도입된 카복실산이 생성된다. 탈카복실화 반응은 육원자 고리 전이 상태를 거쳐 비교적 저온에서 (80~100℃) 일어난다.

결국, 이 반응을 이용하면 아세테이트의 지향성 알킬화 반응에서와 유사한 생성물을 얻을 수 있다. 이렇게 말론산 에스터에서 시작하여 α-알킬 치환 아세트산을 얻는 반응을 **말론산 에스터 합성**(malonate ester synthesis)이라고 부른다. 말론산 에스터 합성은 LDA를 사용한 지향성 알킬화 반응보다는 반응 단계가 하나 많지만, 염기와 용매가 저렴한 장점이 있다. 또한 저온 반응에 비하여 상온 조건이나 가열 조건이 더 경제적일 수 있다.

다이할로알케인을 사용하면 알킬화 반응이 α-탄소에서 두 번 일어나서 고리 화합물을 얻을 수 있다.

말론산 에스터 합성을 에스터의 지향성 알킬화 반응과 다음과 비교할 수 있다(카복실산 생성물은 반응 단계가 같다).

directed alkylation of ester

malonic ester synthesis

말론산 에스터 합성으로 카복실산, $RCH_2CH_2CO_2H$를 얻고자 할 때 필요한 출발물은 RCH_2X와 말론산 에스터이다.

from RCH_2X and

아세토아세트산 에스터 합성(acetoacetate ester synthesis)은 아세토아세테이트에서 시작한다. 말론산 에스터 합성처럼 알킬화 반응 후 탈카복실화 반응을 거치면 아세톤의 α-위치에서 알킬화된 생성물을 얻을 수 있다.

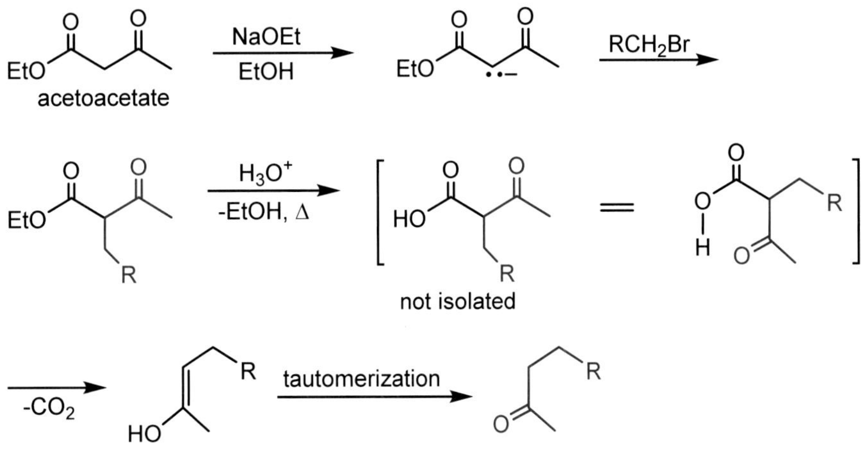

문제 17.12 말론산 에스터 합성 혹은 아세토아세테이트 합성에서 생기는 생성물을 그리시오.

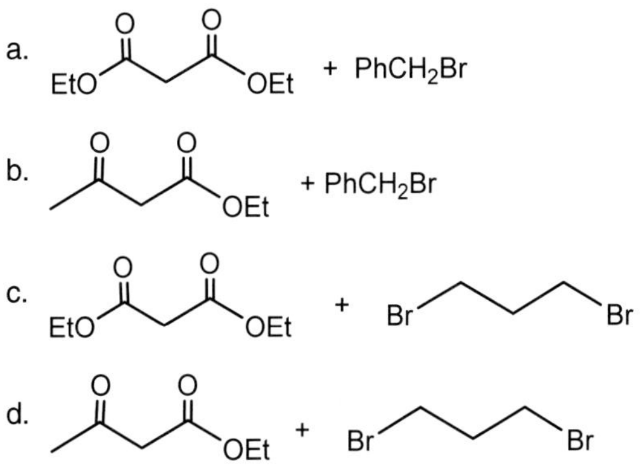

a. + PhCH₂Br

b. + PhCH₂Br

c. +

d. +

예제 17.5 말론산 에스터 합성 혹은 아세토아세테이트 합성을 이용하여 다음 화합물을 얻고자 한다. 합성 단계를 쓰시오.

a.   b.

풀이

a. 이 카복실산은 다음과 같이 역합성 분석할 수 있다.

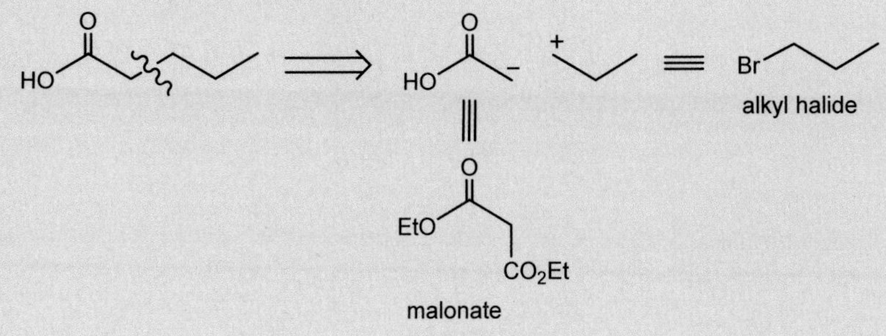

따라서 합성 단계는 다음과 같다.

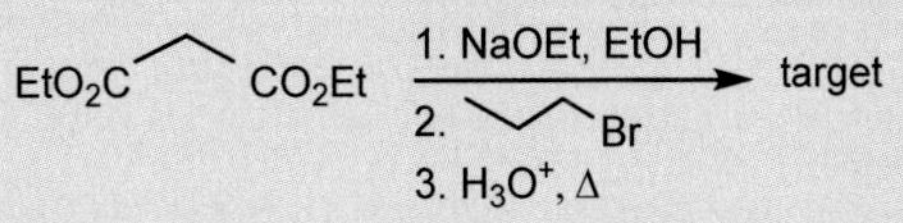

b. 이 케톤은 다음과 같이 역합성 분석할 수 있다.

acetoacetate

따라서 합성 단계는 다음과 같다.

문제 17.13 말론산 에스터 합성 혹은 아세토아세테이트 합성을 이용한 다음 화합물의 합성법을 제안하시오.

17.8 알돌 반응

알돌이라는 말은 알데하이드의 'ald'과 알코올의 'ol'이 합쳐져서 생겼다.

알데하이드 혹은 케톤의 친핵성 α-탄소가 카보닐기의 친전자성 탄소와 첨가 반응을 수행하면 알돌(aldol)이라고 부르는 생성물이 얻어지는데, 이러한 반응을 알돌 반응 (aldol reaction)이라고 부른다. 알돌 반응은 두 가지 반응 조건에서 일어날 수 있다.

17.8.1 산 촉매화 알돌 반응

앞에서 카보닐 화합물은 산 촉매 조건에서 엔올을 생성하고 엔올의 α-탄소는 친핵체 로서 Br_2 같은 친전자체와 반응한다고 배웠다. 비슷하게 엔올은 다음 메커니즘처럼 양성자 첨가된 카보닐 화합물과 반응할 수 있다.

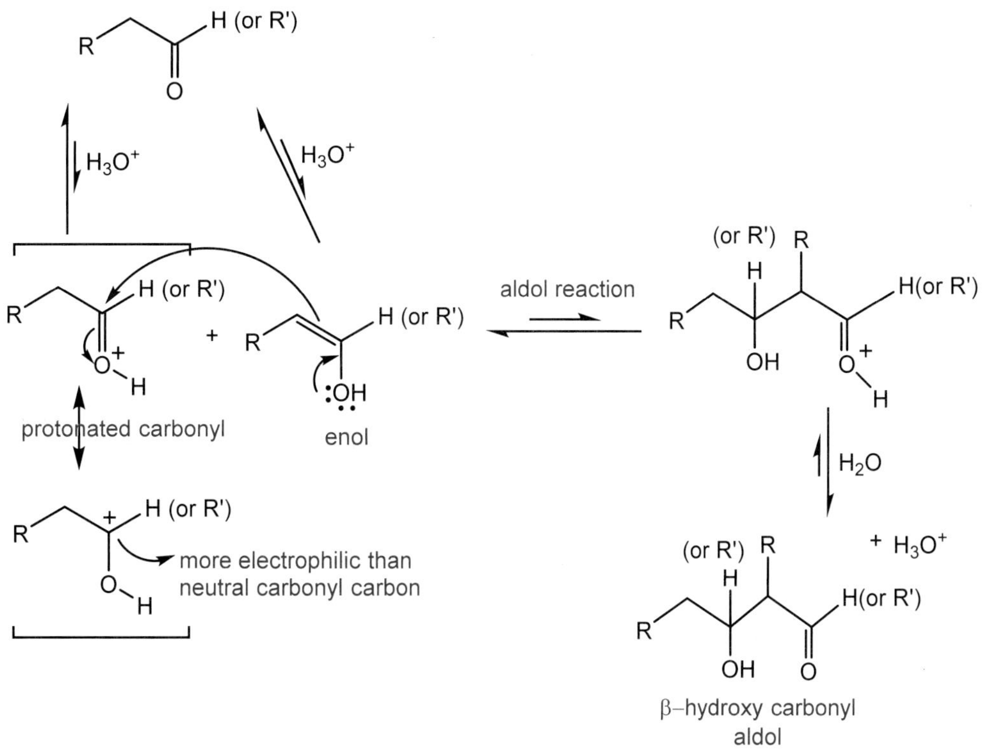

β–hydroxy carbonyl
aldol

산 촉매화 알돌 반응은 가역적이며 알데하이드의 경우에는 알돌 생성물이 유리하나 케톤의 경우에는 평형에서 불리하다. 하지만 온도가 높거나 R기가 방향족인 경우에는 탈수가 쉽게 비가역적으로 일어나서 안정한 α,β-불포화 카보닐 화합물이 얻어진다. 여기까지의 두 단계 반응을 통틀어서 알돌 축합(aldol condensation)이라고 부른다.

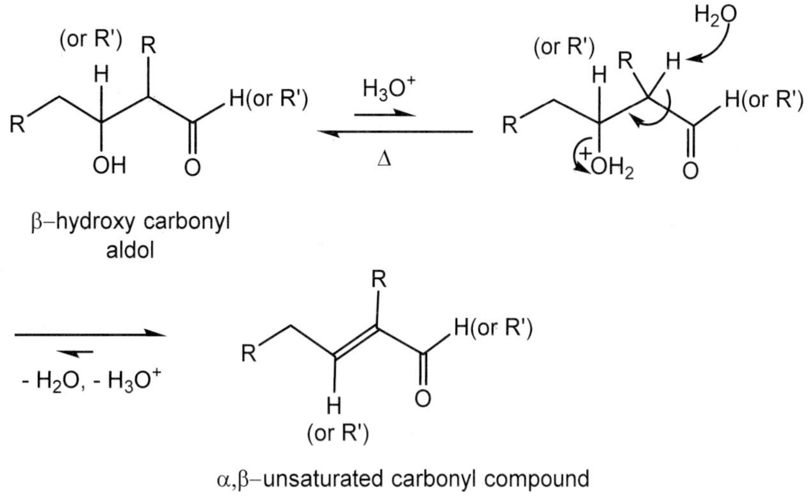

β–hydroxy carbonyl
aldol

α,β–unsaturated carbonyl compound

17.8.2 염기 촉매화 알돌 반응

NaOH 같은 염기 촉매에 의하여 카보닐 화합물의 α-수소가 제거되면 엔올 음이온이 생긴다. 이 엔올 음이온이 카보닐 탄소를 공격하면 첨가 반응이 일어나 알돌 생성물이 생긴다. 알데하이드의 경우에는 평형에서 알돌 생성물이 더 많이 존재한다.

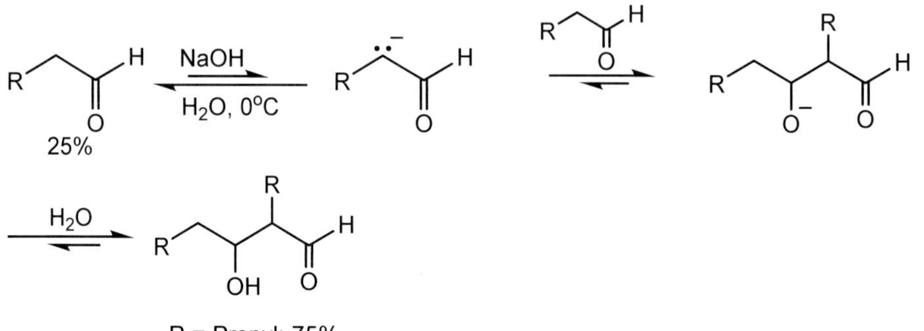

25%

R = Propyl: 75%

케톤의 경우에는 알돌 생성물이 불리하다.

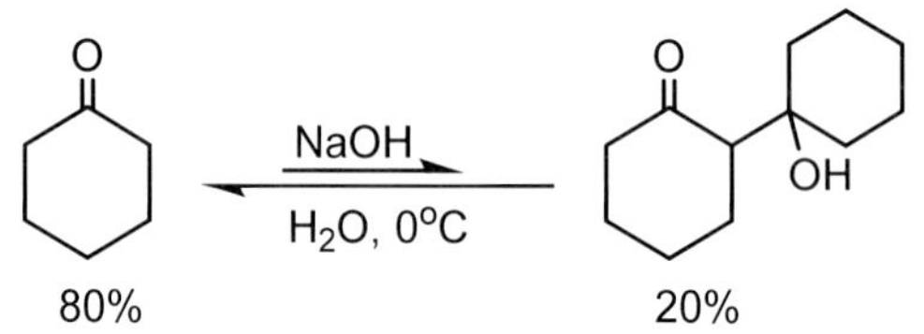

80%   20%

위 반응은 0~5℃에서 일어난다. 반응 온도를 90~100℃로 올리면 물의 탈수가 일어나서
알돌 축합 생성물이 얻어진다. 산성 조건에서는 E2 메커니즘에 따라 물이 제거된다.

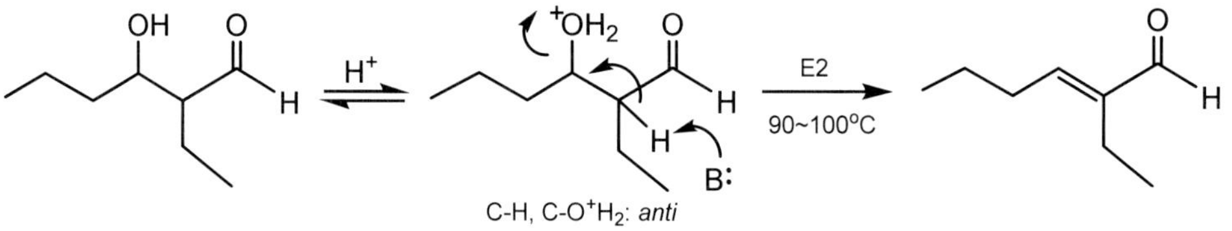

C-H, C-O⁺H₂: *anti*

반면에 염기성 조건에서는 E1cB(conjugate base) 메커니즘을 따른다. 즉, 염기가 α-H
를 먼저 제거하면 짝염기인 엔올 음이온이 얻어진 후 HO기가 제거된다. 그러면 안정
한 콘쥬게이션 화합물이 얻어지게 된다.

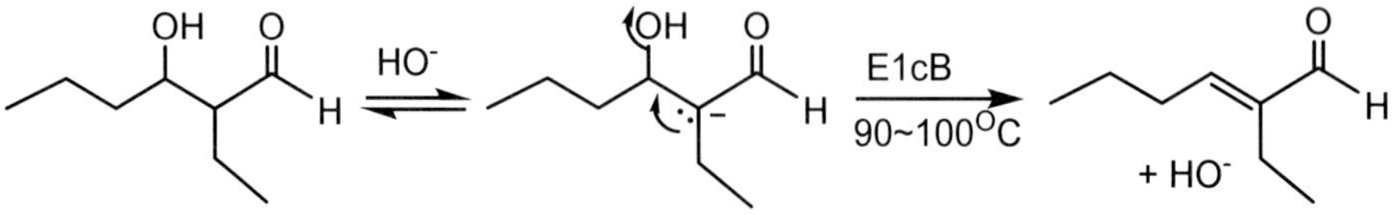

케톤의 경우 알돌 생성물은 평형에서 선호되지 않으나 온도를 올리면 더 안정한 짝지
은 화합물로 변환된다.

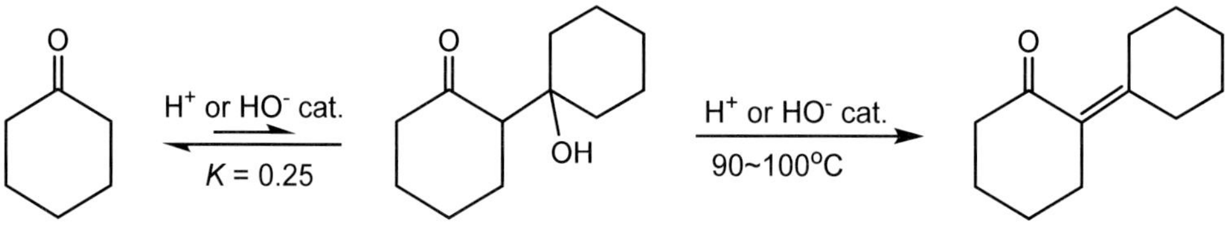

예제 17.6   **다음 카보닐 화합물의 알돌 생성물과 알돌 축합 생성물의 구조를 각각 그리시오.**

a.

b. Ph

풀이

알돌 생성물인 β-하이드록시 카보닐 화합물은 두 카보닐 화합물의 하나가 친핵체(α-탄소), 그리고 다른 화합물의 카보닐 탄소가 친전자체로 반응하면 얻어진다. 축합 생성물은 알돌 생성물이 탈수되어 α,β-위치에 이중 결합이 생긴 화합물이다.

a.

b.

문제 17.14   **다음 카보닐 화합물의 알돌 생성물과 알돌 축합 생성물의 구조를 각각 그리시오.**

a.

b. Ph⌒CHO

반면에 방향족 카보닐 화합물의 알돌 반응에서는 가열하지 않아도 상온에서 더 안정한 짝지은 화합물로의 변환이 빠르게 일어난다.

not isolated

17.9 교차 알돌 반응

앞에서는 알데하이드 혹은 케톤의 같은 두 분자 사이의 알돌 반응을 다루었다. 두 다른 카보닐 화합물 사이의 알돌 반응을 교차 알돌 반응(cross aldol reaction)이라고 부른다.

MeCHO와 EtCHO 사이의 알돌 반응에서는 네 가지의 알돌 생성물이 거의 같은 비로 생길 것이다. 따라서 이러한 반응은 유기 합성에서는 쓸모가 거의 없다.

문제 17.12 MeCHO와 EtCHO 사이의 알돌 반응에서 생길 수 있는 네 가지의 알돌 생성물의 구조를 모두 그리시오.

교차 알돌 반응에서 생성물의 수를 하나로 줄이려면 몇 가지 방법을 이용하여야 한다.

방법 1

두 카보닐 화합물 중에서 하나는 α-수소가 없어야 한다. 그러면 이 화합물은 친전자체로만 작용할 것이다. 이러한 부류의 화합물에는 반응성이 증가하는 순서대로 PhCHO, PhCH=CHCHO, Me₃CCHO, HCHO 등이 있다.

물론 EtCHO 사이의 알돌 반응도 일어날 것이다. 교차 알돌 반응이 잘 일어나려면(EtCHO보다 덜 친전자성인) PhCHO를 과량으로 넣어주는 것이 필요하다.

(in excess)   68%

위 반응에서 α-수소가 있는 EtCHO만 친핵체로 작용하므로 생성물의 수가 줄어든다

케톤인 PhCOMe와 4-나이트로벤즈알데하이드 사이의 교차 알돌 반응은 매우 잘 일어난다.

99%

문제 17.16 위 교차 알돌 반응이 성공적인 이유는 무엇이라고 생각하는가?

문제 17.17 다음 교차 알돌 반응은 성공적이지 않다. 그 이유는 무엇일까?

비슷한 예로서 MeCHO와 MeCO₂Et 사이의 다음과 같은 반응(17.12절에서 다룰 교차 클라이젠 축합 반응)도 성공적이지 못하다.

MeCHO + MeCO₂CHMe₂ →(NaOEt / EtOH)→ impossible!
pKa = 17   pKa = 24

MeCHO의 α-수소가 더 산성이므로 MeCHO가 친핵체로 작용할 것이다. 그리고 에스터보다 알데하이드의 카보닐 탄소가 더 친전자성이므로 결국 MeCHO 사이의 알돌 반응이 주로 일어나게 될 것이다.

위의 생성물을 얻으려면 대신 곧 다룰 지향성 알돌 반응을 이용하여야 한다.

MeCO₂CHMe₂ →(1. LDA, -78°C, THF / 2. MeCHO / 3. H₂O)→

HCHO와의 반응

HCHO는 가장 반응성이 큰, α-수소가 없는 카보닐 화합물이다. HCHO는 너무 반응성이 커서 일 당량을 사용하더라도 알돌 반응이 한 번만 일어나지 않는다.

어떤 교재에 다음과 같은 반응이 소개되어 있다.

β-hydroxy carbonyl compound

α,β-unsaturated carbonyl compound

사이클로헥산온을 염기성 조건에서 HCHO와 알돌 반응시키면 β-하이드록시 카보닐 화합물이 얻어지고, 이를 염기성 조건에서 탈수시키면 α,β-불포화 화합물이 얻어진다고 한다. 과연 그럴까?

HCHO은 매우 좋은 친전자체이기 때문에 한 번만 알돌 반응이 일어나는 것은 불가능하며 위 반응은 일어나지 않는다. 대신 HCHO는 케톤의 가능한 모든 α-위치에서 알돌 반응을 수행한다. 따라서 HCHO가 과량이면 테트라올이 얻어질 것이고, 일 당량만 사용하였다면 다양한 구조의 알코올의 혼합물이 얻어질 것이다

시그마알드리치사(https://www.sigmaaldrich.com)에서

(α-methylenecyclohexanone)을 파는지 조사해보자. 비슷한 구조의

(2-cyclohexen-1-one)은 살 수 있을 것이다.

HCHO / NaOH, H₂O

또한 만약에 염기의 농도가 높다면 HCHO가 환원제로 작용하는 카니자로 반응(Cannizzaro reaction)이 일어날 수도 있다.

문제 17.18 진한 농도의 NaOH 조건에서 일어나는 MeCHO와 HCHO 사이의 반응의 최종 생성물의 구조를 그리시오(카니자로 반응도 일어남).

α-수소가 없는 알데하이드(예: PHCHO, HCHO)의 H 원자가 진한 농도의 NaOH의 조건에서 수소화 이온 환원제의 역할을 수행하는 반응을 카니자로 반응이라고 부른다. 대표적인 예가 두 벤즈알데하이드가 벤조산 음이온과 벤질 알코올로 각각 산화-환원되는 반응이다.

방법 2

두 카보닐 화합물 중에서 하나만 α-수소가 특별히 산성인 경우에는 그 카보닐 화합물은 친핵체로서만 반응하므로 교차 알돌 반응에서 생성물이 하나만 생긴다. 이러한 카보닐 화합물의 공통점은 CH_2기에 CO_2Et, COR. CHO, CN 같은 전자 끄는 기가 두 개 붙어 있다는 점이다.

방법 3. 지향성 알돌 반응

두 카보닐 화합물에 모두 α-수소가 있다면 교차 알돌 반응을 어떻게 수행할 수 있을까? 이 경우에는 한 카보닐 화합물을 엔올 음이온 친핵체로 바꾼 후에 친전자체 역할을 하는 다른 카보닐 화합물을 가하면 된다. 이러한 방식의 알돌 반응을 지향성 알돌 반응(directed aldol reaction)이라고 부른다.

예컨대 케톤 RCH_2COMe을 저온에서 LDA로 처리하여 속도론적 엔올 음이온을 얻은 후에 카보닐 화합물을 가하면 다음과 같은 생성물이 생길 것이다.

하지만 이 방법은 알데하이드의 경우에는 사용할 수 없다. 그 이유는 알데하이드의 리튬 엔올 음이온은 저온에서도 반응성이 커서 자체 알돌 반응을 쉽게 하기 때문이다 (17.5.5절). 따라서 다음 반응은 성공적이지 않다.

예제 17.7   다음 교차 알돌 반응의 축합 생성물을 그리시오.

풀이

문제 17.19   다음 교차 알돌 반응의 축합 생성물을 그리시오.

17.10 분자 내 알돌 축합

분자에 카보닐기가 두 개 있으면 분자 내 알돌 축합이 일어나며(분자 내 반응이 분자 간 반응보다 빠름) 알돌 반응은 가역적이므로 열역학적으로 안정한 오- 혹은 육원자 고리 화합물의 생성이 선호된다. 예로서 1,4- 및 1,5-다이카보닐 화합물의 반응에서는 각각 오- 혹은 육원자 고리 화합물이 얻어진다.

만약에 메틸렌기에서 수소가 제거된다면, 다음과 같은 화합물이 생길 것이다. 하지만 이 물질은 열역학적으로 불안정한 삼원자 고리이므로 역알돌 반응(retro-aldol reaction)이 일어나서 원래의 출발물로 다시 변하게 된다. 결국, 열역학적으로 안정한 오원자 고리가 얻어지게 된다.

비슷하게, 1,5-다이카보닐 화합물의 알돌 반응에서는 육원자 고리가 얻어진다.

생화학적 반응

프럭토스-1,6-이인산 알돌화 효소(fructose 1,6-bisphosphate aldolase)는 탄수화물의 대사와 합성에 모두 관여하는 효소이다. 이 효소는 친전자체인 3-탄소 탄수화물인 글리세르알데하이드-3-인산(glyceraldehyde-3-phosphate, GAP)을 친핵체인 다이하이드록시아세톤 인산(dihydroxyacetone phosphate, DHAP)과 연결시켜 6-탄소 화합물을 합성한다.

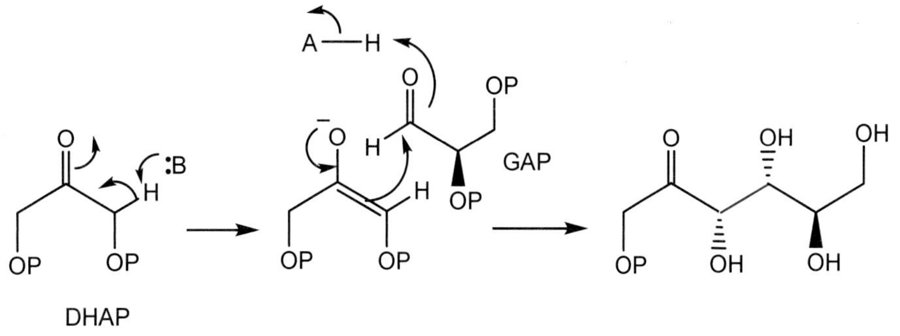

DHAP

에스터와 싸이오에스터도 알돌 반응에서 친핵체로 반응할 수 있다. 크렙스(Krebs) 회로의 첫 단계는 친핵체인 아세틸 CoA가 친전자체인 옥살로아세테이트(oxaloacetate)에 첨가하는 반응이다.

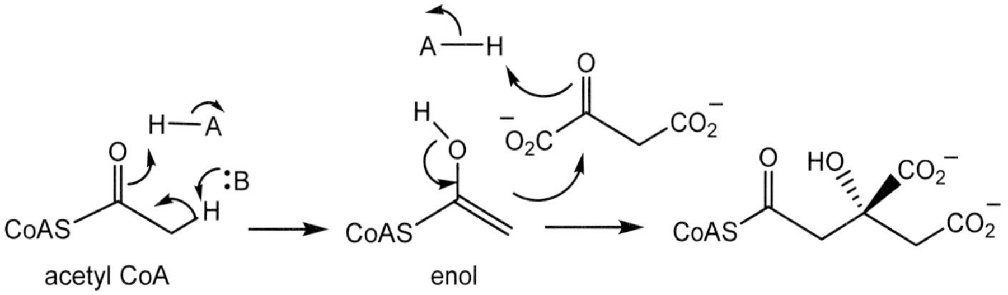

acetyl CoA   enol

알돌 반응은 또한 효소의 라이신(lysine)으로 연결된 이미늄(imininium) 중간체를 거쳐서 일어나기도 한다.

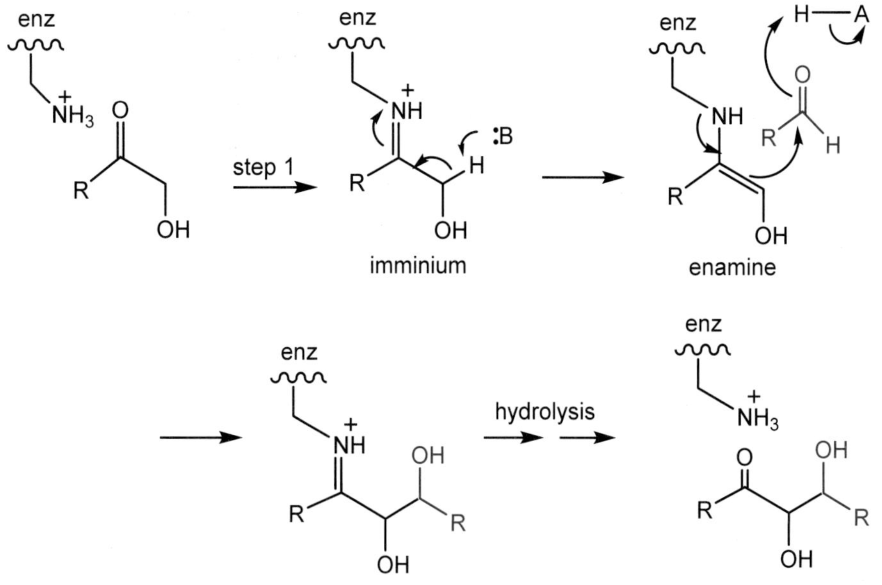

imminium   enamine

17.11 클라이젠 축합

α-수소가 있는 에스터 RCH_2CO_2Et의 에탄올 용액에 일 당량의 NaOEt 염기를 가하고 가열하여 반응이 일어나게 한 후, 산으로 중화하면 β-케토 에스터를 얻을 수 있다. 이 런 반응을 클라이젠 축합(Claisen condensation)이라고 부른다.

에스터의 α-수소는 pK_a가 24 정도이므로 NaOEt에 의해서 아주 소량의 에스터 엔올 음이온만 생길 것이다. 이 음이온이 더 많이 존재하는 친전자성 에스터와 첨가 반응을 하게 되면 사면체 중간체가 평형에서 소량 생길 것이다. 이 중간체에서 알콕사이드 이온이 떨어지게 되면 β-케토 에스터가 얻어진다.

이 단계까지는 β-케토 에스터가 출발물인 두 분자의 에스터에 비하여 열역학적으로 불안정하므로(β-케토 에스터는 에스터기가 하나이나 두 분자의 에스터는 에스터기가 둘임) 평형에서는 출발물이 더 많이 존재할 것이다. 그러나 β-케토 에스터의 메틸렌 수소는 pK_a가 11이므로 에톡사이드 이온은 거의 정량적으로 양성자를 제거하여 공명 안정화 β-케토 에스터의 음이온을 생성할 것이다. 바로 이 산-염기 반응이 그 전 단계 까지의 불리한 상황을 생성물의 생성이 유리한 쪽으로 반전시키는 역할을 수행한다. 마지막으로 음이온을 산으로 중화하면 최종 생성물인 β-케토 에스터가 얻어진다.

클라이젠 축합 반응에서는 일 당량의 염기가 소모된다. 이 점이 NaOH, NaOEt 같은 염기가 촉매 역할을 하는 알돌 반응과 다른 점이다.

클라이젠 반응은 분자 내에서도 일어나면 이러한 반응을 디크만 축합 반응(Dieckman condensation)이라고 부른다. 분자 내 알돌 반응에서처럼 디크만 반응에서도 오- 혹은 육원자 고리가 선호된다.

17.12 교차 클라이젠 축합 반응

> 좋은 수율로 원하는 생성물을 얻기 위해서는 과량의 α-수소가 없는 화합물의 염기성 용액에 α-수소가 있는 성분을 천천히 가하면서 반응시켜야 한다.

교차 알돌 반응에서처럼 생성물의 수를 하나로 줄이려면 두 에스터가 각각 친핵체와 친전자체 역할만 수행하여야 한다. α-수소가 없다면 이 에스터는 친핵체 역할이 아니라 친전자체로서만 반응할 것이다. 이러한 에스터의 예는 벤조산 에스터, 카본산 에스터, 폼산 에스터 및 옥살산 에스터이다(이 순서로 친전자성이 증가).

케톤과 에스터 사이의 클라이젠 축합 반응도 가능하다. 이 경우에는 케톤의 α-수소가 에스터에 비하여 더 산성이므로 케톤이 친핵체로서 반응한다. 케톤의 알돌 반응도 가능하나 평형에서는 결국 열역학적으로 안정한 β-다이카보닐 화합물의 음이온이 우세하게 된다.

예제 17.8 다음 두 화합물을 같은 몰 비로 일 당량의 NaOEt의 EtOH 용액에서 반응시켰다. 산으로 중화한 후 얻어지는 생성물을 그리시오.

풀이

문제 17.20 다음 두 화합물을 같은 몰 비로 일 당량의 NaOEt의 EtOH 용액에서 반응시켰다. 산으로 중화한 후 얻어지는 생성물을 그리시오.

a. PhCO₂Et　　MeCO₂Et
(excess)

b.

EtO₂C-CO₂Et

생화학적 반응

싸이오에스터는 에스터에 비하여 엔올화 반응이 더 잘 일어난다. 에스터가 엔올화되면 −OR의 산소의 고립쌍이 비편재화될 수 없으나, 싸이오에스터의 경우에는 처음부터 비편재화가 될 되어 있으므로 엔올로 변하여도 손해 볼 것이 별로 없기 때문이다.

싸이오에스터의 클라이젠 축합 반응의 예는 두 아세틸 CoA 분자 사이의 반응이다. 이 반응은 콜레스테롤이나 터펜의 생합성의 첫 단계이다.

단계 1에서 효소의 활성화 자리에 있는 시스테인과 아세틸 CoA의 싸이에스터 교환 반응(transthioesterification)이 일어나고 단계 2에서는 아세틸 CoA이 친핵성 엔올 음이온으로 변한다. 단계 3에서는 엔올 음이온이 싸이오에스터를 공격하면 사면체 중간체가 생기고, 여기에서 시스테인이 방출되면 아세토아세틸 CoA가 생긴다.

생화학에서 일어나는 다른 종류의 클라이젠 축합 반응은 싸이오에스터의 α-위치에서 탈카복실화 반응이 일어나서 생기는 엔올 음이온이 참여한다.

이러한 예는 지방산의 생합성에서 찾을 수 있다.

ACP: acyl carrier protein

17.13 콘쥬게이션 첨가

단순한 알켄은 친핵체와 첨가 반응을 하지 않지만 α,β–불포화 카보닐 화합물의 경우 다음과 같은 공명 구조가 보여주듯이 β-탄소가 친전자체의 역할을 할 수 있어서 다양한 친핵체가 탄소-탄소 이중 결합에 첨가될 수 있다.

물론, 친핵체는 카보닐기에 첨가될 수도 있으며 이러한 첨가를 1,2-첨가라고 부른다. 하지만 친핵체 중에서 안정한 친핵체는 주로 β-탄소에 첨가하는데, 이러한 첨가를 1,4–첨가 혹은 콘쥬게이션 첨가(conjugate addition)라고 부른다.

1,2-와 1,4-첨가 중에서 어느 것이 우세할지는 반응 조건, 불포화 화합물의 구조 및 친핵체에 따라 다르다.

반응 조건 중에서는 온도도 중요하다. 1,3-다이엔의 친전자성 첨가에서 논의한 바와 같이 불포화 카보닐 화합물의 경우에도 1,4-첨가물이 열역학적 생성물이고 1,2-첨가물이 속도론적 생성물이다. 따라서 온도가 증가하면 1,4-생성물의 양이 증가한다.

카보닐기의 탄소가 더 친전자성일수록(더 굳은 친전자체) 1,2-첨가가 선호된다. 그러므로 1,2-첨가의 정도는 다음 순으로 증가한다.

다른 중요한 변수는 친핵체이다. 친핵체는 원자가 크면 더 무른 친핵체가 되는데, 무른 친핵체는 무른 친전자체인 탄소와의 반응을 선호하기 때문에 1,4-첨가가 선호된다. 이러한 친핵체의 예는 RSH. RS⁻, I⁻, RNH_2 등이다. 또한 RMgBr, RLi는 1,2-첨가를 선호하나 R_2CuLi은 1,4-첨가를 선호한다.

예제 17.9 **다음 콘쥬게이션 첨가 반응의 생성물을 그리시오.**

풀이

문제 17.21 다음 콘쥬게이션 첨가 반응의 생성물을 그리시오.

17.14 마이클 반응

1,4-첨가를 선호하는 탄소 친핵체의 중요한 예는 1,3-다이케톤, β-케토 에스터, 1,3-다이에스터, β-케토 나이트릴 등의 공명 안정화 음이온(마이클 주개(Michael donor)라고 부름)이며, 이러한 음이온의 1,4-첨가를 마이클 반응(Michael reaction)이라고 부른다. 나이트로알케인, RCH_2NO_2(pK_a=10)의 음이온도 좋은 마이클 주개이다. α,β-불포화 카보닐 화합물 및 이와 유사한 화합물을 마이클 받개(Michael acceptor)라고 부른다.

마이클 받개의 예는 다음과 같다.

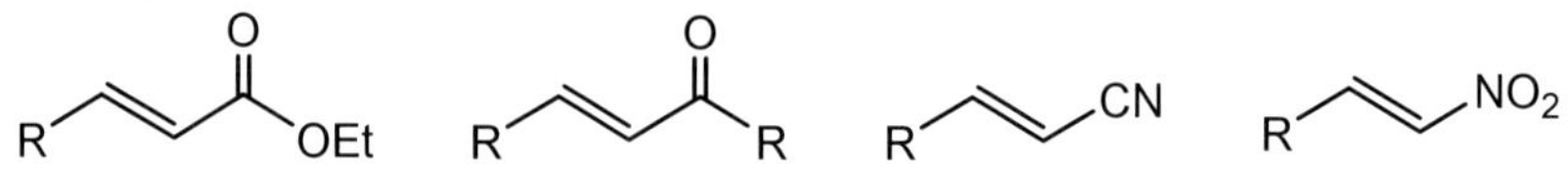

이러한 마이클 반응을 이용하면 1,5-다이카보닐 화합물을 얻을 수 있다.

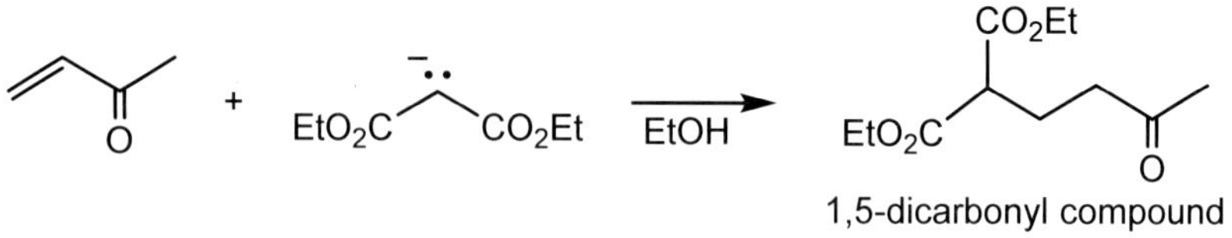

1,5-dicarbonyl compound

예제 17.10 다음 마이클 반응의 생성물을 그리시오.

풀이

나이트로메테인의 음이온과 아세토아세테이트의 음이온은 모두 좋은 마이클 주개이다.

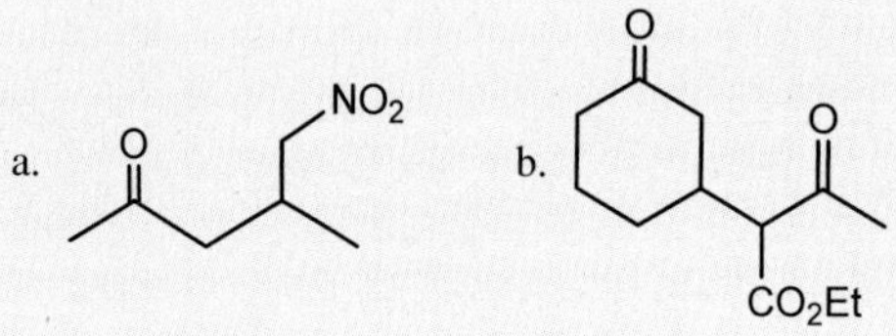

문제 17.22 다음 마이클 반응의 생성물을 그리시오.

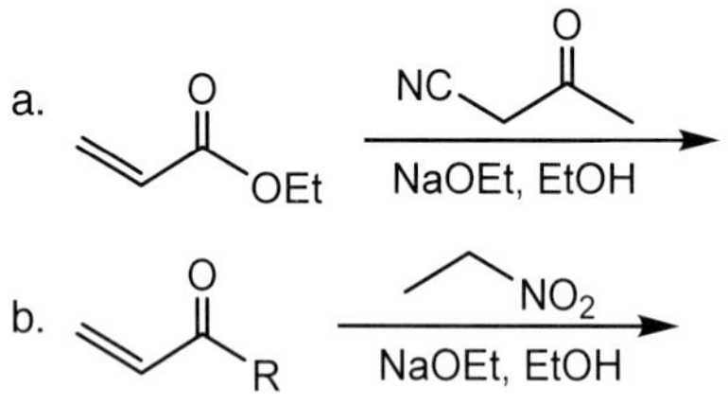

17.15 로빈슨 고리화 반응

엔올 음이온이 마이클 받개와 마이클 첨가 반응 후, 1,5-다이카보닐 생성물이 분자 내 알돌 축합 반응을 하여 육원자 고리 화합물이 생기는 반응을 로빈슨 고리화 반응 (Robinson annulation)이라고 부른다. 아래 반응의 최종 생성물인 윌란드-미셔 케톤 (Wieland-Miescher ketone)은 스테로이드 합성의 중요한 출발물이다.

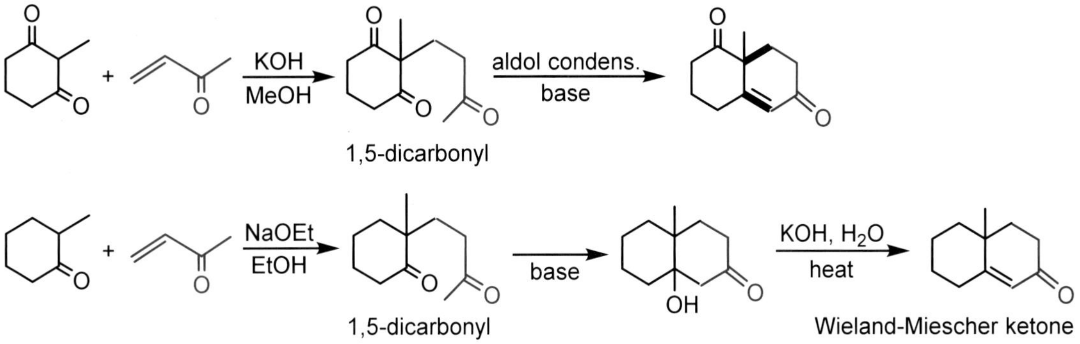

1,5-dicarbonyl

1,5-dicarbonyl   Wieland-Miescher ketone

예제 17.11 다음 두 화합물이 로빈슨 고리화 반응을 수행하였을 때 생기는 생성물을 그리시오.

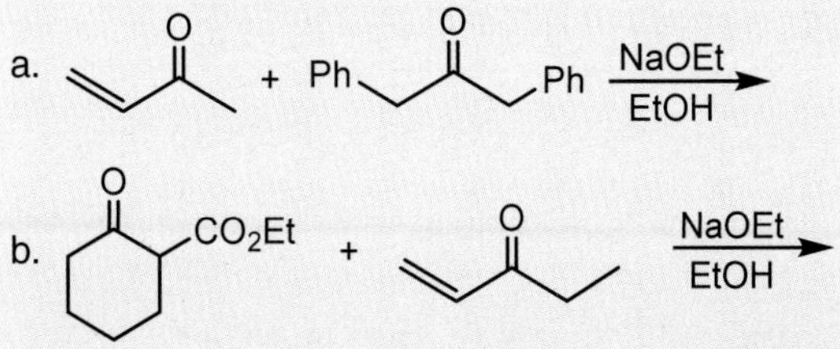

a.

b.

풀이

로빈슨 고리화 반응의 첫 단계는 마이클 반응이다. 따라서 a.와 b.의 경우 각각 다음 화합물 (1,5-다이카보닐 화합물)이 얻어진다.

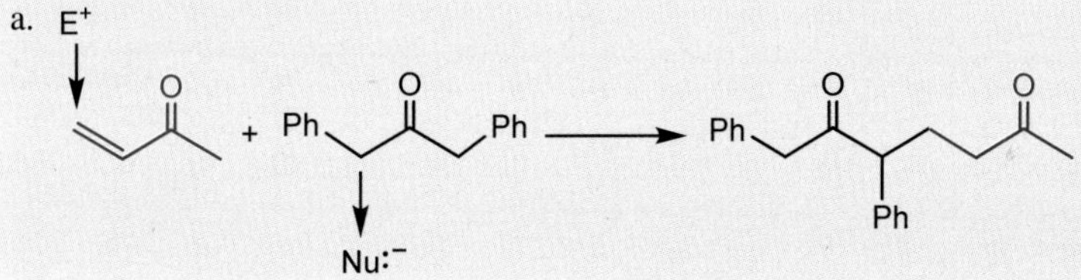

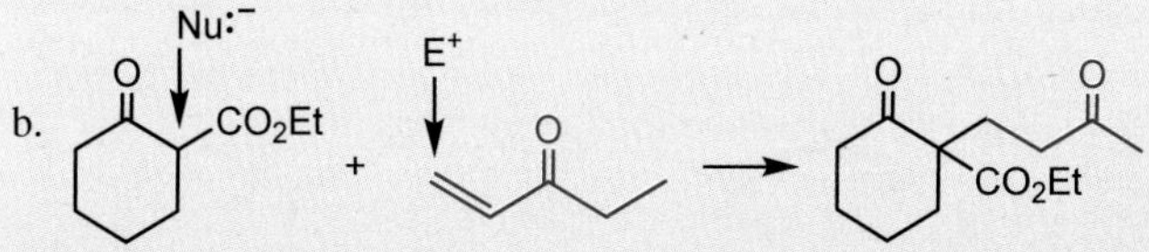

a.

b.

그 다음에 1,5-다이카보닐 화합물의 알돌 축합 반응이 이어진다. a의 경우 메틸기 대신에 Ph기 옆의 α-탄소가 친핵체로 작용하면 더 콘쥬게이션을 이루어서 더 안정한 고리 화합물이 얻어진다.

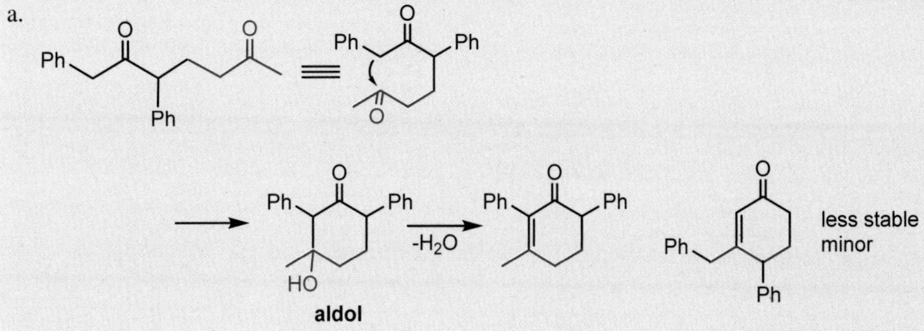

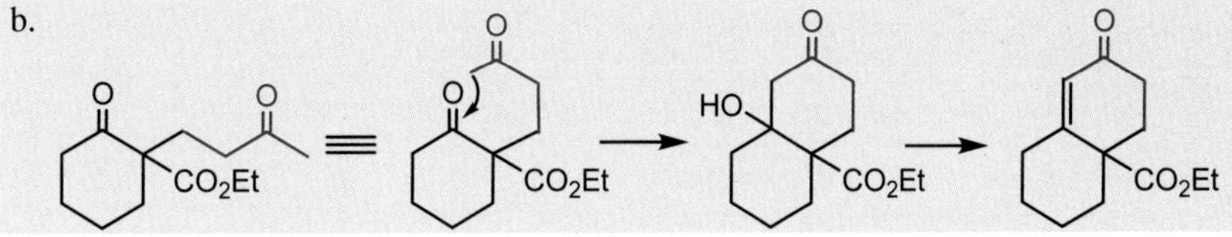

a.

b.

문제 17.23 다음 두 화합물이 로빈슨 고리화 반응을 수행하였을 때 생기는 생성물을 그리시오.

a.
b.

17.16 역합성 분석을 이용한 유기 합성

이 절에서는 이번 장에서 다룬 반응과 연관된 역합성 분석을 다루기로 한다. 역합성 분석에서 절단의 위치 및 결합의 절단에서 생긴 합성 단위체의 극성에 유념하기 바란다.

예 1. 알돌 축합 생성물의 역합성 분석

역합성 분석의 첫 단계는 물 분자를 첨가하여 알돌 화합물을 얻는 것이다. 알돌 화합물을 α-와 β-위치 사이에서 절단하면 두 가지 카보닐 화합물이 얻어진다.

using aldol reaction

역합성 분석:

실제 합성:

예 2. 클라이젠 생성물의 역합성 분석

클라이젠 생성물은 β-케토 에스터이며 α-와 β-위치 사이에서 절단하면 두 가지 카보닐 화합물이 얻어진다.

역합성 분석:

실제 합성:

예 3. 케톤의 역합성 분석(아세토아세트산 에스터 합성 이용)

케톤을 α-와 β-위치 사이에서 절단하면 탄소 음이온(엔올 음이온)이 얻어지는데, 이 합성 단위체의 시약으로서 아세토아세트산 에스터를 이용하고 염기는 NaOEt를 이용한다.

역합성 분석:

실제 합성:

예 4. 1,5-다이카보닐 화합물의 역합성 분석

1,5-다이카보닐 화합물은 마이클 반응으로 얻어진다. 절단은 α−와 β−위치 사이에서 일어나며 두 가능성 중에서 더 안정한 음이온이 생기는 절단이 선호된다(고리는 절단하지 않음). 이때 β−탄소에 양전하를 띤 합성체 단위체의 시약으로서는 반드시 α, β−불포화 카보닐 화합물을 이용해야 한다.

역합성 분석:

실제 합성:

예 5. 로빈슨 고리화 반응을 이용하는 합성

로빈슨 고리화 반응은 마이클 첨가, 알돌 반응, 그리고 탈수 반응의 순으로 일어나므로 역합성 분석의 첫 단계는 물 분자를 첨가하여 알돌 생성물을 만드는 것이다. 그 다음의 역합성 분석은 알돌 생성물의 역합성 분석을 따르면 된다.

역합성 분석:

실제 합성:

예제 17.12 **다음 화합물의 합성에 필요한 출발물을 역합성 분석으로 확인하시오.**

a.

b.

풀이

a.

b.

다음 화합물의 합성에 필요한 출발물을 역합성 분석으로 확인하시오.

a. (말론산 에스터 합성 이용)

b. (유기구리 시약 이용)

c. (LDA 염기 이용)

d.

추가 문제

〈엔올과 엔올 음이온〉

문제 17.25 다음 카보닐 화합물은 가능한 엔올 구조가 두 개이다(cis, $trans$-이성질체는 무시). 두 구조를 그리고 어느 것이 더 안정한지를 결정하시오. 또한 그 이유를 쓰시오.

a. b. c.

문제 17.26 2,4-펜테인다이온($MeCOCH_2COMe$)은 $CHCl_3$ 용매에서 케토 토토머와 엔올 토토머의 혼합물 (1:3)로 존재하며 엔올 토토머가 주 구조이다. 두 토토머의 구조를 그리고 엔올이 더 안정한 이유 두 가지를 제안하시오.

문제 17.27 다음 화합물을 상온에서 NaOEt로 처리하였을 때 생기는 주 엔올 음이온의 공명 구조를 모두 그리시오.

a. b. c.

〈메커니즘〉

문제 17.28 카보닐기 화합물의 반응을 이해하려고 할 때 분자의 어느 원자가 친핵체 및 친전자체의 역할을 수행할 수 있는지가 매우 중요하다. 각 구조에서 친핵성 원자는 Nu:⁻, 친전자성 원자는 E⁺로 표시하시오.

a. b. c.

d.

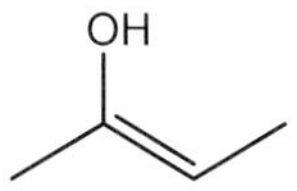

e. Ph—C≡N

f.

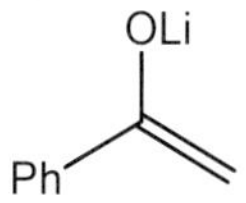

g.

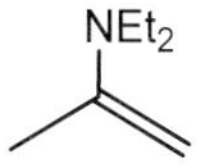

문제 17.29   엔아민이 염화 아실 화합물과 반응하면 가수 분해를 거쳐서 1,3-다이케톤 화합물이 얻어진다. 이 반응의 메커니즘을 그리시오.

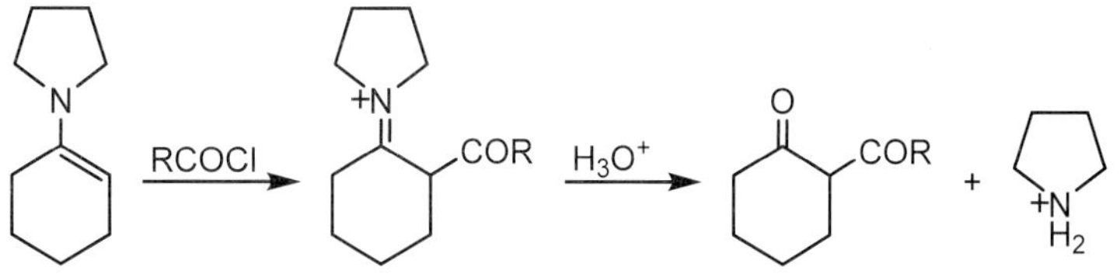

문제 17.30   다음 반응의 메커니즘을 그리시오.

a.

b.

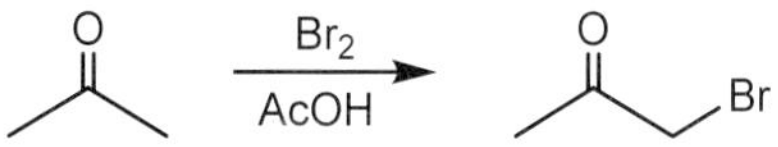

c.

d.

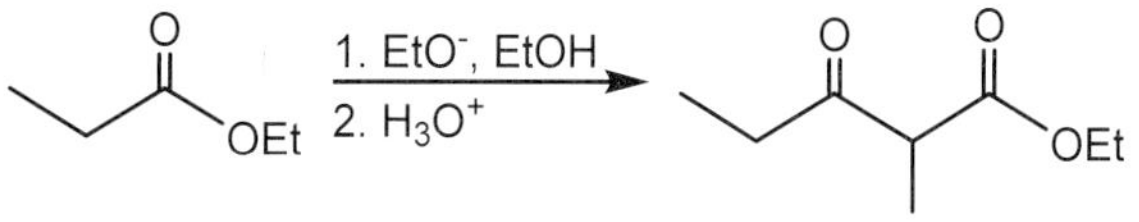

문제 17.31   2-메틸사이클로헥산온을 NaOEt의 존재하에서 다이에틸 카보네이트로 처리하면 다음과 같은 β-케토 에스터가 얻어진다.

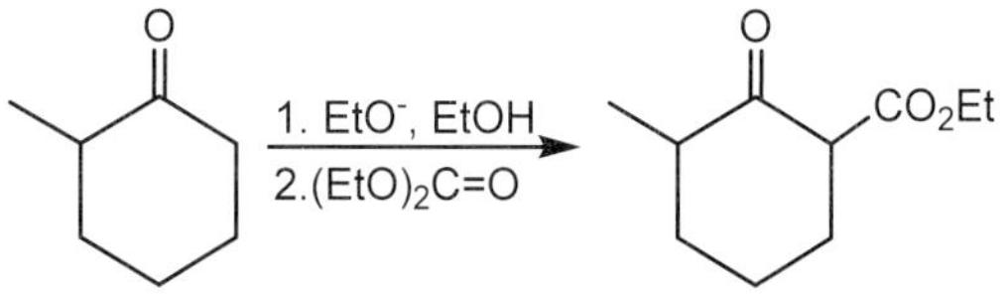

EtOH 용매에서 EtONa 같은 염기를 이용하면 열역학적 엔올 음이온이 얻어진다고 배웠다. 그렇다면 이 음이온이 카보네이트와 반응하면 다음과 같은 생성물이 얻어져야 하나 실제는 그렇지 않다. 그 이유는 무엇일까?

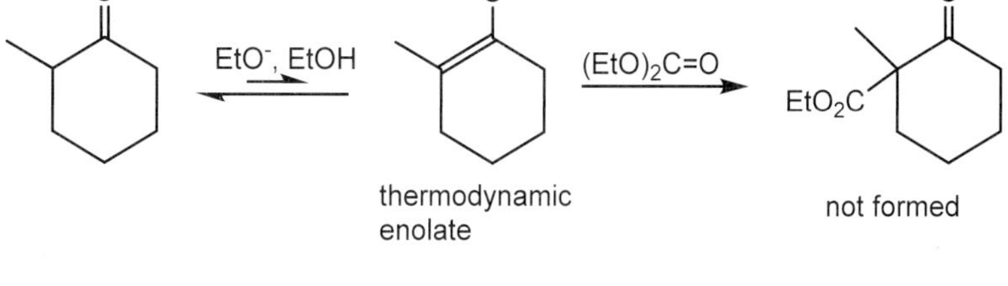

thermodynamic enolate

not formed

문제 17.32   β,γ-불포화 카보닐 화합물은 산 혹은 염기 촉매 존재하에서 쉽게 α,β-불포화 화합물로 이성질화한다. 염기 존재하에서 일어나는 변환의 메커니즘을 그리시오. 평형에서는 어느 구조가 주로 존재하는가?

β,γ-unsaturated
carbonyl

α,β-unsaturated
carbonyl

〈반응〉

문제 17.33   순진해 학생은 사이클로헥산온의 α-위치에 좋은 수율로 메틸기를 도입하기로 마음먹고 상온에서 사이클로헥산온의 EtOH 용액에 1당량의 NaOEt를 가한 후 10분 후에 1당량의 MeI을 가하였다. 이 반응이 마음대로 가지 않는 이유를 설명하시오.

cyclohexanone

2-methylcyclohexanone

18

아민

아민은 암모니아의 수소 원자가 알킬기나 아릴기로 치환된 유기 화합물이다. 암모니아처럼 아민도 약한 염기(짝산의 pK_a = ~10)이나 알코올보다는 더 센 염기이다. 따라서 아민은 알코올보다 더 좋은 친핵체이다.

아민은 치환기의 수에 따라 일차, 이차 및 삼차 아민으로 분류한다(알킬 할라이드나 알코올의 분류와 다름).

일차 아민: RNH_2, 이차 아민: R-NH-R, 삼차 아민: R_3N, 사차 아민: R_4N^+

흥미로운 아민

트라이메틸아민처럼 저분자량의 아민은 썩은 생선 냄새를 풍긴다. 생선 요리를 먹을 때 레몬 즙을 뿌리는 이유도 레몬의 산성 물질(시트르산)이 아민을 냄새가 나지 않는 암모늄 염으로 만들어주기 때문이다. 퓨트리신과 카다버린도 불쾌한 냄새를 풍기는 다이아민이다. 이 두 아민은 썩은 생선, 정액, 소변이나 입냄새의 성분이다.

putrescine

cadaverine

도파민, 아드네랄린과 노르아드네랄린 같은 2-페닐에틸아민 계열의 화합물은 신경전달 물질로 작용한다. 필로폰으로 알려져 있는 메스암페타민은 중독성 마약이다(**노르-**(nor-)는 질소 원자나 탄소 원자에서 탄소 하나가 제거되고 대신 수소 원자로 치환된 화합물을 지칭하는 접두사이다).

dopamine

adrenaline
(epinephrine)

noradrenaline
(norepinephrine)

methamphetamine

에페드린과 슈도에페드린은 기관지 확장제로서 기침약의 성분이다.

ephedrine

pseudoephedrine

아미노산인 히스티딘에서 탈카복실화 효소 반응이 일어나면 히스타민이 생성된다. 과량의 히스타민은 알레르기를 일으키거나 감기 증상을 유발한다. 이러한 증상을 완화시키는 약을 항히스타민제라고 부르며, 현재 세티리진 같은 졸음을 유발하지 않는 항히스타민제가 시판되고 있다.

histidine

$-CO_2$

histamine

cetirizine
(Zyrtec)

또한 히스티민이 위산의 과량 분비를 일으키면 위궤양이 유발될 수 있다. 라니티딘, 오메프라졸 같은 의약품이 이러한 증상의 치료에 쓰인다.

ranitine
(Zantac)

omeprazole

아민의 다른 예는 피리딘처럼 고리에 질소가 포함된 헤테로 고리(heterocycle) 화합물로서 구조가 매우 다양하다. 식물에서 유래하는 천연 아민을 알칼로이드(alkaloid)라고 부른다. 니코틴(담배), 카페인(커피), 모르핀(양귀비) 등이 알칼로이드의 예이며 특이한 생리 효과를 보인다. 펜타닐은 합성 마약성 진통제로서 현재 미국에서 남용이 큰 사회 문제가 되고 있다.

| pyridine | nicotine | caffeine | morphine | fentanyl(synthetic opioid) |

18.1 아민의 명명법

아민의 체계명은 알코올과 비슷한 방법으로 정한다. 즉, 알코올의 말미 '-ol' 대신에 '-amine'을 붙인다.

CH₃CH₂NH₂ ethanamine 에탄아민 (CH₃CH₂OH ethanol 에탄올)

1-ethylpentanamine

이차, 삼차 아민의 경우에는 가장 긴 탄소 사슬을 포함하는 아민을 어미 구조로 명명하고 더 짧은 알킬기 치환기를 *N-* 다음에 표시한다.

CH₃NHCH₂CH₃	*N*-methylethanamine
(CH₃CH₂)₂NH	*N*-ethylethanamine
(CH₃CH₂)₃N	*N*,*N*-diethylethanamine

NH₂기를 경우에 따라서는 아미노(amino)기로 명명하기도 한다. 명명법에서 아민기의 우선순위는 알코올보다 아래이다.

H₂N-CH₂-CH₂-CH₂-OH	3-amino-1-propanol

아민의 상용명은 알킬기의 이름에 '-amine'을 붙여 명명하고 한 단어처럼 쓴다.

CH₃CH₂NH₂   ethylamine
(CH₃)₂N-CH₂CH₂CH₃ *N,N*-dimethylpropylamine

다음과 같은 구조의 경우 상용명이 널리 쓰인다.

aniline

p-toluidine

p-anisidine

18.2 아민의 구조

지방족 아민의 C-N 결합은 알코올의 C-O 결합보다 더 길지만 C-C 결합보다는 짧다. 이러한 경향은 C, N, O의 원자 크기와 결부되어 있다.

지방족 아민은 삼각 피라미드 구조로서 질소는 sp^3 혼성이다. 따라서 질소의 세 치환기가 다르면 아민이 카이랄하므로 두 거울상 이성질체로 분리할 수 있을 것이다. 하지만 실제로는 특별한 경우가 아니면 분리할 수 없다. 그 이유는 질소 원자를 중심으로 하는 반전의 에너지 장벽이 ~6 kcal mol⁻¹ 정도이므로 상온에서 매우 빠르게 일어나기 때문이다.

18.3 아민의 염기도

아민은 암모니아처럼 약염기이며 지방족 아민의 짝산(암모늄 이온)은 pK_a가 대략 10이다(pK_a가 클수록 더 센 염기이다).

몇 가지 아민의 염기도를 아민의 짝산의 pK_a 값으로 표 18.1에 수록하였다.

표 18.1
몇 가지 아민의 염기도

아민	pK_a	아민	pK_a	아민	pK_a
MeNH₂	10.62	Me₂NH	10.64	Me₃N	9.76
EtNH₂	10.63	Et₂NH	10.98	Et₃N	10.65
PhNH₂	4.62	PhNHMe	4.85	PhNMe₂	5.06
p-NO₂C₆H₄NH₂	1.0	*p*-ClC₆H₄NH₂	3.81	*p*-MeC₆H₄NH₂	5.07

알킬아민의 염기도를 비교하여 보자. 암모늄 이온의 pK_a는 9.21이므로 알킬아민은 암모니아보다 약간 더 센 염기임을 알 수 있다.

알킬아민에서 알킬기가 증가할수록 이차 아민까지는 염기도가 증가함을 알 수 있다. 알킬기는 수소 원자보다 편극성이 더 크므로 질소의 양전하를 분산시키는 편극 효과가 있다. 따라서 알킬기의 수가 증가할수록 염기도가 증가할 것이라고 기대할 수 있다. 하지만, 알킬 치환기가 가장 많은 삼차 아민은 도리어 일차 아민보다도 덜 염기성이다. 이는 편극 효과에 반대 방향으로 작용하는 다른 효과가 있음을 암시하는데, 이 효과가 바로 용매 효과다. 삼차 아민의 짝산은 용매인 물 분자와의 수소 결합의 수가 적으므로(덜 수화) 덜 안정화되어 염기도는 감소하게 된다.

공명 효과도 아닐린 같은 방향족 아민의 염기도에 큰 영향을 미친다(2.2.2절).

pK_a = 4.62 pK_a = 10.64

문제 18.1 다음 산−염기 반응의 평형 상수 K를 구하시오.

a. Et_3N + H-Cl $\rightleftharpoons$ Et_3NH^+ + Cl^-
   pK_a -7 pK_a 11

b. Et_3N + AcOH $\rightleftharpoons$ Et_3NH^+ + AcO^-
   pK_a 5 pK_a 11

18.4 아민의 산성도

일차 및 이차 아민은 매우 약한 산으로서 그 pK_a는 대략 35 정도이다. 아민을 n-BuLi 같은 센 염기로 처리하면 아마이드 이온이 정량적으로 생성되는데, 이러한 반응을 이용하면 유기화학에서 널리 쓰이는 염기인 LDA를 얻을 수 있다.

+ n-BuLi —THF→   + n-butane

N,N-diisopropylamine   lithium N,N-diisopropylamide
                                          LDA

18.5 아민의 제법

18.5.1 암모니아의 알킬화 반응

일차 알킬 할라이드에 암모니아를 반응시키면 S_N2 반응에 의하여 암모늄 염을 거쳐 일차 아민이 생성된다. 하지만 친핵성 일차 아민이 다시 할라이드와 반응하면 이차, 삼차 아민 및 사차 암모늄까지 반응이 진행될 수 있다. 따라서 이 방법은 일차 아민을 얻는 좋은 방법은 아니다(과량의 암모니아를 사용하면 일차 아민의 수율을 증가시킬 수 있다).

$$RCH_2Br + NH_3 \longrightarrow RCH_2\overset{+}{N}H_3 \ \overset{-}{B}r$$

$$RCH_2\overset{+}{N}H_3 \ \overset{-}{B}r + NH_3 \rightleftharpoons RCH_2NH_2 + NH_4Br$$

$$RCH_2NH_2 + RCH_2Br \longrightarrow (RCH_2)_2\overset{+}{N}H \ \overset{-}{B}r \longrightarrow \longrightarrow (RCH_2)_3N + (RCH_2)_4NBr$$

하지만 아민에 과량의 일차 할라이드(특히 MeI 혹은 PhCH₂Br 같이 반응성이 큰 것)를 가하면 사차 암모늄을 좋은 수율로 얻을 수 있다.

18.5.2 일차 아민의 가브리엘 합성

암모니아 대신에 이미드 음이온 (RCO)₂N:⁻을 이용하면 생성물이 다시 할라이드와 반응하지 않기 때문에 암모니아 사용시 문제가 되었던 다중 알킬화 반응이 일어나지 않는다. 흔히 사용하는 이미드는 프탈이미드이다. 프탈이미드를 KOH로 처리하여 얻은 프탈이미드 음이온은 매우 좋은 질소 친핵체로서 쉽게 일차 할라이드와 S_N2 반응을 한다. 생성물을 산성 조건에서 가수 분해한 후 중화하면 일차 아민을 얻을 수 있는데, 이러한 반응을 가브리엘 아민 합성(Gabriel amine synthesis)이라고 부른다.

문제 18.2   N-알킬프탈이미드의 질소가 알킬 할라이드와 더 이상 반응하지 않는 이유를 드시오.

18.5.3 나이트릴과 아마이드의 환원

일차 혹은 이차 할라이드를 사이안산 염과 S_N2 반응을 시키면 나이트릴이 얻어진다. 이를 $LiAlH_4$ 같은 환원제로 환원시키면 아민을 구할 수 있다(16.9.5절). 이 반응의 특징은 할라이드에 비하여 CH_2기가 하나 더 있는 아민을 얻을 수 있다는 점이다.

$$RCH_2Br \xrightarrow[\text{DMF}]{\text{NaCN}} \underset{\text{nitrile}}{RCH_2CN} \xrightarrow[\substack{\text{2. } H_3O^+ \\ \text{3. } HO^-}]{\text{1. } LiAlH_4,\text{THF}} RCH_2CH_2NH_2$$

아마이드를 $LiAlH_4$로 환원시키면 아민이 얻어진다(16.9.4절).

$$RCH_2CONH_2 \xrightarrow[\substack{\text{2. } H_3O^+ \\ \text{3. } HO^-}]{\text{1. } LiAlH_4,\text{THF}} RCH_2CH_2NH_2$$

18.5.4 나이트로기의 환원

나이트로벤젠 계열의 화합물을 Pd 촉매 존재하에서 수소 기체 혹은 산성 조건에서 Fe 혹은 Sn 같은 금속으로 환원하면 아닐린 화합물을 얻을 수 있다(11.9절).

18.5.5 환원성 아민화 반응

$NaBH_4$ 대신에 $NaBH_3CN$ 같은 시약을 사용하는 이유는 산성 조건에서 $NaBH_4$가 수소 기체를 방출하면서 쉽게 분해되기 때문이다. 이들 시약은 전자 끄는 기인 CN기와 OAc기가 있으므로 붕소의 전자밀도가 감소할 것이다. 그러면 B-H 결합의 친핵성도가 줄어들어 pH 4~5의 약한 산성 조건에서는 안정해진다

일차나 이차 아민을 알데하이드 혹은 케톤과 반응시키면 이민과 엔아민이 얻어진다고 배웠다(14.11절). 적당한 환원제가 반응 용액에 존재하면 이민 혹은 엔아민을 분리할 필요 없이 아민을 얻을 수 있는데, 이러한 반응을 환원성 아민화 반응(reductive amination)이라고 부른다. 흔히 쓰이는 환원제는 수소 기체(Pt, Pd 같은 촉매와 같이) 혹은 $NaBH(OAc)_3$ 및 $NaBH_3CN$ 같은 수소화붕소 금속 착물이다

환원성 아민화 반응은 이민이나 엔아민의 생성이 가장 빠른 pH 4~5에서 수행한다. 이 산성 조건에서 이민과 엔아민은 이미늄 양이온으로 존재하게 되므로 카보닐 탄소에 비하여 탄소의 친전자성이 크게 증가하게 된다. 따라서 카보닐 화합물보다 더 빨리 환원되므로 반응액에 카보닐 화합물이 처음부터 들어 있어도 상관이 없다.

친전자성 :

iminium ion

more electrophilic
than carbonyl carbon

not formed

예제 18.1 다음 환원성 아민화 반응의 생성물을 그리시오.

a. b.

풀이

먼저 중간체인 엔아민이나 이민을 그린 후 C=C 결합 혹은 C=N 결합이 환원된 구조를 그린다.

a. b.

문제 18.3 다음 환원성 아민화 반응의 생성물을 그리시오.

a. b.

예제 18.2 다음 아민을 환원성 아민화 반응으로 합성하고자 한다. 필요한 두 출발물을 제안하시오(어떤 경우에는 두 가지 방법이 가능하다).

a. b.

풀이

아민을 이민 혹은 엔아민으로 역합성 분석한다.

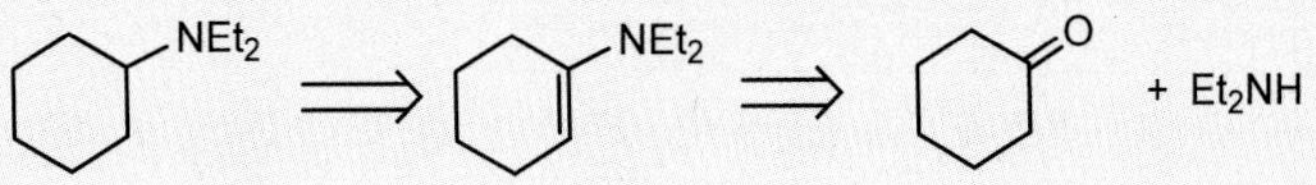

문제 18.4 다음 아민을 환원성 아민화 반응으로 합성하고자 한다. 필요한 두 출발물을 제안하시오(어떤 경우에는 두 가지 방법이 가능하다).

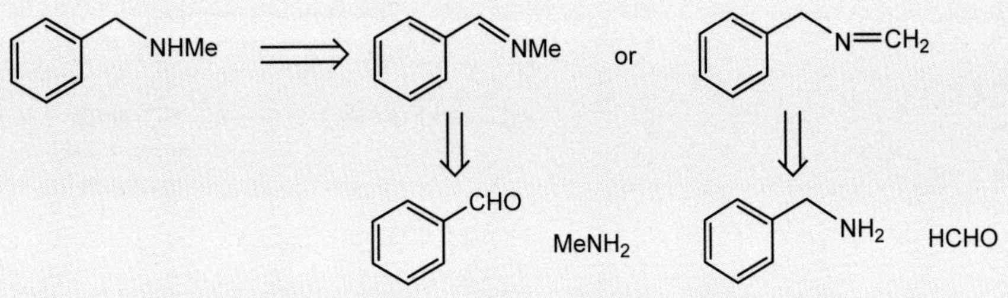

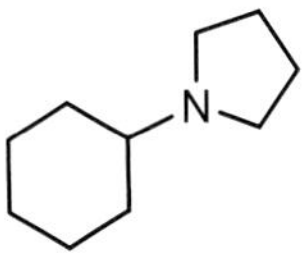

예제 18.3 다음 아민을 주어진 출발물로부터 얻고자 한다. 합성법을 제안하시오.

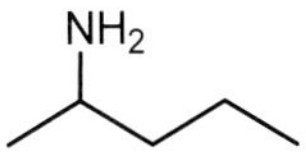

a. 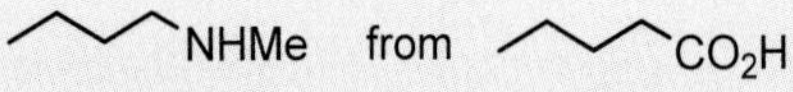 NHMe from CO$_2$H

b.  NH$_2$ from Br

풀이

a. 카복실산에서 아민을 얻는 방법중의 하나는 아마이드의 LiAlH$_4$ 환원이다.

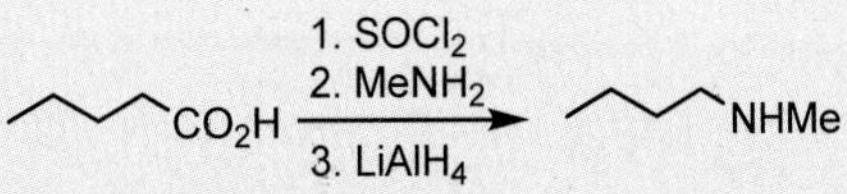

b. 일차 아민이므로 가브리엘 합성법을 이용한다.

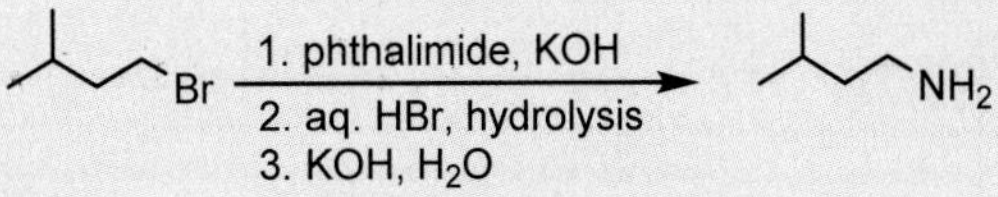

문제 18.5 다음 아민을 주어진 출발물로부터 얻고자 한다. 합성법을 제안하시오

a. 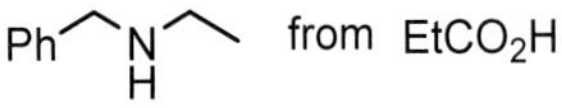 Ph from EtCO$_2$H

b.  Ph NH$_2$ from Ph Br

18.6 나이트로소화 반응

저온(0~5℃ 혹은 그 이하)에서 염산 같은 산 용액에 소듐 아질산을 가하면 약산이면 서 불안정한 아질산이 생긴다. 아질산이 계속하여 염산과 반응하면 나이트로소듐 이온

으로 분해된다. 이 이온은 나이트로늄 NO_2^+에 비해 약한 친전자체이다.

$$HCl + Na^+ \; ^-O{-}N{=}O \longrightarrow HO{-}N{=}O + NaCl$$

nitrous acid
(unstable)

$$HONO + H_3O^+ \rightleftharpoons H_2\overset{+}{O}{-}N{=}O \rightleftharpoons :\overset{+}{N}{=}O + H_2O$$

nitrous acid

nitrosonium ion

18.6.1　이차 아민과 나이트로소늄 이온의 반응

이차 아민이 나이트로소늄 이온과 반응하면 *N*-나이트로사민(nitrosamine, nitroso + amine)이 얻어진다.

N-nitrosamine

18.6.2　일차 아민과의 반응

일차 아민이 나이트로소늄 이온과 반응하면 *N*-나이트로소아민을 거쳐서 알킬 다이아조늄 염이 얻어지며 이 반응을 다이아조화 반응(diazotization)이라고 부른다.

N-nitrosamine

diazonium ion

문제 18.6　다이아조늄 이온의 다른 공명 구조를 그리시오.

알킬 다이아조늄에서 $-N_2^+$기는 매우 좋은 이탈기이므로 다이아조늄 염은 저온에서도 매우 불안정하다. 따라서 유기 합성 면에서 별로 유용하지 않다.

$$R{-}\overset{+}{N}{\equiv}N \longrightarrow R^+ + N_2$$

반면에 아릴 다이아조늄 염은 저온에서는 안정하며 경우에 따라서는 분리도 할 수 있다.

(왼쪽 여백) 햄이나 소시지 같은 가공 육류 제품에 첨가되는 물질인 아질산소듐 ($NaNO_2$)이 식품에 들어 있는 이차 아민과 반응하면 발암물질인 *N*-나이트로사민이 생성된다고 한다.

aryl diazonium salt

stable at 0~5°C

18.7 아릴 다이아조늄 이온의 반응

아릴 다이아조늄 이온은 여러 가지 시약과 반응하여 다양한 벤젠 유도체를 만들 수 있다.

18.7.1 아릴 할라이드 및 나이트릴의 합성

CuX와 KI 경우 라디칼 메커니즘 으로 반응이 일어난다.

아릴 다이아조늄 염이 CuX(X=Cl, Br, CN)와 반응하면 질소 기체가 방출되면서 다이 아조기 대신에 X기로 치환된 아릴 할라이드 혹은 나이트릴이 생성된다. 또한 KI 또는 플루오로붕산(HBF$_4$)으로 처리하면 각각 아릴 아이오다이드나 아릴 플루오라이드가 얻어진다.

CuCl, CuBr, CuCN을 사용하는 반응을 샌드마이어(Sandmeyer) 반응이라고 부른다.

18.7.2 하이포아인산과의 반응

다이아조늄 이온을 하이포아인산(H$_3$PO$_2$) 혹은 에탄올(메탄올도 가능)과 같이 반응시 키면 벤젠 고리를 구할 수 있다. 이러한 반응을 환원성 탈아미노화 반응(reductive deamination)이라고 부르며 라디칼 중간체를 거쳐서 일어난다.

다이아조늄 이온은 원래 벤젠에서 얻었는데 다시 벤젠으로 변환시키는 이 반응은 쓸 모가 있을까?

하이포아인산은 다음과 같은 구조 이다.

pK$_a$ 1.7

이 시약이 유용한 한 예는 1,3,5-트라이브로모벤젠의 합성이다. 브로모기는 *ortho*, *para* 배향기이므로 벤젠에서 직접 합성할 수 없다. 대신 아닐린에서 2,4,6-트라이브로 모아닐린을 얻은 후(11.5절) 다이아조화 반응과 환원성 탈아미노화 반응을 거치면 원 하는 화합물을 구할 수 있다.

18.7.3 페놀의 합성

다이아조늄 이온을 물에서 가열하면 S_N1 반응으로 페놀이 생성된다.

문제 18.7 다음 반응의 생성물을 그리시오.

a.

b.

c.

d.

예제 18.4 다음 벤젠 유도체를 *p*-톨루이딘(메틸아닐린)으로부터 얻고자 한다. 합성법을 제안하시오.

a.

b.

풀이

a. 플루오라이드는 아미노기의 다이아조화 반응에서 얻어지는 다이아조늄 염을 플루오로붕소산 (HBF₄)으로 처리한 후 가열하여 얻는다.

b. 카복실기는 CN기를 가수 분해하여 얻을 수 있으며 CN기는 다이아조늄을 CuCN으로 처리하여 얻을 수 있다.

문제 18.8 다음 벤젠 유도체를 *p*-톨루이딘(메틸아닐린)으로부터 얻고자 한다. 합성법을 제안하시오.

a.

b.

c.

d.

18.7.4 다이아조 짝지음 반응

다이아조늄 이온이 페놀이나 아닐린 같이 상당히 친핵성이 큰(고리에 전자 밀도가 높은) 벤젠 유도체와 반응하면 NH$_2$나 OH기의 *para*-위치에 아조(−N=N−)기가 있는 화합물이 얻어지는데 이러한 반응을 다이아조 짝지음 반응(diazo coupling)이라고 부른다. 길게 콘쥬게이션을 이룬 분자인 아조 화합물은 가시광선을 흡수하여 색을 띠므로 이러한 화합물을 아조 염료(azo dye)라고 부른다.

diazonium salt   (X = OH, NR$_2$)

아닐린 옐로(aniline yellow)는 1861년에 합성된 최초의 아조 염료이다.

aniline yellow

문제 18.9 다음 반응의 메커니즘을 쓰고 생성물의 구조를 그리시오.

문제 18.10 다음 다이아조 짝지음 반응의 생성물을 그리시오.

18.8 호프만 제거 반응

아미노기는 알코올의 HO기처럼 이탈기가 센 염기이므로 친핵성 치환 반응이나 제거 반응에서 떨어지지 않는다. 마치 알코올에 산을 가하여 HO기를 H$_2$O$^+$기로 바꿔 나쁜 이탈기를 좋은 이탈기로 바꿀 수 있는 것처럼, NH$_2$기를 과량의 MeI와 반응시키면 NH$_2$기를 좋은 이탈기인 N$^+$Me$_3$기로 바꿀 수 있다. 얻어진 사차 암모늄을 수용성 산화

은으로 처리한 후 E2 반응을 거치면 알켄을 얻을 수 있다. 이러한 일련의 반응을 호프만 제거 반응(Hofmann elimination)이라고 부른다.

2-헥산아민 같은 아민이 호프만 제거 반응을 하면 덜 치환된(그래서 덜 안정한) 1-알켄이 주 생성물로 얻어지는데, 이러한 생성물을 *anti*-사이체프(*anti*-Zaitsev) 혹은 호프만 생성물이라고 부른다.

반면에 2-아이오도헥세인의 E2 반응에서는 2-알켄이 주 생성물(81%)로 얻어진다.

그러면 호프만 제거 반응에서는 왜 1-알켄이 주로 얻어질까? 이 질문에 대한 답은 2-플루오로헥세인의 E2 반응에서 찾을 수 있다.

플루오라이드의 경우에는 호프만 생성물이 주로 얻어진다. F 원자와 N^+Me_3기의 공통점은 둘 다 이탈기가 센 염기이므로 (I나 O^+H_2기에 비하여)나쁜 이탈기이고 또한 전자 끄는 기라는 점이다. 즉, 답은 N^+Me_3기의 크기에 있지 않다. 이탈기로서의 능력이 떨어지고 전자 끄는 기가 있으면 호프만 제거 반응은 완전한 E2 메커니즘을 따르지 않고 어느 정도 E1cB 메커니즘(17.8.2절)을 따른다.

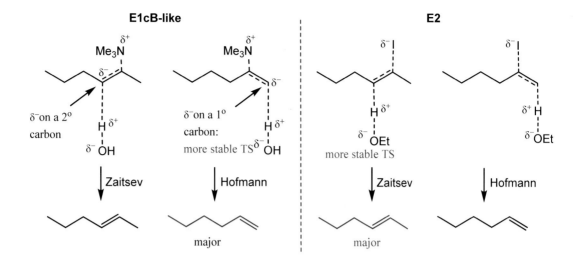

E2 메커니즘에서는 C-I 결합과 C-H 결합의 깨짐과 C=C 결합의 생성이 동시에 이루어지므로 더 치환된 알켄 성격의 TS가 더 안정해진다. 반면에 호프만 제거 반응의 TS에서는 C-N 결합이 깨지기 전에 C-H 결합이 더 많이 깨지게 된다. 그러면 β-탄소에 부분 음전하가 놓이게 되고 일차 탄소에 부분 음전하가 놓인 전이 상태가 더 안정하므로 결국 1-알켄이 주로 생기게 된다.

예제 18.5 다음 아민의 호프만 제거 반응에서 얻어지는 주 생성물의 구조를 그리시오.

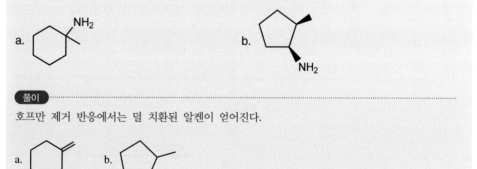

풀이

호프만 제거 반응에서는 덜 치환된 알켄이 얻어진다.

a. [cyclohexane with exocyclic double bond]   b. [cyclopentene with methyl group]

문제 18.11 다음 아민의 호프만 제거 반응에서 얻어지는 주 생성물의 구조를 그리시오.

a. [pentan-2-amine structure with NH₂]   b. [2-methylpiperidine structure]

추가 문제

〈염기도〉

문제 18.12   다음 아민 화합물을 염기도가 증가하는 순서로 배열하시오.

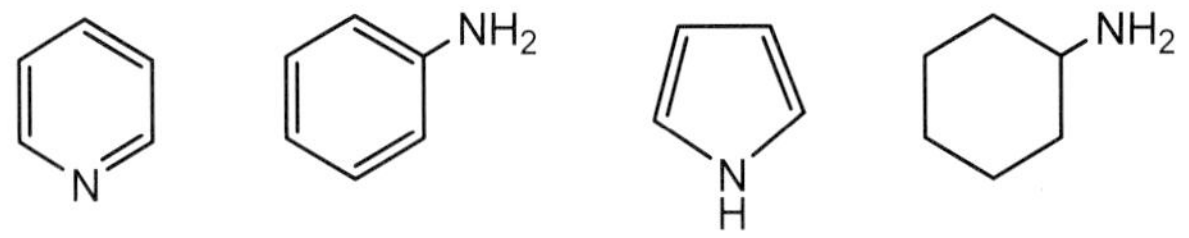

〈메커니즘〉

문제 18.13   다음 아민의 다이아조화 반응에서는 알코올과 알켄이 얻어진다. 반응 메커니즘을 제안하시오.

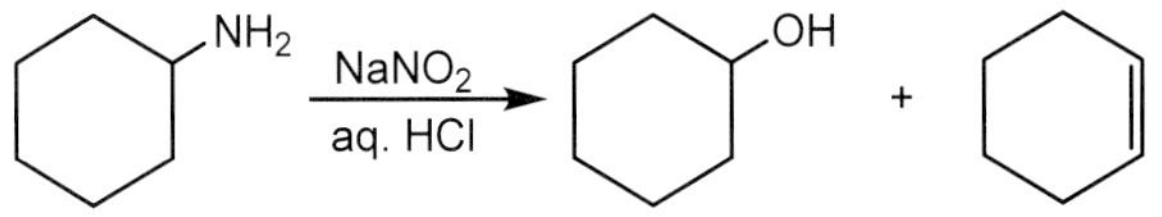

문제 18.14   환원성 아민화 반응은 카보닐 화합물에서 아민을 얻을 수 있는 좋은 방법이다.

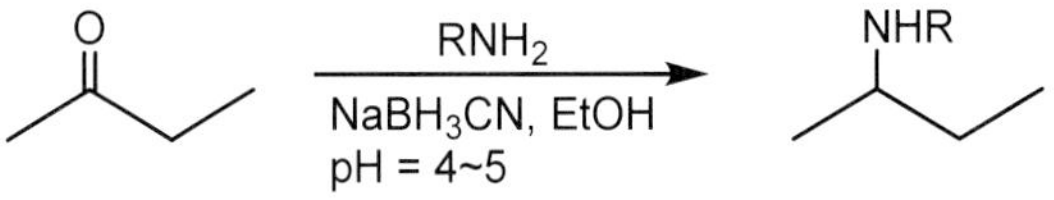

이 반응은 케톤(혹은 알데하이드)과 아민을 같은 반응 용기에서 환원제의 존재하에 반응시킨다. NaBH$_3$CN은 케톤을 알코올로 환원시킬 수 있으나 알코올은 얻어지지 않는다. 그 이유는 무엇인가?

〈반응〉

문제 18.15   다음 반응의 주 생성물을 그리시오.

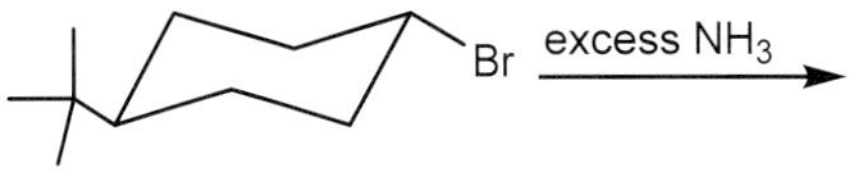

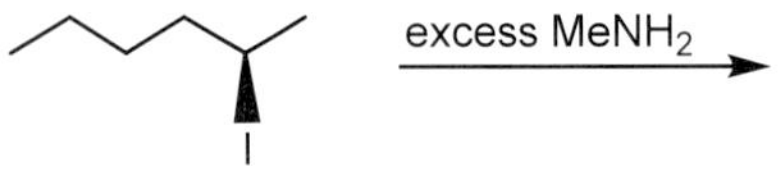

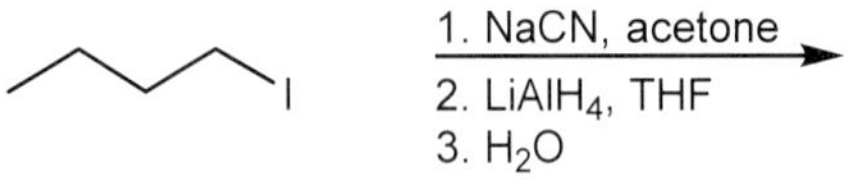

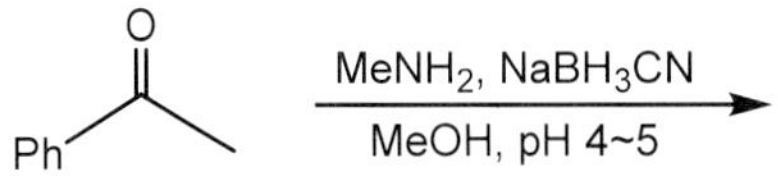

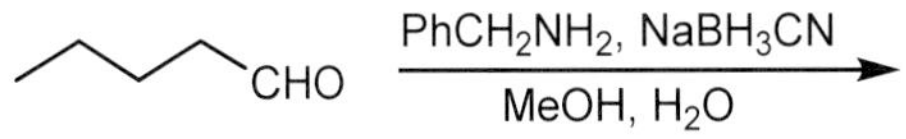

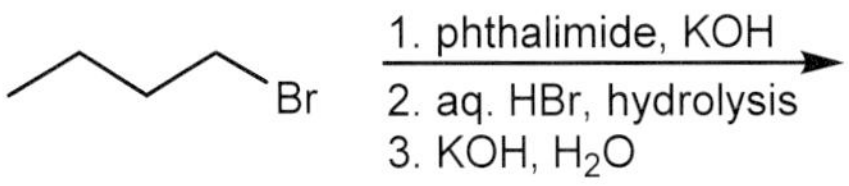

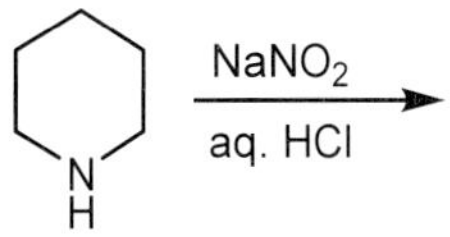

〈합성〉

문제 18.16 *p*-톨루이딘에서 시작하는 다음 화합물의 합성법을 제안하시오. 모두 다이아조늄 이온 중간체를 거친다.

a. 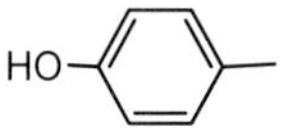 HO—⬡—   b. 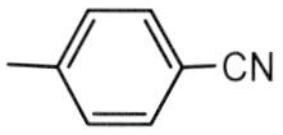 —⬡—CN   c. 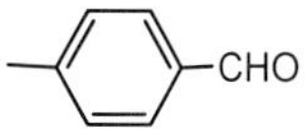 —⬡—CHO   d. 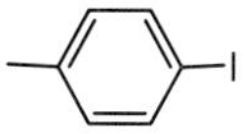 —⬡—I

e. 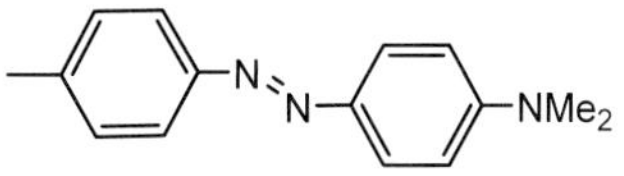 —⬡—N≡N—⬡—NMe₂   f. 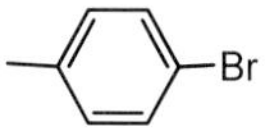 —⬡—Br   g. 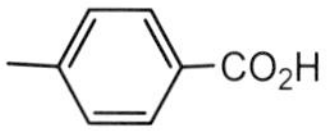 —⬡—CO₂H

h. 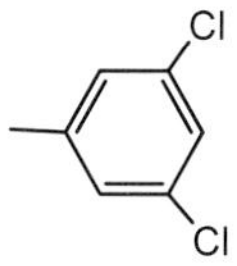 —⬡(Cl)(Cl)

문제 18.17 알킬 다이아조늄 이온보다 아릴 다이아조늄 염이 유기 합성 관점에서 더 유용한 이유는 무엇인가?

19

탄수화물

이 장부터 21장까지는 생명체의 구성 성분인 생분자, 특히 탄수화물, 단백질 그리고 리피드를 다룬다. 생분자는 지금까지 다룬 분자보다 구조가 복잡하나 생분자의 반응은 더 간단한 유기 분자의 반응을 지배하는 같은 원칙으로 일어난다.

이 장에서는 탄수화물이라고 부르는 생분자를 다룬다. 탄수화물(carbohydrate)은 탄소(carbon)의 수화물(hydrate)이라는 의미이다. 예를 들어 탄수화물의 일종인 글루코스 $C_6H_{12}O_6$는 $[C(H_2O)]_6$로 표현할 수 있다.

당류라고도 부르는 탄수화물의 구조는 탄소 사슬에 많은 하이드록실기가 치환되어 있고 그 말단은 알데하이드 혹은 케톤 같은 카보닐기가 있는 구조이다.

19.1 탄수화물의 분류

탄수화물은 카보닐기의 종류에 따라서 분류한다. 카보닐기가 알데하이드이면 알도스(aldose)라고 부르고 케톤 카보닐이면 케토스(ketose)라고 부른다. 또한 탄소 원자의 수에 따라서 분류한다. 탄소 원자의 수가 여섯이면 헥소스(hexose), 다섯이면 펜토스(pentose)라고 부른다. 이 두 분류를 합쳐 알도헥소스(aldohexose) 또는 케토펜토스(ketopentose)라는 용어가 만들어진다.

an aldohexose   a ketopentose

또한 탄수화물이 가수 분해에 의하여 더 간단한 탄수화물로 분해되지 않으면 단당류(monosaccharide), 설탕처럼 두 단당류로 분해되면 이당류(disaccharide)로 분류한다. 3~10개 정도의 단당류로 가수 분해되는 탄수화물을 소당류(oligosaccharide)라고 한다. 다당류(polysaccharide)는 10개 이상의 단당류로 가수 분해되는데, 수천 개의 글루코스 단위체로 이루어진 녹말이 한 예이다.

19.2 단당류의 구조

단당류 중에서 탄소 수가 여섯 이하인 경우만 고려하기로 하자. 알도헥소스의 경우에는 입체 발생 중심이 네 개이므로 2^4, 즉 16개의 입체 이성질체가 존재한다. 이들은 두 거울상 이성질체의 두 조로 나눌 수 있다.

(*R/S*) 표기법이 도입되기 전에는 단당류와 아미노산의 절대 배열을 D,L-체계로 표시하였는데, 이 체계는 지금도 단당류와 아미노산의 경우에만 쓰이고 있다. D,L-체계에서는 삼탄당인 (+)-글리세르알데하이드를 D-라고 명명한다(대문자 D를 쓰는 이유는 이 물질이 우선성(dextrorotatory)이기 때문이다). CHO(가장 산화 상태가 큰 탄소) 기가 위에 나오도록 피셔 투영도를 그리면 입체 발생 중심에 있는 수소 원자는 왼쪽에

놓이게 된다. L-(−)-이성질체에서는 수소 원자가 오른쪽에 있다.

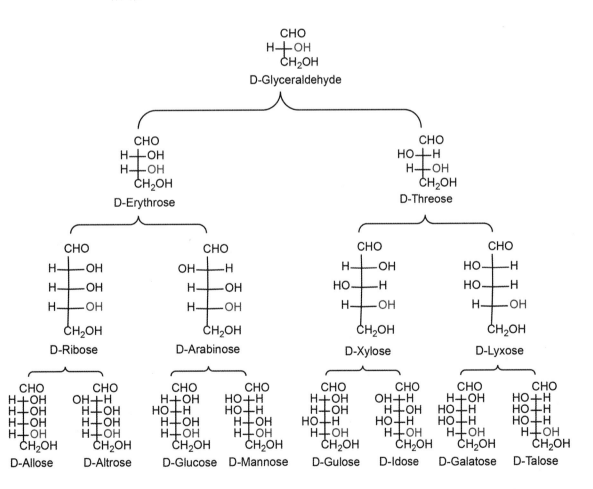

D-(+)-glyceraldehyde   L-(-)-glyceraldehyde

탄소 수가 더 많은 탄수화물의 경우에는 카보닐기에서 가장 멀리 떨어져 있는 입체발생 탄소를 기준으로 피셔 투영도에서 수소가 왼쪽이면 D-, 오른쪽에 있으면 L-로 명명한다.

아래 그림은 3~6개의 탄소 원자로 이루어진 알도스의 피셔 투영도이다. 컬러로 표시한 OH기가 모두 오른쪽에 놓여 있으므로 모두 D-계열이다. 천연에 존재하는 거의 모든 탄수화물은 D-화합물이다(예외로 L-람노스(rhamnose), L-아스코브산(비타민 C)이 있다).

19.3 단당류의 고리 구조

퓨라노스와 피라노스라는 이름은 퓨란과 피란 구조에서 나왔다.

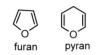

furan   pyran

단당류는 사슬 구조로 표시하지만 실제로는 고리형 헤미아세탈로 주로 존재한다. 고리가 오원자 고리이면 **퓨라노스**(furanose), 육원자 고리이면 **피라노스**(pyranose)라고 부른다. 알도펜토스와 알도헥소스는 퓨라노스 구조와 피라노스 구조로 모두 존재할 수 있으나 주로 피라노스로 존재한다.

글루코스도 일종의 폴리하이드록시 알데하이드인데 비고리형 구조보다 고리형 구조인 헤미아세탈로 주로 (> 99.99%) 수용액에서 존재한다.

D-글루코스의 피셔 투영도를 피라노스 구조로 바꾸기 위해서는 세 단계 과정이 필요하다. 우선 D-글루코스의 피셔 투영도를 수평한 선이 종이 면에서 튀어나오는 쐐기 모양으로 다시 그린 후 시계 방향으로 90도 돌린다. 마지막으로 OH기와 CHO기가 헤미아세탈을 이루도록 C4−C5 결합을 돌린 후 고리를 닫는다.

위 두 구조에서 헤미아세탈 탄소인 C1에 새로운 입체 발생 중심이 생겼음을 알 수 있다. C1을 **아노머 탄소**(anomeric carbon), 두 구조를 **아노머**(anomer)라고 부른다.

글루코스는 물에서 거의 α- 그리고 β-**글루코피라노스**(glucopyranos)로 존재한다. 평면 카보닐기에 HO기가 첨가될 때 카보닐기의 두 면에서 반응이 일어나기 때문에 두 부분 입체 이성질체가 생긴다. 이 두 이성질체는 글루코피라노스의 α- 그리고 β-아노머(anomer)라고 부른다(α- 그리고 β-아노머의 비는 37:67이다).

하워스 구조에서 고리의 산소 원자는 반드시 아래 구조에서처럼 오른쪽 위에 있어야 한다.

탄수화물을 이러한 평면 구조로 표현하는 방식을 **하워스 구조**(Haworth form)라고 부르며, C1에서 OH기가 아래와 위로 향한 구조를 각각 α- 및 β-구조라고 부른다.

알도펜토스인 D-리보스도 수용액에서 주로 **리보퓨라노스**(ribofuranose)라고 부르는 오원자 고리 헤미아세탈로 존재한다.

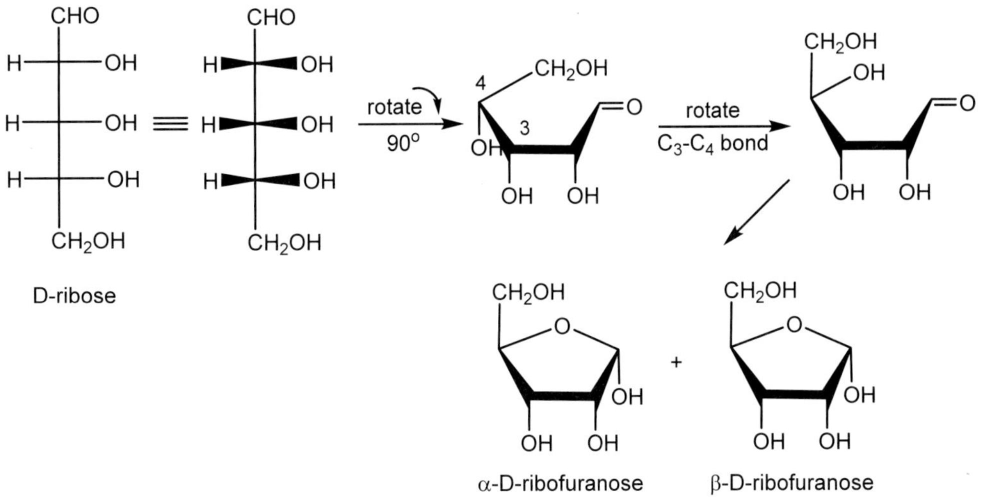

CHO CHO

H——OH H——OH

H——OH H——OH

H——OH H——OH

CH$_2$OH CH$_2$OH

D-ribose

rotate 90°

rotate C$_3$-C$_4$ bond

CH$_2$OH

α-D-ribofuranose + β-D-ribofuranose

육원자 고리는 평면 구조가 아니라 더 안정한 의자 형태로 존재하므로 하워스 구조를 의자 형태로 바꿀 필요가 생길 수 있다. 이럴 때에는 하워스 구조에서 가장 왼쪽 탄소는 올리고 오른쪽 탄소는 내려 그리면 된다.

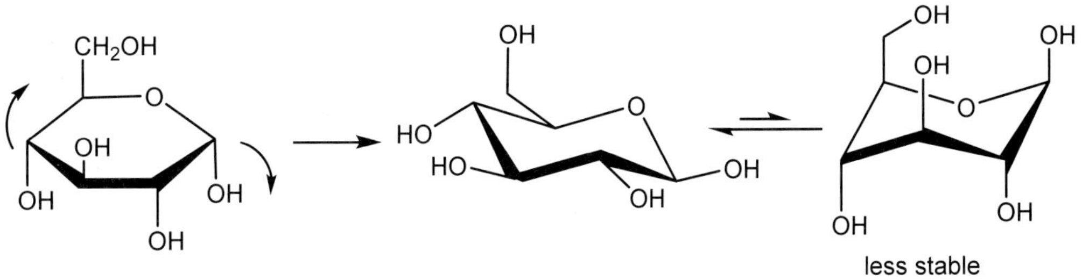

less stable

케토펜토스인 프럭토스는 수용액에서 **프럭토피라노스(fructopyranose)**라고 부르는 육원자 고리 헤미아세탈을 형성한다.

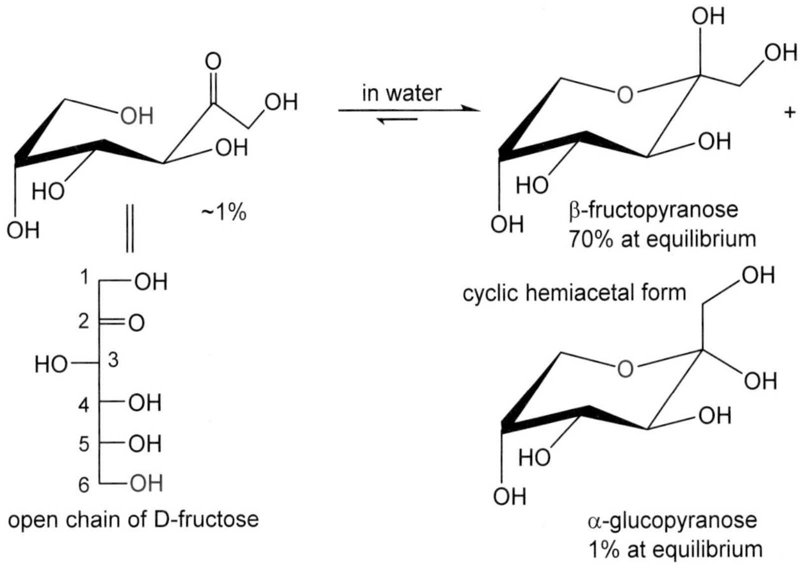

~1%

in water

β-fructopyranose
70% at equilibrium

cyclic hemiacetal form

1——OH
2==O
HO——3
4——OH
5——OH
6——OH

open chain of D-fructose

α-glucopyranose
1% at equilibrium

위 그림에서 각 구조의 백분율을 더해도 100%가 나오지 않는다. 그 이유는 다음과 같은 오원자 고리도 생기기 때문이다.

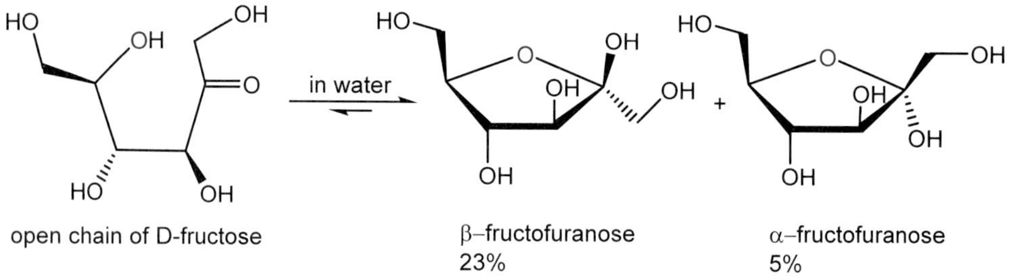

HO
OH
OH
O
HO
OH
in water
HO
O
OH
OH
OH
OH
+
HO
O
OH
OH
OH
OH
open chain of D-fructose
β–fructofuranose
23%
α–fructofuranose
5%

결국, 프럭토스는 수용액에서 주로 70% β-프럭토피라노스와 23% β-프럭토퓨라노스로 존재한다. β-피라노스는 β-퓨라노스보다 당도가 훨씬 더 강한 화합물로서 고과당 옥수수 시럽의 주성분이다

19.4 변광회전

순수한 α-D-글루코피라노스를 물에 녹인 후 고유 광회전도를 재면 +112이나, 시간이 흘러가면 +52.7에 도달한다. 순수한 β-아노머는 물에서 고유 광회전도가 +18.7이나, 시간이 지나면 +52.7이라는 평형 값에 도달한다. 이러한 시간에 따른 광회전도의 변환을 변광회전(mutarotation)이라고 부르는데, 순수한 아노머를 물에 녹일 때 일어난다.

글루코스의 변광회전은 α-와 β-아노머가 물에서 사슬 형을 거치면서 평형을 이루기 때문에 일어나며 산과 염기에 의하여 촉매화된다(순수한 물에서도 느리지만 일어난다).

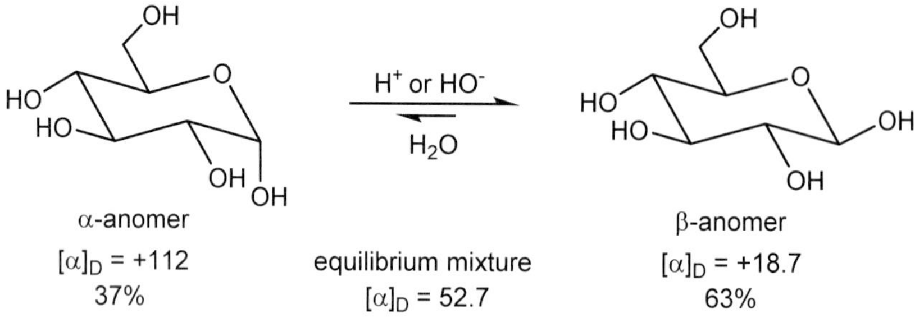

OH
O
HO
HO
OH
OH
H⁺ or HO⁻
H₂O
OH
O
HO
HO
OH
OH
α-anomer
[α]D = +112
37%
equilibrium mixture
[α]D = 52.7
β-anomer
[α]D = +18.7
63%

19.5 단당류의 반응

19.5.1 글리코사이드의 생성

축방향 α-아노머가 주 생성물인 이유를 아노머 효과(anomeric effect)로 설명할 수 있으나 이 교재에서는 다루지 않는다.

헤미아세탈인 단당류를 산성 조건에서 알코올(흔히 용매)과 반응시키면 아세탈이 생기는데, 이러한 생성물을 글리코사이드(glycoside, 배당체)라고 부른다. 글리코사이드에서 당 이외의 부분을 아글리콘(aglycon), 그리고 당을 아글리콘과 연결하는 C-O 결합을 글리코사이드 결합(glycosidic bond)이라고 부른다.

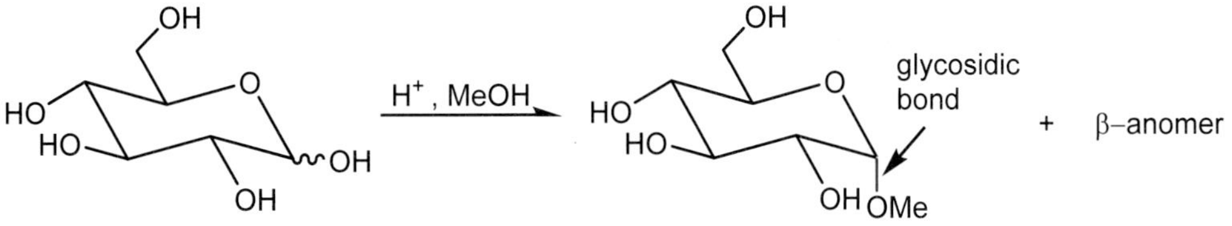

D-glucopyranose → (H⁺, MeOH) → methyl α-D-glucopyranoside 66% + β-anomer / methyl β-D-glucopyranoside 34%

이 반응은 다음과 같이 탄소 양이온을 거쳐서 일어난다.

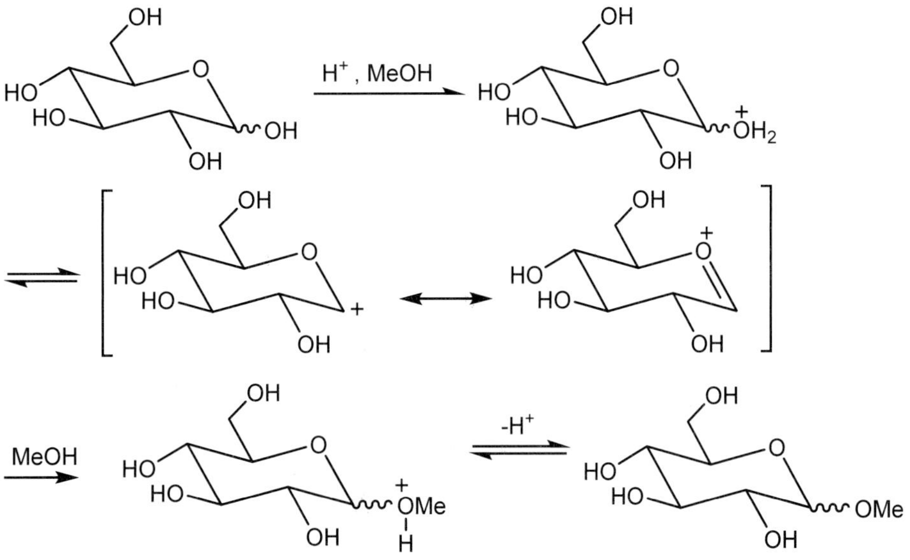

α- and β-anomer

19.5.2 글리코사이드의 가수 분해

글리코사이드는 일종의 아세탈이므로 산성 조건에서 가수 분해되어 헤미아세탈과 알코올(아글리콘)로 변할 수 있다.

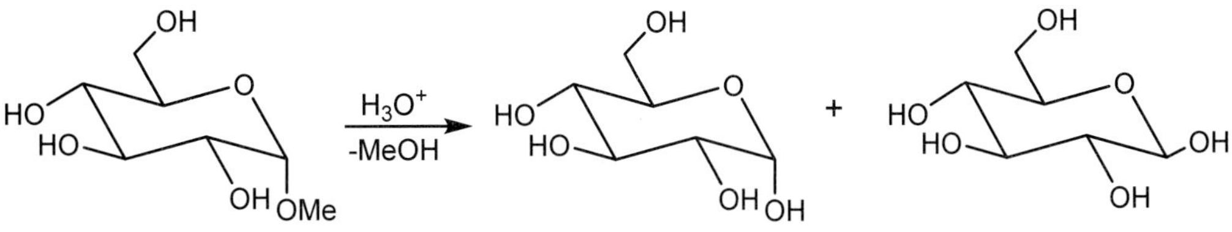

methyl α-D-glucopyranoside → (H₃O⁺, -MeOH) → α-D-glucose + β-D-glucose

문제 19.1 다음 구조의 글리코사이드를 산 촉매 조건에서 가수 분해하면 헤미아세탈이 얻어진다. 왜 아노머 탄소의 MeO기만 HO기로 치환되는가?

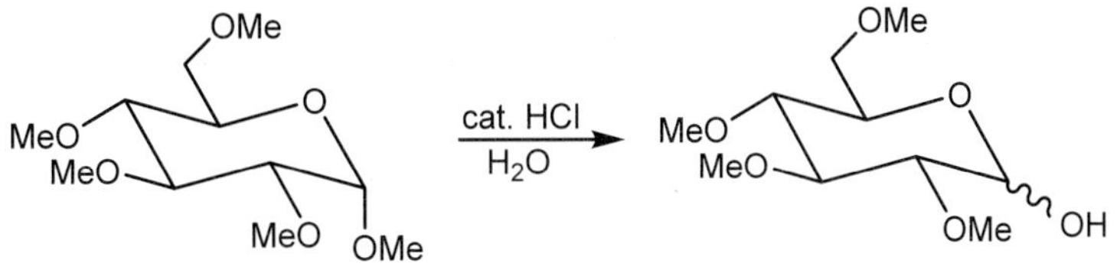

cat. HCl / H₂O

19.5.3 하이드록실기의 반응

탄수화물도 일종의 알코올이기 때문에 Ag_2O 같은 염기에 과량의 할라이드와 반응시키면 에터가 얻어진다.

탄수화물을 과량의 아세트산 무수물과 피리딘과 같이 가열하면 에스터 생성물을 얻을 수 있다.

19.5.4 카보닐기의 산화와 환원

알도스를 브로민 수로 산화시키면 알데하이드기만 선택적으로 알돈산이라고 부르는 카복실산으로 산화된다. 톨렌스 시약(Tollens reagent, Ag_2O를 암모니아 녹인 용액)이나 베네딕트 시약(Benedict reagent, 타타르산 이온의 $Cu(II)$ 착물) 및 펠링 시약(Fehling reagent, 시트르산 이온의 $Cu(II)$ 착물)은 모두 온화한 산화제로서 알도스의 존재 유무를 확인하는 목적으로 쓰인다. 톨렌스 시약은 알도스와 반응하여 은거울 반응을 일으키며 푸른 색의 구리 시약은 빨간색의 Cu_2O를 준다.

염기성 시약을 사용하면 알도스가 케토스로 변하며 케토스도 산화가 일어나므로 알돈산의 수율은 저조하다(문제 19.12). 또한 염기 조건에서 케토스가 알도스로 이성질화하므로 케토스도 $Ag(I)$나 $Cu(II)$ 시약과 반응할 수 있다. 수용성 브로민 용액(빨간색)은 거의 중성이므로 알도스가 케토스로 변환되지 않기 때문에 색깔로 알도스와 케토스를 구별할 수 있다.

좀 더 센 산화제인 질산을 사용하면 일차 알코올도 카복실산으로 산화된 알다르산을 구할 수 있다.

$$
\begin{array}{ccc}
\text{CHO} & & \text{COOH} \\
\text{H}\!-\!\text{OH} & & \text{H}\!-\!\text{OH} \\
\text{HO}\!-\!\text{H} & \xrightarrow{\text{HNO}_3,\ \text{H}_2\text{O}} & \text{HO}\!-\!\text{H} \\
\text{H}\!-\!\text{OH} & & \text{H}\!-\!\text{OH} \\
\text{H}\!-\!\text{OH} & & \text{H}\!-\!\text{OH} \\
\text{CH}_2\text{OH} & & \text{COOH}
\end{array}
$$

D-glucaric acid
(an aldaric acid)

문제 19.2 질산으로 산화시켰을 때 광학 비활성 알다르산을 주는 알도헥소스를 고르시오.

a. D-갈락토스　　　　　b. D-마노스　　　　　c. D-글루코스

알도스를 메탄올에서 $NaBH_4$로 환원시키면 알디톨이 얻어진다. D-글루코스에서 얻어지는 글루시톨은 소비톨이라고도 부르는 감미료이다.

$$
\begin{array}{ccc}
\text{CHO} & & \text{CH}_2\text{OH} \\
\text{H}\!-\!\text{OH} & & \text{H}\!-\!\text{OH} \\
\text{HO}\!-\!\text{H} & \xrightarrow{\text{NaBH}_4,\ \text{MeOH}} & \text{HO}\!-\!\text{H} \\
\text{H}\!-\!\text{OH} & & \text{H}\!-\!\text{OH} \\
\text{H}\!-\!\text{OH} & & \text{H}\!-\!\text{OH} \\
\text{CH}_2\text{OH} & & \text{CH}_2\text{OH}
\end{array}
$$

D-glucose　　　　　　　D-glucitol
(an alditol)

문제 19.3 D-알트로스(altrose)를 $NaBH_4$로 환원하면 광학 활성인 분자가 얻어지나 D-알로스(allose)의 경우에는 광학 비활성인 생성물이 얻어진다. 왜 그런지 설명하시오.

문제 19.4 D-자일로스를 환원하면 추잉 껌의 감미료로 사용되는 자일리톨이 얻어진다. 자일리톨은 충치를 일으키지 않는다고 알려져 있다. 자일리톨을 D-자일리톨이라고 부르지 않는 이유는 무엇일까?

$$
\begin{array}{ccc}
\text{CHO} & & \text{CH}_2\text{OH} \\
\text{H}\!-\!\text{OH} & & \text{H}\!-\!\text{OH} \\
\text{HO}\!-\!\text{H} & \xrightarrow{\text{NaBH}_4,\ \text{MeOH}} & \text{HO}\!-\!\text{H} \\
\text{H}\!-\!\text{OH} & & \text{H}\!-\!\text{OH} \\
\text{CH}_2\text{OH} & & \text{CH}_2\text{OH}
\end{array}
$$

D-xylose　　　　　　　xylitol

문제 19.5 다음 단당류를 $NaBH_4$로 환원하였을 때 얻어지는 생성물이 광학 비활성인 것을 고르시오.

a. D-프럭토스 b. D-갈락토스 c. D-마노스
d. D-글루코스 e. D-리보스

19.5.5 오사존 생성 반응

알도스나 케토스를 적어도 세 당량의 페닐하이드라진($PhNHNH_2$)과 반응시키면 오사존(osazone)이라고 부르는 생성물이 얻어진다. 이 반응은 독일의 유기화학자 피셔(Fischer)가 1891년에 발견한 반응으로서 시럽형 탄수화물이 오사존으로 변환되면 결정성 생성물이 생긴다. D-글루코스와 D-마노스의 오사존 유도체는 모두 같다. 또한 D-프럭토스는 염기의 존재하에서 D-글루코스와 D-마노스와 평형을 이루기 때문에(문제 19.12 참조) D-프럭토스는 오사존 유도체가 D-글루코스 그리고 D-마노스와 같다.

D-glucose **osazone (crystalline)**

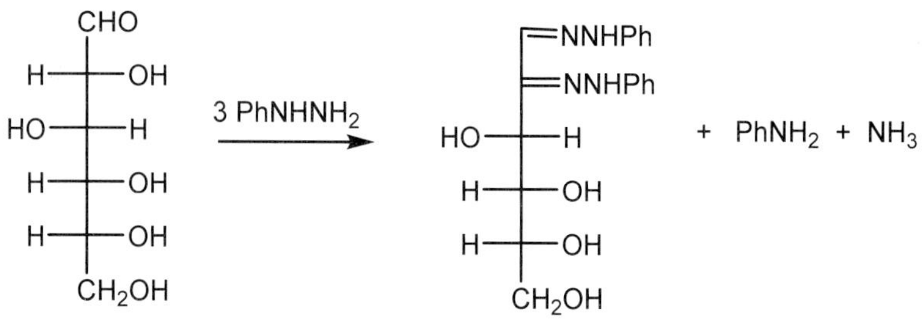

오사존 생성의 메커니즘은 다음과 같다.

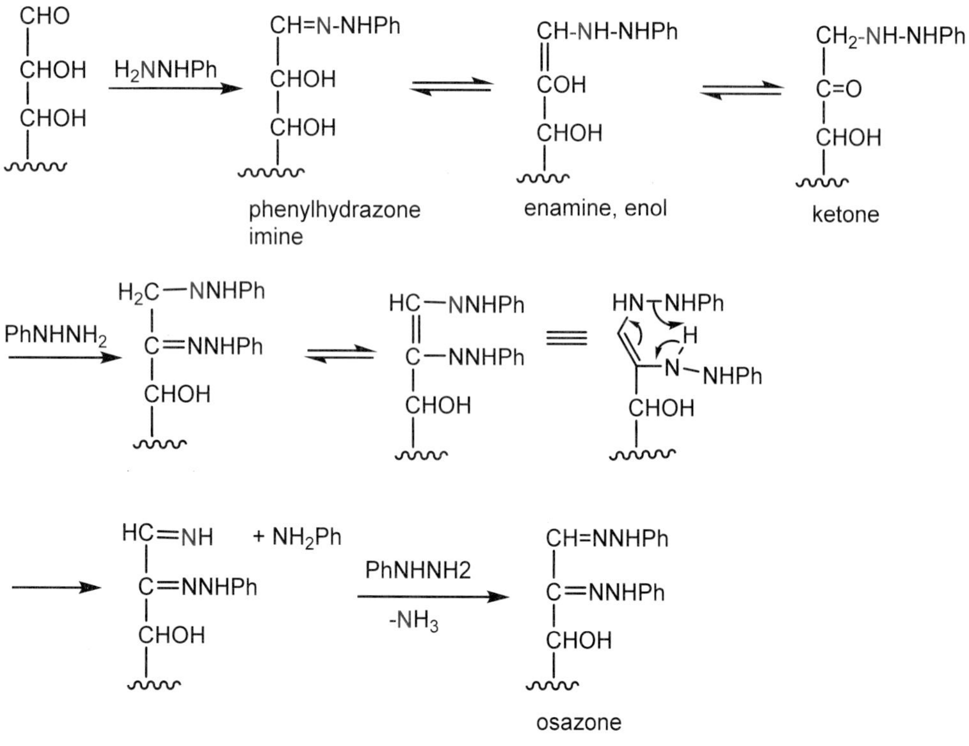

문제 19.6 D-알로스(allose)와 같은 오사존을 생성하는 단당류는 무엇인가?

19.5.6 사슬 늘림 반응과 줄임 반응

사슬 늘림 반응

알도스에 HCN을 첨가하여 생성된 두 가지 부분입체 이성질성 사이아노하이드린 (14.9.4절)의 사이아노기를 이민으로 환원한 후 가수 분해하면 탄소 수가 하나 증가된 두 가지 알도스를 얻을 수 있다. 예를 들어 D-아라비노스에서 D-글루코스와 D-마노스가 얻어진다.

이렇게 사슬의 탄소 원자를 하나 늘리는 반응을 킬리아니-피셔 합성(Kiliani-Fischer synthesis)이라고 한다.

피셔가 생존할 시대에는 Pd 같은 금속 촉매를 사용한 반응은 알려지지 않았다. 대신에 사이아노기를 카복실산으로 가수 분해한 후 락톤 고리를 Na(Hg)로 환원하는 방법이 사용되었다.

사슬 줄임 반응

알도스에서 탄소 원자 하나가 줄어든 알도스를 얻는 방법도 있다. 볼 분해(Wohl degradation)는 알도스의 옥심 유도체를 탈수시켜 사이아노히드린을 얻은 후 염기로 처리하여 탄소 원자(CHO의 탄소)가 제거된 알도스를 얻는 반응이다. 예를 들어 D-글루코스가 볼 분해를 거치면 D-아라비노스가 얻어진다.

D-glucose   oxime   D-arabinose

루프 분해(Ruff degradation)는 알도스를 알돈산으로 산화한 후 그 칼슘 염을 과산화수소와 철(III) 이온으로 산화시켜 탄소 원자 하나가 줄어든 알도스를 얻는 방법이다.

D-glucose   calcium gluconate   D-arabinose

화학카페

글루코스 구조의 피셔 증명

글루코스가 알도헥소스라는 점은 1870년경에 알려졌지만 입체 화학은 알려지지 않았었다. 독일의 유기 화학자인 피셔(Fischer)는 1874년에 발표된 반트 호프(van't Hoff)의 사면체 탄소 가설에 근거하여 1891년에 글루코스의 입체 화학을 증명하였다. 이 당시에 쓸 수 있었던 분석 방법은 녹는점 측정과 광학 회전도가 전부였지만, 피셔는 놀라운 추론을 통하여 8개의 가능한 D-글루코스의 구조 중에서 D-글루코스의 실제 상대 배열을 결정하였다(이 당시에는 탄수화물의 절대 배열을 정할 수 없었기 때문에 피셔는 임의적으로 천연 탄수화물을 D-구조라고 정하였다. 1951년에야 유기 화합물의 절대 배열을 결정할 수 있었는데, 피셔가 임의로 정한 배열이 올바른 것으로 판명되었다(3.11절)).

피셔는 다음과 같은 탄수화물 시료를 가지고 있었다(아래 피셔 투영도에서 수평 방향의 선은 OH기를 나타낸다).

오탄당인 D-아라비노스(arabinose, gum arabic에서 유래), D-자일로스(xylose, 그리스어의 xylon(나무)에서 유래), 육탄당인 D-글루코스(glucose), D-마노스(mannose, manna에서 유래), D-갈락토스(galactose, 우유에서 유래), D-굴로스(gulose, 피셔가 처음으로 glucose로부터 합성. glucose의 이름 glu를 gul로 바꿔 명명).

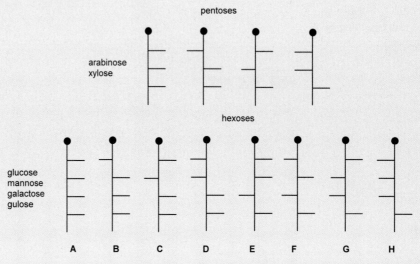

글루코스는 8개의 구조 A~H 중에서 어느 구조일까? 피셔는 다음과 같은 몇 가지 반응으로부터 다음과 같이 추론하였다.

사실 1.

글루코스를 질산으로 산화시켜 광학 활성인 글루카르산을 얻은 후 이를 가열하여 Na(Hg)으로 환원하였더니 글루코스의 CHO기와 사슬 말단의 CH_2OH기가 서로 바뀐 다른 탄수화물이 얻어졌다(피셔는 이 화합물을 gulose라고 명명하였다). 이 사실로부터 구조 D와 F는 글루코스가 아닌 것을 알 수 있다. 또한 글루카르산이 광학 활성이었으므로 구조 A와 G는 제외된다. 결국, 글루코스의 구조는 B, C, E, H로 압축된다.

사실 2

글루코스와 마노스는 오사존 유도체가 같은 화합물이었다. 그렇다면 만약에 구조 B가 글루코스이면 구조 A가 마노스일 것이며 비슷하게 구조 C가 글루코스이면 구조 D가 마노스일 것이다. 아래 그림에서 나머지 두 경우를 더 볼 수 있다.

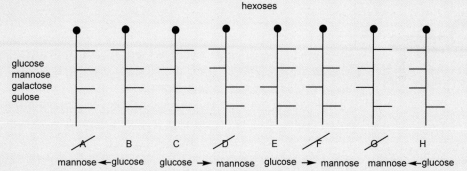

마노스에서 유래하는 마니톨과 마논산은 모두 광학 활성이었다. 그렇다면 위 그림에서 마노스는 구조 A와 G가 될 수 없다. 따라서 글루코스의 구조는 C와 E 중에서 한 가지일 것이다.

사실 3

아라비노스의 K-F 합성에서 글루코스와 마노스가 얻어졌고 자일로스의 K-F 합성에서는 굴로스와 이도스가 얻어졌다. 아라비노스를 질산으로 산화하였더니 광학 활성인 알다르산(아라비나르산, arabinaric acid)이 얻어졌으나 자일로스의 경우에는 알다르산이 광학적으로 비활성이었다.

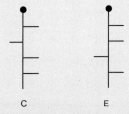

아라비노스의 K-F 합성에서 글루코스가 얻어졌으므로 아래 그림에서 아라비노스는 구조 J 혹은 K일 것이다. 하지만 아라비노스의 알다르산이 광학 활성이므로 아라비노스의 구조는 J가 맞고 그렇다면 글루코스의 구조는 틀림없이 C일 것이다.

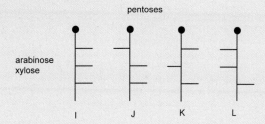

talose는 galatose에서, altrose는 또 다른 것이라는 의미의 alt에서, idose는 같다는 의미의 라틴 idem에서, allose는 또 다른 것이라는 의미의 그리스 단어에서 유래하였다고 한다. 비슷하게 ribose는 arabinose에서, lyxose는 xylose에서, threose는 erythrose 단어에서 나온 말이다.

피셔는 그때까지 알려져 있지 않았던 육탄당인 allose, altrose, idose, talose와 오탄당인 ribose, lyxose, 그리고 사탄당인 threose를 모두 합성하였고 명명하였다. 이러한 업적으로 피셔는 1902년에 노벨 화학상을 수상하였다.

문제 19.7 킬리아니−피셔 합성 조건에서 D−굴로스(gulose)와 D−아이도스(idose)를 주는 알도스는 무엇인가?

문제 19.8 D−갈락토스의 볼 분해 반응에서 생기는 알도스는 무엇인가?

D−(+)−글루코스의 절대 배열 결정

피셔는 (+)−글루코스의 구조를 결정하였지만 절대 배열은 알지 못 하였다. 즉, 글루코스의 피셔 투영도에서 C5의 OH기가 오른쪽에 있는지 아니면 왼쪽에 있는지 알지 못하였기 때문에 (+)−글루코스의 절대 배열을 임의로 D−배열이라고 정한 것이다.

1951년에 네덜란드의 결정학자인 비보예트(Bijvoet)는 X−선 결정학의 특별한 방법을 이용하여 (+)−타타르산의 포타슘 루비듐 염의 절대 배열 (R,R)을 결정하는 데 성공하였다.

(+)−글루코스의 C5 탄소의 절대 배열은 다음과 같은 반응으로 결정하였다. (+)−글루코스를 루프 분해 반응으로 (−)−에리트로스로 변환하였으며, 다른 한 편으로는 (+)−글리세르알데하이드를 킬리아니−피셔 합성으로 (−)−에리트로스와 (−)−트레오스로 변환한 후 (−)−트레오스를 질산으로 산화시켜 (−)−타타르산을 얻었다. (−)−타타르산의 절대 배열 (S,S)을 알고 있으므로 (+)−글리세르알데하이드의 절대 배열은 (R)이며 이는 피셔가 임의로 정했던 D−배열이 올바른 선택이었음을 의미한다. 또한 (+)−글루코스의 C5의 절대 배열이 D−계열임을 알려준다.

19.6 이당류

이당류는 두 단당류가 글리코사이드 결합에 의하여 연결된 탄수화물이다. 락토스(유당)와 수크로스(설탕)가 좋은 예이다.

락토스에서는 글루코스 분자의 C4의 산소가 갈락토스의 C1에 β-(1→4) 글리코사이드 결합으로 연결되어 있다. 'β'는 아노머 탄소인 C1의 입체 화학이 β-배열(컬러 표시된 결합이 위에 놓임)임을 의미하며 '1, 4'는 이 산소 원자(컬러 표시)가 이웃 글루코스의 C4에 연결되어 있음을 의미한다. 글리코사이드 결합은 아세탈이므로 산성 조건에서 가수 분해하면 D-글루코스와 D-갈락토스가 같은 비로 얻어진다.

락토스에서 글루코스 단위에는 헤미아세탈기가 있기 때문에 알데하이드에서 일어나는 반응이 일어난다. 예를 들어 브로민 수로 산화시키면 카복실산이 얻어진다.

이렇게 산화제와 반응하는 탄수화물을 산화제를 환원시킬 수 있다는 의미에서 **환원당**(reducing sugar)이라고 부른다.

수크로스(설탕)는 글루코스 단위와 프룩토스 단위가 두 종류의 글리코사이드 결합으로 연결된 이당류이다. 글리코사이드 결합을 이루는 두 고리의 탄소는 모두 아세탈의 탄소이므로 브로민 수에 의하여 산화되지 않는다. 따라서 수크로스는 **비환원당**에 속한다.

(+)-sucrose

수크로스도 락토스처럼 산이나 효소에 의하여 가수 분해된다. 그러면 같은 몰수의 글루코스와 프럭토스의 혼합물이 얻어지는데, 이 과정에서 광회전도의 부호가 변하게 된다. 그래서 이 혼합물을 반전당(inverted sugar)이라고 부른다.

문제 19.7   락토스는 환원당이나 수크로스는 비환원당인 이유를 설명하시오.

화학카페
인공 감미료

고대부터 사람들은 설탕이나 꿀 같이 단맛이 나는 천연식품을 애용해 왔다. 최초의 인공 감미료인 사카린은 1879년에 우연히 발견되었다. 미국의 Johns Hopkins 대학교 화학과의 이라 렘센(Ira Remsen)의 실험실 연구원이었던 팔버그(Fahlberg)는 손에서 단맛이 나는 것을 이상히 여겨 그 이유를 찾다가 그날 다뤘던 화합물에서 나는 맛임을 알게 되었다. 팔버그는 이 화합물에 사카린이라는 이름을 붙였으며 1886년에 대량으로 독일에서 생산하기 시작하였다(식품에 쓰이는 사카린은 물에 더 잘 녹는 소듐 염이다).

saccharin   aspartame   sucralose

사카린은 설탕에 비하여 300배 정도 달고 칼로리가 없기 때문에 당뇨병 환자에게 유용하였으나, 1970대에 다량의 사카린을 투여한 쥐에서 방광암이 발생하였다는 보고로 미국 등의 나라에서는 사카린 사용이 감소하였다(우리나라는 금지). 그러다가 국제 연구기관 등에서 오랜 기간에 걸쳐 연구한 결과 사카린은 독성이 없는 것으로 판명이 났다. 우리나라에서도 2012년부터 사카린 사용이 가능한 식품의 범위가 소주나 케첩까지 확대된 바 있다.
아스파탐도 사카린처럼 우연히 발견된 감미료이다. 1965년에 미국 Searle사의 화학자 쉴래터(Schlatter)는 펩타이드 합성 연구를 하던 중 종이를 들어 올리려고 손가락에 침을 묻히는 순간 단맛을 느꼈는데, 그 이유가 아스파탐인 것을 발견하게 되었다. 아스파탐은 설탕보다 200배 더 달다. 하지만 아스파탐에는 페닐알라닌 성분이 있기 때문에 페닐케톤뇨증(phenylketonuria)이 있는 사람에게는 사용이 금지된다.
수크랄로스도 재미 있는 사연으로 발견된 가장 최근의 인공 감미료이다. 1976년에 영국의 한 대학 연구원이 설탕 유도체에 관한 연구를 하던 중 다른 연구원으로부터 어떤 화합물을 테스트(test)하라는 말을 taste(맛보다)로 잘못 듣고 실제로 맛을 보았더니 엄청 달다는 사실을 발견하였다. 바로 이 화합물이 설탕의 염소 유도체인 수크랄로스로서 설탕보다 600배 더 달다.

19.7　*N*-글리코사이드 결합

단당류가 약산의 존재에서 아민과 반응하여 얻어지는 구조를 *N*-글리코사이드라고 부르는데, 핵산이나 ATP에서 볼 수 있다.

문제 19.10　β-D-글루코스와 암모니아의 메탄올 용액을 상온에서 반응시키면 다음 구조의 *N*-글리코사이드가 40%의 수율로 얻어진다. 이 반응의 메커니즘을 제안하시오(나머지 60% 수율로 얻어지는 것은 무엇일까?).

19.8　다당류

다당류는 많은 단당류가 글리코사이드 결합으로 연결된 화합물이다.

19.8.1　셀룰로스

식물의 구조를 이루는 주요한 성분인 **셀룰로스**(cellulose, 섬유소)는 지구상에 가장 풍부한 생분자로서 글루코스 단위가 1,4-글리코사이드 결합으로 연결된 고분자이다. 셀룰로스의 한 사슬은 다른 사슬과 수소 결합하고 있으며, 또한 한 사슬에서도 수소 결합을 이루고 있다. 따라서 셀룰로스의 HO기는 물 분자와 수소 결합할 HO기가 별로 없기 때문에 물에 녹지 않는다.

intramolecular hydrogen bond   cellulose

셀룰로스는 글루코스 단위로 가수 분해될 수 있으나 사람은 가수 분해 효소가 없기 때문에 소화할 수 없다. 하지만 초식동물은 위에서 사는 박테리아가 셀룰로스를 글루코스로 분해하기 때문에 풀을 먹고 살 수 있다.

19.8.2 녹말

녹말(starch)은 셀룰로스처럼 글루코스로 이루어진 생고분자이다. 녹말의 약 20%를 차지하는 아밀로스는 글루코스가 α-1,4-글리코사이드 결합으로 연결되어 있다. 사람은 아밀로스를 가수 분해하는 효소가 있기 때문에 녹말을 소화시킬 수 있다(밥알을 오래 씹으면 글루코스로 가수 분해되기 때문에 단맛이 난다).

amylose
(n = 400)

녹말의 다른 성분은 아밀로펙틴으로서 아밀로스처럼 글루코스 단위가 α-1,4-결합으로 연결되어 있다. 하지만 아밀로스와 다른 점은 사슬에 α-1,6-글리코사이드 결합으로 가지를 치고 있는 점이다. 아밀로펙틴은 글루코스 단위가 백만 개 정도인 생고분자이다.

amylopectin

19.8.3 글리코겐

동물은 다당류를 글리코겐(glycogen)으로 간이나 근육 등에 저장한다. 글리코겐은 아밀로펙틴처럼 가지를 친 구조이나 가지가 훨씬 더 많기 때문에 필요한 경우에는 더 빨리 글루코스로 가수 분해될 수 있다.

19.8.4 키틴

키틴(chitin)은 절지동물(곤충, 게 등)의 껍질에 존재하는 다당류로서 구조가 셀룰로스와 비슷하나 C2에 HO 대신에 NHAc기가 있다.

키틴을 염기 수용액에서 가수 분해하면 키토산(chitosan)이 얻어진다.

R = Ac: chitin
R = H: chitosan

한편, 키틴을 산성 용액(2 M HCl)에서 가수 분해하면 N-아세틸-D-글루코사민이 얻어지고 좀 더 센 산성 용액(6 M HCl)에서 가열하면 D-글루코사민의 염산 염이 얻어진다. 이 두 화합물은 아미노 당의 일종이다.

N-acetyl-D-glucosamine   D-glucosamine

19.9 핵산

DNA(deoxyribonucleic acid, 데옥시리보핵산)와 RNA(ribonucleic acid, 리보핵산)는 각각 데옥시리보뉴클레오타이드와 리보뉴클레오타이드 단위로 이루어진 생고분자로서 유전 정보의 저장 및 전달에 관여한다. 이 두 핵산은 질소 헤테로 고리 염기(base), 당류 및 인산염의 세 성분으로 이루어져 있다. DNA에서는 당류가 D-2-데옥시리보스(C2에 OH기가 없음)이고 RNA에서는 D-리보스이다.

19.9.1 뉴클레오사이드와 뉴클레오타이드

D-리보스와 D-데옥시리보스에 질소 헤테로 고리 염기가 결합한 N-글리코사이드(β-아노머)를   각각   리보뉴클레오사이드(ribonucleoside)와   데옥시리보뉴클레오사이드

(deoxyribonucleoside)라고 부른다.

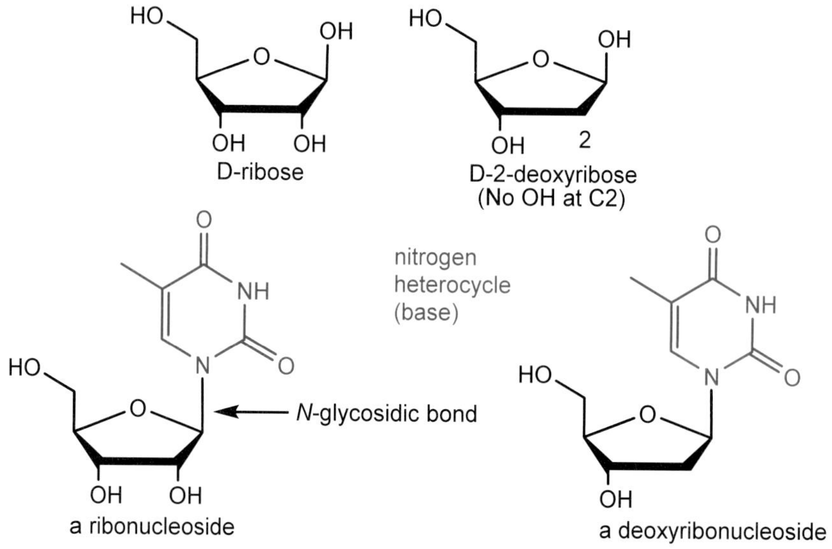

D-ribose

D-2-deoxyribose
(No OH at C2)

nitrogen
heterocycle
(base)

N-glycosidic bond

a ribonucleoside

a deoxyribonucleoside

데옥시뉴클레오사이드의 C5의 OH기가 인산기와 에스터 결합을 이룬 구조를 데옥시뉴클레오타이드(deoxynucleotide)라고 부른다. 비슷하게 뉴클레오타이드(nucleotide)는 RNA에서 발견된다.

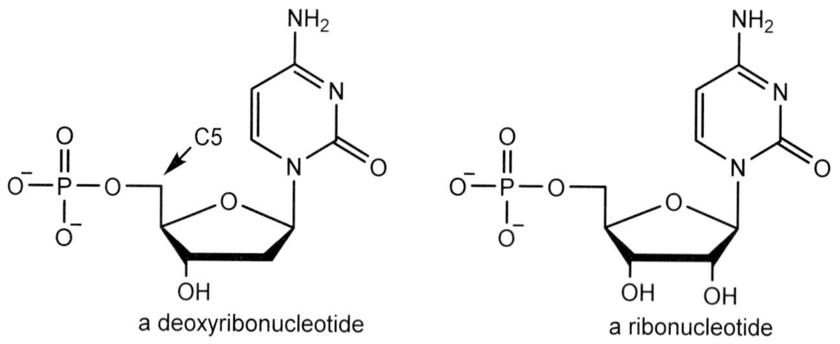

C5

a deoxyribonucleotide

a ribonucleotide

염기는 다섯 가지만 있으며 그중 세 개는 피리미딘이라고 부르는 고리가 한 개인 질소 헤테로화합물의 유도체이고, 나머지 두 개는 퓨린이라고 부르는 고리가 두 개인 질소 헤테로화합물의 유도체이다. 이들 염기는 한 글자 기호로 나타내며 아래 그림에서 컬러로 표시된 질소 원자가 탄수화물에 결합한다.

다섯 염기 중에서 유라실은 RNA에서만 존재하고 타이민은 DNA에만 존재한다(왜 그럴까?). 그러면 DNA의 염기는 A, G, C, T이고 RNA의 염기는 A, G, C, U일 것이다.

아데닌, 구아닌, 사이토신, 유라실과 타이민에서 유래하는 DNA 뉴클레오사이드의 이름은 각각 2′-데옥시아데노신(2′-deoxyadenosine), 2′-데옥시구아노신(2′-deoxyguaosine), 2′-데옥시사이티딘(2′-deoxycytidine), 2′-데옥시타이미딘 (2′-deoxythymidine)이다. 유라실에서 얻어지는 RNA 뉴클레오사이드는 유리딘(uridine)이다.

뉴클레오사이드와 뉴클레오타이드는 핵산의 성분일 뿐만 아니라 다양한 생화학적 반응을 수행하는 생분자의 성분이기도 한다. 예컨대 ATP는 아데노신의 삼인산염으로서 세포에서 기본적인 에너지 원이다. ATP에는 인산 무수물기가 있기 때문에 가수 분해 반응에서는 7.3 kcal mol^{-1}의 에너지를 방출하며 이 에너지가 생화학적 반응의 에너지원으로 사용된다.

아데노신에서 유래하는 생화학적으로 중요한 다른 유도체는 생화학적 메틸화 반응 시약인 S-아데노실메싸이오닌(SAM, 6.7.5절), 아실화 시약인 아세틸 CoA(15.2절)와 생화학적 산화 환원 반응에 참여하는 NAD$^+$ 및 NADH(14.8절) 등이 있다.

19.9.2   DNA와 RNA의 구조

DNA와 RNA는 한 뉴클레오타이드의 C5 OH기가 이웃 뉴클레오타이드의 C3 OH기와 인산 다이에스터 결합을 이루고 있는 구조이다. 따라서 핵산의 한쪽 말단에서는 C3′에 OH기(3′ 말단), 그리고 다른 말단(5′ 말단)에는 인산기가 있게 된다. 관습적으로 DNA는 5′ 말단에서 시작하여 염기가 나타나는 순서대로 A, C, G, T(RNA의 경우에는 U)를 나열하여 표시한다. 아래 구조에서 B1, B2, B3를 각각 G, A, T라고 하면 이 구조를 GAT로 표현한다. 이러한 염기의 순서를 염기 서열(base sequence)이라고 부르는데, 핵산의 일차 구조는 염기의 연결 순서를 의미한다.

19.9.3   DNA의 이중 나선 구조

핵산은 염기의 특정한 쌍 사이에서, 특히 A-T 쌍(혹은 A-U 쌍), G-C 쌍 같이 퓨린-피리미딘 쌍 사이에서 분자 내 수소 결합을 하고 있다. A-T 쌍과 G-C 쌍 사이에서는 각각 두 개, 세 개의 수소 결합이 존재한다.

특정한 염기 사이의 수소 결합(A는 오직 T(U)와 결합하고 G는 C하고만 결합)은 DNA의 이중 나선 구조의 형성뿐 아니라 유전 정보의 복제에도 매우 중요하다. 염기 짝지음의 특이성 때문에 DNA 이중 나선 구조의 두 가닥은 상보적(complementary)이다. 즉, 한 가닥의 염기 서열이 정해지면 다른 가닥의 염기 서열도 자동적으로 정해진다(두 가닥의 염기 서열은 서로 반대 방향이다).

DNA의 복제가 일어날 때, 먼저 이중 나선 구조가 풀린 후, 두 가닥에서 상보적 가닥이 DNA 중합 효소에 의하여 합성된다. 그러면 원래의 이중 나선과 동일한 이중 나선이 두 개 생기게 된다.

추가 문제

문제 19.11　헥소스의 일차 알코올을 효소를 이용하여 카복시기로 산화하면 우론산(uronic acid)이라고 부르는 산이 얻어진다. D−글루코스에서 얻어지는 산은 D−글루쿠론산(glucuronic acid)이다. D−글루쿠론산의 열린 사슬 구조의 피셔 투영도를 그리시오. 또한 피라노스 구조를 그리시오.

문제 19.12　D−글루코스를 묽은 염기로 처리하면 평형에서 D−프럭토스가 약 30%, D−마노스가 약 2% 정도 얻어진다.

이 반응의 메커니즘을 그리시오. 이러한 반응은 글루코스의 대사에서도 일어난다. D−글루코스−6−인산염은 이성질화 효소에 의하여 D−프럭토스−6−인산염으로 전환된다.

문제 19.13　다음 알도스가 킬리아니-피셔 합성을 거쳤을 때 얻어지는 탄소화물의 피셔 구조를 그리시오
a. D−아라비노스　　　　　　　　　　　　b. D−리보스

문제 19.14　α−D−글루코피라노사이드를 촉매량의 HCl 조건에서 1,2−다이싸이올인 HSCH₂CH₂cl와 반응시켰더니 다음과 같은 생성물이 얻어졌다. 메커니즘을 제안하시오.

문제 19.15　DNA 이중 나선의 두 가닥 중에서 한 가닥의 염기 서열이 부분적으로 5′−ACTCAGATGC−3′이다. 이 부분과 상보적인 가닥의 염기 서열은 무엇인가?

문제 19.16　뉴클레오사이드는 묽은 염기 수용액에서는 안정하나 센산의 묽은 수용액에서는 염기의 짝산과 펜토스로 가수 분해된다. 2′−데옥시사이토신의 가수 분해 반응의 메커니즘을 그리시오.

2'-deoxycytidine

문제 **19.17** RNA는 DNA보다 염기성 용액에서 덜 안정하다. 즉, RNA를 HO⁻ 용액으로 처리하면 다음과 같은 반응이 빠르게 일어난다. 이 반응의 메커니즘을 그리시오.

20

아미노산, 펩타이드 및 단백질

아미노산(amino acid)은 그 이름이 나타내듯이 아미노기와 카복실산이 모두 있는 구조로서 단백질의 구성 성분이다. 펩타이드는 50개 미만의 아미노산이 펩타이드 결합(peptide bond)이라고 부르는 아마이드 결합으로 연결된 화합물이며 단백질은 더 많은 수의 아미노산이 연결된 생고분자이다. 펩타이드와 단백질은 효소나 호르몬처럼 다양한 생물학적 기능을 수행한다.

α-amino acid   peptide (protein)

20.1 아미노산과 펩타이드의 구조와 명명법

20.1.1 아미노산의 구조와 명명법

천연 아미노산은 카복실산의 알파 위치에 아미노기가 있는 α-아미노산이다. 천연 α-아미노산은 대부분 L-아미노산이다. 예를 들어 L-세린은 다음과 같이 피셔 투영도로 나타낼 수 있다. 카복시기가 탄소 사슬의 가장 위에 놓이도록 구조를 그리면 아미노기는 왼쪽에 놓이게 된다. 이 경우 입체 발생 중심의 배열은 (S)-이다(L-시스테인은 (R)-이다).

L-serine   L-cysteine
(S)-serine   (R)-cysteine

아미노기는 염기이고 카복시기는 산이므로 분자 내에서 산-염기 반응이 일어나 아미노산은 쯔비터 이온(zwitter ion)이라고 부르는 쌍극성 구조로 존재한다.

alanine   zwitterion

모두 20개의 α-아미노산의 상용명, 세 글자 혹은 한 글자로 약칭하는 기호 및 구조(pH 7의 완충 용액에 존재하는)를 표 20.1에 나타내었다. 숫자는 순서대로 -CO$_2$H, α-아미노기 및 곁가지의 pK_a이다. 필수 아미노산은 컬러로 표시하였다.

표 20.1 α-아미노산의 이름과 구조.(상용명에 컬러 표시된 아미노산은 필수 아미노산)

상용명	구조	약어	pK_a	상용명	구조	약어	pK_a
곁사슬이 이거나 알킬기인 아미노산							
glycine		Gly, G	2.34, 9.60	leucine		Leu, L	2.36, 9.60
alanine		Ala, A	2.34, 9.69	isoleucine		Ile, I	2.36, 9.68
valine		Val, V	2.32, 9.62				
방향족 곁사슬이 있는 아미노산							
phenylalanine		Phe, F	2.16, 9.18	tyrosine		Tyr, Y	2.20, 9.11, 10.07
곁사슬에 HO−, HS−, MeS−가 있는 아미노산							
serine		Ser, S	2.21, 9.15	cysteine		Cys, C	1.92, 10.46, 8.35
threonine		Thr, T	2.63, 9.10	threonine			
methionine		Met, M	2.34, 9.69				
카복실산이나 아마이드기가 있는 아미노산							
aspartic acid		Asp, D	1.88, 9.82, 3.65	asparagine		Asn, N	2.02, 8.84
glutamic acid		Glu, E	2.19, 9.67, 4.25	glutamine		Gln, G	2.17, 8.84
아미노기처럼 염기성 기가 있는 아미노산							
tryptophan		Trp, W	2.38, 9.39	histidine		His, H	1.82, 9.17, 6.04
lysine		Lys, K	2.18, 8.95, 10.53	arginine		Arg, R	2.17, 9.04, 12.48
고리형 (이차) 아미노산							
proline		Pro, P	1.99, 10.60				

문제 20.1 카복실산은 흔히 pK_a가 5 정도이나 알라닌 같은 α-아미노산의 카복시기는 pK_a가 2.3으로서 더 산성이다. 왜 그런지 설명하시오.

이러한 펩타이드는 다음과 같이 구조를 그린다. 먼저 지그재그를 그린 후, 왼쪽 말단에는 NH_2기, 오른쪽 말단에는 CO_2H기를 적는다.

H_2N 〰〰〰 CO_2H

그 다음에 탄소 원자를 두 개 건너 뛰면서 NH기를 그리고, NH기의 왼쪽에 카보닐기를 도입한다.

H_2N ⋯ CO_2H

NH기의 오른쪽에는 잔기를 그려 구조를 완성한다. 이때 대쉬와 쐐기를 올바르게 그려 아미노산의 배열 (흔히 (S))을 나타낸다.

20.1.2　펩타이드의 명명법

펩타이드는 관습적으로 아미노 말단(N-말단)을 왼쪽에, 카복시 말단(C-말단)을 오른쪽에 놓고 구조를 그리고, 아미노 말단부터 시작하여 아미노산 잔기의 이름을 순차적으로 적어 명명한다. 예를 들어 다음과 같은 트라이펩타이드가 있다고 하면, 그 이름은 글리실알라닐세린(Gly-Ala-Ser 혹은 G-A-S)이라고 붙인다.

Gly-Ala-Ser or G-A-S

문제 20.2 트라이펩타이드 Ser-Ala-Gly의 구조를 그리시오.

20.2　아미노산과 펩타이드의 산-염기 성질

앞에서 언급하였듯이 α-아미노산은 쯔비터 이온으로 존재한다. 따라서 비극성 비양성자성 용매에서는 녹지 않으나 물에서는 잘 녹는다. 또한 녹는점도 상당히 높다. 또한 반대 전하가 분리되어 있기 때문에 쌍극자 모멘트가 매우 크다.

등전점

아미노산에 산 혹은 염기를 가하면 아미노산의 구조가 변하게 된다. 예컨대 중성 알라닌 수용액에 염기를 가한다고 하자. NH_3^+기의 pK_a는 9.69이고 $COOH$기의 pK_a는 2.34이므로 먼저 쯔비터 이온의 NH_3^+에서 양성자가 제거되어 구조 **B**가 생기고, pH가 9.69이면 구조 **N**과 **B**가 같은 농도로 존재할 것이다. 그러면 전체적으로 알라닌은 음전하를 띨 것이다. 반면에 산을 가하면 CO_2^-에 양성자가 첨가되어 구조 **A**가 생기고, pH 2.34에서는 구조 **N**과 **A**가 같은 농도로 존재하고 전체적으로 알라닌은 양전하를 띨 것이다.

그러면 어떤 특정한 pH에서는 모든 아미노산 분자의 전체 전하의 합이 0이 될 것이다. 바로 이 pH를 아미노산의 등전점(isoelectric point, pI)이라고 부른다. 등전점에서는 구조 **A**와 **B**의 농도가 같아야 하며 중성 구조 **N**의 농도가 다른 pH에서보다 더 커야 한다.

K_{a1}과 K_{a2}를 각각 COOH기와 NH_3^+기의 산이온화 상수라고 정의하면 다음 식이 성립한다.

$$K_{a1} = [N][H_3O^+]/[A]$$
$$K_{a2} = [B][H_3O^+]/[N]$$

이 두 식을 곱하면,

$$K_{a1}\ K_{a2} = [H_3O^+]^2\ [B]/[A]$$

등전점에서는 **[B]** = **[A]**이므로, 위 식은 $K_{a1}\ K_{a2} = [H_3O^+]^2$가 된다. 이 식에 log를 취하면,

$$\log K_{a1} + \log K_{a2} = 2\log[H_3O^+]$$
$$pK_{a1} + pK_{a2} = 2pH$$
$$pH = pI = (pK_{a1} + pK_{a2})/2$$

알라닌의 경우에는 pK_{a1}과 pK_{a2}가 각각 2.34, 9.79이므로 pI는 6.01이다. 아미노산의 pI를 알면 주어진 pH에서 아미노산의 알짜 전하를 알 수 있다. 즉, pH가 pI보다 작다면 아미노산은 양전하를 띨 것이며 반대로 pH가 pI보다 크다면 음전하를 띨 것이다.

아미노산에 산성 혹은 염기성 곁사슬이 있는 경우에는 pI가 크게 변한다. 예를 들어 염기성 곁사슬이 있는 라이신을 보자. 라이신의 pI는 9.74로서 α-NH_3^+의 pK_a(8.95)와 곁사슬에 있는 NH_3^+의 pK_a(10.53)의 평균이다. 라이신은 pH = 6인 수용액에서는 주로 알짜 +1 전하를 띤 구조로 존재할 것이다.

아스파트산의 경우에는 pI가 2.77이며 이 값은 COOH기의 pK_a(1.88)과 곁사슬에 있는 COOH기의 pK_a(3.65)의 평균이다. 따라서 pH = 6인 수용액에서는 주로 알짜 -1

전하를 띤 구조로 존재하게 된다.

문제 20.3 글루탐산과 시스테인의 p*I*를 구하시오.

문제 20.4 다음 아미노산이 pH=1에서 주로 존재하는 구조를 그리시오.
    a. 아스파트산   b. 아르기닌   c. 트립토판   d. 글루타민

문제 20.5 다음 아미노산이 pH=10에서 주로 존재하는 구조를 그리시오.
    a. 아스파트산   b. 아르기닌   c. 시스테인   d. 글루타민

20.3 펩타이드 결합의 형태

아마이드 결합의 C-N 결합은 다음과 같은 공명 구조가 나타내듯이 이중 결합의 성격이 상당히 크다. 따라서 질소 원자의 혼성은 sp²이고 아마이드는 평면 구조이다.

significant
contributor

펩타이드 결합도 일종의 아마이드 결합이므로 C-N 결합은 어느 정도 이중 결합의 성격을 띠며, C-N 결합을 중심으로 두 가지의 형태, 즉 s-*trans*와 s-*cis* 형태가 가능하다. 이 두 사이의 변환에는 약 19 kcal mol⁻¹ 만큼의 활성화 에너지가 필요하고 s-*trans* 형태가 더 안정하다.

s-*trans*   s-*cis*

폴리펩타이드에서는 펩타이드 결합만 회전이 제한되며 나머지 결합은 자유 회전이 가능한 σ 결합이다. 따라서 좀 뒤에 언급하겠지만 몇 가지 형태를 취할 수 있다.

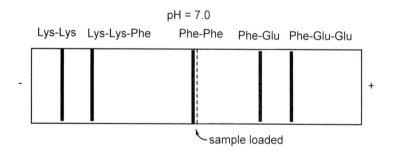

20.4 아미노산과 펩타이드의 분리

아미노산과 펩타이드의 혼합물은 이온 교환 크로마토그라피, 전기 이동법, HPLC 등의 방법으로 분리할 수 있다. 여기에서는 전기 이동법을 소개하고자 한다.

종이 여과지나 겔 같은 길쭉한 고정상의 가운데에 분리할 시료를 따로 놓고 완충 용액에 담근다. 고정상의 양 끝에 직류 전압을 걸면, 주어진 완충 용액의 pH에서 음전하를 띤 아미노산이나 펩타이드는 + 전극 쪽으로 이동하고 양전하를 띠었다면 − 전극 쪽으로 이동할 것이다. 이러한 분리 방법을 전기 이동법(electrophoresis)이라고 한다. 또한 전하가 같다고 하더라도 가벼운 시료는 더 빠르게 이동할 것이다.

다음 그림은 pH 7에서 몇 가지 펩타이드의 전기 이동법에 의한 분리를 보여준다. Phe-Phe는 전기적으로 중성이므로 거의 이동하지 않는다. 반면에 양전하를 띤 Lys-Lys, Lys-Lys-Phe는 − 전극으로 이동하며, 음전하를 띤 Phe-Glu, Phe-Glu-Glu는 + 전극으로 움직인다. 또한 크기가 작은 Lys-Lys가 더 큰 Lys-Lys-Phe보다 더 빨리 이동하는 것을 알 수 있다.

20.5 α-아미노산의 합성과 광학 분할

20.5.1 스트레커 아미노산 합성

알데하이드를 NH_4Cl과 NaCN으로 처리하여 α-아미노나이트릴을 얻고 이를 산성 용액에서 가열하여 가수 분해하면 아미노산을 얻을 수 있는데, 이러한 방법을 스트레커 아미노산 합성(Strecker amino acid synthesis)이라고 한다.

문제 20.6 스트레커 아미노산 합성법을 이용하여 다음 아미노산을 합성하시오.

문제 20.7 알킬 할라이드와 암모니아의 반응으로부터는 일차 아민을 좋은 수율로 얻을 수 없지만, α-브로모카복실산을 이용하면 α-아미노산을 좋은 수율로 얻을 수 있다. 왜 이러한 차이가 생기는지 설명하시오.

20.5.2 L-아미노산의 제조

스트레커 합성법에서는 아미노산의 라셈 혼합물만이 생긴다. 천연 아미노산인 L-이성 질체를 얻으려면 광학 분할이나 거울상 선택적 합성법을 이용하여야 한다.

광학 분할법 중에서 널리 쓰이는 방법이 효소를 이용한 속도론적 분할이다. 이 방법은 두 거울상 이성질체가 카이랄 시약과 반응할 때 반응 속도가 다르다는 점을 이용한다. 효소 중에서 아마이드기를 가수 분해할 수 있는 아실 효소(acylase) 같은 효소가 유용 하다. 이 효소를 이용하려면 먼저 아미노산의 아미노기를 아세틸기로 변환하여야 한 다. 아실 효소는 천연 아미노산의 *N*-아세틸기만 선택적으로 가수 분해하기 때문에 반 응이 끝나면 L-아미노산과 *N*-아세틸-D-아미노산이 얻어진다. 이 두 생성물은 EtOH 에서의 용해도가 다르기 때문에 쉽게 분리할 수 있다.

20.6 펩타이드의 서열 결정

서열이란 펩타이드의 아미노산의 연결 순서를 말한다. 아미노 말단 결정에 사용되는 방법 중 하나가 생거(Sanger)법이다. 친핵성 아미노 말단에 2,4-다이나이트로플루오로 벤젠(생거 시약)을 반응시키면 방향족 친핵성 치환 반응이 일어나(11.13절) 아미노기 의 2,4-다이나이트로페닐(DNP) 유도체가 얻어진다(라이신처럼 곁사슬의 아미노기에 서도 반응이 일어난다).

Sanger's reagent

DNP amines

예를 들어, 펩타이드 Asp-Phe-Met-Ala-Lys에 Sanger 시약을 반응시켜 얻어진 생성물을 6 M HCl 용액에서 하루 동안 110℃에서 가열하면 모든 펩타이드 결합이 가수분해된다(DNP 유도체는 이 조건에서 안정하다). 생성물인 아미노산의 혼합물을 HPLC로 분석하면 DNP기를 함유한 아미노산을 결정할 수 있고, 결국 아미노 잔기를 알 수 있다. 하지만 생거법의 단점은 아미노 말단만을 결정하고 나머지 펩타이드는 아미노산으로 분해버린다는 점이다.

펩타이드의 아미노 말단에서부터 하나씩 아미노산 잔기를 제거한 후 그 잔기를 결정하고, 이러한 작업을 반복하면 서열을 결정할 수 있다. 이러한 방법의 한 예가 에드만 분해(Edman degradation)이다. 에드만 분해에서는 먼저 펩타이드를 페닐 아이소싸이오사이아네이트(에드만 시약)으로 처리하면 페닐싸이오히단토인(PTH)이라고 부르는 생성물이 얻어진다. PTH의 구조를 크로마토그라피로 확인하면 R기, 즉 아미노산을 결정할 수 있다. 잔기가 하나 없어진 펩타이드를 다시 에드만 분해하면 아미노 말단을 결정할 수 있다. 이런 과정을 반복하면 전체 펩타이드의 서열을 결정할 수 있다.

phenyl isothiocyante
(Edman's reagent)

phenylthiohydantoin
(PTH)

하지만 에드만 분해가 반복적으로 진행될수록 불순물이 축적되므로 PTH의 구조를 확인하기가 점점 어려워진다. 따라서 20개 정도(경우에 따라서는 60~70개도 가능)의 아미노산으로 이루어진 펩타이드의 서열에 주로 사용되며 서열 결정을 자동적으로 수행해주는 펩타이드 시퀀서(peptide sequencer)라고 부르는 상용 장비도 나와 있다.

20.7 펩타이드 합성

펩타이드를 합성하기 위해서는 우선 아미노산 사이 혹은 아미노산과 펩타이드 사이에 펩타이드 결합을 형성하여야 한다. 이러한 반응에 가장 널리 쓰이는 시약이 DCC(16.2절)이다. 하지만 단순히 다른 두 아미노산 사이의 반응에서는 네 개의 펩타이드가 생기므로 원하지 않는 반응이 일어나지 않도록 아미노기와 카복시기를 보호하여야 한다.

아미노기를 아마이드 보호기로 보호할 수는 있지만, 아마이드 보호기와 펩타이드 결합은 둘 다 아마이드이므로 선택적으로 아마이드 보호기만 탈보호하는 것은 어려울 것이다. 또한 탈보호에서 사용하는 센염기 조건에서는 라셈화가 일어날 수도 있다. 이 외에도 이 교재에서 다루지 않는 다른 이유도 있다.

아미노산의 아미노기는 카바메이트 보호기로 보호한다.

카바메이트기로 보호된 아미노산 유도체는 산이나 염기에서 라셈화가 일어나지 않고 온화한 조건에서 탈보호된다.

흔히 쓰이는 카바메이트의 구조, 이름, 아미노산에 도입하는 방법 및 탈보호 방법을 표 20.2에 정리하였다.

표 20.2 아미노 보호기의 종류

아미노 보호기	이름(약칭)	도입하는 방법	탈보호 방법
	tert-뷰톡시카보닐(Boc)	(*tert*-BuOCO)$_2$O(di-*tert*-butyl dicarbonate, Boc$_2$O), Et$_3$N	CF$_3$CO$_2$H 혹은 aq HBr
	벤질옥시카보닐(cbz, Z) [Z는 이 기를 1932년에 처음 도입한 Zervas에서 나옴]	PhCH$_2$OCOCl(benzyl chloroformate), Na$_2$CO$_3$, H$_2$O, CH$_2$Cl$_2$ (Schotten-Baumann 조건)	H$_2$, Pd/C, aq. AcOH 혹은 HBr, AcOH
	9-플루오레닐메톡시카보닐 (Fmoc)	Fmoc-Cl, Na$_2$CO$_3$, H$_2$O, CH$_2$Cl$_2$ (Schotten-Baumann 조건) 혹은 Fmoc—O—N (Fmoc-NHS), Na$_2$CO$_3$, H$_2$O, (MeOCH$_2$)$_2$	피페리딘, DMF

특히 Fmoc 보호기는 비수용성 용매인 DMF에서 매우 약한 염기인 피페리딘에 의하여 다음과 같이 탈보호된다.

카복시기의 보호

카복시기는 흔히 메틸이나 벤질 에스터로 보호한다. 에스터기는 아마이드기보다 더 온화한 조건에서 NaOH에 의하여 탈보호된다. 벤질 에스터는 HBr, AcOH 혹은 H_2, Pd/C로 제거할 수도 있다.

아미노산의 짝지음 반응

아미노기와 카복시기가 각각 보호된 두 아미노산을 DCC의 존재하에서 반응시키면 두 아미노산 사이의 짝지음 반응이 일어나 펩타이드 결합이 생성된다(16.2.7절).

DCC가 카복실산과 반응하면 *O*-아실아이소유레아(acylisourea)라고 부르는 활성 에스터가 먼저 생성된다 (16.2.7절). 이 화합물이 다른 아미노산의 아미노기와 반응하면 펩타이드 결합이 생성된다 (이 활성 에스터는 출발물인 카복실산과 반응하여 산 무수물로 변할 수도 있다. 이 산무수물이 아미노산의 아미노기와 반응하여도 펩타이드 결합이 생긴다).

세린 같이 곁사슬에 전자를 끄는 산소 원자가 있는 아미노산의 아미노기는 친핵성이 감소하므로 활성 에스터와의 반응이 느리게 일어나며 더군다나 반응 중에 활성 에스터인 *O*-아실아이소유레아가 더 이상 반응성이 없는 구조 이성질체인 *N*-아실유레아로 천천히 변할 수도 있다. 이러한 일이 발생하면 펩타이드의 생성의 수율이 낮아지게 될 것이다.

이러한 문제를 해결하는 방법은 DCC와 같이 *N*-하이드록시석신이미드(NHS), 하이드록시벤조트라이아졸(HOBt) 혹은 펜타플루오로페놀을 첨가하는 것이다. 그러면 *O*-아실아이소유레아가 자리 옮김이 일어나지 않는 활성 에스터로 변환되므로 펩타이드 결합 생성의 수율이 증가한다.

N-hydroxysuccinimde
(NHS)
pK_a = 6.0

hydroxybenzotriazole
(HOBt)
pK_a = 4.6

pentafluorophenol
pK_a = 5.5

펩타이드 합성법의 예로서 Ala-Phe를 들자.

Ala-Phe

펩타이드 결합은 알라닌의 카복시기와 페닐알라닌의 아미노기 사이에서 일어나므로 다른 기는 적당한 보호기로 보호하여야 한다. 먼저 알라닌의 아미노기는 Boc기로 보호하고 페닐알라닌의 카복시기는 벤질기로 보호한다.

이제 두 아미노산 유도체를 DCC로 처리하면 펩타이드 결합이 얻어지고 탈보호하면 펩타이드 Ala-Phe를 구할 수 있다.

문제 20.8 트라이펩타이드 Val-Ala-Phe를 각 아미노산으로부터 합성하고자 한다. 필요한 모든 단계를 적으시오.

20.8 고체상 펩타이드 합성

고체상 펩타이드 합성법을 개발한 Rockfeller 대학교의 메리필드 (Merrifield)는 1984년도 노벨화학상을 수상하였다. 고체상 펩타이드 합성법을 메리필드 합성 (Merrifield synthesis)이라고 부른다.

앞에서 살펴본 펩타이드 합성은 용액상에서 일어난다. 용액상 펩타이드 합성법은 작은 펩타이드의 합성에는 적합하나 큰 펩타이드의 합성에는 적합하지 않다. 그 이유는 각 합성 단계마다 생기는 불순물을 제거하려면 중간체를 분리, 정제하는 작업이 필요하기 때문이다. 이러한 문제점을 해결하는 방법이 고체상 펩타이드 합성이다.

고체상 합성법은 미세한 구슬 모양의 불용성 고체 수지를 이용하는데, 이러한 수지의 한 예가 스타이렌과 1% 다이바이닐벤젠의 공중합체에서 유래하는 메리필드 수지이다.

Merrifield resin

메리필드 수지를 이용하여 펩타이드 Leu-Val을 합성한다고 하자. 가장 먼저 할 일은 이 펩타이드의 C 말단인 Val을 수지에 도입하는 것이다(아미노기는 Fmoc으로 보호

1969년에 메리필드는 자동화된 펩타이드 합성 장비를 이용하여 128개의 아미노산으로 이루어진 ribonuclease를 3%의 전체 수율로 6주만에 합성하였다(하지만 생성물인 효소의 정제에는 4주가 소요되었다). 합성에 사용된 반응의 수는 369개였으며 세척, 중화, 짝지음을 포함하는 단계는 모두 11,391개였다.

되어 있다).

단계 1 수지에 C 말단 도입

단계 2 아미노 보호기의 탈보호

단계 3 짝지음

단계 4 보호기 제거 및 수지에서 펩타이드 제거

메리필드 합성법은 펩타이드를 C 말단에서부터 합성하지만 단백질 합성 효소는 N 말단에서부터 합성한다.

고체상 펩타이드의 장점은 용매에 녹지 않는 고체 지지체를 사용하므로 각 반응마다 적당한 용매로 수지를 씻어주면 과량의 시약이나 불순물을 쉽게 제거할 수 있다는 점이다. 하지만 아미노산의 사슬이 길어질수록 완전한 세척이 이루어지지 않기 때문에 불순물이 축적된다. 따라서 작은 펩타이드(아미노산의 수가 15~20개)인 합성에 유리하다. 또한 수지가 감당할 수 있는 양이 제한적이므로 10~100 mg 정도의 펩타이드의 합성에 적합하다.

문제 20.9 메리필드 합성법으로 트라이펩타이드 Val-Ala-Phe를 각 아미노산으로부터 합성하고자 한다. 필요한 모든 단계를 적으시오.

20.9 단백질의 구조

단백질은 단순한 유기 분자에 비하여 매우 크기 때문에 그 구조는 일차, 이차, 삼차, 사차 수준으로 기술한다.

일차 구조

일차 구조는 단순히 아미노산 잔기의 연결 순서를 말한다. 또한 두 시스테인 잔기는 다이설파이드 결합을 할 수 있는데, 이 결합도 일차 구조에 속한다.

이황화물 결합은 2-머캅토에탄올이나 다이싸이오쓰레이톨 같은 싸이올에 의하여 환원된다.

disulfide bond   dithiothreitol

이차 구조

이차 구조는 단백질의 한 부분에서의 삼차원적 형태를 말한다. 펩타이드는 펩타이드 결합이 비록 평면 구조이지만 자유 회전이 가능한 σ 결합도 있으므로 완전한 평면 구조는 아닐 것이다. 또한 시스테인 SH기의 산화로 생기는 이황화물 결합을 통하여 사슬 내 혹은 사슬 사이에 연결이 이루어진다.

폴리펩타이드 사슬은 국지적으로 α-나선 구조(helix)와 β-병풍 구조(pleated sheet)라는 이차 구조로 존재할 수 있다. α-나선 구조는 하나의 사슬에서 네 잔기만큼 떨어져 있는 두 아마이드 결합 사이의 분자간 수소 결합에 의하여 생성된다. 나선 구조가 한 번 돌 때 3.6개의 아미노 잔기가 들어 있게 되는데, 나선 구조가 아래로 향하는 방향은 오른쪽이다. α-나선 구조는 양모의 단백질이나 머리카락의 케라틴(keratin) 단백질에서 볼 수 있으며 신축성이 크다.

β-병풍 구조는 지그재그 모양으로 펼쳐진 두 개 이상의 폴리펩타이드 사슬 사이의 수소 결합에 의하여 형성되는 구조이며 비단의 단백질에서 볼 수 있다. β-병풍 구조는 길게 펼쳐진 구조이므로 α-나선 구조에 비하여 신축성이 거의 없다. 일반적으로 α-나선 구조에 비하여 β-병풍 구조를 이루는 아미노 잔기는 5~10개로 더 짧다.

β-병풍 구조에서 두 사슬은 서로 평행하게 혹은 역평행으로 놓일 수 있는데, 역평행한 구조에서는 잔기 사이의 반발을 최소화하는 잔기, 즉 곁가지가 작은 알라닌이나 글라이신 잔기가 선호된다. 아래 그림은 β-병풍 구조의 평행 부분과 역평행 부분을 보여준다.

그림 20.1은 DNA 중합효소의 이차 구조로서 코일 모양은 α-나선 구조이며, 가운데 폭이 넓은 화살표와 위에 있는 서로 반대 화살표(역평행 병풍 구조)는 β-병풍 구조를 나타낸다.

그림 20.1
DNA 중합효소의 이차 구조

DNA 중합효소의 이차 구조 가닥(strand) 모형.
이 모형에서 리본은 오른쪽으로 도는 α-나선 구조 그리고 넓은 화살 모양은 β-병풍 구조를 나타낸다.

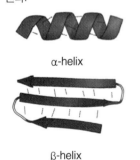

α-helix

β-helix

단백질을 포함한 여러 가지 유기 분자의 입체 구조는 인터넷에서 확장자가 pdb(protein data base)인 파일을 다운로드 받은 후 raswin.exe이라는 프로그램으로 열면 볼 수 있다.

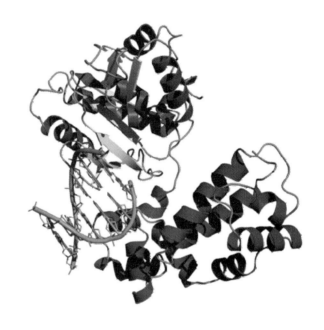

전체 펩타이드 사슬의 입체 구조를 삼차 구조(tertiary structure)라고 한다. 수용액에서 단백질은 극성 기나 전하를 띤 기가 외부 표면에 노출되고, 비극성 기는 단백질 내부에 배치되어 안정성이 최대가 되는 형태로 취한다. 그러면 극성 기는 물과 쌍극자-쌍극자 상호 작용이나 수소 결합할 수 있게 되고, 단백질 내부에서는 비극성 기 사이의 분산력이 존재하므로 단백질이 안정해진다. 또한 서로 떨어진 극성 기 사이의 수소 결합(예: 카보닐기와 NH_2기)이나 NH_3^+기와 CO_2^-기 사이의 정전기적 인력, 그리고 이황화 결합도 삼차 구조를 안정화시키는 데 기여한다.

두 개 이상의 단백질이 모여 하나의 큰 단백질 집단을 만들 수도 있다. 이러한 단백질 집단의 입체 구조를 사차 구조(quaternary structure)라고 한다. 예를 들어, 헤모글로빈은 α 부단위와 β 부단위라는 폴리펩타이드의 두 쌍(전부 네 사슬)으로 이루어져 있으며 각 쌍에는 산소와 결합하는 헴(heme) 단위가 하나씩 들어 있다.

머리카락 퍼머

모발은 다른 단백질에 비하여 시스테인을 더 많이 포함하는 케라틴 단백질로 이루어져 있다(일반적 단백질은 시스테인 함량이 3% 정도이지만 케라틴은 8%이다). 따라서 모발의 삼차 구조는 시스테인 잔기 사이의 이황화 결합에 의하여 유지된다.

모발이 너무 곧거나 곱슬곱슬하면 다른 모양으로 바꿀 수 있다. 먼저 이황화 결합을 암모늄 싸이오글라이콜레이트로 환원시켜 SH기를 머리카락에 도입한다(13.11절). 그 다음 머리카락을 원하는 모양으로 손질한 후 과산화수소로 이황화물 결합을 생성시켜 모발의 삼차원 구조를 유지시킨다. 곧은 머리카락을 곱슬머리로 바꾸는 과정을 '퍼머넌트'라고 한다.

추가 문제

문제 20.10 등전점에서 각 아미노산의 구조를 그리시오.
  a. 알라닌   b. 라이신   c. 글루탐산

문제 20.11 N-Boc-아미노산의 라셈 혼합물을 광학적으로 순수한 염기인 알칼로이드(예: 브루신(brucine))와 반응시키면 아미노산을 광학 분할할 수 있다. 이 분할법의 순서와 원리에 대하여 논하시오.

문제 20.12 메리필드 고체상 방법을 이용하여 트라이펩타이드인 Ala-Gly-Phe를 합성하고자 한다. 천연 아미노산으로는 Fmoc으로 보호된 것을 사용한다. Ala, Gly, Phe은 곁가지가 각각 Me, H, CH_2Ph이다. 다음 빈칸에 적당한 구조 (지그재그 모양, 절대 배열에 맞게)를 그리시오.

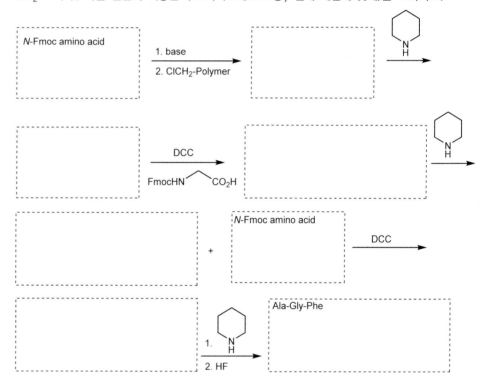

문제 20.13 닌히드린은 α-아미노산의 정성적 및 정량적 검출에 사용되는 시약이다. 닌히드린이 α-아미노산과 반응하면 잔기의 종류에 상관 없이 같은 보라색 화합물이 얻어진다. 다음 각 단계의 메커니즘을 그리시오.

21

지질

지금까지 다룬 아미노산이나 탄수화물 같은 생분자는 특정한 작용기의 존재 여부로 구별할 수 있었다. 하지만 이번 장의 주제인 지질(lipid)은 다이에틸 에터나 클로로폼 같은 유기 용매로 추출할 수 있는 비극성 천연물을 일컫는다. 단순히 용해도라는 물리적 성질에 따라 분류되기 때문에 지질은 구조, 생리적 효과나 세포에서의 역할 등이 매우 다양하다. 지질은 가수 분해가 가능한 지질(예: 왁스, 트라이아실글리세롤, 포스포지질)과 가수 분해하지 않는 지질(예: 지방에 녹는 비타민, 에이코사노이드, 터펜, 스테로이드)로 크게 구별할 수 있다.

21.1   왁스

왁스(wax)는 일종의 에스터 RCO_2R'이며 그 카복실산 성분 RCO_2H와 알코올 성분 $R'OH$는 긴 탄소(짝수 개)의 사슬 구조이다. 탄소 수가 많기 때문에 왁스는 소수성이며 새나 곤충은 이런 성질을 잘 이용하고 있다. 즉, 새의 깃털은 왁스로 코팅되어 있기 때문에 물이 묻어도 젖지 않는다. 곤충도 외각 골격에 왁스 층이 있어 광택이 있다. 나뭇잎이나 과일도 왁스 층이 덮고 있기 때문에 물의 증발이 억제되며 광택을 띤다.

라놀린(lanolin)은 양털을 덮고 있는 왁스이고, 스퍼마세티 왁스(spermaceti wax, $Me(CH_2)_{14}CO_2(CH_2)_{15}Me$, 경랍)는 향유고래의 머리에 있는데 음파를 탐지하는 안테나 역할을 한다고 추정된다. 밀랍의 주성분은 $Me(CH_2)_{14}CO_2(CH_2)_{29}Me$이다.

21.2   유지: 지방과 기름

지방의 탄소 사슬에 $(Z)-C=C$ 이중 결합이 있으면 사슬이 중간에서 꺾어지므로 사슬 사이의 쌓임이 느슨해진다. 그러면 분자간 분산력이 감소하므로 녹는점이 내려간다.

식품 영양학에서는 지방산의 이름으로 탄소 수와 이중 결합의 수를 나타내는 속기명을 사용한다. 예를 들어, 스테아르산은 18:0, 미리스톨레산(myristoleic acid)은 14:1 이다. 가끔씩 이중 결합의 입체 구조와 위치를 나타내기 위하여 접두사를 사용하기도 한다. 이 방법을 사용하면 리놀렌산은 c,c,c,−9.12.15−18:3,미리스톨레산은 c−9−14:1이다. 불포화 지방산은 **오메가**−*n* 산으로 나타내기도 하는데, 숫자 *n*은 탄소 사슬의 끝에서부터 *n* 번째 탄소에 이중 결합이 있음을 의미한다. 예를 들어 리놀렌산은 오메가−3 산, 올레산은 오메가−9 산이다.

지방(fat)과 기름(oil)은 삼가 알코올인 글리세롤 분자에 지방산(fatty acid) 세 분자가 에스터 결합하고 있는 트라이에스터이며 트라이아실글리세롤(triacylglycerol) 혹은 트라이글리세라이드(triglyceride)라고도 부른다. 지방과 기름을 통틀어서 유지(油脂)라고 한다.

triacylglycerol

지방산은 가지가 없는 긴 사슬로 이루어진 카복실산으로서 천연 지방산의 탄소 수는 짝수이다. 불포화 지방산에는 $(Z)-C=C$ 이중 결합이 있으며, 지방산의 녹는점은 이중 결합이 많을수록 내려간다. 표 21.1에 흔한 지방산의 이름, 구조, 탄소 수, C=C 결합의 수 및 녹는점이 나와 있다.

표 21.1 지방산의 이름과 구조

이름	구조	탄소 수	C=C 결합 수	녹는점(°C)
로르산(lauric acid)	$Me(CH_2)_{10}CO_2H$	12	0	44
미리스트산(myristic acid)	$Me(CH_2)_{12}CO_2H$	14	0	58
팔미트산(palmitic acid)	$Me(CH_2)_{14}CO_2H$	16	0	63
스테아르산(stearic acid)	$Me(CH_2)_{16}CO_2H$	18	0	69
아라키드산(arachidic acid)	$Me(CH_2)_{18}CO_2H$	20	0	77
팔미톨레산(palmitoleic acid)	$Me(CH_2)_5CH=CH(CH_2)_7CO_2H$	16	1	1
올레산(oleic acid)	$Me(CH_2)_7CH=CH(CH_2)_7CO_2H$	18	1	4
리놀레산(linoleic acid)	$Me(CH_2)_4(CH=CHCH_2)_2(CH_2)_6CO_2H$	18	2	−5
리놀렌산(linolenic acid)	$MeCH_2(CH=CHCH_2)_3(CH_2)_6CO_2H$	18	3	−11
아라키돈산(arachidonic acid)	$Me(CH_2)_4(CH=CHCH_2)_4(CH_2)_2CO_2H$	20	4	−49

스테아르산으로만 이루어진 트라이아실글리세롤인 트라이스테아린(tristearin)은 녹는점이 72°C이나 올레산으로만 이루어진 트라이올레인(triolein)은 녹는점이 −4°C이다.

유지는 모두 트라이아실글리세롤이다. 다만, 녹는점이 높아서 실온에서 고체인 것을 지방, 녹는점이 낮아서 액체인 것을 기름이라고 부를 뿐이다. 지방은 기름에 비하여 포화 지방산의 비율이 더 높고 대개 동물성이다. 반대로 기름은 불포화 지방산의 비율이 더 높고 대개 식물성이다. 하지만 코코넛 기름은 식물성이지만 대부분 포화 지방산으로 이루어져 있어서 상온에서 고체이다. 표 21.2에 몇 가지 유지의 조성을 수록하였다.

표 21.2
몇 가지 유지의 지방산 조성(%)

	포화 지방산	올레산	리놀레산	리놀렌산
돼지기름	42	43	9	1
쇠기름	52	43	2	
올리브유	9	84	5	
콩기름	14	23	55	9
코코넛유	88	5	3	
야자유	43	40	8	

문제 21.1 로르산, 팔미트산 그리고 스테아르산 분자 하나씩에서 유래하는 트라이아실글레세롤의 구조를 그리시오. 이 분자는 카이랄한가?

21.3 트라이아실글리세롤의 반응

21.3.1 가수 분해

트라이아실글리세롤을 염기성 수용액에서 가열하면 비가역적으로 가수 분해가 일어나 글리세롤과 세 지방산의 염이 얻어진다. 이 반응에서 지방산 염인 비누가 얻어지기 때문에 이러한 반응을 비누화 반응이라고 부른다(16.5.1절).

triacylglycerol   glycerol

한편, 트라이아실글리세롤의 메탄올 용액에 촉매량의 KOH 혹은 NaOH를 가하고 가열하면 에스터 교환 반응이 일어나 지방산의 메틸 에스터와 글리세롤이 얻어진다(이 반응은 산 촉매에 의해서도 일어난다). 이 메틸 에스터는 디젤 엔진의 연료인 경유 대신 쓸 수 있는데, 옥수수나 콩 같은 식물에서 추출되는 기름에서 얻어지므로 바이오디젤(biodiesel)이라고 부른다.

triacylglycerol   glycerol

21.3.2 불포화 지방산의 산화

유지의 불포화 지방산 성분의 알릴 자리 C-H 결합이 대기 중의 산소 분자와 반응하면 수소과산화물이 얻어진다. 이 반응은 12.9절에서 다루었듯이 라디칼 메커니즘으로 일어난다. 수소과산화물은 냄새가 고약한 알데하이드나 카복실산으로 변환되며 이러한 과정을 산패라고 부른다(12.9절). 산패를 방지하는 한 가지 방법이 수소 첨가 반응이다.

21.3.3 수소 첨가 반응

불포화 지방산으로 이루어진 기름의 이중 결합에 수소를 첨가하면 고체 지방(경화유)이 얻어지는데, 이 과정을 경화(hardening)라고 한다. 이 반응은 고압의 수소 기체와 Ni 같은 전이금속 촉매 조건에서 일어나는데, 반응 조건을 잘 조절하면 부분적으로 수소 첨가된 생성물을 구할 수 있다. 인공 버터인 마가린은 원하는 부드러운 식감이 얻어질 때까지 식물성 기름을 부분적으로 환원시켜 얻어진다.

수소를 첨가하는 한 가지 이유는 알릴 자리 C−H 결합을 제거하여 산패를 방지하고 제품의 수명을 연장하려 하기 때문이다. 하지만 이 과정에서 혈액의 콜레스테롤 농도를 올려 심장 발작 위험을 가져오는 트랜스 지방(trans-fat)도 10~15% 정도 생긴다.

21.4 인산지질

인산지질(phospholipid)은 앞서 다룬 트라이아실글리세롤과 비슷하나 한 에스터기의 산 성분이 인산인 분자이다. 인산지질에는 인산아실글리세롤(phosphoacylglycerol, 혹은 인산글리세라이드)과 스핑고마이엘린(sphingomyelin)의 두 가지가 있으며 둘 다 세포막의 중요한 성분이다.

인산아실글리세롤의 일반 구조식은 다음 그림과 같은데, 입체 발생 중심인 글리세롤의 중간 탄소의 배열은 흔히 (R)이다. 모든 세포막에 존재하는 세팔린은 인산지질의 약 25%를 차지하며 특히 인간의 뇌의 백질(white matter)이나 신경 조직에서는 인산지질의 절반 가량을 차지한다. 레시틴은 계란 노른자위에서 발견된다. 이 성분은 빵을 만들 때 유화제의 역할을 한다.

R′=H인 구조를 포스파티드산 (phosphatidic acid)이라고 한다.

from fatty acids

phosphodiester

phosphoacylglycerol

$$R' = CH_2CH_2\overset{+}{N}H_3$$
phosphatidylethanolamine
(cephalin)

$$R' = CH_2CH_2\overset{+}{N}Me_3$$
phosphatidylcholine
(lecithin)

이 구조가 지방 혹은 기름과 다른 점은 극성인 기가 존재한다는 점이다. 짧고 극성인 기를 머리, 두 비극성 긴 사슬을 꼬리라고 표현하면 인산아실글리세롤을 다음과 같이 나타낸다.

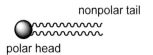

nonpolar tail

polar head

스핑고마이엘린은 1870년에 뇌의 추출물에서 발견되었다. 그 당시에는 이 물질의 역할이 신비에 싸여 있었기 때문에 신화에 나오는 스핑크스(sphinx)에서 '스핑고'라는 이름이 나왔다.

세포막은 지질 이중층(lipid bilayer. 아래 그림)으로 이루어져 있다(또한 세포막에는 단백질과 콜레스테롤이 박혀 있다). 두 극성 머리는 물과의 친화력이 크기 때문에 물 층으로 놓여 있게 되고, 비극성 꼬리가 이중 층의 내부에 있게 된다. 세포막의 유연성은 꼬리 부분의 지방산에 따라 달라진다. 즉, 포화 지방산으로 이루어진 세포막은 단단하고 불포화 지방산으로 이루어지면 좀 더 유연해진다.

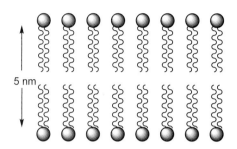

스핑고마이엘린은 아미노 알코올인 스핑고신의 인산다이에스터이다. 또한 아미노기는 지방산과 아마이드 결합을 이룬다.

sphingosine

sphingomyelins

스핑고마이엘린은 세포막의 성분이고 특히 이름이 의미하듯이 신경 세포의 축색을 감싸는 얇은 막인 마이엘린 막의 성분이다.

21.5 지방-용해 비타민

비타민(vitamin)은 우리 몸이 정상적으로 기능하는 데 필요한 소량의 물질로서 체내에서 생합성되지 않기 때문에 반드시 음식을 통해 섭취하여야 한다. 비타민은 그 구조가 다양하며 물에 녹는 것과 지방에 녹는 것으로 크게 구별할 수 있다.

지방에 녹는 비타민은 지질의 한 종류이며 비타민 A, D, E(토코페롤) 및 K가 이 부류에 속한다. 표 21.3에 지방에 녹는 비타민의 이름 및 구조, 비타민이 들어 있는 음식, 그리고 해당 비타민이 부족할 때 생기는 병을 언급하였다.

표 21.3 비타민의 종류와 부족 시 나타나는 증상

비타민 이름	구조	음식	증상
비타민 A	신체에서 시각에 관여하는 화합물인 11-cis-레틴알로 변환됨	생선(상어)의 간유, 우유	야맹증
비타민 D₂	칼슘과 인의 대사에 관여. 햇볕에 노출되면 체내에서 합성됨	생선 기름	구루병
비타민 D₃	가장 흔한 비타민 D. 우유에 흔히 첨가		구루병
비타민 E (α−토코페롤)	항산화제		
비타민 K₁	혈액의 응고에 관여	콩 기름, 녹색 채소	과다출혈

문제 21.2 다음 비타민 중에서 기름에 녹는 비타민을 고르시오.

    a. 비타민 A   b. 비타민 C   c. 비타민 D   d. 비타민 E

21.6 에이코사노이드

eicosa는 20을 의미하는 그리스 말이다.

에이코사노이드(eicosanoid)는 탄소 20개로 이루어진 아라키돈산(arachidonic acid)의 산화에 의하여 얻어지는 생리 활성 물질이다. 이러한 물질은 신체에서 국지적 조정자의 역할을 수행한다. 즉, 특정한 장소에서 합성된 후 혈류를 통하여 작용하는 장소로 이동하는 호르몬과 다르게 에이코사노이드는 외부의 자극에 의하여 합성되는 부위에서만 생리 활성을 보이며 체내에 저장되지 않는다.

에이코사노이드는 구조적으로 크게 프로스타글란딘(prostaglandin, PG), 프로스타사이클린(prostacyclin), 류코트라이엔(leukotriene)과 트롬복세인(thromboxane)의 네 가지 부류로 나눌 수 있다.

21.6.1 프로스타글란딘

프로스타글란딘(prostaglandin, PG)은 사이클로펜테인 골격 구조에 탄소 사슬 곁가지가 두 개 붙어 있는 고리 화합물이다. 1930년대에 스웨덴의 본 오일러(von Euler)는 사람의 정액이나 숫양의 전립선에서 추출한 산성 물질이 자궁 근육을 수축하는 현상을 발견하였다. 그는 이러한 현상을 나타내는 물질이 전립선(prostate gland)에서 합성되는 물질이라고 생각하여 이 물질에 프로스타글란딘이라는 이름을 붙였다. 그 후 1950년대에 다양한 구조의 PG가 전립선만이 아니라 모든 신체 조직에 소량이지만 들어 있음을 알게 되었다.

21.6.2 PG와 프로스타사이클린의 구조

PG의 기본 골격은 다음과 같으며 여기에 하이드록시기, 카보닐기, 이중 결합의 포함 여부와 그 위치에 따라서 이름을 달리 붙인다. 프로스타사이클린은 PG와 구조가 비슷하나 산소를 포함하는 오원자 고리가 하나 더 있다.

1960년대에 베리스트룀(Bergström)과 사무엘손(Samuelsson)은 PG를 분리하고 그 구조를 결정하였다. 이 업적으로 1982년도 노벨생리의학상을 수상하였다(아스피린의 작용 기전이 PG와 관련이 있음을 발견한 베인(Vane)도 공동으로 노벨상을 수상하였다).

basic structure of prostaglandin

PGA PGB PGC PGD PGE₁

PGF₂α PGG (endoperoxide) PGE₂

PGF₂β PGI₂ (prostacyclin)

나머지 두 부류인 류코트라이엔과 트롬복세인의 구조는 다음과 같다.

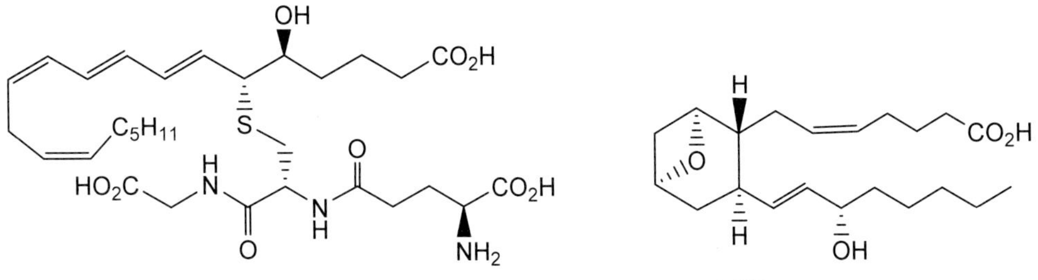

LTC$_4$
(a leukotriene)

TXA$_2$
(a thromboxane)

21.6.3 에이코사노이드의 생합성

모든 에이코사노이드의 생합성은 아라키돈산의 산화 반응으로 시작한다. 고리 산소화 효소(cyclooxygenase, COX)가 알릴 자리 C−H 결합에서 수소를 제거하면 공명 안정화 알릴 라디칼이 생긴다. 이것이 산소 분자와 짝지음 반응을 하면서 동시에 다시 한 번 산소 분자와 반응하면 과산화물이 생긴다. 이 화합물에서 PGG_2가 생합성되면 이 물질에서 여러 가지 PG, 트롬복세인 및 프로스타사이클린이 얻어진다.

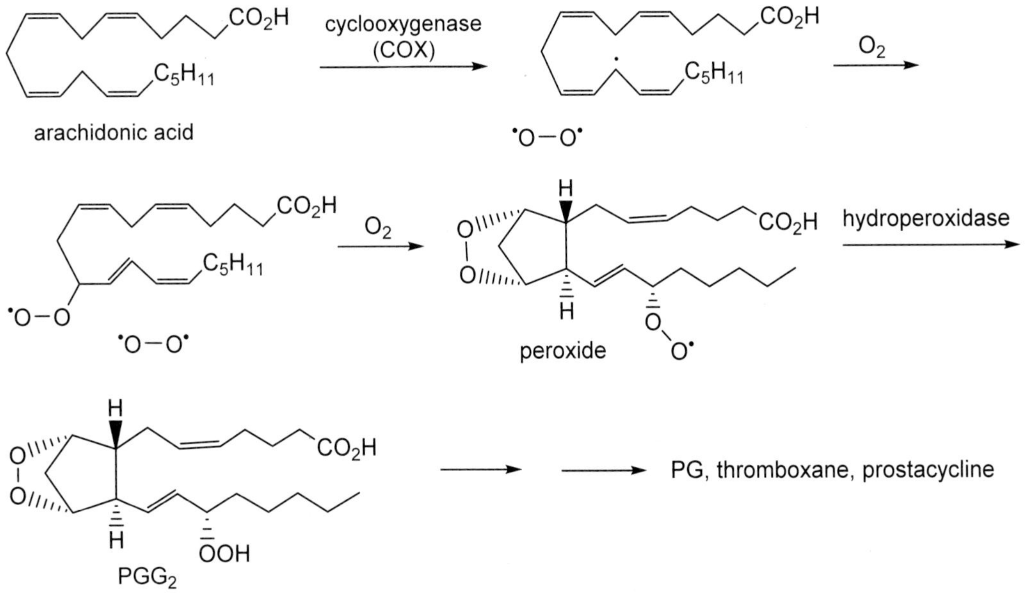

arachidonic acid
cyclooxygenase
(COX)
O2
•O−O•
peroxide
hydroperoxidase
PGG2
PG, thromboxane, prostacycline

문제 21.3 아라키돈산에서 과산화물이 생기는 과정의 메커니즘을 그리시오.

21.6.4   에이코사노이드의 생리 효과

에이코사노이드는 혈압 조절, 혈액의 응고, 위산 분비, 염증 등의 생리 효과를 조절한다. 다른 에이코사노이드는 그 생리 효과가 반대인 경우도 있고 같은 PG라도 수용체가 다르면 생리 효과가 반대일 수 있다. 트롬복세인은 혈액의 응고를 촉진하나 프로스타사이클린은 효과가 반대이다.

특히 PG는 생리 효과가 다양하기 때문에 몇 가지 PG 계열의 화합물이 의약품으로 개발되었다. 예를 들면, PGE_2(dinoprostone)는 분만 시 자궁 근육을 이완시키거나 임신 초기의 유산을 목적으로 쓰인다. PGE_1의 유사체인 미소프로스톨은 위궤양 치료제나 분만 유도제 등으로 쓰인다.

misoprostol

PGF의 유도체인 라타노프로스트와 바이마토프로스트는 녹내장 환자의 안압 감소제로 사용된다.

비스테로이드성 항염증제

항염증제 중에서 스테로이드 구조가 아닌 아세트아미노펜(상품명 타이레놀), 아스피린(아세틸살리실산), 이부프로펜 및 나프록센 등을 **비스테로이드성 항염증제**(nonsteroidal anti-inflammatory drugs, NSAID)라고 한다.

프로스타글란딘의 생합성에 관여하는 효소인 고리 산소화 효소(COX)에는 COX-1과 COX-2라고 하는 두 가지 효소가 있는데, COX-1은 혈소판 응집이나 위 점막 보호에 관여하고 COX-2는 염증 유발에 관여한다. NSAID는 COX를 억제함으로써 통증과 염증을 일으키는 PG의 생합성을 차단하여 약효를 나타낸다.

NSAID 중에서 가장 오래된 약인 아스피린은 두 가지 효소의 세린 잔기의 HO기를 비가역적으로 아세틸화한다. 그러면 효소가 불활성화되어 진통 효과가 나타난다. 하지만 아스피린은 COX-1과 COX-2를 거의 같은 비율로 억제하기 때문에 위 점막 손상과 출혈 같은 부작용이 일어날 수 있다. 반면에 아세트아미노펜은 중추신경계의 COX-2에만 작용하는 진통제로서 혈액의 응고를 방해하지 않으며 위 점막의 출혈을 일으키지 않는다. 따라서 이 점에서는 아스피린보다 더 우수하나 소염 효과는 떨어진다.

이부프로펜과 나프록센은 COX-1과 COX-2를 가역적으로 억제하며 출혈 부작용은 작으나 위 점막에 손상을 줄 수 있다. 그래서 COX-2만 선택적으로 불활성화하는 약물이 개발되었으며 그 한 예가 셀레콕시브이다. 하지만 이 약은 심근 경색이나 뇌 경색을 일으킬 수 있기 때문에 의사의 처방에 의해서만 구입할 수 있다.

aspirin
(acetylsalicylic acid)

acetaminophen
(Tylenol)

ibuprofen

naproxen

celecoxib

latanoprost

bimatoprost

21.7 스테로이드

스테로이드(steroid)는 세 개의 육원자 고리와 한 개의 오원자 고리가 서로 접합된 네 고리 화합물이며, 또한 두 메틸기가 두 고리가 만나는 위치에 있다. 스테로이드의 네 고리는 A, B, C, D라고 문자로 표시한다.

버드나무 껍질에 들어 있는 살리실산 성분은 기원전 5세기에 히포크라테스가 진통 효과에 대하여 쓸 정도로 오래된 약이다. 하지만 살리실산은 위에 부담이 될 정도로 센 산이었다. 전하는 이야기에 의하면 독일 제약회사 바이어에 근무하던 호프만(Felix Hoffmann)이라는 화학자가 자기 부친이 살리실산을 복용하고 고통스러워하자 이러한 부작용이 없는 약을 개발하기로 하였다고 한다. 그러다가 1897년에 살리실산의 구조를 바꾸는 실험을 하던 중 HO기를 아세틸화한 물질이 위에 통증을 덜 일으키면서 진통 효과도 더 뛰어나다는 것을 발견하였다고 한다. 호프만은 이 물질에 'aspirin'이라는 이름을 붙였는데, 'a'는 'acetyl', 'spir'는 살리실산이 들어 있는 식물인 'spiraea(조팝나무)'에서 따온 말이다.

하지만 아스피린의 진통 소염 효과가 프로스타글란딘(PG) 생합성의 차단과 관련 있다는 사실은 1971년에야 밝혀졌다.

PG의 생합성에 관여하는 고리 산소화 효소(cyclooxygenase, COX)의 활성화 자리에는 CH_2OH기가 있다. 이 기가 아스피린과 에스터 교환 반응으로 아실화되면 효소 작용이 중지된다. 그러면 PG의 생합성도 멈추고 염증이 가라앉거나 열이 내려간다.

aspirin + H—OCH_2—Enzyme COX-1, COX-2 →(transesterification)→ aspirin + (OCH_2—Enzyme) inactive enzyme

PG의 생합성 과정에서 트롬복세인이라는 혈액의 응고에 관여하는 물질이 생긴다. 아스피린은 이 물질의 생합성을 방해하기 때문에 소량(100mg)의 아스피린을 복용하면 혈액이 잘 응고되지 않으므로 뇌졸중이나 심장마비 같은 혈관 질환을 예방할 수 있다. 하지만 혈액이 잘 굳지 않기 때문에 수술 전 몇 일 동안에는 아스피린의 복용을 중지하여야 한다.

두 사이클로헥세인 고리가 접합될 때 두 구조가 가능하다. 하나는 고리가 접합한 결합의 두 수소 원자가 같은 방향에 있는 *cis*-데칼린이고, 다른 하나는 두 수소가 반대 방향에 있는 *trans*-데칼린이다. *cis*-데칼린은 같은 구조로 고리 뒤집힘이 일어나지만 *trans*-데칼린은 고리 뒤집힘이 불가능하다(4.9절).

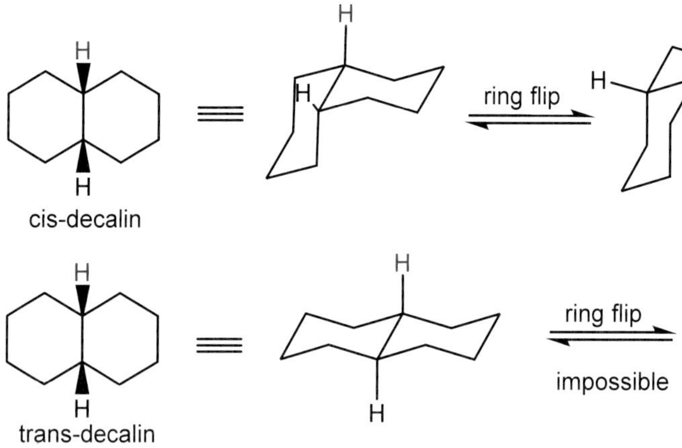

cis-decalin

trans-decalin

스테로이드는 *trans*-접합 구조이므로 전체적으로 평평한 구조를 하고 있다.

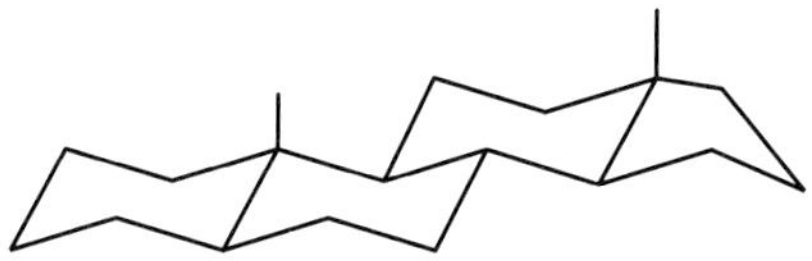

문제 21.4 다음과 같은 스테로이드 구조의 에폭사이드 A와 B가 친핵체인 LiAlH₄와 반응하였을 때 얻어지는 알코올의 구조를 그리시오(힌트: 13.10.2절).

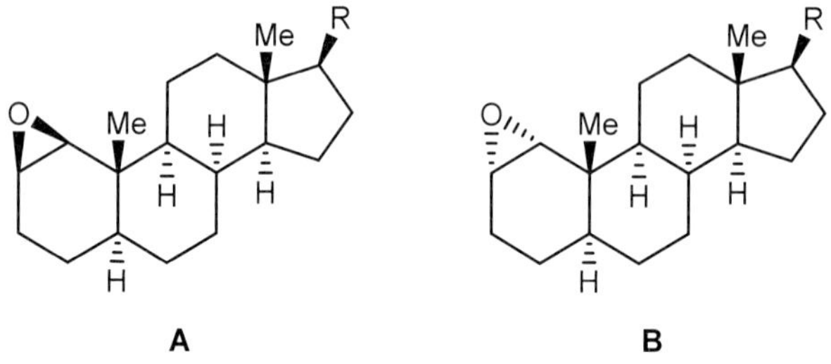

A   B

21.7.1 콜레스테롤의 생합성

콜레스테롤은 세포막의 중요한 성분이며 체내에서는 간이나 소장, 부신 등에서 생합성된다. 콜레스테롤은 입체 발생 중심이 모두 8개이므로 256개의 입체 이성질체가 가능하나 천연 콜레스테롤은 구조가 하나뿐이다.

cholesterol

콜레스테롤의 생합성은 메발론산 경로에 의하여 아세틸 CoA에서 시작된다. 두 아세틸 CoA가 알돌 반응으로 결합하면 아세토아세틸 CoA가 생성되고, 다시 이 생성물이 아세틸 CoA과 알돌 반응을 수행하면 3-하이드록시-3-메틸글루타릴 CoA(HMG−CoA)가 생긴다.

acetoacetyl CoA

HMG(3-hydroxy-3-methylglutaryl)-CoA

화학카페

스타틴 계열 의약품

혈중 콜레스테롤 농도가 너무 높으면 동맥 경화증에 걸릴 수 있다. 혈중 콜레스테롤은 식품에서 유래하는 것보다는 간에서 생합성되는 양(~75%. 하루에 1 g)이 높기 때문에 생합성 과정을 억제하면 콜레스테롤 농도를 줄일 수 있다. 콜레스테롤의 생합성에서 HMG-CoA의 환원 단계가 가장 느린 비가역 단계이기 때문에 이 단계를 촉매화하는 HMG-CoA 환원 효소의 작용을 억제하는 의약품이 몇 가지 개발되었다. 이러한 의약품을 스타틴(statin)이라고 하며 고지혈증 치료제로 처방된다. 로바스타틴, 심바스타틴, 아토바스타틴(atorvastatin) 같은 의약품이 그 예이다. 로바스타틴과 심바스타틴은 곰팡이에서 유래하는 천연 스타틴으로 각각 상품명 Mevacor와 Zocor로 판매된다. 아토바스타틴은 합성 스타틴으로 앞의 두 약보다 약효가 더 높다. 현재 아토바스타틴은 세계에서 가장 널리 처방되는 약이라고 한다.

lovastatin (Mevacor)

simbastatin (Zocor)

atorvastatin (Lipitor)

HMG−CoA가 환원제 NADPH(nicotinamide adenine dinucleotide phosphate)에 의하여 두 번 환원되면 메발론산이 얻어진다. 메발론산은 여러 단계를 거쳐 콜레스테롤로 변환된다.

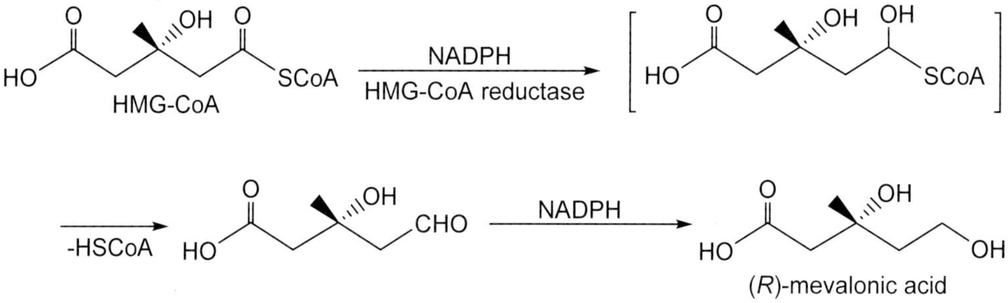

21.6.2 성 호르몬과 부신피질 호르몬

다른 중요한 스테로이드는 성 호르몬(sex hormone)과 부신피질 호르몬(adrenocortical hormone)이다.

인간의 성 호르몬은 조직의 성장과 생식을 조절하는 스테로이드로서 크게 세 부류로 분류된다. 첫 번째는 고환에서 생합성되는 남성 성 호르몬인 안드로겐(androgen)으로 테스토스테론과 안드로스테론이 그 예이다. 테스토스테론은 남성의 이차 성징의 발현을 조절한다.

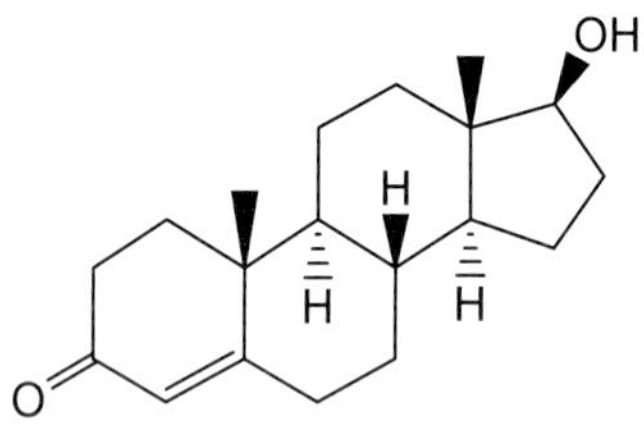

testosterone

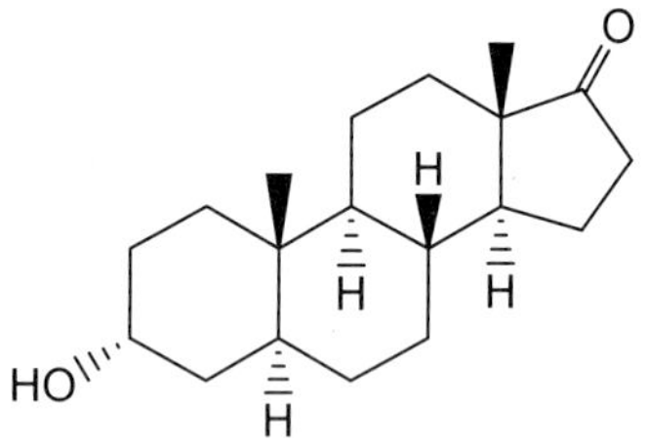

androsterone

두 번째 부류는 에스트라다이올과 에스트론 같은 여성 성 호르몬인 에스트로겐(estrogen)이다. 이 호르몬은 둘 다 테스토스테론으로부터 난소에서 합성되는데, 여성의 이차 성징의 발현 및 월경 주기를 조절한다. 두 호르몬은 A 고리가 방향성 벤젠 고리이고 C10에 메틸기가 없는 점이 특징이다.

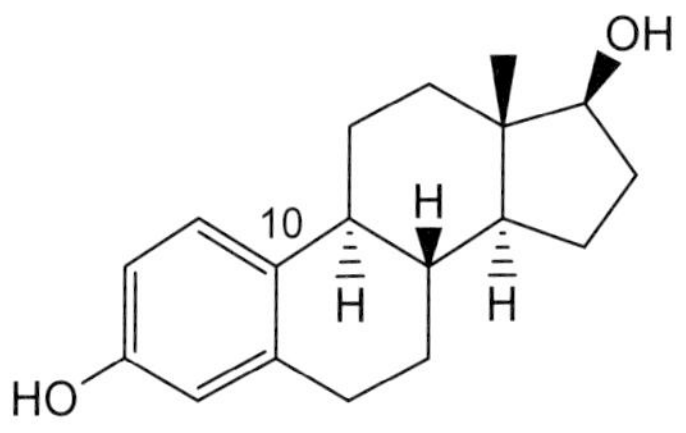

estradiol

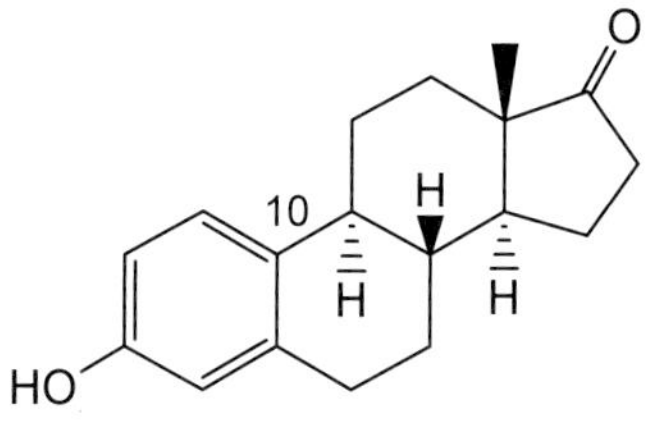

estrone

프로게스틴(progestin)은 합성 프로게스테론 유도체를 부르는 말이다. 프로게스틴의 한 가지 예는 자궁내막증 등의 치료제로 '프로베라'라는 상품명으로 판매되는 메드록시프로게스테론 아세테이트이다.

medroxyprogesterone acetate
(Trade name: Provera)

마지막 부류는 **프로게스토겐(progestogen)**으로 임신 과정에서 수정난이 자궁에 착상하도록 돕는 역할을 한다. 프로게스토겐의 가장 중요한 예는 프로게스테론이다.

progesterone

앞에서 언급한 다섯 개의 호르몬은 남성과 여성 모두에 존재한다. 하지만 여성 호르몬은 여성에서 더 많이 생성되고 남성 호르몬은 남성에게 더 많다.

여성이 임신하면 태반과 난소에서 에스트로겐과 프로게스토겐이 분비되고 배란이 중지된다. 노르에틴드론과 에타이닐에스트라다이올 같은 피임약은 에스트로겐과 프로게스테론의 구조와 비슷한 약으로 이들 약을 복용하면 난소가 임신한 것으로 '착각'하여 더 이상 배란이 이루어지지 않는다.

norethindrone

ethynylestradiol

다른 피임약인 RU 486은 수정난의 착상을 방지한다. 임신 초기(50일 안)에 프로스타글란딘인 미소프로스톨과 같이 복용하면 유산이 유발된다. 레보노르게스트렐은 'Plan B'라는 상품명으로 시판되고 있는 피임약이다.

RU 486

levonorgestrel

합성 안드로겐 유도체인 **아나볼릭 스테로이드(anabolic steroid)**는 근육 발달을 촉진하기 때문에 바디 빌더 같은 운동선수들이 불법으로 사용하고 있다. 아래에 몇 가지 구조가 나와 있다.

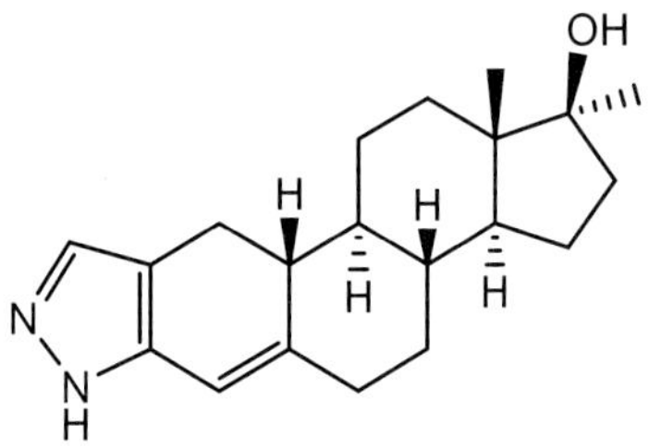

hydroxystenozole 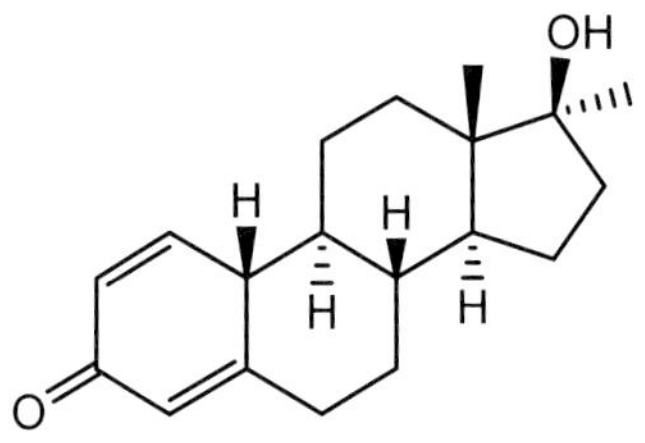   methandienone 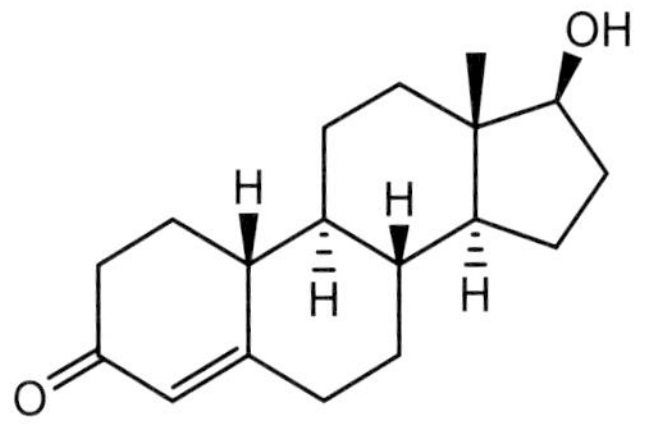   nandrolone

부신피질 호르몬(adrenocortical hormone)은 부신의 피질에서 분비되는 호르몬으로 C11에 카보닐기 혹은 HO기가 있다. 두 물질, 특히 코티손은 건선, 관절염이나 천식 같은 염증 질환의 치료에 사용된다.

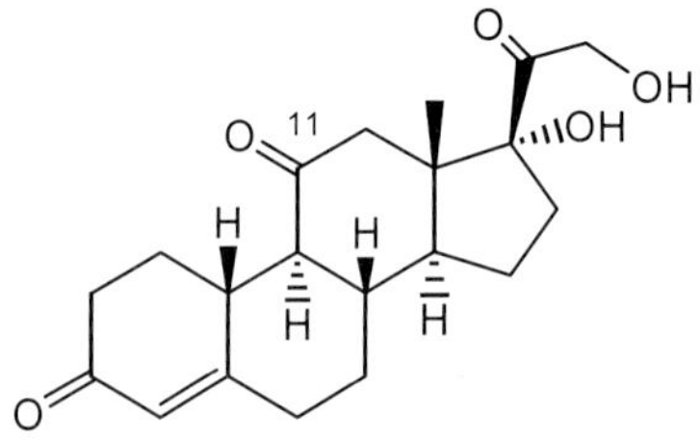

cortisone 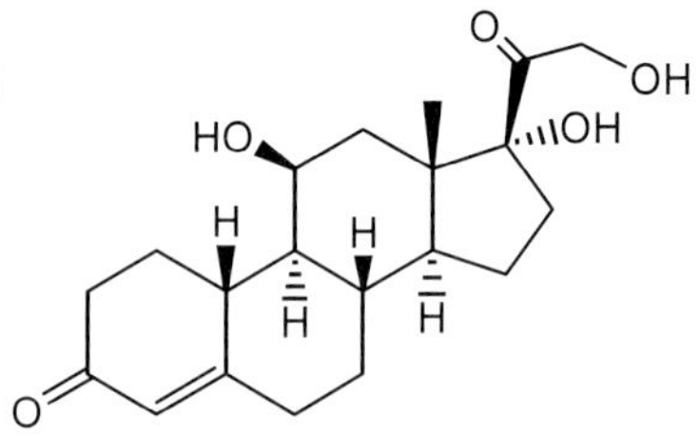   cortisol

21.8 터펜

터펜(terpene)은 다섯 탄소 원자로 이루어진 아이소프렌 단위(isoprene unit)가 서로 연결되어 생성된 생분자이며 따라서 터펜의 탄소 수는 5의 배수이다.

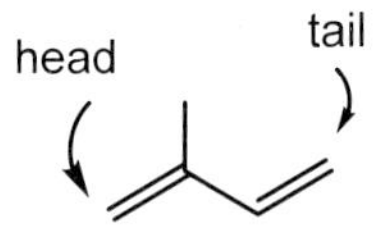

isoprene

스피어민트의 향인 카본, 박하에서 얻어지는 멘쏠, 소나무 이파리의 향인 α−피넨, 로즈마리 잎이나 상록수에서 얻어지는 장뇌 등이 터펜의 예이다.

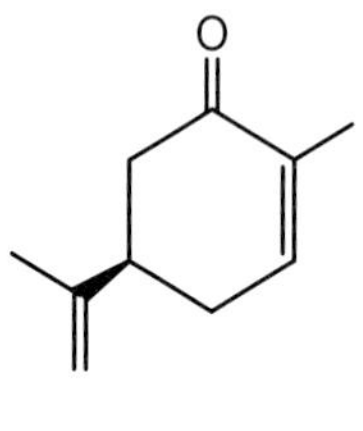

(R)-carvone   (1R,2S,5R)-menthol   (1R)-(+)-α-pinene 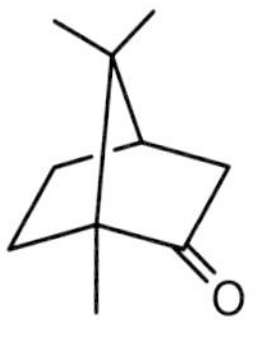   (R)-camphor

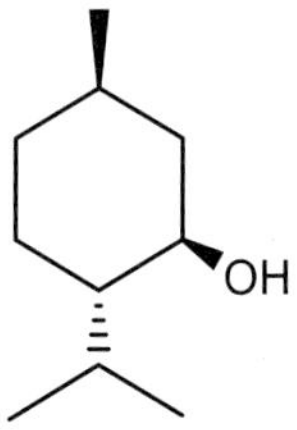

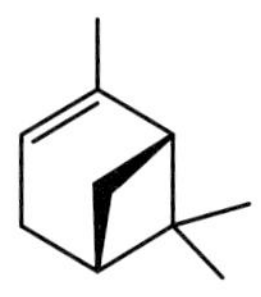

위의 예에서처럼 터펜은 식물의 정유에서 분리하며 강한 향이 있기 때문에 향료로 쓰

이기도 한다.

터펜의 생합성에서 아이소프렌 단위는 머리 혹은 꼬리끼리 연결되거나 머리와 꼬리가 연결될 수 있다. 선형 구조의 터펜에서는 두 가지 방식 중에서 머리와 꼬리가 연결되는 방식이 흔하다. 다음은 몇 가지 예이다.

myrcene

citral
(lemon grass)

farnesol

zingiberene
(ginger)

squalene

장뇌(camphor)에서 두 아이소프렌 단위는 두 가지 방식으로 찾을 수 있다.

문제 21.5 멘쏠, 카본(carvone), 비타민 A와 그란디솔에서 아이소프렌 단위를 찾으시오.

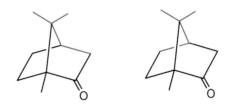

Vitamin A

grandisol

터펜은 아이소프렌 단위의 수에 따라 모노터펜(monoterpene, 두 단위), 세스퀴터펜(sesquiterpene, 세 단위), 다이터펜(diterpene, 네 단위), 세스터터펜(sesterterpene, 다섯 단위), 트라이터펜(triterpene, 여섯 단위), 테트라터펜(tetraterpene, 여섯 단위) 등으로 나눈다.

문제 21.6   다음 터펜을 아이소프렌 단위의 수에 따라서 분류하시오.

a.

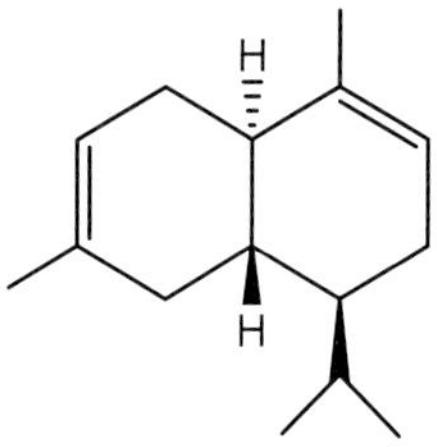

β-cadinene

b.

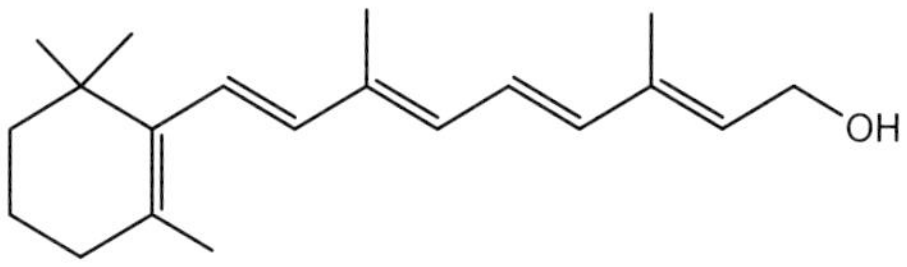

vitamin A

c.

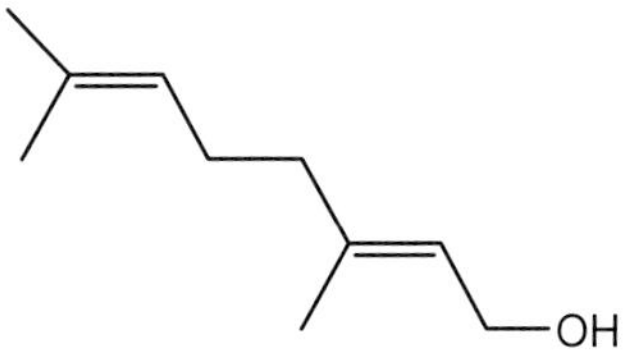

geraniol

d.

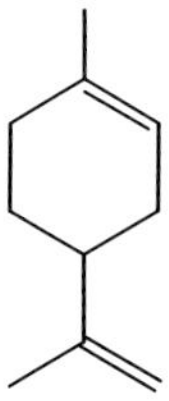

limonene

e.

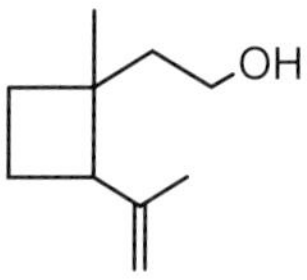

grandisol

문제 21.7   다음 분자 구조가 속한 부류를 보기에서 고르시오

[보기: 인산지질, 스테로이드, 터펜, 지방산, 지방, 프로스타글란딘]

a.

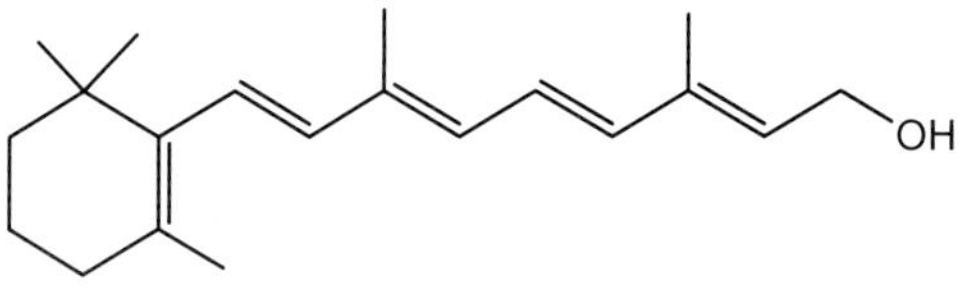

vitamin A

d.

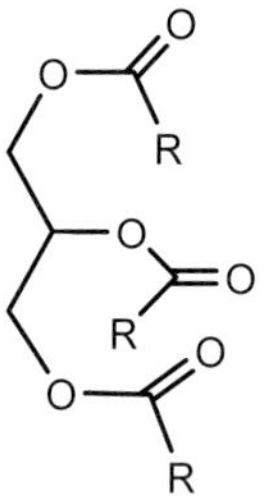

$R = CH_2(CH_2)_7Me$

b.

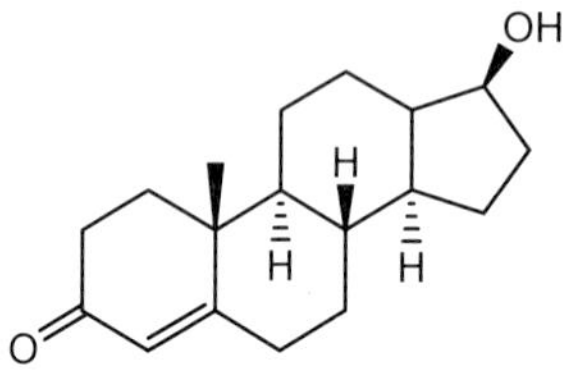

e.

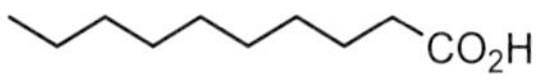

CO_2H

c.

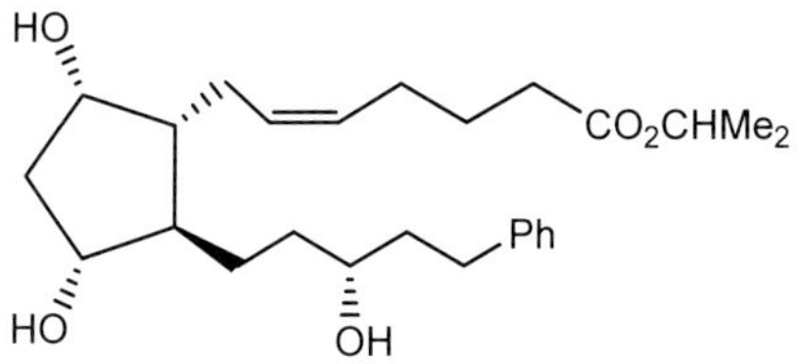

CO_2CHMe_2

Ph

f.

$(CH_2)_{14}Me_2$

$(CH_2)_{14}Me_2$

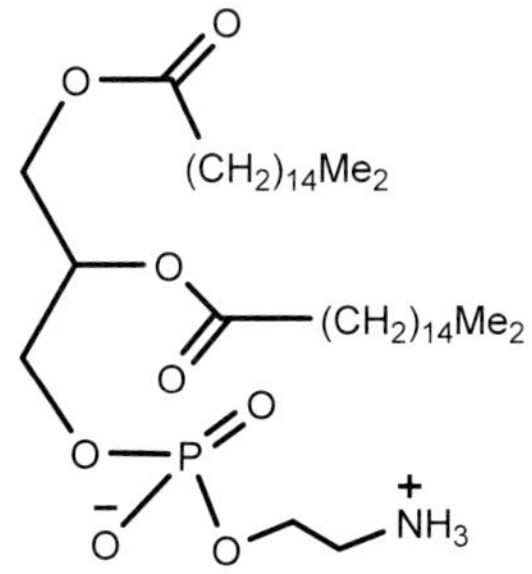

부록 A. 산의 pK_a

산	구조식	pK_a	산	구조식	pK_a^1
황산	H_2SO_4	-4.8	트라이메틸암모늄 이온	Et_3NH^+	11
para-톨루엔설폰산	$p\text{-}MeC_6H_4SO_3H$	-2.8	다이에틸 말로네이트	$CH_2(CO_2Et)_2$	13.3
질산	HNO_3	-1.4	클로로폼	$CHCl_3$	13.6
하이드로늄 이온	H_3O^+	0.0	메탄올	$MeOH$	15.2
인산	H_3PO_4	2.1	물	H_2O	14.0
벤조산	$PhCO_2H$	4.2	에탄올	$EtOH$	16
아닐리늄 이온	$PhNH_3^+$	4.6	2-프로판올	Me_2CHOH	17
아세트산	$MeCO_2H$	4.7	아세토페논	$PhCOMe$	18
피리디늄 이온		5.2	*tert*-뷰틸 알코올	Me_3COH	18
탄산	H_2CO_3	6.4	아세톤	$MeCOMe$	19
이미다졸		6.9	아세틸렌	$HC{\equiv}CH$	26
사이안화 수소산	HCN	9.1	아세토나이트릴	$MeCN$	24
암모늄 이온	NH_4^+	9.3	다이메틸 설폭사이드	Me_2SO	35
페놀	$PhOH$	10	암모니아	NH_3	35
탄산 수소 이온	HCO_3^-	10.2	다이아이소프로필아민	Me_2CHNH_2	36
에틸 아세토아세테이트	$MeCOCH_2CO_2Et$	10.7			

부록 B. 용매의 분류[a]

		이름	구조식	끓는점 (℃)	유전 상수	밀도 (g/mL)	쌍극자 모멘트(D)
극성	양성자성	물	H_2O	100	78	1.00	1.85
		폼산	HCO_2H	101	59	1.22	1.82
		메탄올	MeOH	65	33	0.791	1.70
		에탄올	EtOH	79	25	0.789	1.69
	비양성자성	다이메틸 설폭사이드 (DMSO)	Me_2SO	189	47	1.092	3.96
		아세토나이트릴	MeCN	82	38	0.786	3.92
		다이메틸폼아마이드 (DMF)	$HCONMe_2$	153	38	0.944	3.82
		아세톤	MeCOMe	56	21	0.786	2.88
비극성	양성자성	아세트산	$MeCO_2H$	118	6.2	1.049	1.74
	비양성자성	이염화 메테인	CH_2Cl_2	40	9.1	1.33	1.60
		테트라하이드로퓨란 (THF)		66	7.5	0.886	1.75
		에틸 아세테이트	$MeCO_2Et$	77	6.0	0.894	1.78
		클로로폼	$CHCl_3$	61	4.8	1.498	1.04
		다이에틸 에터	EtOEt	35	4.3	0.713	1.15
		톨루엔	$C_6H_5CH_3$	111	2.4	0.86	0.31
		헥세인	C_6H_{14}	69	1.9	0.655	0.085

* 물과 섞이는 유기 용매는 컬러로 표시하였다.

찾아보기

사

COMMON FUNCTIONAL GROUPS

Type of Compound	General Structure	Example	Functional Group
Acid chloride	R–C(=O)–Cl	CH₃–C(=O)–Cl	–COCl
Alcohol	R–ÖH	CH₃–ÖH	–OH hydroxy group
Aldehyde	R–C(=O)–H	CH₃–C(=O)–H	C=O carbonyl group
Alkane	R–H	CH₃CH₃	– –
Alkene	C=C	H₂C=CH₂	double bond
Alkyl halide	R–Ẍ (X = F, Cl, Br, I)	CH₃–Br̈	–X halo group
Alkyne	–C≡C–	H–C≡C–H	triple bond
Amide	R–C(=O)–N(H or R)(H or R)	CH₃–C(=O)–NH₂	–CONH₂, –CONHR, –CONR₂
Amine	R–N̈H₂ or R₂N̈H or R₃N̈	CH₃–N̈H₂	–NH₂ amino group
Anhydride	R–C(=O)–O–C(=O)–R	CH₃–C(=O)–O–C(=O)–CH₃	(two C=O with bridging O)
Aromatic compound	(benzene ring)	(benzene ring)	phenyl group
Carboxylic acid	R–C(=O)–ÖH	CH₃–C(=O)–ÖH	–CO₂H carboxy group
Ester	R–C(=O)–Ö–R	CH₃–C(=O)–Ö–CH₃	–CO₂R
Ether	R–Ö–R	CH₃–Ö–CH₃	–OR alkoxy group
Ketone	R–C(=O)–R	CH₃–C(=O)–CH₃	C=O carbonyl group
Nitrile	R–C≡N:	CH₃–C≡N:	–C≡N cyano group
Sulfide	R–S̈–R	CH₃–S̈–CH₃	–SR alkylthio group
Thiol	R–S̈H	CH₃–S̈H	–SH mercapto group
Thioester	R–C(=O)–S̈R	CH₃–C(=O)–S̈CH₃	–COSR

약어 목록

약어	완전한 이름
Ac	acetyl
AO	atomic orbital
Ar	aryl
Bn	benzyl
Boc	*tert*-buthoxycarbonyl
bp	boiling point
Bu	butyl
Bz	benzoyl
CoA	coenzyme A
DCC	*N,N*-dicyclohexylcarbodiimide
DMAP	4-dimethylaminopyridine
DMF	*N,N*-dimethylformamide
DMSO	dimethyl sulfoxide
ee	enantiomeric excess
Et	ethyl
FGI	functional group interconversion
HOMO	highest occupied molecular orbital
i-Pr	isopropyl
LDA	lithium diisopropylamide
LUMO	lowest unoccupied molecular orbital
mCPBA	*m*-chloroperbenzoic acid
Me	methyl
MO	molecular orbital
mp	melting point
NBS	*N*-bromosuccinimide
PCC	pyridinium chlorochromate
PG	prostaglandin
Ph	phenyl
Pr	propyl
pts	proton transfer step
rt	room temperature
THF	tetrahydrofuran
Ts	*p*-toluenesulfonyl(tosyl)